高等学校电子信息类系列教材

通信原理与通信技术

（第四版）

张卫钢　编著

西安电子科技大学出版社

内 容 简 介

本书全面、系统地介绍了通信原理、数据通信原理和相关的通信技术。全书分为三篇,共 18 章。第一篇通信原理,包括通信与通信系统的基本概念、模拟调制、脉冲编码调制、增量调制、数字复接与同步数字序列、数字信号的基带传输、数字信号的调制传输、差错控制编码等内容;第二篇数据通信原理,包括数据通信与通信网、计算机网络体系结构、网络交换技术、网络互连设备等内容;第三篇现代通信技术,包括光纤通信技术、卫星通信技术、移动通信技术、接入网技术、无线个人区域网络技术、通信设备等内容。

本书是专为普通高校计算机科学与技术、软件工程、电子信息工程、自动化控制、机电一体化、网络工程等非通信专业而编写的本科生教材,参考学时为 60 左右。本书不但考虑到满足教学要求,同时也顾及自学需求,因此也可作为有志青年的自学教材和有关工程技术人员的参考书。

图书在版编目(CIP)数据

通信原理与通信技术/张卫钢编著. —4 版. —西安:西安电子
科技大学出版社,2018.5(2021.6 重印)
ISBN 978 - 7 - 5606 - 4890 - 3

Ⅰ. ① 通… Ⅱ. ① 张… Ⅲ. ① 通信原理 ② 通信技术 Ⅳ. ① TN91

中国版本图书馆 CIP 数据核字(2018)第 061198 号

责任编辑 滕卫红 阎 彬
出版发行 西安电子科技大学出版社(西安市太白南路 2 号)
电   话 (029)88202421 88201467   邮   编 710071
网   址 www. xduph. com   电子邮箱 xdupfxb001@163. com
经   销 新华书店
印刷单位 陕西天意印务有限责任公司
版   次 2018 年 5 月第 4 版 2021 年 6 月第 15 次印刷
开   本 787 毫米×1092 毫米 1/16 印张 25.5
字   数 599 千字
印   数 57 001～60 000 册
定   价 57.00 元
ISBN 978 - 7 - 5606 - 4890 - 3/TN

XDUP 5192004 - 15

* * * 如有印装问题可调换 * * *

前　　言

　　《通信原理与通信技术(第三版)》一书自出版至今已 5 年有余。为了越来越多读者的信任与支持,笔者一直跟踪相关理论和技术的发展以及社会对教育的需求变化,积极收集读者意见、参考资料,不断提高自己的认知与教学水平,筹划对此书的修改。

　　为了顺应通信技术和计算机网络技术的飞速发展,使学生能在较短的时间内全面系统地掌握通信和计算机网络等方面的知识,本书首次将通信原理、数据通信原理和现代通信技术三大内容编写在一起,不但结合大量插图与例题深入浅出地讲述了理论知识,还有针对性地介绍了一些实用通信技术与终端设备(电话、收音机和电视机等),减少了纯理论学习的枯燥乏味,使学生在学习过程中能够理论联系实际,既掌握了理论知识,又了解了理论在实际中的应用,从而提高了学习兴趣,加强了对知识的掌握和理解,同时也提高了应对社会需求变化的能力。另外,本书首次将交通系统与通信系统进行类比,用容易理解的交通概念和实例诠释难懂的通信概念。为便于自学,书后附有前 8 章部分思考题与习题的参考答案。

　　在保留第三版结构、风格和主要内容的基础上,本着"精练"、"准确"、"易读"、"易懂"、"易记"、"易用"、"定性分析为主,定量分析为辅"的原则,本版主要做了如下修改:

　　(1) 校对了基本概念。补充和重新表述了一些概念,力求简练、准确。

　　(2) 删减了部分章节。删减了如"IP 电话"和"微波中继通信"等章节,将其中一些必要的内容保留并补充进了其他章节。

　　(3) 补充了新内容。增加了如"模拟脉冲调制"、"循环码编译码"、"IPv6 协议"、"物联网"、"4G 技术"、"北斗定位系统"等知识,在与当前科技发展不脱节的同时,尽量保证了知识点的相对完整。

　　(4) 修改并增加了插图。为了更形象生动地诠释文字含义,修改、新增了一些插图。

　　(5) 强化了与"交通"概念的类比。用更多的交通概念与实例诠释通信概念。

　　(6) 梳理了全部文字。删除、简化、修改和润色了部分语句。

　　(7) 修改并补充了部分例题。

　　(8) 修改了部分思考题与习题,补充了前 8 章中部分思考题与习题的参考答案。

　　总之,无论在内容、插图、语言、结构还是质量上,这次修订都有了很大的进步与提高,希望广大读者一如既往地关心、支持本书。

　　本书由张卫钢教授全面修订。王培丞、李香云、吴娟娟、武菁、薛俊超、宋怡帆、王征征等也为本书的出版付出了劳动,在此一并向他们表示感谢。

　　本书是在查阅大量参考文献的基础上,结合作者多年教学心得和体会编写而成的。在此对本书选用的参考文献的各位译、作者,表示衷心的感谢和崇高的敬意。

　　对于书中出现的疏漏恳请读者斧正。

　　作者 E-mail: wgzhang@chd.edu.cn; 648383177@qq.com

张卫钢

2017 年 12 月于西安

第 三 版 前 言

《通信原理与通信技术(第二版)》一书自出版至今已 3 年有余。虽然其使用量不断增加，但笔者不敢懈怠，积极收集广大读者的意见，筹划适时修改，唯恐有负于大家。

为了顺应通信技术和计算机网络技术的飞速发展，使学生能在较短的时间内全面系统地掌握通信和计算机网络等方面的知识，本书首次将通信原理、数据通信和现代通信技术三大内容编写在一起，不但结合大量的插图深入浅出地讲述了理论知识，还有针对性地介绍了一些实用通信技术，避免了纯理论学习的枯燥乏味，使学生在学习过程中，能够理论联系实际，既掌握了理论知识，又了解了理论在实际中的应用，从而提高了学习兴趣，加强了对知识的掌握和理解。

在保留第二版的结构、风格和主要内容的基础上，本版主要做了如下修改：

(1) 重新整理了基本概念。对上版书中表述不清楚甚至有错误的概念进行了修改，力求简练、准确。

(2) 删减了部分内容。对第二版中一些超出大纲、略显啰嗦和过时的内容进行了删减。

(3) 补充了一些新内容。根据技术的发展，补充了如"IP 交换"、"软交换"、"交换机"等知识，尽量保证与当前技术不脱节。

(4) 增加了插图。为了更形象生动地诠释文字含义，新增了不少实物插图。

(5) 对全书的文字进行了梳理。精简了部分章节，修改和润色了部分语句。

本书由张卫钢教授主持修订。张维峰博士撰写了新增内容，并与邱瑞讲师共同担任副主编。李钢、任帅为本书的出版做出了贡献，朱秀丽、车喜龙、邵春辉、崔荔、袁梦觉和向运也都为本书的出版付出了劳动，在此一并向他们表示感谢。

本书是在翻阅大量参考文献的基础上，结合作者多年教学心得和体会编写而成的。对于本书选用参考文献的各位译、作者，在此表示衷心的感谢和崇高的敬意。

对于书中出现的疏漏，恳请读者斧正。希望广大读者一如既往地关心和支持本书。

作者 E-mail：wgzhang@chd.edu.cn。

张卫钢

2011 年 10 月于西安

第 二 版 前 言

本书第一版自 2003 年 7 月出版以来，在全国累计销售近 2 万册，受到广大师生和相关读者的普遍好评。为此，笔者深感欣慰和荣幸，感谢读者的厚爱和支持。但是，在使用本书的过程中，许多读者也指出了书中的错误和不足。

经过一年的准备，我们在保留第一版的结构、风格和主要内容的基础上，对本书重新进行了编写，订正了各种错误，重新梳理了语句，对一些概念给予了更详细的说明，删除了"集群通信系统"、"寻呼系统"等内容，补充了"无线个人区域网络技术"的相关内容，大幅度地修改了第 17～20 章的内容。同时，为了提高知识性和可读性，在每章后面增加了一节反映通信史的"小资料"，以期学生在了解历史知识的同时，体会到投身科学技术研究与发明之中的酸甜苦辣，认识到那些科学巨匠、历史名人，不管是出身豪门还是家境贫寒，不管是受过良好教育还是自学成才，都有一些共同的特点，那就是勤于思考、勇于探索、善于发现、甘于寂寞、乐于奉献、坚韧不拔、吃苦耐劳、淡泊名利，从而培养学生具有良好的心理素质和科研能力。

本书参考学时为 60 学时，其中第一篇 30 学时，第二、三篇各 15 学时。

张卫钢教授担任本书主编并执笔第 1～3、5、8、9 和 21 章；吴潜蛟编写第 13、15、16 章；任卫军编写第 6、7、10、17～20 章；第 4、11、12、14 章由张卫钢和吴潜蛟共同编写。吴潜蛟、任卫军还同时担任了本书的副主编工作。本书采用了马海燕、石美红在第一版中编写的部分内容，袁博文、林晓燕、刘亚萍、吴意琴和赵玲也都为本书的出版付出了劳动，在此向他们表示感谢。

本书是在翻阅大量参考文献的基础上，结合作者多年教学心得和体会编写而成的。对于本书所列的参考文献的各位译、作者，在此表示衷心的感谢和崇高的敬意。

对于书中出现的疏漏，恳请读者斧正。希望广大读者一如既往地关心和支持本书。

作者 E-mail：wgzhang@chd.edu.cn。

张卫钢

2007 年 6 月于西安

第一版前言

当今社会是一个信息化的社会。

如果说 20 世纪是计算机的时代，那么 21 世纪将由计算机网络主宰世界。计算机网络作为一门科学技术、一种新兴文化、一种通信方式将全面改变人类的精神与物质生活，并将对科学技术的全面发展产生巨大的推动作用，这主要表现在以下几个方面。

电子交流：人与人之间的信息与情感交流方式由于生活和工作节奏的加快，将从传统的面对面谈话、登门拜访、信函通信向电子交流方式发展，比如，普通电话、可视电话、E-mail 等等。网上聊天、网上交友将成为年轻人的新时尚。

电子商务：电子商务就是可以通过网络进行的所有人类经济活动的总和。有了电子商务，人们不用再为进货销售东奔西跑，不用再为生意合同频频会面，不用再为付款催账而成为银行的常客，人们足不出户即可在分秒之间全部完成这些昔日耗费大量精力和物力的商务活动。尤其是在对外贸易活动中，电子商务扮演着极为重要的角色。同样，对于喜欢上街购物而又没有时间的女士来说，到网上浏览各种网络商店，随心所欲地选购自己喜爱的商品，然后坐等送货上门，再通过网络付款，这不仅满足了生活所需，而且免去了腿脚之劳，将成为一种购物时尚。由电子订单、电子合同、电子货币、电子支票、网络银行、网络商店等基本要素构成的电子商务被认为是现代化的一个标志，是人们经济活动方式上的一次飞跃。

电视会议：传统的聚众开会将成为历史，不同地区甚至不同国家的人们将利用网络的多媒体功能，召开身临现场般的电视会议，这不仅节省了大量的差旅费，而且更迅速、更方便。

远程教育：远程教育不仅将为那些远离学校和难以入校的人们带来福音，也极大地拓宽了受教育面，同时也改变了传统的课堂教育模式，配合视频点播功能可使受教育者随时随地自由选择学校和课程并进行学习。

远程医疗：到医院看病治疗一直是人们比较头痛的问题，尤其是缺医少药的偏远地区。有了远程医疗，人们在家中通过网络不仅可寻医问药，还能遍邀世界各地的名医专家会诊治病，从而大大提高了人类健康水平和预防与治疗疾病的水平。

网上娱乐：你想打桥牌吗？你想找人对弈吗？你想与朋友进行游戏对抗吗？网络时代的很多娱乐活动将不再需要人们共聚一室，你可通过网络与世界各地的爱好者同享此乐。

视频点播：现在虽然电视节目有很多，但人们仍觉得可看（自己喜欢）的节目太少。视频点播将结束人们的这种烦恼，人们在家中可随意到自己热衷的电视台点播自己喜欢的各类电视节目。

凡此种种，不胜枚举。通过上述实例我们可以看到，尽管计算机网络的作用非常大，但它的主要功能就是信息的传输与交换，其核心技术就是通信技术，计算机网络实质上就是一种通信网络。另外，从 20 世纪 80 年代开始，我国大部分高等院校陆续开设计算机专业，为我国的建设培养了大批的专业技术人员，但由于历史原因和条件所限，各校的计算机专业所设课程基本上都围绕在计算机的组成原理、硬件接口、操作系统、软件工程、数据结构、应用软件、数据库等单机应用的知识上。后来随着网络技术的发展，又增加了一些网络方面的课程，但从当前社会的需求和学生的实际能力，尤其是从对网络技术方面的知识掌握和应用的能力来看，我们认为计算机专业的学生还缺乏对通信技术的整体把握和对相关知识的学习与了解，而其他非通信专业的学生也存在同样的问题。

目前不少计算机网络教材都介绍了一点有关数据通信的基本知识，但广度和深度远远不够，这使得学生在计算机网络及相关通信领域进行更深入的探索与研究时显得力不从心。因此，学习和掌握通信原理和通信技术方面的知识，是学习和掌握计算机网络的基础与核心。为此，我们1999年在计算机本科专业开设了原来只属于通信专业骨干课程的"通信原理"以及前期的必修课程"信号与系统"。通过几年的教学实践，我们取得了许多宝贵的经验，并且得到了学生与社会的认可，但同时也发现了不少问题，其中最主要的就是教材不合适。目前有关通信原理的教材大都是针对通信专业的，对于计算机专业及其他非通信专业来说，数学内容过多、过深，有关通信的基础知识缺乏介绍与铺垫。因此，我们根据自己长期的教学经验和实践，参考部分大学的教学大纲，编著了这本观点独到、语句精练、论述清楚、内容丰富、紧跟潮流的大学本科教材，以期为21世纪的科学技术发展和人才培养贡献绵薄之力。

本书参考学时为50学时，其中第一篇30学时，第二、三篇各10学时。

本书主要有以下几个特点：

（1）内容安排独具匠心。首次将传统的通信原理和新兴的数据通信以及当前主要的通信应用技术编排在一起，使学生通过本书的学习对当代各种通信技术有一个全面的认识与了解。

（2）知识层次深浅得当。根据学生通信知识薄弱的情况，对学科知识进行了恰当取舍，突出定性分析，减少了数学推导。

（3）文笔通俗，亲和力强，可读性好。作者力求以通俗易懂的语言将枯燥的理论知识娓娓道来，以提高学生的阅读兴趣和阅读效率。

张卫钢担任本书主编并执笔第1、2、3、8和第21章；马海燕编写第5、6、7、17、18和第20章；吴潜蛟编写第13、15和第16章；石美红编写第10、11章；第1.4节和第9章由石美红和张卫钢共同编写；第4、12、14章由吴潜蛟和张卫钢共同编写；第19章由马海燕和张卫钢共同编写。马海燕、石美红和吴潜蛟同时还担任本书的副主编工作，为本书的出版做出了应有的贡献。王兴亮教授在百忙中审阅了书稿，李纪澄教授以极其负责的态度对本书进行了复审，并提出了宝贵意见，对两位教授所付出的辛勤劳动我们表示深深的谢意。本书是在翻阅大量参考文献的基础上，结合作者多年教学的心得和体会编写而成的。

由于水平所限，难免有错误和讲述不当的地方，恳请读者斧正。

对本书选用的参考文献的各位译、作者，在此表示衷心的感谢和崇高的敬意。

作　者
2003 年 5 月

目 录

第一篇　通　信　原　理

第二篇　数据通信原理

第三篇 现代通信技术

第一篇

通信原理

第1章 通信与通信系统的基本概念

本章重点问题：

(1) 通信活动在人们的生活中随处可见，那么，什么是通信？

(2) 通信任务靠什么完成？与通信技术相关的主要概念有哪些？

1.1 通信的概念

"信息"被认为是构成客观世界的三大要素（物质、能量和信息）之一。信息作为一种资源，只有通过传播、交流与共享，才能为人所用并产生价值。"通信"作为信息传输的手段或方法，已经成为人类生活和社会生产实践中的一个重要组成部分。

谈到通信（Communication），我们每个人都不陌生。古代的烽火报警，就是把敌人入侵的消息通过烽烟传达给远方的人们；古战场上，通过"击鼓鸣金"，向前方的士兵传递"进攻"或"撤退"的命令；抗日战争时期，儿童团员把"消息树"放倒，告诉村里的人们"鬼子来了"；舰船上的灯语和旗语通过灯的闪烁和旗子的挥动与港口进行无声的对话；传统的信函以文字形式把游子的思乡之情浓缩于尺素之中，再利用邮政媒体送达家人；方便的飞鸽传书，即便是在今天，依然有着独特的魅力；在各种建筑工地上，工人们经常使用对讲机相互联络，协调工作；在影视作品中经常看到军人或警察利用无线电台进行作战指挥；还有电报、电传、固定电话、移动电话、有线广播、无线广播、有线电视、无线电视、互联网等当代最为普及的通信手段都是现实生活中我们所熟悉的通信实例，如图1-1所示。

烽烟　　旗语　　飞鸽传书　对讲机　　电话　电台

图1-1 通信实例

在上述实例中，无论是远古狼烟滚滚的烽火，还是今天的智能手机，无论是饱含情谊的书信，还是绚丽多彩的电视画面，尽管通信的方式各种各样，传递的内容千差万别，但都有一个共性，那就是进行信息的传递。因此，我们对通信定义如下：

通信就是利用信号将含有信息的消息进行空间传递的方法或过程。

简单地说，通信就是信息的空间传递。

信息（Information）是一切事物运动状态或存在方式的不确定性描述，是人们欲知或欲表达的事物运动规律。信息是抽象的，是消息的内涵，可泛指人们欲知而未知的一切内容。

消息（Message）是语音、文字、音乐、数据、图片或活动图像等能够被人所感知的信息表达形式，是信息的形式载体。

　　显然，消息类似容器，信息好比容器中的物品。一条消息可以包含丰富的信息，也可以不包含信息。一种信息可以由多种消息形式表示，比如天气信息可以在报纸上以文字形式出现，也可以在广播或电视上以语音或图像形式发布。

　　消息可以分成两大类：连续（模拟）消息和离散（数字）消息。连续消息是指消息的状态是连续变化或不可数的，如连续变化的语音、图像等；离散消息则是指消息的状态是可数的或离散的，如符号、数据等。

　　在通信技术中，"信息"与"消息"不用严格区分。

　　信号（Signal）是信息或消息的物理载体，是通信任务实施的具体对象。

　　随着计算机技术和计算机网络技术的飞速发展，网络（数据）通信应运而生。通过因特网（Internet），人们足不出户就可看报纸、听新闻、查资料、逛商店、玩游戏、上课、看病、下棋、购物、发电子邮件。网络通信丰富多彩的功能极大地拓宽了通信技术的应用领域，使通信渗入人们物质与精神生活的各个角落，成为人们日常生活中不可缺少的组成部分，有关通信方面的知识与技术也就成为当代人应该关注的热点。

　　作为一门科学，现代通信所研究的主要问题概括地说就是如何把信息大量、准确、快速、广泛、方便、经济、安全、长距离地从信源通过传输介质传送到信宿。各种通信技术都是围绕着这几个目的展开的。"通信原理"课程就是介绍支撑各种通信技术的基本概念和数学理论基础的一门课程。

　　由于"交通"与"通信"具有较强的类比性，所以，本书用了一些交通运输（包括公路和铁路运输）实例作为比较对象（如图 1-2 所示），比如，交通/通信、运输/传输、运载工具/信号、货物/信息、道路/信道等，旨在帮助大家更透彻地理解通信原理中的许多概念和问题。

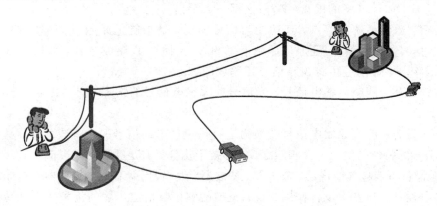

图 1-2　通信和交通的类比

1.2　通　信　系　统

1.2.1　通信系统的定义与组成

　　交通是把货物（乘客）从出发地运输（搬移）到目的地，通信是把信息从信源传输到信宿。如果把用于运输货物或乘客的人、车、路的集合称为交通系统，那么，**用于进行通信的**

设备硬件、软件和传输介质的集合就称做通信系统（Communication System）。

从硬件上看，通信系统主要由信源、信宿、传输介质、发送设备和接收设备五部分组成，其一般模型如图1-3所示。比如，有线长途电话系统就包括送话器、电线、载波机、受话器等要素。无线广播通信系统包括话筒、发射设备、无线电波、接收设备等。这两个通信系统实例如图1-4所示。

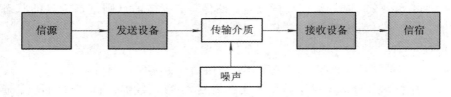

图1-3　通信系统的一般模型

(a) 有线长途电话系统　　　　　　　　　(b) 无线广播通信系统

图1-4　通信系统实例

- 信源：通信系统的起点，是指能把欲传送的各种消息转换成原始电信号的人（生物）、设备或装置。根据消息的种类不同，信源可分为模拟信源和数字信源。模拟信源输出连续的模拟信号，如话筒（声音→音频信号）、摄像机（图像→视频信号）；数字信源输出离散的数字信号，如计算机的键盘（字符/数据→数字信号）。

- 信宿：通信系统的终点，其功能与信源相反，是指能把原始电信号（如上述的音频信号、视频信号、数字信号）还原成原始消息的人（生物）、设备或装置，如扬声器可将音频信号还原成声音，显示屏可将视频信号还原成图像。

- 传输介质：能够传输电信号、光信号或无线电信号的物理实体。比如，电缆、光纤、空间或大气。

- 发送设备：能将原始电信号变换为适合信道传输的信号的设备或装置。其主要功能是使发送信号的特性与信道特性相匹配，能够抗干扰且具有足够的功率以满足远距离传输的需要。发送设备可能包含变换器、放大器、滤波器、编码器、调制器、复用器等功能模块。

- 接收设备：与发送设备作用相反，是指能够接收信道传输的信号并将其转换为原始电信号的设备或装置。其主要功能是将信号放大和反变换（如译码、解调、解复用等），目的是从受到减损的接收信号中正确恢复出原始信号。

- 噪声：一切可能会影响有用信号的信号。噪声存在于信号传输的整个过程之中，为方便计，通常将全部噪声集中体现在传输介质上，但并不意味着只有传输介质存在噪声。噪声一般是随机的，形式多样，会干扰信号的传输。（注意，图1-3中的噪声可以理解为是通信系统的一部分，因为一个实际通信系统无法彻底消除噪声）。

图1-3宏观地描述了一个一般通信系统的组成，反映的是各种通信系统的共性。根据不同的通信任务，图中各方框的名称和作用也会有所差异，从而形成不同的实际通信系统模型。

1.2.2　通信系统的分类

根据不同标准，通信系统有多种分类。

1. 按信道传输信号分类

按信道传输信号的不同，通信系统可分为模拟通信系统和数字通信系统。

模拟通信是指以模拟信号携带模拟消息的通信过程或方法。其特征是信源和信宿处理的都是模拟消息，信道传输的是模拟信号。因此，**以模拟信号携带模拟消息的通信系统就是模拟通信系统(Analog Communication System)**(模型如图 1-5 所示)，如普通电话通信系统。

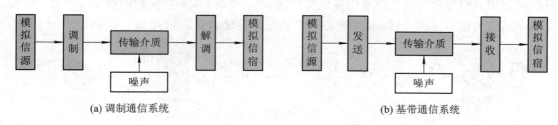

图 1-5　模拟通信系统模型

数字通信是指以数字信号携带模拟消息的通信过程或方式。其特征是信源和信宿处理的都是模拟消息，但信道传输的是数字信号。因此，**以数字信号携带模拟消息的通信系统就是数字通信系统(Digital Communication System)**(模型如图 1-6 所示)，如移动通信系统(手机)。

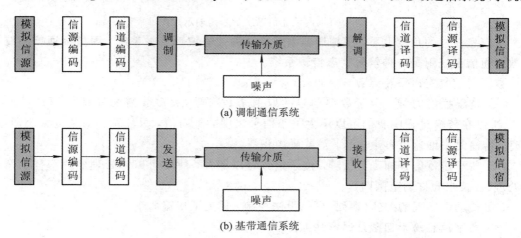

图 1-6　数字通信系统模型

从图 1-6 中可见，数字通信系统与图 1-5 所示的模拟通信系统的主要区别是多了信源编码(译码)和信道编码(译码)功能模块，而这正是数字通信系统的特点所在。通常信源编码完成的是将模拟信号转换成数字信号的功能(信源译码功能相反)；信道编码是将信源编码输出的数字信号(一般是经自然编码后的数字信号，即把用高电平表示"1"，低电平表示"0"的编码方式形成的脉冲序列(消息码元))变成具有检(纠)错功能的脉冲序列(消息码元＋冗余码元)，信道译码功能则相反。

电信号或光信号在传输时的一个主要特征是"衰减"，即信号强度的减小。信号传输距离越长，衰减越大；信号频率越高，衰减越快。另一个特征是信号的波形发生畸变（主要由衰减和噪声引起）。高质量的模拟通信应该是衰减和畸变都比较小，但实际模拟通信系统很难满足人们对通信质量越来越高的指标要求。

数字通信产生的直接原因是为了提高模拟通信的质量。宏观上看，数字通信与模拟通信的主要差别体现在信宿接收到的信号质量更好。

模拟通信在信号传输上采用逐级"放大"方式，而数字通信多采用的是"再生"方式。比如，一队游客在导游的带领下，沿着窄小的山道拾阶而上。最前面的导游（信源）拿起话筒对着最后面的人（信宿）喊："张先生，快跟上，别掉队！"，这是模拟通信的信号传输方式；他也可以用传口令的方式让游客们依次将"张先生，快跟上，别掉队！"的命令传下去，这就是数字通信的信号传输方式。这两种通信系统信号传输示意图如图 1-7 所示。

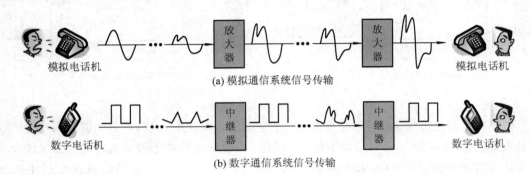

(a) 模拟通信系统信号传输

(b) 数字通信系统信号传输

图 1-7 两种通信系统信号传输示意图

从信息传输的角度上看，**模拟通信系统是一种信号波形传输系统，而数字通信系统以及数据通信系统则是一种信号状态传输系统。**

数字通信具有以下特点：

(1) 抗干扰能力强。由于数字信号的取值个数有限（大多数情况只有"0"和"1"两个值），所以在传输过程中我们可以不太关心信号幅度的绝对值，只注意相对值的大小即可。同时，传输时中继器可再生信号，消除噪声积累。

(2) 便于进行信号加工与处理。由于信号可以储存，所以可以像处理照片一样随意加工处理（在技术允许的范围内）。

(3) 传输中出现的差错（误码）可以设法控制，提高了传输质量。

(4) 数字消息易于加密且保密性强。

(5) 可传输话音、图像、图片、数据等多种消息，增加了通信系统的灵活性和通用性。

总之，数字通信的优点很多，但事物总是一分为二的。数字通信的许多长处是以增加信号带宽为代价的。比如，一路模拟电话信号的带宽为 4 kHz，而一路数字电话信号大概要占 20～60 kHz 的带宽，这说明数字通信的频带利用率较低。尽管如此，数字通信仍将是未来通信的发展方向。

2. 按传输介质分类

按传输介质的不同，通信系统可分为无线通信系统和有线通信系统。

利用无线电波、红外线、超声波、激光进行通信的系统统称为无线通信系统。广播系统、移动电话系统、电视系统、卫星通信系统、无线个域网等都是无线通信系统。利用导线（包括电缆、光纤等）作为介质的通信系统就是有线通信系统，如市话系统、闭路电视系统、普通的计算机局域网等。

随着通信、计算机和网络技术的飞速发展，单纯的有线或无线通信系统越来越少，实际通信系统常常是"无线"中有"有线"，"有线"中有"无线"。因此，无论是作为科学知识还是专业学科，当代的无线通信、有线通信和计算机网络三者的关系都已变得密不可分。

3．按调制与否分类

按调制与否，通信系统可分为基带通信系统和调制通信系统。

基带系统传输的是基带信号，而调制通信系统传输的是已调（带通）信号。

4．按通信业务分类

按通信业务的不同，可分为电话通信系统、电报通信系统、广播通信系统、电视通信系统、数据通信系统等。

5．按工作波长分类

按工作波长的不同，通信系统可分为长波通信系统、中波通信系统、短波通信系统、微波通信系统和光通信系统等。

一种通信系统可以分属不同的种类，如我们熟悉的无线电广播既是中波通信系统（短波通信系统），调制通信系统、模拟通信系统，也是无线通信系统。

无论我们怎样划分通信系统，都只是在信号处理方式、传输方式或传输介质等外在特征上做文章，其通信的实质并没改变，即大量、准确、快速、广泛、方便、经济、安全、长距离地传送信息。因此，我们在分析、研究、设计、搭建和使用一个通信系统时，只要抓住这个实质，就不会被系统复杂的结构、先进的技术和生僻的技术术语所迷惑。

1.3　通信方式

通信方式是指通信双方（或多方）之间的工作形式和信号传输方式。它是通信各方在通信实施之前必须首先确定的问题。根据不同的标准，通信方式也有多种分类。

按通信对象数量的不同，通信方式可分为点到点通信（即通信是在两个对象之间进行）、点到多点通信（一个对象和多个对象之间的通信）和多点到多点通信（多个对象和多个对象之间的通信）三种，这三种通信方式如图1-8(a)所示。

根据信号传输方向与传输时间的不同，任意两点间的通信方式可分为：

（1）单工通信（Simplex）：在任何一个时刻，信号只能从甲方向乙方单向传输，甲方只能发信，乙方只能收信。比如，广播电台与收音机的通信、电视台与电视机的通信（点到多点）、遥控玩具、航模（点到点）等均属此类。车辆沿单行道行驶可类比单工通信。

（2）半双工通信（Half-Duplex）：在任何一个时刻，信号只能单向传输，或从甲方向乙方，或从乙方向甲方，每一方都不能同时收、发信息，如对讲机之间的通信。过独木桥可类比半双工通信。

（3）全双工通信（Full-Duplex）：在任何一个时刻，信号能够双向传输，每一方都能同时进行收信与发信工作。全双工以太网是典型的全双工通信实例。大家所熟悉的电话通信在功能上具有全双工通信的特性，但在技术上不是采用收、发两个信道，而是利用消侧音技术克服双向传输的干扰。双向两车道的交通可类比全双工通信。

以上三种通信方式如图 1-8(b)所示。

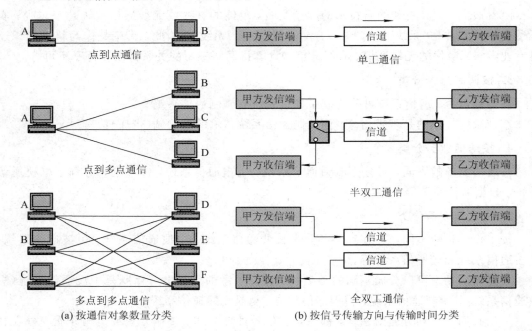

图 1-8　通信方式示意图

按通信终端之间的连接方式，通信方式可划分为两点间直通方式和交换方式。直通方式是通信双方直接通过有线或无线方式连接；而交换方式的通信双方必须经过一个称为交换机的设备才能连接起来，如电话系统。

在数据通信中，按数字信号传输的顺序，通信方式又有串行通信与并行通信之分。按同步方式的不同，又分为同步通信和异步通信。

一种通信方式可以具有多类性，比如广播电视既是一种单工通信方式，也是一种点到多点的通信方式。

1.4　信道和传输介质

1.4.1　信道的概念

信道就是为信号传输提供的物理通道或路径。

要完成通信过程，信号必须依靠传输介质传输，因此，传输介质被定义为狭义信道。另一方面，信号还必须经过很多设备（发送机、接收机、调制器、解调器、放大器等）进行各种处理，这些设备显然也是信号经过的通道。因此，把传输介质（狭义信道）和信号必须经过的各种通信设备统称为广义信道。

除了上述基于传输介质的基本信道概念外，为了便于分析与研究，在通信领域还有基于信号处理方式或过程的其他信道概念，比如，基于处理方式的频率信道（频道）和时间信道等(详见 1.8 节"多路复用");基于处理过程的调制信道和编码信道等(如图 1-9 所示)。

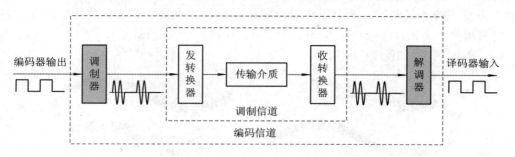

图 1-9 调制信道与编码信道

调制信道是指在具有调制和解调过程的任何一种通信方法中,从调制器输出端到解调器输入端之间的信号传输过程或途径。对于研究调制与解调的性能而言,我们可以不管信号在调制信道中作了什么变换,也可以不管选用了什么传输介质,只需关心已调信号通过调制信道后的最终结果,即只关心调制信道输出信号与输入信号之间的关系,而不考虑具体的物理过程。

对于数字通信系统来说,如果仅关心编码和译码,那么引入编码信道的概念将十分方便。我们把从编码器输出端到译码器输入端之间的信号传输过程途径称为编码信道。

调制信道对信号的影响是通过乘性干扰和加性干扰使已调制信号发生模拟性(波形上)的变化;而编码信道对信号的影响则是一种数字序列的变换,即把一种数字序列变成另一种数字序列(产生误码)。虽然调制信道与编码信道在形式上对通信的影响有明显的不同,但本质上都是信息失真,或者说都影响通信的可靠性和准确性。

从图 1-9 中可见,编码信道包含调制信道,故它要受调制信道的影响。不过,从编码和译码的角度来看,这个影响已反映在解调器的输出数字序列中,即输出数字信号将以某种概率发生差错。显然,若调制信道特性越差、加性干扰越严重,则出现错误的概率也越大。图 1-9 所示信道的一个实例是第 7 章中的 ASK 系统。

注意:(1) 不同的信道概念可以嵌套。比如,传输介质既可以作为调制信道,也可以作为编码信道,既可以作为频率信道,也可以作为时间信道。(2) 不管还有多少信道概念,它们都必须基于传输介质这个基本信道。

1.4.2 传输介质

传输介质(通信介质)是指可以传播(传输)电信号(光信号)的物质,主要分为有线介质和无线介质。有线介质主要是各种线缆和光缆(类比铁轨、公路);无线介质主要是指可以传输电磁波(类比飞机),即无线电波和光波的空间或大气。从通信系统的角度上看,传输介质就是连接通信双方收、发信设备并负责信号传输的物质(物理实体)。

下面我们简要介绍几种常用的传输介质。

1. 有线介质

有线介质通常指双绞线、同轴电缆、架空明线、多芯电缆和光纤等。

(1) 双绞线(TP, Twisted Pair)。

双绞线是由若干对且每对有两条相互绝缘的铜导线按一定规则绞合而成。采用这种绞合结构是为了减少对邻近线对的电磁干扰。为了进一步提高双绞线的抗电磁干扰能力，还可以在双绞线的外层再加上一个用金属丝编织而成的屏蔽层。根据双绞线是否外加屏蔽层，它又可分为屏蔽双绞线（STP，Shield Twisted Pair）和非屏蔽双绞线（UTP，Unshield Twisted Pair）两类（如图 1-10 所示）。

屏蔽箔

屏蔽双绞线   非屏蔽双绞线

图 1-10　双绞线示意图

双绞线既可用于模拟信号传输，也可用于数字信号传输，其通信距离一般为几到十几公里。导线越粗，通信距离越远（衰减越小），但导线价格也越高。由于双绞线的性价比相对其他传输介质要高，所以应用十分广泛。美国电子工业协会的远程通信工业分会（EIA/TIA）在1995 年颁布的"商用建筑物电信布线标准"EIA/TIA-586-A 中给出了 5 种 UTP 的标准：

• 第一类双绞线就是住宅常用的缠绕式电话线，只适合于语音传输，不适合高速数据传输。

• 第二类传输速率为 4 Mb/s，可用于传输语音和数据。

• 第三类是 LAN 采用的最低档双绞线，传输速率可达 10 Mb/s。

• 第四类主要用于令牌环网，传输速率为 16 Mb/s。

• 第五类可提供 100 Mb/s 的传输速率，而超五类双绞线可保证 155 Mb/s 的传输速率。五类双绞线可用于 FDDI、快速以太网和异步转移模式（ATM）。

最常用的 UTP 是第三类线和第五类线。第五类线的特点是：大大增加了每单位长度的绞合次数；在线对间的绞合度和线对内两根导线的绞合度上都经过了精心的设计，并在生产中加以严格的控制，使干扰在一定程度上得以抵消，从而提高了线路的传输特性。

（2）同轴电缆（Coaxial Cable）。

同轴电缆由内部导体（单股实心线或多股绞合线）、内部绝缘体、网状编织的外导体屏蔽层以及外部绝缘体（塑料外层）所组成，其结构示意图如图 1-11 所示。同轴电缆的这种

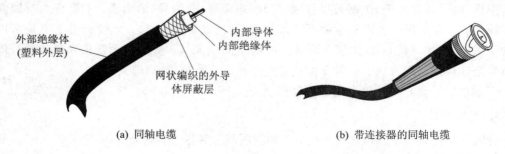

外部绝缘体
（塑料外层）

内部导体
内部绝缘体

网状编织的外导
体屏蔽层

(a) 同轴电缆   (b) 带连接器的同轴电缆

图 1-11　同轴电缆结构示意图

结构使其具有高带宽和较好的抗干扰特性，适合频分复用。按特性阻抗数值的不同，同轴电缆又分为 50 Ω 的基带同轴电缆和 75 Ω 的宽带同轴电缆两种。

基带同轴电缆的特性是：一条基带同轴电缆只支持一个信道，传输带宽为 1～20 Mb/s。它能够以 10 Mb/s 的速率把基带数字信号传输 1～1.2 km 远。它是局域网中广泛使用的一种信号传输介质。

宽带同轴电缆支持的带宽为 300～450 MHz，可用于宽带数据信号的传输，传输距离可达 100 km。所谓宽带数据信号传输，是指利用频分复用技术在宽带介质上进行的多路数据信号传输，它既能传输数字信号，也能传输诸如话音、视频等模拟信号。

（3）光导纤维（Optical Fiber）。

光导纤维简称光纤，是光纤通信系统的传输介质。由于可见光的频率非常高，约为 10^8 MHz 的量级，因此，一个光纤通信系统的传输带宽远远大于其他各种传输介质的带宽，是目前应用最广，最有发展前途的有线传输介质。

光纤呈圆柱形，由芯、封套和外套三部分组成，其结构示意图如图 1-12 所示。芯由一条或多条非常细的玻璃或塑料纤维线构成，每根纤维线都有自己的封套。由于这一玻璃或塑料封套涂层的折射率比芯线低，从而可使光波保持在芯线内。环绕一束或多束封套纤维的外套由若干塑料或其他材料层构成，以防止外部的潮湿气体侵入，并可防止磨损或挤压等伤害。

外套　绝缘层　包层　纤维芯

图 1-12　光纤结构示意图

光纤根据传输数据的模式不同，可分为多模光纤和单模光纤两种。

多模光纤意指光在光纤中可能有多条不同角度入射的光线在一条光纤中同时传播，如图 1-13(a)所示。这种光纤所含纤芯的直径较粗，其范围是 50～100 μm。光线在多模光纤中传输时因入射角的不同，会导致不同的光线行进的距离不同，即光线在光纤中传输的时

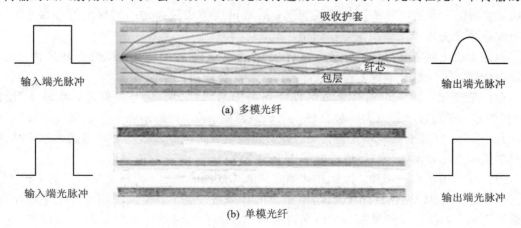

图 1-13　两种光纤传输示意图

间不一样。由此产生的一个结果是：输入的光脉冲在光纤的输出端离开时可能会有些扩散（或色散），从而导致光脉冲的波形失真。

单模光纤意指光在光纤中的传播没有反射，而沿直线传播，如图1-13(b)所示。这种光纤的直径比多模光纤细得多，细到只有一个光的波长（直径在 $7\ \mu m$ 至 $9\ \mu m$ 之间），光线不能在纤芯中反射传播，只能一直向前传播，且以很小的失真离开光纤。

单模光纤与多模光纤的性能比较见表1-1。

表1-1 单模光纤与多模光纤的性能比较

项　目	单模光纤	多模光纤
距离	长	短
数据传输率	高	低
光源	激光	发光二极管
信号衰减	小	大
端结	较难	较易
造价	高	低

光纤不易受电磁干扰和噪声影响，可进行远距离、高速率的信息传输，而且具有很好的保密性能。但是，光纤的衔接、分岔比较困难，一般只适应于点到点或环形连接。

2. 无线介质

如果通信要经过一些高山、岛屿、沼泽、湖泊、偏远地区或穿过鳞次栉比的楼群时，用有线介质铺设通信线路就非常困难；另外，对于处于移动状态的用户来说，有线传输也无法满足他们的通信要求，而采用无线介质就可以解决这些问题。

无线介质是指可以传输电磁波（光波和无线电波）、超声波等无线信号的空间或大气。

在光波中，红外线、激光是常用的信号类型。前者广泛地用于短距离通信，如电视、录像机、空调器等家用电器使用的遥控装置；后者可用于建筑物之间的局域网连接。另外，超声波信号主要用于工业控制与检测中，如液位检测、距离检测等。

因为无线电波容易产生，传播距离远，能够穿过建筑物，且既可以全方向传播，也可以定向传播，所以绝大多数无线通信都采用无线电波作为传输信号。

在电信领域，**把一个信号单位时间变化的周期数称为该信号的频率，用单位"赫兹（Hz）"表示。**亨利希·鲁道夫·赫兹是一位德国物理学家，他的研究导致了无线电波（电磁波）的发现，论证了电磁波以光速传播，得出无线电波是电磁辐射的一种形式的重要结论。为纪念他的杰出贡献，人们用他的名字作为频率的单位。

为合理利用电磁波资源，根据其频率的高低或波长的长短，无线电波可分为9个大波段（见表1-2）。因为不同频率（波长）电磁波的传播特性各异，所以应用场合也不尽相同。根据物理概念，波长指信号在一个周期内传播的距离，数值上等于信号两个相邻波峰（波谷）之间的距离，通常用 λ 表示。波长（m）、频率 f（Hz）、光速 c（3×10^8 m/s）三者满足公式 $\lambda=c/f$。

表 1 - 2　电磁波资源划分表

频段名称	频率范围	波长范围	波段名称	传输介质	用　　途
甚低频 VLF	3 Hz～30 kHz	10^8～10^4 m	甚长波	有线线对 长波无线电	音频、电话、数据终端、长距离导航、时标
低频 LF	30 kHz～300 kHz	10^4～10^3 m	长波		导航、信标、电力线通信
中频 MF	300 kHz～3 MHz	10^3～10^2 m	中波	同轴电缆 中波无线电	调幅广播、移动陆地通信、业余无线电通信
高频 HF	3 MHz～30 MHz	10^2～10 m	短波	同轴电缆 短波无线电	移动无线电话、短波广播、军用定点通信、业余无线电通信
甚高频 VHF	30 MHz ～300 MHz	10～1 m	超短波	同轴电缆 米波无线电	电视、调频广播、空中管制、车辆通信、导航
特高频 UHF	300 MHz～3 GHz	1 m～10 cm	微波	波导 分米波无线电	电视、空间遥测、雷达导航、点对点通信、移动通信、专用短程通信、微波炉、蓝牙技术
超高频 SHF	3 GHz～30 GHz	10～1 cm		波导 厘米波无线电	微波接力、雷达、卫星和空间通信、专用短程通信
极高频 EHF	30 GHz～300 GHz	1 cm～1 mm		波导 毫米波无线电	微波接力、雷达、射电天文学
紫外线、红外线、可见光	10^5 GHz～10^7 GHz	3×10^{-4} ～3×10^{-6} cm	光波	光纤 激光空间传播	光通信

无线电波的传播方式主要有地面波传播、天波传播、地—电离层波导传播、视距传播、散射传播、外大气层及行星际空间电波传播等几种。

（1）地面波传播：即无线电波沿地球表面传播。地面波在传播过程中，其场强因大地吸收会衰减，频率愈高则衰减愈大。长波、中波由于频率低，加上绕射能力强，所以利用这种传播方式可以实现远距离通信。地波传播受季节、昼夜变化影响小，信号传输比较稳定。

（2）天波传播：是利用电离层对电波的一次或多次反射进行的远距离传播，是短波的主要传播方式。中波只有在夜间才能以天波形式传播。天波传播存在着严重的信号衰落现象。所谓电离层是大气中具有离子和自由电子的导电层。

（3）地—电离层波导传播：是指电波在从地球表面至低电离层下缘之间的球壳形空间（地—电离层波导）内的传播。长波、甚长波在该波导内能以较小的衰减传播数千千米，且受电离层扰动影响小，传播稳定，故可用于远距离通信。

（4）视距传播：视距传播是这两种传播方式的统称，在接收点所接收的电波一般是直射波与大地反射波的合成。由发射天线辐射的电波像光线一样直线传到接收点，这种传播方式称为直射波传播。另外还有由发射天线发射、经地面反射到达接收点的传播方式，称为大地反射波传播。视距传播的距离一般为 20～50 km，主要用于超短波及微波通信。

（5）散射传播：是利用对流层或电离层介质中的不均匀体或流星余迹对无线电波的散

射作用而进行的传播。利用散射传播实现通信的方式目前主要是对流层散射通信，其常用频段为 0.2～5 MHz，单跳距离可达 100～500 km。电离层散射通信只能工作在较低频段 30～60 MHz，单跳距离可达 1000～2000 km，但因传输频带窄，其应用受到限制。流星余迹持续时间短，但出现频繁，可用于建立瞬间通信，常用通信频段为 30～70 MHz，单跳通信可达 2000 km。实际的流星余迹通信除了散射传播外，还可利用反射进行传播。

（6）外大气层及行星际空间电波传播：是以宇宙飞船，人造地球卫星或星体为对象，在地一空，空一空之间进行的电波传播。卫星通信利用的就是这种传播方式。这种传播方式在自由空间的传输损耗达 200 dB 左右；此外还受对流层、电离层、地球磁场、宇宙空间各种辐射和粒子的影响等。大气吸收及降雨衰减对 10 GHz 以上频段影响严重。

上述无线电波传播方式示意图如图 1-14 所示。

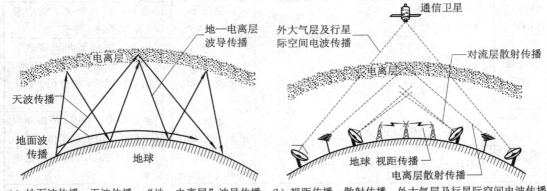

(a) 地面波传播、天波传播、"地一电离层"波导传播　(b) 视距传播、散射传播、外大气层及行星际空间电波传播

图 1-14　无线电波传播方式示意图

1.5　信 号 与 噪 声

1.5.1　信号的定义与分类

通信的根本任务是传递信息，但必须以信号的传输为前提。

近代一切通信系统都是把信息（消息）转化为电压、电流或无线电波（光波）等信号形式，再利用各种传输手段将这些信号进行传输，从而完成通信任务；另外，古时的烽火、抗战年代的消息树以及军队中的冲锋号、信号弹、信号灯与信号旗等都是携带信息的信号实例。

通过对上述信号概念的抽象与概括，可以给出信号的基本定义：

信号指可以携带消息的各种物理量、物理现象、符号、图形等。

在现代通信系统中，信号主要指变化的电压、电流、无线电波或光波。普通信号必须具有可观测性、可变化性，而用于通信的信号还必须具有可控制性。

我们知道，信息的最终使用者是人或与之相关的机器设备。信号作为信息的物理载体必须能被人的视觉、听觉、味觉、嗅觉、触觉感受到，或被机器设备检测到，否则就失去了信息传输的意义；而信号如果不可变，则无法携带丰富多彩的信息；信号必须能够通过物理方法产生或实现。比如，打雷和闪电具有信号的前两个性质，但它们无法由人控制、产生，因此不能作为通信用信号。

信号可以类比卡车，消息就是卡车上的集装箱，而信息则是集装箱中的货物。

根据不同标准，信号有多种形式和种类，通常对信号作如下分类。

(1) 根据信号来源不同，信号可分为自然信号和人工信号。如打雷、闪电、地震波、生物电等由自然现象产生的信号就是自然信号。自然信号通常携带有人们感兴趣的信息，比如，气象、地质、自然灾害、物质结构、物质特性等信息，人们可以利用各种传感器"采集"自然信号，进行处理和分析。由人为方式产生的电压、电流等信号就是人工信号。

(2) 根据消息载体的不同，信号可分为电信号和光信号两大类。电信号主要包括电压信号、电流信号和无线电信号等；而光信号则是利用光亮度的强弱或有无来携带信息的。

(3) 按信息的类别不同，信号主要可分为声音(音频)信号、活动图像(视频)信号和数据信号等。音频信号指频率在 20 Hz～20 kHz 内的携带语音、音乐和各种声效的电信号，其中包含频率在 300 Hz～3.4 kHz 内的话音信号(电话专用)。视频信号指直接携带活动图像信息的 0～6 MHz 的电信号。数据信号主要指携带 0、1 数据的数字电信号(通常以电脉冲序列形式出现)，它通常不能直接携带信息，而需要根据协议通过编码技术赋予。

(4) 根据频谱位置的不同，信号可分成基带信号和带通信号。我们把频谱最低值 f_L 小于频谱宽度 $B=f_H-f_L$ 的信号称为基带信号，常见的基带信号是不经过调制处理的信号；而把 f_L 大于频谱宽度 $B=f_H-f_L$ 的信号称为带通信号，常见的带通信号就是经过调制处理的已调信号。基带信号一般直接携带信息(比如音频和视频信号)，接收到信号也就收到了信息；而已调信号虽然也携带信息，但接收端必须对接收到的信号进行解调处理才能还原出原始信息。典型的基带信号通信系统是单位内部的有线广播，扬声器可直接将语音信号播放出来；典型的带通信号通信系统是无线电广播，收音机收到的是已调信号，虽然它也包含语音信息，但不能直接通过扬声器播放出来，必须经过解调才行。

(5) 按信号外在表现的特征可分为以下几类。

① 模拟信号：参量(因变量)取值随时间(自变量)的连续变化而变化的信号，如图 1-15(a)。时间轴 t 上的任意一点都对应有 y 轴上的一个确定值。通俗地讲，波形为连续曲线的信号就是模拟信号。模拟信号的主要特点是在其出现的时间内具有无限个可能的取值，正是这一特点使得模拟信号难以存储。现实生活中模拟信号的例子很多，如通过电话机的话筒输出的话音信号及经过调制的 AM 广播信号等。

② 离散信号：在时间上取离散值的信号。从图 1-15(b)中可见，t 取 0、1、2、3 等离散值，而 y 的取值随函数的关系而定，即为离散自变量所对应的函数值，是多少就是多少，没有做任何限制，可以连续，也可以离散。它与模拟信号的主要区别是自变量的取值不连续。

③ 数字信号：在"信号与系统"课程中我们知道，自变量离散，因变量取值个数有限的信号叫数字信号。在通信领域，除了这种常见的具有高低两种电平被叫做数字基带信号的数字信号外，还有一种以模拟信号形式出现，携带数字消息的数字信号，我们称之为数字带通信号，如后面要讲到携带"0"、"1"数据的 ASK、FSK 和 PSK 等。可见，"信号与系统"课程中数字信号的定义就不够宽泛了，因此，在通信领域，可以定义：**用参量的有限个取**

值携带数字消息的信号叫做数字信号。这里的参量指信号的幅度、频率和相位。按照这个定义，数字信号包含数字基带信号和数字带通信号两种(如图 1 - 15(c)、(d)所示)。通常，数字信号多指数字基带信号。

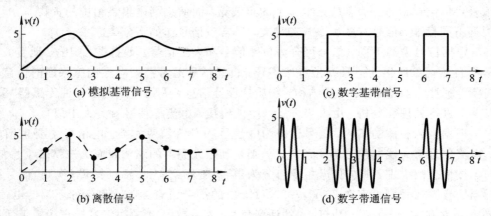

(a) 模拟基带信号 (c) 数字基带信号

(b) 离散信号 (d) 数字带通信号

图 1 - 15 三种信号示意图

需要说明的是，按"信号与系统"中的定义，数字基带信号的波形应该是谱线形式，而常见的数字基带信号波形是连续的(跳变点除外)，其自变量 t 并不离散，这如何解释呢？其实，让波形连续有利于传输，因为在实际传输时，需要在规定时刻对波形抽样，如果样值在一段时间内存在，则抽样时刻就不必非常精确，否则，很容易漏抽。另外，一旦抽样成功，则只有抽样时刻的信号值是有用的，其余时间的信号值没有用处，从这个意义上讲，自变量是离散的。这也就是为什么说模拟通信是"波形通信"，而数字通信是"状态传输"的原因。

因为数字信号的可能取值是事先确定且个数有限的，所以可方便地用存储器存储起来，而这正是数字信号与模拟信号的本质区别，数字通信的很多优点都是基于数字信号这一特征而存在。

(6) 按传输介质不同，信号可分为有线信号和无线信号。通过导线(电缆)或光缆进行传输的信号叫有线信号，如电话信号、有线电视信号；利用无线电波、激光、红外线等空间介质进行传输的信号叫无线信号，如广播和电视信号。

(7) 按信号变化特点不同，信号可分为周期信号和非周期信号。

周期信号：信号的变化按一定规律重复出现的信号。用数学语言描述就是：

$$f(t) = f(t \pm nT) \qquad n = 0, 1, 2, \cdots$$

非周期信号：不是周期信号的所有信号。

(8) 根据信号的变化规律可分为确知信号和随机信号。确知信号的变化规律是已知的，比如正弦型信号、指数信号等；随机信号的变化规律是未知的，比如我们打电话时的语音信号、电视节目中的图像信号还有一些噪声等。

当然，按不同的性质与要求，对信号还可进行其他分类，比如功率信号和能量信号等。限于篇幅与大纲要求，在此不一一介绍。

1.5.2 噪声的定义与分类

噪声(Noise)是生活中出现频率颇高的一个词，也是通信领域中与信号齐名的专业术语。但通信领域中所谓的噪声不同于我们所熟悉的以音响形式反映出来的各种噪声（如交通噪声、风声、雨声、人们的吵闹声、建筑工地的机器轰鸣声等），它其实是一种不携带有用信息的电信号，是对有用信号以外的一切信号的统称。概括的讲，**不携带有用信息的信号就是噪声**。显然，噪声是相对于有用信号而言的。

根据来源的不同，噪声可分为自然噪声、人为噪声和内部噪声。自然噪声是指存在于自然界的各种电磁波，如闪电、雷暴及其他宇宙噪声。人为噪声来源于人类的各种活动，如电焊产生的电火花、车辆或各种机械设备运行时产生的电磁波和电源的波动，尤其是为某种目的而专门设置的干扰源（如下述的电子对抗）。内部噪声指通信系统设备内部由元器件本身产生的热噪声、散弹噪声及电源噪声等。

根据噪声表现形式可分为单频噪声、脉冲噪声和起伏噪声。

（1）单频噪声是一种以某一固定频率出现的连续波噪声，如 50 Hz 的交流电噪声。

（2）脉冲噪声是一种随机出现的无规律噪声，如闪电、车辆通过时产生的噪声。

（3）起伏噪声主要指内部噪声。由于它普遍存在且对通信系统有着长期影响，因此是噪声研究的主要对象。它也是一种随机噪声，其研究方法必须运用概率论和随机过程知识。因为元器件本身的热噪声、散弹噪声都可看成是无数独立的微小电流脉冲的叠加，它们服从高斯分布，即热噪声、散弹噪声都是高斯过程，所以，这类噪声也被称为高斯噪声。

除了用概率分布描述噪声的特性外，还可用功率谱密度加以描述。若噪声的功率谱密度在整个频率范围内都是均匀分布的，即称其为白噪声。其原因是谱密度类似于光学中包含所有可见光光谱的白色光光谱。不是白色噪声的噪声称为带限噪声或有色噪声。通常把统计特性服从高斯分布、功率谱密度均匀分布的噪声称为高斯白噪声。图 1 - 16 为噪声实例。

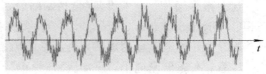

(a) 热噪声　　　　　　　　　　　　　(b) 正弦信号＋噪声

图 1 - 16　噪声实例

与噪声紧密相关的一个概念是干扰（Disturb）。**干扰也是一种电信号，是一种由噪声引起的对通信产生不良影响的效应**。干扰通常指来自通信系统内、外部的噪声对接收信号造成的骚扰或破坏。或者说在接收所需信号时，由非所需能量造成的扰乱效应。简言之，干扰就是能够降低通信质量的噪声。

从通信的角度上看，干扰是一件坏事，应尽量避免和消除。但在军事上却有一种叫做"电子对抗"的技术专门制造和产生各种干扰，以破坏敌方的各种通信，借以取得战争的主动权。

信号在通信系统中传输时，会受到两类干扰：

第一类干扰是由系统或信道本身特性不良而造成的。比如，因各种线性、非线性畸变，交调畸变和衰落畸变等系统不良特性对信号的干扰。这类干扰可类比为道路因坡度、弯度、平整度等道路本身特性不良而对交通带来的不利影响。

第二类干扰是指由通信系统内部和外部噪声（信道噪声）对接收信号造成的骚扰或破坏，或者说在接收所需信号时，由非所需能量造成的扰乱效应。比如，导线内部的热噪声和系统外部的雷电噪声都会干扰通信，影响通信质量。又比如，我们通过收音机正在收听一个电台的新闻，忽然有一个其他台的音乐窜了进来，这个音乐影响了收听新闻，因此，它就是一种干扰。这类干扰可用车道中的人力车和畜力车、横穿马路的行人或突降的雨雪对行车的影响类比。

根据噪声在信道中的表现形式，通常分为乘性噪声和加性噪声两类。比如，对于一个实际信道，若设信道输入信号为 $v_i(t)$，输出信号为 $v_o(t)$，则信道输入与输出的关系可描述为

$$v_o(t) = f[v_i(t)] + n(t) \qquad (1.5-1)$$

式中：$f[v_i(t)]$ 表示信道对输入信号的变换作用，或者说是输入信号 $v_i(t)$ 通过信道发生变化后的波形。f 表示某种变换关系。为讨论方便，假设 $f[v_i(t)]$ 可表示为 $k(t)v_i(t)$，则式（1.5-1）就变成

$$v_o(t) = k(t)v_i(t) + n(t) \qquad (1.5-2)$$

式中：$k(t)$ 和 $n(t)$ 都表示一种信道噪声。由于 $k(t)$ 与 $v_i(t)$ 相乘，所以叫做乘性噪声，也就是上述的第一类干扰；$n(t)$ 与 $v_i(t)$ 是相加的关系，因此 $n(t)$ 称为加性噪声，即上述的第二类干扰。这样我们就把不同信道对信号的干扰抽象为乘性和加性两种。

从抗干扰的角度上讲，所谓信道不同，其实质就是 $n(t)$ 和 $k(t)$ 的不同。从信号传输的角度上看，不同信道的差异就在于传输方式（有线或无线）、传输损耗和频响特性的不同。

抗干扰是通信系统所研究的主要问题之一，除了在理论与方法上寻求解决之外（比如角调制比幅度调制抗干扰性好，数字通信系统比模拟通信系统抗干扰性好），在实用技术上也有很多措施（比如屏蔽、滤波等）。

现在很多通信、电子设备（包括网络设备）都有一项很重要的技术指标——电磁兼容性（EMC，Electromagnetic Compatibility）俗称抗电磁干扰，就是指该设备在预定的工作环境下，既不受外界电磁场的影响，也不影响周围的环境，按设计要求正常工作的能力。

注意：在通信原理中，通常认为"噪声"与"干扰"同义，且多用"噪声"一词。

1.6　信号频谱与信道通频带

我们已经知道，通信实际上就是信号在信道中的传输过程，而信道的频率特性直接影响信号的传输质量。因此，本节介绍两个重要概念——信号频谱和信道通频带。

通常，我们习惯于在时间域（简称时域）考虑问题，研究信号幅度（因变量）与时间（自变量）的关系。而在通信领域还常常需要了解信号幅度与相位或频率（自变量）之间的关系。即要在频率域（简称频域）中研究信号。下面分别对周期信号和非周期信号的频域特性进行研究和讨论。

这里需要声明两点，一是为方便起见，在谈论信号频率的时候，不严格区分频率 f 和角频率 ω；二是数学概念上的"函数"在这里与"信号"同义。

1.6.1　周期信号的频谱

在高等数学中我们学过傅里叶级数，其内容是：任意一个满足狄里赫利条件的周期信

号 $f(t)$（实际工程中的周期信号一般都满足）可用三角函数的线性组合来表示，即

$$f(t) = a_0 + \sum_{n=1}^{\infty}(a_n \cos n\omega_0 t + b_n \sin n\omega_0 t) \tag{1.6-1}$$

式中

$$a_0 = \frac{1}{T_0}\int_{-T_0/2}^{T_0/2} f(t)\ \mathrm{d}t \tag{1.6-2}$$

$$a_n = \frac{2}{T_0}\int_{-T_0/2}^{T_0/2} f(t)\ \cos n\omega_0\ \mathrm{d}t \tag{1.6-3}$$

$$b_n = \frac{2}{T_0}\int_{-T_0/2}^{T_0/2} f(t)\ \sin n\omega_0 \mathrm{d}t \tag{1.6-4}$$

式中：n 为正整数；a_0 是常数。$T_0 = 2\pi/\omega_0$ 是 $f(t)$ 的周期。利用三角函数公式，可以将式 (1.6-1) 中的正弦和余弦分量合并，即有

$$f(t) = c_0 + \sum_{n=1}^{\infty} c_n \cos(n\omega_0 t + \varphi_n) \tag{1.6-5}$$

式中：$c_0 = a_0$；$c_n = \sqrt{a_n^2 + b_n^2}$；$\varphi_n = -\arctan\dfrac{b_n}{a_n}$。

从电学的角度上讲，式 (1.6-5) 第一项 c_0 表示直流分量；当 $n=1$ 时，$c_1 \cos(\omega_0 t + \varphi_1)$ 叫做基波，也就是基础波的意思，因为频率为 ω_0；当 $n=2$ 时，$c_2 \cos(2\omega_0 t + \varphi_2)$ 叫做二次谐波，因为频率是基波的二倍；以此类推，$c_n \cos(n\omega_0 t + \varphi_n)$ 叫做 n 次谐波。

式 (1.6-5) 在这里被称为傅氏级数的标准式，其物理意义就是一个周期信号可用一直流分量和以其频率（周期的倒数）为基频的各次谐波（正弦型信号）的线性叠加表示。假设有一个周期性方波如图 1-17(a) 所示，其表达式可用式 (1.6-5) 表示。那么，在式 (1.6-5) 中，我们按只取基波、只取到 3 次谐波、只取到 5 次谐波和只取到 7 次谐波四种情况画出信号的波形，如图 1-17(a)～(d) 所示。可见谐波次数取得越高，近似程度越好。由此得出结论，**基波决定信号的形状，谐波改变信号的"细节"。**

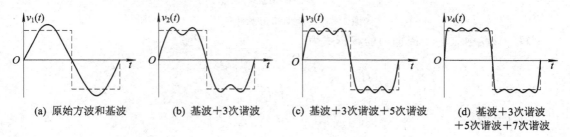

(a) 原始方波和基波　　(b) 基波+3次谐波　　(c) 基波+3次谐波+5次谐波　　(d) 基波+3次谐波+5次谐波+7次谐波

图 1-17　方波及其谐波示意图

需要强调的是，若把图 1-17 方波及其谐波反顺序理解，就是低通滤波的概念。比如对于图 (d) 所示的信号，若用低通滤波器将 7 次谐波滤掉，就会得到图 (c) 所示的信号；若将所有谐波滤掉，就得到图 (a) 所示的基波信号。也就是说，低通滤波可以去除高频纹波或抖动，起到圆滑波形的作用。

由"电路分析"中的正弦交流电知识可知，三角函数与复指数函数之间满足尤拉公式

$$\cos n\omega_0 t = \frac{e^{jn\omega_0 t} + e^{-jn\omega_0 t}}{2} \qquad (1.6-6)$$

$$\sin n\omega_0 t = \frac{e^{jn\omega_0 t} - e^{-jn\omega_0 t}}{2j} \qquad (1.6-7)$$

将式(1.6-6)、式(1.6-7)代入式(1.6-1)，经整理得到

$$f(t) = \sum_{n=-\infty}^{\infty} F(n\omega_0) e^{jn\omega_0 t} \qquad (1.6-8)$$

$$F(n\omega_0) = \frac{1}{T_0} \int_{-T_0/2}^{T_0/2} f(t) e^{-jn\omega_0 t} dt \qquad (1.6-9)$$

式(1.6-8)是傅氏级数的复指数表达形式，表明一个周期信号可以由无穷个复指数信号线性组合而成。式(1.6-9)表明 $F(n\omega_0)$ 是一个以离散变量 $n\omega_0$ 为自变量的复函数，具有实部和虚部，即

$$F(n\omega_0) = |F(n\omega_0)| e^{j\varphi(n\omega_0)} \qquad (1.6-10)$$

从式(1.6-8)可以看出，$F(n\omega_0)$ 反映了 $f(t)$ 在频域上各次谐波的幅值和相位，因此，把 $F(n\omega_0)$ 称为 $f(t)$ 的频谱函数，其实部称为幅频函数，虚部称为相频函数，如式(1.6-10)所示。这样，任何一个周期信号都可用与其唯一对应的频谱函数来描述。$f(t)$ 描述的是信号与时间的关系，而 $F(n\omega_0)$ 描述的是信号各次谐波的幅值、相位与频率之间的关系，它与式(1.6-5)相比，有 $|F(0)| = c_0$，$|F(n\omega_0)| = \frac{1}{2}c_n$。

【例题 1-1】 求图 1-18 所示的周期矩形脉冲信号的频谱函数。

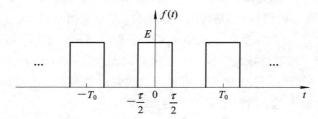

图 1-18 周期矩形脉冲信号

解 该信号在一个周期内的解析式为

$$f(t) = \begin{cases} E, & -\dfrac{\tau}{2} \leqslant t \leqslant \dfrac{\tau}{2} \\ 0, & \text{其他} \end{cases}$$

由式(1.6-9)得

$$F(n\omega_0) = \frac{1}{T_0} \int_{-\tau/2}^{\tau/2} E e^{-jn\omega_0 t} dt = \frac{E\tau}{T_0} \cdot \frac{\sin\left(\dfrac{1}{2}n\omega_0\tau\right)}{\dfrac{1}{2}n\omega_0\tau} = \frac{E\tau}{T_0} Sa\left(\frac{1}{2}n\omega_0\tau\right) \qquad (1.6-11)$$

式中：$Sa(x) = \sin x/x$ 称为抽样函数(Sample Function)或抽样信号，它是信号理论中一个非常重要的信号，其波形如图 1-19(a)所示，而式(1.6-11)可用图 1-19(b)来描述。

从上例中可以看出周期信号的频谱具有以下几个特点：

(1) 谱线只出现在基波频率的整数倍处，即各次谐波点上，具有非周期性、离散性的特点。谱线的间隔就是基频 ω_0，因为 $\omega_0 = 2\pi/T_0$，所以，周期越大，谱线越密，也就是单位

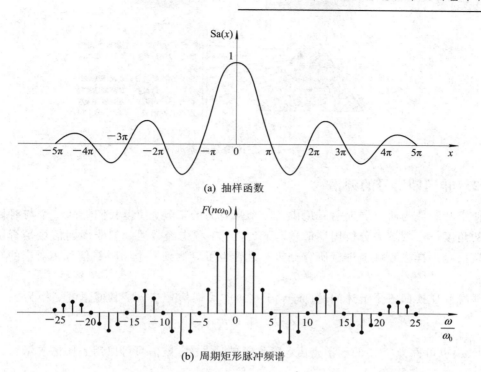

(a) 抽样函数

(b) 周期矩形脉冲频谱

图 1-19　抽样函数与周期矩形脉冲频谱示意图

频带中谐波个数越多。

（2）各次谐波振幅（即谱线的高低）的总变化规律是随着谐波次数的增加而逐渐减小。

（3）各次谐波振幅随频率的衰减速度与原始信号的波形有关，即时域波形变化越慢，频谱的高次谐波衰减越快，高频成分越少，反之，时域波形变化越剧烈，频谱中高次谐波成分越多，衰减就越慢。

总之，周期信号的频谱具有离散性、谐波性和收敛性三大特点。

为了帮助读者更好地理解频谱概念，我们把对称方波的时域和频域波形用图 1-20 示出。另外，用三棱镜对白色光的分解类比傅氏级数对周期信号的分解，如图 1-21 所示。

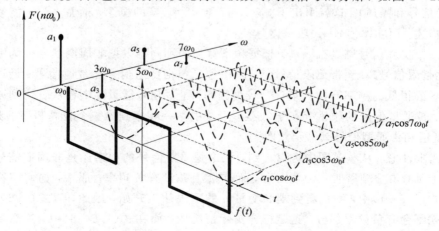

图 1-20　对称方波的时域和频域波形

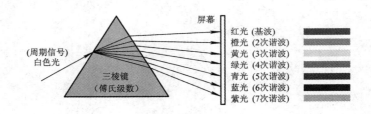

图 1-21   三棱镜分光原理图

1.6.2   非周期信号的频谱

傅里叶级数为研究周期信号提供了一个强有力的工具，使得我们能从一个与时域完全不同的角度——频域去分析周期信号。那么对于工程中经常遇到的非周期信号是否也可以像周期信号一样在频域上进行研究分析？是否也可以找到一个与时域信号相对应的频谱函数呢？

傅里叶变换回答了上述问题。即对于一个非周期信号 $f(t)$，其傅里叶变换为

$$F(\omega) = \int_{-\infty}^{\infty} f(t) \mathrm{e}^{-\mathrm{j}\omega t}\, \mathrm{d}t \qquad (1.6-12)$$

$F(\omega)$ 也可称为 $f(t)$ 的频谱密度，简称频谱。这样，该信号可以用其频谱表示为

$$f(t) = \frac{1}{2\pi} \int_{-\infty}^{\infty} F(\omega) \mathrm{e}^{\mathrm{j}\omega t}\, \mathrm{d}\omega \qquad (1.6-13)$$

式(1.6-12)和式(1.6-13)共同被称为傅里叶变换对。

通过上述分析可知，无论是周期信号还是非周期信号都可在频域进行研究分析。对于周期信号，借助于数学工具傅里叶级数可得到与该信号相对应的频谱函数 $F(n\omega_0)$；而对于一个非周期信号，可用傅里叶变换求得该信号的频谱函数 $F(\omega)$。$F(n\omega_0)$ 与 $F(\omega)$ 虽然都叫频谱函数，但概念不一样，希望读者一定注意。不过为了方便记忆，不管是周期信号还是非周期信号，都可把频谱统一理解为：**频谱就是信号幅度（或相位）随频率变化的关系（图）。**

需要说明的是，在通信领域，人们还关心信号能量或功率的大小随频率的变化关系（比如随机信号和噪声），这就引出了"能量谱"和"功率谱"的概念。通常，对于能量信号用"能量谱"描述，而功率信号用"功率谱"描述。

任何一个工程信号都具有频谱。根据频谱宽度的不同可以把非周期信号分为频带有限信号（简称带限信号）和频带无限信号。带限信号又包括低通信号和带通信号。低通型信号的频谱从零或很低的频率开始到某一个较高频率截止，信号能量集中在从直流到截止频率的频段上。带通型信号的频谱存在于从不等于零的某一频率到另一个较高频率的频段。图1-22为低通和带通型信号频谱示意图。

我们需要注意：从频谱图中可以看到，无论是周期信号的频谱还是非周期信号的频谱在负频率上都存在，频谱曲线为偶对称，而实际上并没有负频率。那么，如何解释这个问题呢？在式(1.6-1)中，我们看到求和变量 n 的下限从1开始，因此，以式(1.6-1)画出的频谱图就不会有负频率部分，这是符合实际情况的。而在式(1.6-8)中，注意到求和变量 n 的下限是 $-\infty$，则频谱中就有负频率分量。造成这个现象的原因纯属数学问题。从式

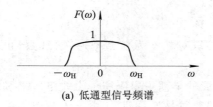

(a) 低通型信号频谱

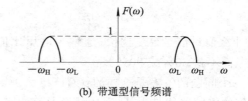

(b) 带通型信号频谱

图 1-22　低通、带通型信号频谱示意图

(1.6-6)和式(1.6-7)中可知,不管是正弦分量还是余弦分量都由正复指数分量和负复指数分量两项叠加而成,也就是说,如果要用复指数信号表达正弦型信号就必须有正、负两种复指数信号,而在负复指数信号 $e^{-jn\omega_0 t}$ 中,我们关心的是信号与频率的关系,且时间 t 不能为负,只能把负号赋给角频率 ω_0,频谱就出现负频率分量。因此,频谱中出现负频率分量没有对应的物理解释,仅仅是一种数学需要而已。

1.6.3　信道通频带

有了信号频谱的概念,下面介绍信道(广义信道)的通频带。任何一个信道不管是一个设备、一个电路或一个传输介质,对信号的传输都有影响,主要表现在两个方面:一个是对不同频率信号的幅度衰减,通常是传输信号的频率越高,信道对信号的衰减越大;再一个就是对不同频率信号的延迟。信道对信号的这两个影响正好可以用信道的频率特性(也叫频响特性),即幅频特性和相频特性来表示。

如果把一个幅值恒定、频率连续可调的正弦型信号加到一个信道的输入端,那么当把该信号的频率从小到大连续改变时,所对应的信道输出信号与频率的关系就是信道的频响特性(频率特性)。**输出信号幅度随频率变化的关系叫做幅频特性,输出信号相位随频率变化的关系叫做相频特性**(它正好反映了输出对输入的延迟)。在很多情况下,我们只关心其幅频特性,因此把输出信号的幅值与频率的变化曲线叫做频率响应曲线,简称频响曲线。大多数信道的频响曲线都是带通型的,也就是说,信道对某一频率段的信号幅度影响不大且基本上一致,而对大于或小于该频率段的信号影响很大,直至衰减到零。

通常我们以幅频曲线的最大值为标准(一般是曲线中心频率所对应的值),**把幅频值下降到最大值的 70% 时所对应的两个频率之间的频段叫做通频带**。频率低的点叫下截止频率,频率高的点叫上截止频率。由于这两点的幅值与最大值之比为 0.7,对应的分贝值是 -3 dB,所以,截止频率也叫 3 分贝频率,通频带也叫 3 分贝带宽。从概念上讲,通频带是指一个信道为信号传输所能提供的频带宽度。

设有电阻 R_1 和 R_2,它们的功率分别为 P_1 和 P_2,则分贝的计算公式为

$$\left[\frac{P_2}{P_1}\right]_{\text{分贝值}} = 10 \lg \frac{P_2}{P_1} \quad (\text{dB}) \tag{1.6-14}$$

根据电路知识,有 $P = V^2/R$,则式(1.6-14)变为

$$\left[\frac{P_2}{P_1}\right]_{\text{分贝值}} = 10 \lg \frac{P_2}{P_1} = 10 \lg \frac{V_2^2/R_2}{V_1^2/R_1} \tag{1.6-15}$$

令 $R_1 = R_2$,则有

$$\left[\frac{P_2}{P_1}\right]_{\text{分贝值}} = 20 \lg \frac{V_2}{V_1} \quad \text{(dB)} \qquad (1.6-16)$$

为什么要对信号幅度比值（通常为电压比值）取对数？为什么把通频带的截止点定在70%处，而不是80%或90%呢？

第一个问题的答案是这样的：通信技术在发展的早期主要应用于无线电广播和话音通信，通信的终端往往是人耳（现代数据通信的终端往往是计算机）。由于人耳对声音的频响特性呈对数关系，而不是线性关系，即在大音量下，音量如果增大一倍，人耳的听觉增加不到一倍；而小音量时，人耳听觉却比较敏感。所以，为了更好地衡量通信质量，人们对输出信号的电压（比）或功率（比）取对数，使听觉特性能接近线性。对输出电压取对数（以10为底）后要乘上一个常数20，并改称为电平；对输出功率取对数后要乘上一个常数10。比如我们说一个放大器的电压增益是40 dB，就意味着放大器输出电压与输入电压之比为100；说一个系统的信噪比是30 dB，则信号与噪声的功率比为1000。

从输出信号的功率上看，电压下降到70%所对应的功率正好是电压最大值功率的一半，因此3分贝点也叫半功率点。另外，无线电技术约定，当输出电压下降到其最大值的70%以下时，就认为该频率分量对输出的贡献很小了，故把3分贝点定为截止点。这就是第二个问题的答案。

对于一般信道而言，我们希望通频带越宽越好（对于模拟信号来说，意味着频分复用的信号路数就越多，或者信号的保真程度越高；对于数字信号意味着波特率越大，可以传输的信息越多），频响曲线越平越好（输出信号的一致性好）。比如我们要买一套高保真音响设备（主要包括音源，放大器和音箱三部分），就要求各部分的频响曲线在通频带内尽可能地"平"，否则，在听音乐时就可能会出现特别强的笛声或特别弱的鼓声，因为某一频率的放大量比其他频率大得多或小得多。同时还要求通频带在低频段越低越好，最好低于20 Hz，在高频段最好高于20 kHz。这是因为音频的范围为20 Hz～20 kHz。如果音响设备的通频带达不到这个要求，我们就可能听不到震人心魄的低音鼓声或清脆悦耳的三角铁声。另外，三个设备的频响特性最好一致。如果音箱的特性不好，那么再好的放大器和音源（CD机、录音机等）都是浪费。显然，信号的高保真（Hi-Fi）传输除了要求信道通频带大于带宽之外，还必须要求通频带内的频响特性保持平坦，如图1-23（a）所示。如果放大器的通频带变成图1-23（b）所示的形

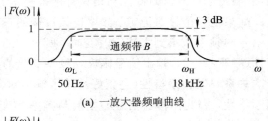

(a) 一放大器频响曲线

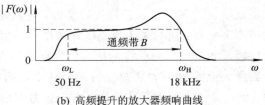

(b) 高频提升的放大器频响曲线

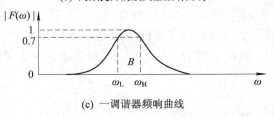

(c) 一调谐器频响曲线

图1-23 通频带实例示意图

状，则在播放音乐时，我们就会感觉到高音部分特别强，即高频信号出现了"失真"。

对于某些电路来说，有可能要求通频带窄一些好。比如收音机、电视机和电台等设备

中的调谐电路和一些带通滤波器就要求通频带在不失真的前提下尽可能地窄，以提高选择性，如图 1-23(c)所示。

　　信号频谱宽度可类比汽车的车身宽度，信道通频带可类比道路宽度。显然，一条道路要想让汽车顺利通过，其宽度必须大于车身宽度，否则，车辆就无法在道路上行驶；而信道通频带小于信号带宽时，虽然信号仍可在信道中传输，但已丢失了很多信息，信号在信道中是以失真的形式进行传输，就好像把汽车超宽部分切掉在路上跑一样。因此，一条信道要不失真地传送一个信号，其通频带大于信号的频谱宽度。

　　生活中很多音响设备，比如汽车音响、家庭影院等都设有音调控制旋钮或均衡器。音调控制旋钮的作用就是人为地改变放大器频响特性，提升或降低音频信号中的某些频率成分（通常是高音、中音或低音部分），以满足人们的不同听觉需求；而均衡器是通过改变多段频响曲线的方式，以弥补放大器频响特性的不平坦或起与音调控制旋钮相同的作用。图 1-24 为音响设备实例。

(a) 音频功率放大器

(b) 音频均衡器

图 1-24　音频设备实例示意图

1.7　信息的度量与香农公式

1.7.1　信息的度量

　　传输信息是通信系统的本质。在传输过程中，信息被各种具体的物理信号所携带。为了对通信系统的性能与质量进行定量的分析、研究与评价，就需要对信息进行度量。定义能够衡量信息多少的物理量叫信息量，通常用 I 表示。

　　信息是一个抽象的概念，它能否被量化且如何被量化？让我们看看下面的例子，比如，"明天太阳从东边出来"绝对没有"明天太阳从西边出来"对信息的受者更有吸引力；同样，当你听说"有人被狗咬了"并不会感到惊奇，但若有人告诉你"一条狗被人咬了"，你一定非常吃惊。这说明信息有量值可言，并且信息所包含的事件越不可能发生，人们就越感兴趣，信息量就越大。显然，**信息量与事件发生的概率有关，事件出现的概率越小，信息量就越大**，必然事件的概率为 1，则它传递的信息量就为 0。据此可得信息量与事件概率之间的关系式

$$I \propto \log_a \frac{1}{P}$$

式中：P 表示某事件发生的概率；I 为从该事件发生的信息中得到的信息量。如果消息由若干个互相独立的事件构成，则该消息所含信息量等于各独立事件所含信息量之和。

消息是信息的载体，信息是消息的内涵。通过对消息的分析就可得到其中所含的信息量。由离散信源产生的消息称为离散消息，由连续信源产生的消息就是连续消息。

离散消息只能用有限个符号表示，可看成是一种具有有限个状态的随机序列，可以用离散型随机过程的统计特性进行描述。离散消息 x 所含信息量 I 与消息出现概率 $P(x)$ 的关系为

$$I = \log_a \frac{1}{P(x)} = -\log_a P(x) \qquad (1.7-1)$$

信息量单位的确定取决于式(1.7-1)中的对数底 a。若 $a=2$，则信息量的单位为比特(bit)；若 $a=e$，则信息量的单位为奈特(nit)；若取 10 为底，则信息量的单位称为十进制单位或哈特莱。通常广泛使用的单位为比特。

下面讨论等概率出现的离散消息的信息度量。若要传递的离散消息是在 M 个消息中独立地选择其一，且认为每个消息的出现概率是相同的，则可采用一个 M 进制的波形进行传送。也就是说，传送 M 个消息之一与传送 M 进制波形之一是完全等价的。在等概率出现时，每个波形(或每个消息)的出现概率为 $1/M$，取对数底为 2，则式(1.7-1)变为

$$I = \log_a \frac{1}{P(x)} = \text{lb} \frac{1}{1/M} = \text{lb}M \qquad (1.7-2)$$

式中，当 $M=2$，即二进制时，$I=1$，也就是说，每个二进制波形等概出现时所含信息量是 1 比特。在数据通信(或数字通信)中，通常取 M 为 2 的整数幂，即 $M=2^k$，则每个波形等概出现时所含信息量就是 k 比特。

再来考察非等概的情况。设离散信息源是一个由 m 个符号组成的集合，称符号集。符号集中的每一个符号 x_i 在消息中是按一定概率 $P(x_i)$ 独立出现的，即符号概率场为

$$\begin{bmatrix} x_1 & x_2 & \cdots & x_n \\ P(x_1) & P(x_2) & \cdots & P(x_n) \end{bmatrix}$$

且有 $\sum_{i=1}^{n} P(x_i) = 1$。若消息由一个符号序列组成，则整个消息的信息量为

$$I = -\sum_{i=1}^{n} n_i \log_a P(x_i) \qquad (1.7-3)$$

式中，n_i 和 $P(x_i)$ 分别为第 i 个符号出现的次数和概率。

【例题 1-2】 已知二元离散信源只有"0"、"1"两种符号，若"0"出现概率为 1/3，求出现"1"所含的信息量。

解 由于全概率为 1，因此出现"1"的概率为 2/3。由式(1.7-1)可知，出现"1"的信息量为

$$I(1) = -\text{lb} \frac{2}{3} = 0.585 \text{ bit}$$

【例题 1-3】 已知英文字母 e 和 z 出现的概率分别为 0.105 和 0.001，求 e 和 z 的信息量。

解 e 的信息量为

$$I(e) = -\text{lb}0.105 = 3.25 \text{ bit}$$

z 的信息量为

$$I(z) = -\text{lb}0.001 = 9.97 \text{ bit}$$

【例题 1-4】 某离散信源由 0，1，2，3 四种符号组成，其概率场为

$$\begin{bmatrix} 0 & 1 & 2 & 3 \\ \dfrac{3}{8} & \dfrac{1}{4} & \dfrac{1}{4} & \dfrac{1}{8} \end{bmatrix}$$

求消息 201 020 130 213 001 203 210 100 321 010 023 102 002 010 312 032 100 120 210 的信息量。

解 此消息总长为 57 个符号，其中 0 出现 23 次，1 出现 14 次，2 出现 13 次，3 出现 7 次。由式(1.7-3)可求得此消息的信息量为

$$I = -23 \text{ lb} \frac{3}{8} - 14 \text{ lb} \frac{1}{4} - 13 \text{ lb} \frac{1}{4} - 7 \text{ lb} \frac{1}{8}$$

$$= 32.55 + 28 + 26 + 21 = 107.55 \text{ bit}$$

当消息很长时，用符号出现概率计算信息量较麻烦，而用平均信息量计算较好。平均信息量是指每个符号所含信息量的统计平均值。因此，M 个符号的离散消息的平均信息量为

$$H = -\sum_{i=1}^{M} P(x_i) \text{ lb} P(x_i) \quad (\text{b/ 符号}) \tag{1.7-4}$$

由于式(1.7-4)同热力学中的熵的计算公式形式一样，故通常又称它为信息源的熵，其单位为 b/符号。显然，当 $P(x_i) = 1/M$(等概条件时的概率值)时，式(1.7-4)即成为式(1.7-2)。

【例题 1-5】 求例 1-4 中消息的平均信息量。

解 由式(1.7-4)可得

$$H = -\frac{3}{8} \text{ lb} \frac{3}{8} - \frac{1}{4} \text{ lb} \frac{1}{4} - \frac{1}{4} \text{ lb} \frac{1}{4} - \frac{1}{8} \text{ lb} \frac{1}{8} = 1.906 \text{ b/ 符号}$$

因为消息有 57 个符号，所以该消息所含信息量为

$$I = 57 \times 1.906 \approx 108.64 \text{ bit}$$

与例题 1-4 相比，总信息量的结果略有差异，原因在于两者平均处理的方法不同。随着消息中符号数的增加，这种误差会逐渐减小。

顺便指出，根据式(1.7-4)可知，不同的离散信息源可能有不同的熵值。无疑，我们期望熵值愈大愈好，可以证明，在式(1.7-4)成立的条件下，信息源的最大熵发生在每一个符号等概出现时，即 $P(x_i) = 1/M$，最大熵值等于

$$H_{\max} = -\sum_{i=1}^{M} \frac{1}{M} \text{ lb} \frac{1}{M} = \text{lbM} \quad (\text{b/ 符号}) \tag{1.7-5}$$

关于连续消息的信息量可用概率密度来描述。其平均信息量为

$$H = -\int_{-\infty}^{\infty} f(x) \log_a f(x) \, \mathrm{d}x \tag{1.7-6}$$

式中，$f(x)$ 为连续消息出现的概率密度。

1.7.2 信道容量与香农公式

供车辆行驶的道路有一个重要指标——道路通行能力。它是指一条道路某一断面上单位时间能够通过的最大车辆数，亦称道路容量，通常用"辆/小时"表示。

信道为信号的传输提供途径，那么类比上述道路容量的概念，信道也应该有一个衡量其性能的指标。人们把单位时间内信道上所能传输的最大信息量称为信道容量。它可用信道的最大信息传输速率来表示。

由于信道有数字（离散）和模拟（连续）之分，所以，信道容量也不相同。在此只讨论有扰模拟（连续）信道的信道容量问题。

也许有人会问，信道容量是用比特率来衡量的，也就是说，是针对数字信道而言的，而模拟信道没有比特率的概念，如何衡量信道容量？其实，不仅是模拟信道的容量，包括模拟信息的信息量在内都是基于数字信息理论或分析方法得出的。其要旨就是，模拟信号可以通过抽样定理变为数字信号。

信号在信道中传输要受到干扰的影响，以至引起信息传输错误，我们把具有干扰的信道称为有扰信道。那么，在怎样的条件下，信道可以无失真（不丢失）地将信息以速率 R 进行传输呢？香农定理给出了理论答案：

对于一个给定的有扰信道，如果信息源的信息发出速率小于或等于信道容量，即 $R \leqslant C$，则理论上存在一种方法可使信息以任意小的差错概率通过该信道传输。反之，若 $R > C$，该信道将无法正确传递该信息。

那么，一个给定连续信道的信道容量与什么因素有关呢？我们知道，一个频带受限的模拟信号所携带的信息量与它的带宽有关。比如，话音信号的带宽约为 4 kHz，电视图像信号的带宽为 6 MHz，通过抽样，离散话音信号的最低抽样频率为 8 kHz，离散图像信号的最低抽样频率为 12 MHz。显然电视图像信号的信息量比话音信号大。信号的频带宽，意味着携带的信息量大，传输该信号的信道带宽也要随之增大。因此，信道容量与衡量信道优劣的一个重要指标——通频带宽度有直接关系。另外，在一个实际信道中，除了被传输的有用信号之外，不可避免地混有各种干扰信号，而干扰信号会直接影响信号（信息）的传输。可见，**信道容量受到噪声和带宽的双重制约。**

1948 年美国数学家香农在论文"通信的数学理论"中提出了著名的"香农公式"。该公式给出了信道带宽、信道容量和白色高斯噪声干扰信号（或信道输出信噪比）之间的关系：

$$C = B \operatorname{lb}\left(1 + \frac{S}{N}\right) \text{ b/s} \tag{1.7-7}$$

式中：C 为信道容量（单位为 b/s 或 bps）；B 为信道带宽（Hz）；S 为信号功率；N 为噪声功率。"信噪比"是通信技术中一个很重要的概念，其定义是信号功率与噪声功率之比，简记为 SNR。通常取分贝值

$$\text{SNR} = \frac{S}{N} = 10 \lg \frac{P_S}{P_N} \tag{1.7-8}$$

式（1.7-7）可通过下例帮助理解：设有一段公路（类比一个信道），用每秒通过这段公路的汽车数作为交通量（类比信息量 C），公路的宽度类比信道宽度 B，S 代表汽车数，N 表示公路上行人的数量（类比干扰信号）。显然，交通量与道路宽度成正比，路越宽，单位时间通过的车辆数就越多；交通量还与路上车辆数与行人数之比有关，行人越多，占据的路面就越宽，可供车辆通行的路面也就越窄，S/N 就越小，反之，S/N 越大，交通量就越大。

【例题 1-6】 若一帧电视图像的信息量为 99 600 bit，电视的帧频为 30 Hz，为使接收端能收到良好的图像，要求信道的信噪比 $S/N = 1000(10\,\lg S/N = 30\ \text{dB})$，求信道的带宽 B。（注：$\text{lb}\,x = 3.32\,\lg x$）

解 信息传输速率为

$$v = 99\,600 \times 30 = 29.9 \times 10^6\ \text{b/s}$$

则信道的容量 C 至少应等于 v，有

$$C = 99\,600 \times 30 = 29.9 \times 10^6\ \text{b/s}$$

由香农公式可得

$$B = \frac{C}{\text{lb}\left(1 + \dfrac{S}{N}\right)} \approx \frac{29.9 \times 10^6}{\text{lb}\,1000} \approx 3.00 \times 10^6\ \text{Hz}$$

即信道带宽约为 3 MHz。

由于噪声功率 N 与信道的频带宽度有关，设单边噪声功率谱密度为 n_0，则可得到香农公式的另一种形式

$$C = B\,\text{lb}\left(1 + \frac{S}{n_0 B}\right) \tag{1.7-9}$$

式中：$n_0 B = N$。

从香农公式中我们可得出以下结论：

（1）一个给定信道的信道容量受 B、S、n_0 "三要素" 的约束。信道容量随 "三要素" 的确定而确定。

（2）提高信噪比（信号功率与噪声功率之比）可提高信道容量。

（3）一个给定信道的信道容量既可以通过增加信道带宽、减少信号发射功率来保证，也可通过减少信道带宽、增加信号发射功率来保证。也就是说，信道容量可通过带宽与信噪比的互换而保持不变。比如，若 $S/N = 7$，$B = 4\ \text{kHz}$，由香农公式可算出 $C = 12 \times 10^3\ \text{b/s}$；同样的 C，还可由 $S/N = 15$，$B = 3\ \text{kHz}$ 来保证。

（4）虽然 C 与 B 成正比关系，但 $B \to \infty$ 时，C 却不能随之趋于无穷大。

证明如下：

$$C = B\,\text{lb}\left(1 + \frac{S}{n_0 B}\right) = \frac{S}{n_0} \cdot \frac{n_0 B}{S}\,\text{lb}\left(1 + \frac{S}{n_0 B}\right)$$

$$\lim_{B \to \infty} C = \frac{S}{n_0} \lim_{B \to \infty} \frac{n_0 B}{S}\,\text{lb}\left(1 + \frac{S}{n_0 B}\right)$$

从高等数学中可知

$$\lim_{x \to 0} = \frac{1}{x}\,\text{lb}(1 + x) = \text{lb}\,e \approx 1.44$$

则

$$\lim_{B \to \infty} C = \frac{S}{n_0}\,\text{lb}\,e \approx 1.44 \frac{S}{n_0}$$

上式表明，若 S/n_0 保持不变，当 $B \to \infty$ 时，因为噪声功率 $N = n_0 B$ 也随之趋于无穷大，所以信道容量保持有限值。

如果信道的传输速率 R 等于信道容量 $C(R=C=1.44S/n_0$，即达到极限传输速率)，则此时所需的最小信噪比为

$$\frac{E_b}{n_0} = \frac{1}{\text{lb e}} \approx -1.6 \ (\text{dB})$$

其中，$E_b = S/R$ 为每比特的信号能量。

通常，**把以极限速率传输信息且可使差错率达到任意小的通信系统称为理想通信系统。**

带宽与信噪比互换的概念非常重要，香农公式虽未给出具体的实现方法，但却在理论上阐明了这一概念的极限情况，为后人指出了努力的方向。比如"编码"和"调制"等技术就可在一定程度上实现带宽与信噪比互换。

在实际应用中，具体以"谁"换"谁"要视情况而定。比如，地面与卫星或宇宙飞船的通信，由于信噪比很低，且功率十分宝贵，所以常用加大带宽来保证通信；而在有线载波通信中，信道频带很紧张，这时就要考虑用提高信号功率来减少各路信号的带宽，以增大载波路数。

1.7.3　信道带宽与信道容量的关系

信道容量就是信道允许的最大比特率。在信噪比一定的前提下，信道容量主要由信道通频带的宽度决定。

下面从傅里叶级数、奈奎斯特定理和香农定理三个方面对信道容量与信道带宽之间的关系进行定性的分析与研究。

首先介绍一个术语——话音级信道。话音级通道来源于传统的模拟电话系统。因为人类对频率在 300～3400 Hz 范围内的话音比较敏感，并且该频段的语音信号基本能表现出说话人的语音特色，即可以辨别出不同的说话人，所以，电话系统中人为地将每路电话的带宽限制在 3000 Hz 左右。通常把具有 **3000 Hz 通频带的信道就称为话音级信道。**

1. 傅里叶级数分析

信道中传播的电压或电流信号都可以用傅氏级数表示为无穷个谐波的代数和。而信道是有一定带宽的，带宽决定信道所能传送信号的有效频率范围。因此，上述谐波信号只能有一部分通过信道传输而其余的将被抑制。假设信道所能通过的最高谐波数为 n，显然，信道带宽越大，通过的谐波数 n 越大，原始信号所表示的信息丢失就越少，信号失真就越小。

比如，有一个数字信号 01100010 要在某信道中传输(该信号是 ASCII 字符"b")。用傅氏级数展开后，各次谐波振幅(即幅频特性)如图 1-25(a)所示。那么，当信道带宽分别为只能通过 1、2、4、8 次谐波时，则相应的信道输出信号波形如图 1-25(b)、(c)、(d)、(e)所示。

理论分析表明，在信道带宽一定的情况下，信息(数据)传输速率越高，基频 f 的值就越大，则信道所能通过的谐波数就会越少，信号失真就大，直到信号无法被正确识别。表 1-3 是话音级信道信息传输速率与通过谐波次数的关系。

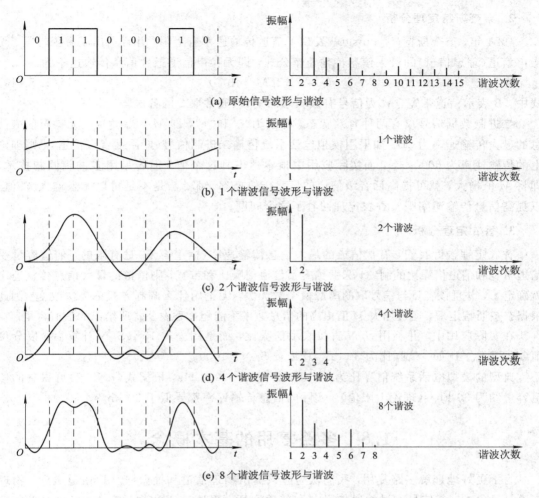

(a) 原始信号波形与谐波

(b) 1 个谐波信号波形与谐波

(c) 2 个谐波信号波形与谐波

(d) 4 个谐波信号波形与谐波

(e) 8 个谐波信号波形与谐波

图 1-25　谐波个数与相应的时域波形示意图

表 1-3　话音级信道信息速率与通过谐波次数的关系

信息传输速率/(b/s)	基波/Hz	通过谐波次数
300	37.5	80
600	75	40
1200	150	20
2400	300	10
4800	600	5
9600	1200	2
19 200	2400	1
38 400	4800	0

可见，限制了信道的带宽，就限制了信息的传输速率。

2. 奈奎斯特定理分析

1924 年，奈奎斯特（Nyquist）就发现了信道传输速率有上限，并且给出了有限带宽、无噪声信道（理想信道）的最大信息传输速率公式，即无噪声信道最大信息传输速率为

$$C = 2B \ \text{lb}M \quad \text{（b/s）} \tag{1.7-10}$$

式中：B 表示信道带宽，M 为信号有效状态的个数（通常取 2 的各次幂）。

二进制数据信号仅有两种有效状态，分别为"0"和"1"，即 $M=2$。这时，无噪声信道信息的最大传输速率为 $2B$。如果用模拟电话系统传输二进制信号（即用话音级信道），则理论上的传输速率为 6000 b/s，而实际应用中根本达不到这个值。但若采用多进制调制技术，即将 M 值增大，就可提高话音级信道的信息传输速率。那么，是不是可以无限增大 M 值，以提高信息传输速率呢？香农定理回答了这个问题。

3. 香农定理分析

香农定理告诉我们，有扰信道的最大信息传输速率（信道容量）是有限的，信道容量受信道带宽和信道信噪比的制约，只要给定了信道信噪比和带宽，则信道的最大信息传输速率就确定了，并且该容量与信号取的离散值个数无关，无论用什么调制方式都无法改变。因此根据奈奎斯特定理，通过加大 M 值提高的信息速率不能超过香农公式所给出的信道容量。

在实际应用中，并不用 S/N 直接表示信噪比，而是用公式 $10 \ \lg S/N$ 计算后，以分贝值（dB）表示。比如，信噪比为 30 dB，意味着 $S/N=1000$。

典型的模拟电话系统信噪比为 30 dB，带宽 $B=3000$ Hz，根据式（1.7-7）可得它的信道容量约为 30 kb/s（理论上限值），实际的信息传输速率都要低于 30 kb/s。

1.8 多路复用的基本概念

为了更好地理解多路复用，我们认为应该提出物理信道和抽象（逻辑）信道概念。物理信道是具象的，指信号经过的通信设备和传输介质，强调信道的物质存在性（与广义信道强调的内容不同）；而抽象信道是指在一个物理信道中通过各种信号处理技术而划分出来的多个信号虚拟通道。换句话说，就是一个物理信道可以包含多个抽象信道。比如一根导线是一条物理信道，利用频分复用技术，该导线通频带内的不同小频段就可构成多个抽象频率信道；利用时分复用技术，该导线传输信号过程中的不同小时隙可构成多个抽象时间信道；利用码分复用技术，该导线可以构成多个抽象码型信道。

所谓**多路复用就是在同一个物理信道（如一对线缆、一条光纤或空间）中利用复用技术传输多路信号的过程或方法**。即在一条物理信道内产生多个抽象信道，每个抽象信道传送一路信号，其示意图如图 1-26。

图 1-26 多路复用示意图

目前常用的复用技术主要有频分复用技术、时分复用技术、空分复用技术、码分复用技术、波分复用技术。

(1) 频分复用(FDM)是指在一个具有较宽通频带的物理信道中，通过调制技术将多路频谱重叠的信号分别调制到不同的频带上，使得它们的频谱不再重叠(并保证都处在信道的通频带内)的一种多路复用方式。频分复用的特点是各路信号在时间上相互重叠，而在频率上各占其位、互不干扰。它要求信道具有较宽的通频带以保证容纳多路信号的频谱。

(2) 时分复用(TDM)是指在一个物理信道中，根据抽样定理通过脉冲调制等技术将多路频谱重叠的信号分时在信道中传输的一种多路复用方式。时分复用的特点是各路信号(调制后)传输时在时间上相互不重叠，而在频率上频谱重叠，任意时刻信道上只有一路信号，各路信号按规定的时间定时传送。

(3) 空分复用(SDM)是指利用空间位置的不同，划分出多路信道进行通信的复用方式。比如，一根多芯电缆，其中每一对芯线都可作为一个独立的信道，它们是靠占据不同的空间而存在的。再比如，卫星可以靠多个覆盖不同区域的天线，将空间分为多个信道。注意：这里的信道不是虚拟的。

(4) 码分复用(CDM)是指利用一种特殊的调制技术将多路时间重叠、频谱重叠的信号变为传输码型不同的信号在信道中传输的一种方式。其特征是多路信号无论在时间上还是频谱上都重叠，但它们的码型不一样。

(5) 波分复用(WDM)是光通信中的复用技术，其原理与频分复用类似。

图 1-27 所示为 FDM、TDM、CDM 三种常用复用方式的异同点。图中方框 1、2、3、4 表示四路信号。

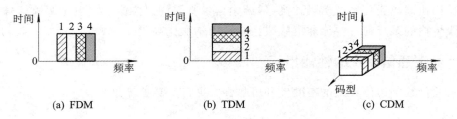

(a) FDM　　　　　　(b) TDM　　　　　　(c) CDM

图 1-27　三种复用示意图

上述复用概念可以用交通现象类比理解："频分复用"相当于把一条道路分为几个车道，不同的车辆(信号)可以同时在不同的车道上跑，靠车道区分不同出发地和目的地的车辆；不同出发地和目的地的车辆分时在一个车道(一条道路)顺序行驶，靠不同的时隙区分就是"时分复用"；不同出发地和目的地的车辆垂直叠在一起(信号是混在一起)同时在一个车道(一条道路)上运行，最后靠车型加以区分就是"码分复用"。

1.9　通信系统的性能评价

如前所述，根据不同的划分标准，通信系统有多种多样。那么如何评价一个通信系统性能的优劣，就是选择和使用一个通信系统所面临的首要问题。这就需要我们找出能够反映通信系统性能的各种技术指标。然而，研究通信系统性能指标是一个非常复杂的问题，包括的内容很多，涉及通信的有效性、可靠性、标准性、快速性、方便性、经济性以及实用维护等诸多方面。另外，很多特性之间是有矛盾的，此消彼长，如果把所有因素都考虑进去，面面俱到，不但系统的设计难以完成，对系统的评价也无法开展。因此，在评价通信系统时，就要从诸多的矛盾中找出具有代表性、起主要作用的主要矛盾作为评价标准。由于在设计和使用通信系统时，通信的有效性和可靠性常常是我们首要考虑的问题，所以，把通信的有效性和可靠性这对矛盾作为评价通信系统性能的主要指标。有效性反映信息传输的速率大小，而可靠性则代表信息传输的质量（准确程度）的高低。信息传输得越快，出错的概率就越大，因此速率和质量显然是一对矛盾。在实际工程中可在一定的可靠性要求的前提下，尽量提高信息传输速率，也可保持一定的有效性，从而设法提高信息的准确性。从香农公式中可以看到二者能够在一定的条件下互相转换。

有效性和可靠性是根据对通信质量的要求而定义出的客观标准，但它们是抽象的，没有可操作性，也很难量化。因此，必须在通信系统中找到具体的、可以操作且能够反映有效性和可靠性的参数或指标。

1.9.1　模拟通信系统的性能指标

对于模拟通信系统，有效性用系统的传输频带宽度来衡量，而可靠性则常用接收端最终输出的信噪比来评价。

系统的传输带宽主要取决于两个方面：一是传输介质，二是对信号的处理方式。通常传输介质的带宽都比较大，完全能够满足传输要求，系统的带宽主要由对信号的处理方式决定。系统的输出信噪比不但和信号的处理方式有关，还和系统的抗干扰措施或技术有关。比如在第 2 章中我们将看到调频信号比调幅信号抗干扰能力强，也就是说调频通信系统的信噪比比调幅通信系统信噪比高（但调频信号所需要的传输带宽却比调幅信号大）；采用屏蔽线传输的系统通常要比非屏蔽线系统输出信噪比高。

1.9.2　数字通信系统的性能指标

为了评价数字通信系统的有效性和可靠性，我们需要了解如下概念。

1. 码元

实际应用中，**表示 M 进制数字信号每一个状态的电脉冲被称为码元**。

理论研究中，因为用于通信的数字信号需要被由若干符号或元素构成的数据序列 $\{a_i\}$ 编码，则码元也可认为是构成数据序列的一个基本符号或元素。

每个码元只能取有限个值。在 M 进制中，a_i 通常取 $0, 1, 2, \cdots, M-1$ 等 M 个值。当一个数据序列被赋予信息后，就可称为 M 进制信息码，或 M 进制数据码。可见，码元是承载信息的基本（最小）单位。

码元与数字信号的关系可以类比于车厢与火车，在这个概念下，数字信号可以理解为由一系列码元构成的时间序列。通常，数字通信系统传输的是表示 0、1 的码元序列，即二进制数字信号，如图 1 − 15(c) 所示。

2. 码元传输速率 R_B

通信系统单位时间传输的码元个数被称为码元传输速率，用 R_B 表示，单位为波特（Baud），故也称为波特率。单位"波特"是以法国工程师琼·莫里斯·埃米尔·波特

（1845—1903）的名字命名。波特率可类比汽车站单位时间内发出的车辆数。

比如一个系统 1 s 传送了 1200 个二进制码元，其波特率就是 1200 Baud。再比如，若图 1-28(a)中的信号一个码元持续时间 $T_B = 2$ ms，即该信号以 T_B 为重复间隔，其码元速率为

$$R_B = \frac{1}{T_B} = \frac{1}{2 \times 10^{-3}} = 500 \text{ Baud} \tag{1.9-1}$$

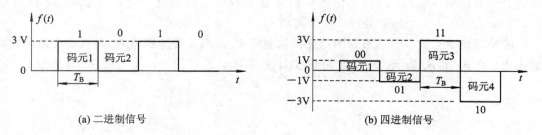

图 1-28　二/四进制信号示意图

3. 信息传输速率 R_b

波特率仅仅反映系统传输数字信号快慢的能力，我们还不知其传输信息量的多少，就好像只知道一条路一小时能过多少辆车，而不知道运送了多少吨货物或多少名乘客一样。因此，人们又定义了一个物理量——信息传输速率。**通信系统单位时间传输的信息量被称为信息传输速率。用 R_b 表示，单位是比特/秒(b/s)，因此也称为比特率。**比特率可类比汽车站单位时间内发出的货物吨数。

信息传输速率的单位除了基本的比特/秒(常记作 b/s——bit per second)外，还有 kb/s、Mb/s、Gb/s 等，它们之间的关系为：1 kb/s＝1000 b/s；1 Mb/s＝1000 kb/s；1 Gb/s＝1000 Mb/s。

通常，对于 0、1 等概出现的二进制数字信号，规定一个码元携带 1 比特(1 bit)的信息量，则二进制数字信号的码元速率和信息速率在数值上相等。

若信源的码元速率为 R_B，熵为 H，则该信源的平均信息速率为

$$R_b = R_B \cdot H \text{ (b/s)} \tag{1.9-2}$$

【例题 1-7】　一信源的符号集为 A、B、C、D、E。设每个符号独立出现，出现概率分别为 $\frac{1}{4}$、$\frac{1}{8}$、$\frac{1}{8}$、$\frac{3}{16}$ 和 $\frac{5}{16}$。信源的码元速率 R_B 为 1000 Baud。(1) 求信源一小时传输的信息量。(2) 求信源一小时可能传输的最大信息量。

解　(1) 由式(1.7-4)可得信源的熵为

$$H = -\frac{1}{4}\text{lb}\frac{1}{4} - 2\frac{1}{8}\text{lb}\frac{1}{8} - \frac{3}{16}\text{lb}\frac{3}{16} - \frac{5}{16}\text{lb}\frac{5}{16} = 2.23 \text{ b/ 符号}$$

由式(1.9-2)可得信源的平均信息速率为

$$R_b = R_B \cdot H = 1000 \cdot 2.23 = 2230 \text{ b/s}$$

传输一小时的信息量为

$$I = R_b \cdot t = 2230 \times 3600 = 8.028 \times 10^6 \text{ bit}$$

(2) 符号等概出现时有最大熵，由式(1.7-5)可得

$$H_{max} = \text{lb}M = \text{lb}5 = 2.32 \text{ b/ 符号}$$

则传输一小时的最大可能信息量为

$$I_{max} = R_B \cdot H_{max} \cdot t = 1000 \times 2.32 \times 3600 = 8.352 \times 10^6 \text{ bit}$$

4．频带利用率

任何一个通信系统都需要一定的传输带宽进行信号传输，而数字系统的传输带宽直接制约着传输速率。为了表示在一定的传输带宽下数字通信系统的信息传输能力，即有效性，人们又定义了一个物理量——频带利用率，其定义如下：

频带利用率为数字通信系统的信息传输速率 R_b 或码元传输速率 R_B 与系统传输带宽 B 的比值，用 η_b 和 η_B 表示，单位是 b/(s. Hz) 或 B/Hz。即

$$\eta_b = \frac{R_b}{B} \tag{1.9-3}$$

$$\eta_B = \frac{R_B}{B} \tag{1.9-4}$$

5．有效性的衡量

显然，对于数字通信系统，在不考虑系统占用频带资源多少的前提下，波特率或比特率的大小可以反映系统的有效性。但因为频带资源有限，常常需要以尽可能小的频带资源浪费，传输尽可能多的信息量，所以，频带利用率也就成为衡量系统有效性的另一个重要指标。

为了提高有效性，在技术与成本允许的情况下，数字通信系统也常采用多进制（M 进制）数字信号（通常 M 取 2 的各次幂，比如 4、8、16 等）进行传输。M 进制数字信号可以理解为由 M 种不同码元构成的时间序列。

多进制信号的每一种码元都可用多位二进制码表示（编码），比如，四进制信号的 4 种码元都可用 2 位二进制码表示，如图 1-28(b) 所示；八进制信号的每个状态可用 3 位二进制码表示。因为一个二进制码元携带 1 bit 信息量，所以，一个四进制或一个八进制信号码元就包含 2 bit 或 3 bit 信息量。可见，传输多进制信号的好处是可以在波特率不变的情况下提高比特率。比如波特率为 1200 Baud 的通信系统，现改为传输四进制信号，则其信息传输速率就为 2400 b/s，比二进制信号提高了一倍。由此得到波特率 R_B、比特率 R_b 与数制 M 三者之间的关系

$$R_b = R_B \text{ lb } M \quad \text{(b/s)} \tag{1.9-5}$$

式中：R_b 为信息传输速率(b/s)；R_B 为码元传输速率(Baud)；M 是采用信号的进制数。

如果用一辆只坐一个人的小车对应一个二进制码元，那么，一个能坐两个人的大车就像一个四进制码元。显然，在单位时间通过车辆数相同的前提下，大车运送的乘客是小车的两倍。利用多进制信号传输信息的目的，就如同寻求用更大的车载客一样。

6．可靠性的衡量

数字通信系统的可靠性用差错率表示。差错率包括误码率和误信率，其概念类似于交通事件中的车辆损失率和货物损失率（人员伤亡率）。

误码率指错误接收的码元数在传输的总码元数中所占的比例，或者说是码元在传输中被传错的概率，用下式表示

$$误码率\ P_e = \frac{错误的码元数\ N_e}{传输的总码元数\ N} \qquad (1.9-6)$$

误信率也称误比特率，它是指接收错误的信息量在传输总信息量中所占的比例，即信息量在传输中被丢失的概率，用下式表示

$$误信率\ P_b = \frac{错误的比特数\ I_e}{传输的总比特数\ I} \qquad (1.9-7)$$

注意：对于二进制系统，有 $P_e = P_b$；对于多进制系统，有 $P_e > P_b$。显然，误码率可类比车辆损坏的数量比，误信率可类比货物破损的吨数比。

综上所述，对于数字通信系统有如下结论：

数字通信系统用传输速率和频带利用率衡量其有效性，用差错率衡量其可靠性。

衡量一个数字/数据传输系统的传输能力（有效性）用波特率或比特率为标准是很自然的事情。但是在计算机网络中，我们却常用"带宽"这个术语来衡量网络的信息传输能力。比如，我们不说"高速网"而说"宽带网"，其原因恐怕就是人们习惯于模拟通信中的"带宽"这个概念，而它又可间接表示信道（或系统）传输数字信号的能力，正如 1.7 节所述。需要注意的是，尽管在计算机网络中使用"宽带"或"窄带"表示信息传输能力，但它们的单位却不是"赫兹（Hz）"而是"比特/秒（b/s）"。

【例题 1-8】　对于二进制独立等概信号，若码元宽度为 $T_B = 0.02$ ms，求该信号的波特率和比特率。若改为八进制信号，在波特率不变的前提下求比特率。该题的结果说明什么问题？

解　二进制码元的波特率为

$$R_{B2} = \frac{1}{T_B} = \frac{1}{0.02 \times 10^{-3}} = 50\ 000\ \text{Baud}$$

二进制码元的比特率为

$$R_{b2} = R_{B2} = 50\ 000\ \text{b/s}$$

若波特率不变，则一个八进制码元携带 3 bit 信息量，八进制码元的比特率为

$$R_{b8} = 3R_{b2} = 3 \times 50\ 000 = 150\ 000\ \text{b/s}$$

该题说明在信道带宽不变的前提下，传输多进制数字信号可以得到比二进制信号更大的信息速率，或者说一个通信系统传输的信号状态数越多，则用比特率衡量的频带利用率就越高。

【例题 1-9】　一个四进制通信系统的码元宽度为 $T_B = 833 \times 10^{-6}$ s，连续工作 1 h 后，收信端收到 6 个错误码元，每个错码仅发生 1 bit 信息错误。(1) 求该系统的波特率和比特率。(2) 求该系统的误码率和误信率。

解　(1) 根据式(1.9-1)，波特率为

$$R_B = \frac{1}{T_B} = \frac{1}{833 \times 10^{-6}} \approx 1200\ \text{Baud}$$

根据式(1.9-5)，比特率为

$$R_b = R_B \text{lb}M = 1200\ \text{lb}4 = 2400\ \text{b/s}$$

(2) 一小时传输的码元个数为

$$N = R_B \cdot t = 1200 \times 3600 = 432 \times 10^4\ 个 \qquad (1.9-8)$$

因为误码个数 $N_e = 6$，则由式(1.9-6)可得误码率为

第一篇 通信原理

$$P_e = \frac{N_e}{N} = \frac{6}{432 \times 10^4} \approx 1.39 \times 10^{-6}$$

一小时传输的信息量为

$$I = R_b \cdot t = 2400 \times 3600 = 8.64 \times 10^6 \text{ bit} \tag{1.9-9}$$

因为误信量 $I_e = 6$，则由式(1.9-7)可得误信率为

$$P_b = \frac{I_e}{I} = \frac{6}{8.64 \times 10^6} = 6.94 \times 10^{-7}$$

可见，多进制系统的误信率小于误码率。

综上所述，我们得出以下结论。

(1) 任何一个通信系统都可看成是一个信号处理(变换)系统，为便于分析研究，通信系统常常被认为是线性系统，因此，"信号与系统"课程是"通信原理"课程的重要理论基础。

(2) "通信原理"对模拟通信系统的定量分析内容主要是计算系统的输出信噪比和系统的通频带；对数字通信系统是计算系统的误码率(误信率)和波特率(比特率)。因为被系统传输(处理)的信号和系统内外部的噪声都是随机信号，它们的特性需要用随机过程描述或表达，所以，对"随机过程"的分析方法是计算"信噪比"和"误码率"的主要理论工具。

(3) "通信原理"课程的主要内容如图 1-29 所示。受大纲所限，本书抽掉了大部分定量计算内容，以物理概念为主，主要介绍了模拟和数字通信系统中所包含的信号处理的关键技术原理。对理论计算有兴趣的读者可以参看作者的另一部教材"通信原理教程"(张卫钢，曹丽娜编著，清华大学出版社，2016 年 9 月出版)或其他相关教材。

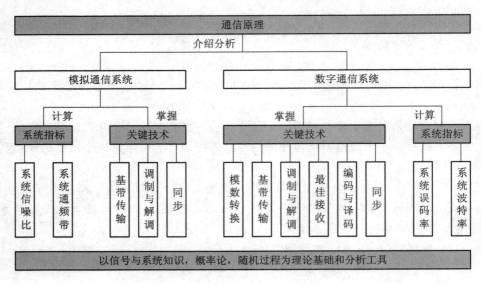

图 1-29 "通信原理"课程主要内容示意图

1.10 通信技术发展史

自 19 世纪初电信技术问世以来，短短的一百多年时间里，"千里眼"、"顺风耳"等古人

的梦想不但得以实现，而且还出现了许多人们过去想都不曾想过的新技术。回顾通信技术的发展史有利于我们更好地了解与掌握这门科学知识。表 1-4 给出了通信技术发展历史简表。

表 1-4　通信技术发展历史简表

年　份	事　件
1838 年	摩尔斯发明有线电报
1864 年	麦克斯韦提出电磁辐射方程
1876 年	贝尔发明有线电话
1896 年	马可尼发明无线电报
1906 年	真空管面世
1918 年	调幅无线电广播、超外差收音机问世
1925 年	开始利用三路明线载波电话进行多路通信
1936 年	调频无线电广播开播
1937 年	提出脉冲编码调制原理
1938 年	电视广播开播
1940—1945 年	雷达和微波通信系统迅速发展
1946 年	第一台电子计算机在美国出现
1948 年	晶体管面世；香农提出信息论
1950 年	时分多路通信应用于电话
1956 年	铺设了越洋电缆
1957 年	第一颗人造地球卫星上天
1958 年	第一颗人造通信卫星上天
1960 年	发明了激光
1961 年	发明了集成电路
1962 年	发射第一颗同步通信卫星；脉冲编码调制进入实用阶段
1960—1970 年	发明了彩色电视；阿波罗宇宙飞船登月成功；出现高速数字计算机
1970—1980 年	大规模集成电路、商用卫星通信、程控数字交换机、光纤通信系统、微处理机等技术迅速发展
1980 年至今	超大规模集成电路、长波长光纤通信系统、综合业务数字网迅速崛起
2000 年左右	物联网概念的提出及技术的兴起

根据各种通信技术在历史上的地位、作用以及对人类社会的影响，我们对过去 100 多年通信技术的发展史进行了概括性的总结，认为有以下 10 项重大通信技术值得人们纪念。

（1）摩尔斯发明有线电报。有线电报开创了人类信息交流的新纪元。

（2）马可尼发明无线电报。无线电报的发明为人类通信技术开辟了一个崭新的领域。

（3）载波通信。载波通信的出现，改变了一条线路只能传送一路电话的局面，使一个物理介质上传送多路电话信号成为可能。

（4）电视。电视极大地改变了人们的生活，使传输和交流信息从单一的声音发展到实时图像。

（5）电子计算机。计算机被公认为是 20 世纪最伟大的发明，它加快了各类科学技术的发展进程。

（6）集成电路。集成电路为各种电子设备提供了高速、微小、功能强大的"心"，使人类的信息传输能力和信息处理能力达到了一个新的高度。

（7）光纤通信。光导纤维的发明为人们构筑起了信息高速公路。

（8）卫星通信。卫星通信将人类带入了太空通信时代。

（9）蜂窝移动通信。蜂窝移动通信为人们提供了一种前所未有、方便快捷的通信手段。

（10）互联网。互联网开启了信息时代，使地球变成了一个没有距离的小村落——"地球村"。

注："地球村（Global Village）"的概念最早由马歇尔·马克卢汉（Marshall McLuhan）在 20 世纪 60 年代提出。

1.11　小资料——莫尔斯

　　塞缪尔·芬利·布里斯·莫尔斯（Samuel Finley Breese, Morse），美国科学家，电报的发明人。1791 年 4 月 27 日生于马萨诸塞州一个牧师家庭，1872 年 4 月 2 日卒于纽约市。1810 年毕业于耶鲁大学。早期曾从事印刷和绘画，在肖像画和历史绘画方面成为当时公认的一流画家，1826 年至 1842 年任美国画家协会主席。

　　1832 年，在法国学了 3 年绘画的莫尔斯坐轮船返回祖国。航行期间，美国医生查尔斯·杰克逊向旅客们演示他正在搞的电学实验。他一边把一块电磁铁和电池时而接通，时而断开，让一块铁片一会儿被磁铁吸住，一会又掉下来，一边向旅客们滔滔不绝地介绍电磁学的基本知识。杰克逊说："实验证明，不管电线有多长，电流都可以神速地通过。"这句话使 41 岁的莫尔斯产生了遐想：既然电流可以瞬息通过导线，那能不能用电流进行远程通信呢？他设想用导线将发信人和收信人连接起来形成一条电路，发信方将电路连通和断开以传送信号，在收信方显示出眼睛能看到的信号，再记录下来。当船到达纽约时，他的脑海中已形成了关于电报机的基本构思。

　　1835 年，他毅然告别了绘画艺术，专心攻读电磁学知识，一门心思地进行电报装置的研制。1835 年年底，在纽约大学教授伦纳德·盖尔的帮助下，莫尔斯用废料制成了第一台电报机。

　　这种电报机的发报机把制成凹凸不平的字母板排列起来拼成文章，然后让字母板慢慢活动，触动开关断断续续发出信号；收报机让不连续的电流通过电磁铁，牵动摆尖左右摆动的前端与铅笔连接，在移动的纸带上划出波浪状的线条，经译码之后便还原成文章。但是由于电磁铁和电池很粗糙，导致通信距离很短，无法投入实际应用。于是，盖尔给莫尔斯推荐了普林斯顿大学教授约瑟夫·亨利（1797—1878 年，与美国的法拉第几乎同时发现了电磁感应现象，以电感单位"亨利"留名的大物理学家）。

在亨利的指导下，莫尔斯于 1836 年发明了"莫尔斯电码"，1837 年研制成功了一台可以传送电码的装置——电报机，也就是今天电报机的原型。

　　1843 年，莫尔斯用国会给的 3 万美元建起了从华盛顿到巴尔的摩之间长达 64 公里的电报线路，翌年 5 月 24 日，他在华盛顿国会大厦最高法院会议厅里用电报机向巴尔的摩发送了世界上第一封电报，内容是《圣经》中的一句话："上帝啊，你创造了何等的奇迹！"

思考题与习题

1-1　什么是模拟信号？什么是数字信号？

1-2　为什么说模拟通信是信号的波形传输，而数字通信是信号的状态传输？

1-3　用交通实例类比解释加性干扰和乘性干扰。

1-4　设信道带宽为 3 kHz，信噪比为 20 dB，若传输二进制信号，则最大传输速率是多少？

1-5　设英文字母 E 出现的概率为 0.105，x 出现的概率为 0.002。试求 E 及 x 的信息量。

1-6　某信息源的符号集由 A，B，C，D 和 E 组成，设每一符号独立出现，其出现概率分别为 1/4，1/8，1/8，3/16 和 5/16。试求该信息源符号的平均信息量。

1-7　一个字由字母 A，B，C，D 组成。对于传输的每一个字母用二进制脉冲编码，00 代替 A，01 代替 B，10 代替 C，11 代替 D，每个脉冲宽度为 5 ms。

　　(1) 当不同的字母是等概出现时，试计算传输的平均信息速率；

　　(2) 若每个字母出现的概率为 $P_A = 1/4$，$P_B = 1/5$，$P_C = 1/4$，$P_D = 3/10$，试计算平均信息传输速率。

1-8　对于二进制独立等概信号，码元宽度为 0.5 ms，求波特率和比特率；若改为四进制信号，再求波特率和比特率。

1-9　已知电话信道的带宽为 3.4 kHz。

　　(1) 试求接收端信噪比为 30 dB 时的信道容量。

　　(2) 若要求该信道能传输 4800 b/s 的数据，则收信端要求最小信噪比为多少分贝？

1-10　计算机终端通过电话信道传输计算机数据，电话信道带宽 3.4 kHz，信道输出的信噪比为 20 dB。该终端输出 128 个符号，各符号相互统计独立，等概出现，计算信道容量。

1-11　黑白电视图像每幅含有 3×10^5 个像素，每个像素有 16 个等概出现的亮度等级。要求每秒钟传输 30 帧图像。若信道输出信噪比 30 dB，计算传输该黑白电视图像所要求的信道的最小带宽。

1-12　一通信系统在 125 μs 内传输了 256 个二进制码元，则码元速率是多少？若该系统在 2 s 内有 3 个码元错误，则误码率是多少？

1-13　一个二进制信号的码元时长为 0.1 μs。系统传输过程中平均每 2.5 s 产生一个错码，求该系统的平均误码率。

第2章 模拟调制

本章重点问题：

为了便捷、长距离和高效、高质量地进行通信，需要利用无线电信号和频分复用技术，那么，如何产生携带信息的无线电信号？如何进行频分复用？如何提高通信质量？

2.1 调制的概念

通信原理课程所包含的主要知识可用"调制、解调，编码、译码，同步"十个字概括，即"十字内容"是该课程的主干，其余内容大都是主干内容的延伸和扩展。因此，在学习过程中，只要抓住"十字内容"这条主线，其他问题就会迎刃而解。

注：本书不专门介绍"同步"内容，但在 TDM、PCM 复用与数字复接、2DPSK 解调、数据通信方式等章节中会涉及相关知识。

调制是通信原理中一个重要概念，是一种信号处理技术。无论在模拟通信、数字通信还是数据通信中都扮演着重要角色。那么为什么要对信号进行调制处理？什么是调制？如何实施调制呢？我们先看看下面的例子。

在传播人声时，可以用话筒把人声变成电信号，通过扩音机放大后再用扬声器播放出去。因为扬声器的功率比人嗓大得多，所以声音可以传得比较远（如图 2-1 所示的扩音系统示意图）。但如果还想将声音传得更远一些，那该怎么办？大家自然会想到用电缆或无线电进行传输。但会出现两个问题，一是敷设一条几十千米甚至上百千米的电缆只传一路声音信号，其传输成本之高、线路利用率之低，是人们无法接受的；二是利用无线电通信时，需满足一个基本条件，即欲发射信号的波长必须能与发射天线的几何尺寸可比拟，该信号才能通过天线有效地发射出去（通常认为天线尺寸应大于波长的十分之一），而音频信号的频率范围是 20 Hz～20 kHz，最短的波长为

$$\lambda = \frac{c}{f} = \frac{3 \times 10^8}{20 \times 10^3} = 1.5 \times 10^4 \text{ m}$$

式中，λ 为波长（m）；c 为电磁波传播速度（光速）（m/s）；f 为音频（Hz）。

话筒　　　扩音机　　　扬声器

图 2-1 扩音系统示意图

可见，要将音频信号直接用天线发射出去，其天线几何尺寸即便按波长的百分之一取也要 150 m 高（不包括天线底座或塔座）。因此，要想把音频信号通过可接受的天线尺寸发

射出去,就需要想办法提高欲发射信号的频率(频率越高波长越短)。

第一个问题的解决方法之一是在一个物理信道中对多路信号进行频分复用;第二个问题的解决方法是把欲发射的低频信号"搬"到高频载波上去(或者说把低频信号"变"成高频信号)。两个方法有一个共同需求,就是要对信号进行调制处理。

那么什么是调制呢?我们概括其定义为:**让载波的某个参量(或几个)随调制信号的变化而变化的过程或方法称为调制。**这里,"调制信号"指欲传递的原始信号或基带信号,比如声音或图像信号;"载波"是一种用来搭载调制信号的高频周期信号,其本身没有任何有用信息,比如正/余弦波或脉冲串。

生活中,乘客要到几千千米外的地方,就必须使用运载工具,或汽车、或火车、或飞机。在这里,乘客相当于调制信号,运载工具相当于载波。把上车乘客分流到运载工具上相当于调制,从运载工具上分流下车乘客就是解调(如图 2-2 所示为调制概念的交通类比示意图)。

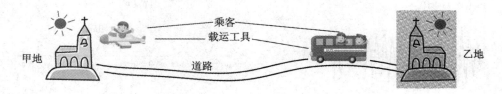

图 2-2　调制概念的交通类比示意图

知道了调制概念,我们自然会问:如何对信号进行调制呢?在"信号与系统"课程中讲过,若一个信号 $f(t)$ 与一个正弦型信号 $\cos\omega_c t$ 相乘,从频谱上看,相当于把 $f(t)$ 的频谱搬移到 ω_c 处。设 $f(t)$ 的傅氏变换(频谱)为 $F(\omega)$,则有

$$f(t) \overset{\mathscr{F}}{\rightleftharpoons} F(\omega)$$

$$\cos\omega_c t \overset{\mathscr{F}}{\rightleftharpoons} \pi[\delta(\omega+\omega_c)+\delta(\omega-\omega_c)]$$

$$s_m(t) = f(t)\cos\omega_c t \overset{\mathscr{F}}{\rightleftharpoons} \frac{1}{2}[F(\omega+\omega_c)+F(\omega-\omega_c)] \qquad (2.1-1)$$

式(2.1-1)被称为调制定理,是调制技术的理论基础,其示意图如图 2-3 所示。$f(t)$ 即为调制信号,$\cos\omega_c t$ 就是载波,$s_m(t)$ 被称为已调信号。通常载波频率比调制信号的最高频率分量还要高很多,比如,收音机中波频段的最低频率(载波频率)为 535 kHz,是音频最高频率 20 kHz 的 26.75 倍。

注意:所谓正弦型信号是对正弦信号($\sin\omega t$)和余弦信号($\cos\omega t$)的统称。

从图 2-3 中可见,$s_m(t)$ 的振幅是随低频信号 $f(t)$ 的变化而变化的,也就是说,将调制信号"放"到了载波的振幅参量上。从频域上看,$s_m(t)$ 的频谱与 $f(t)$ 的频谱相比,只是幅值减半,形状不变,相当于将 $f(t)$ 的频谱搬移到 ω_c 处。这种将调制信号调制到载波的幅值参量上的方法被称为幅度调制,简称调幅。注意:此时要求 $f(t)$ 的均值为零,即不含直流。

通过上述调制方法,就可以将多路调制信号分别调制到不同频率的载波上去,只要它们的频谱在频域上不重叠,就能够想办法把它们分别提取出来,实现频分复用。同样,也可将一低频信号调制到一个高频载波上去,完成"低"到"高"的频率变换,从而可以通过几何尺寸合适的天线将信号发射出去。

幅度调制技术主要用于解决通信中大容量和长距离传输(包括无线传输)的问题。

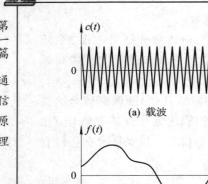

(a) 载波

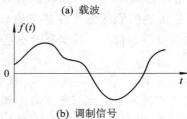

(b) 调制信号

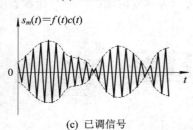

(c) 已调信号

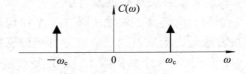

(d) 载波频谱

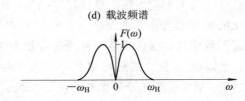

(e) 调制信号频谱

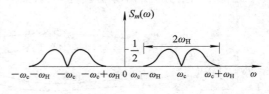

(f) 已调信号频谱

图 2-3 抑制载波双边带调幅示意图

2.2 抑制载波的双边带调幅

2.2.1 DSB 信号的调制

在图 2-3 中，调制信号与载波直接相乘后的频谱已经没有了载波频谱中的冲激分量，在载频两边是完全对称的调制信号频谱（从式 2.1-1 中可见），小于载频的部分叫下边带频谱，大于载频的部分叫上边带频谱。这种已调信号的频谱中包含上、下两个边带且没有冲激分量的调幅方法被称为抑制载波的双边带调幅，简记为 DSB(Double Side Band)，其已调信号通常记为 $s_{DSB}(t)$。

DSB 信号可直接用乘法器产生，抑制载波的双边带调幅模型如图 2-4 所示。

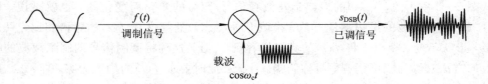

图 2-4 抑制载波的双边带调幅模型

常用的调制电路是平衡式调制器，其示意图如图 2-5 所示。图中两个非线性器件要求性能完全对称。若非线性器件的输入—输出特性为 $y = ax + bx^2$，则调制原理如下：

$$x_1 = f(t) + \cos\omega_c t$$

$$x_2 = -f(t) + \cos\omega_c t$$

$$y_1 = a[f(t) + \cos\omega_c t] + b[f(t) + \cos\omega_c t]^2$$

$$= af(t) + a\cos\omega_c t + bf^2(t) + 2bf(t)\cos\omega_c t + b\cos^2\omega_c t$$

$$y_2 = a[-f(t) + \cos\omega_c t] + b[-f(t) + \cos\omega_c t]^2$$

$$= -af(t) + a\cos\omega_c t + bf^2(t) - 2bf(t)\cos\omega_c t + b\cos^2\omega_c t$$

$$y = y_1 - y_2 = 2af(t) + 4bf(t)\cos\omega_c t \tag{2.2-1}$$

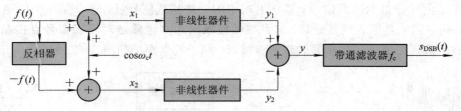

图 2-5　平衡式调制器

从式(2.2-1)中可见，y 既含有原始信号分量(第一项)，也有已调信号分量(第二项)，而我们需要的是第二项。为此，在 y 后面加一个中心频率为 f_c 的带通滤波器，将第一项原始信号分量滤除掉，这样，滤波器的输出就是 DSB 信号。由于实际工程中多用平衡式调制器产生抑制载波的双边带调幅信号，因此把抑制载波的双边带调幅也称为平衡式调幅。

这里有两个问题。一是什么是非线性器件；二是为什么要求两个非线性器件特性完全对称。所谓线性器件，指的是工作特性(电阻的电压—电流特性、电容的电压—电荷特性、电感的电流—磁通特性)满足线性关系的器件，如普通电阻；否则，就是非线性器件，如二极管。本例中使用非线性器件是为了产生乘法运算，完成调幅任务。**非线性器件的一个主要特性是输出信号可以产生输入信号没有的频率分量。**这一特性在通信领域中应用非常广泛。收音机和电视机中的混频(或变频)电路，就是利用三极管的非线性产生输入信号和本地振荡波的差频信号并作为中频信号进行放大、检波等处理；倍频器也是利用器件的非线性产生输入信号频率加倍的输出信号。从上述平衡调制的推导过程中可以清楚地看到，如果两个非线性器件特性不完全对称，即两个器件的 a 和 b 不一样，那么在公式推导中，载波及其平方项就消不掉，也就得不到最终的 DSB 信号，这就是为什么要称为平衡式调制器的原因。

2.2.2　DSB 信号的解调

通过前面的介绍可知，在发信端一个低频信号可以通过调幅的方法"变"成高频信号，然后再由天线发射出去；或者几路低频信号利用调制方法调制到不同的频段，然后在同一个信道中传输。那么大家自然会想到一个问题——在收信端如何从已调信号中恢复调制信号(即原始信号)？从图 2-3 中我们可以看到已调信号的幅值虽然随调制信号的变化而变化，但其时域波形与调制信号并不一样，收信端必须想办法从中提取出调制信号。

从已调信号中恢复(提取)调制信号的过程或方法称为解调。

解调方法不止一种。对于 DSB 信号的解调通常采用相干解调法。

由数学的三角函数变换公式可知：

$$\cos\omega_c t \cdot \cos\omega_c t = \cos^2\omega_c t = \frac{1}{2} + \frac{1}{2}\cos2\omega_c t$$

从通信的角度上看，上式中两个余弦信号相乘与调制过程相似，可以看成对一个信号（载波）用另一个同频同相的载波进行一次"调制"，即可得到一个直流分量和一个二倍于载频的载波分量。相干解调正是利用这一原理。请看下式：

$$s_{\text{DSB}}(t) \cos\omega_c t = f(t) \cos\omega_c t \cdot \cos\omega_c t = f(t)\cos^2\omega_c t$$

$$= \frac{1}{2}f(t) + \frac{1}{2}f(t)\cos2\omega_c t \qquad (2.2-2)$$

式(2.2-2)表明，收信端只要对接收到的 DSB 信号再用本地载波"调制"一下，即可得到含有原始信号分量的已调信号。对于上式中的二倍频载波分量，可以用一个低通滤波器滤除掉，剩下的就是原始信号分量。这种**在收信端利用本地载波对已调信号直接相乘，然后再滤波的解调的方法叫相干解调或同步解调**，相干解调模型如图 2-6 所示。

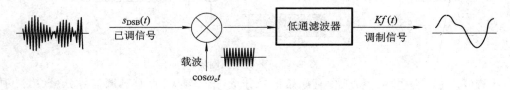

图 2-6　相干解调模型

需要说明，相干解调在具体实现上比较复杂，因为在收信端产生与发信端同频同相的载波，即本地载波，并不容易，若不能保证产生同频同相的本地载波，则解调任务将难以完成。

2.3　常规双边带调幅

2.3.1　AM 信号的调制

在 DSB 信号中，已调信号的幅值虽然随调制信号的变化而变化，但其时域波形与调制信号并不一样，即已调信号的波形在幅值的形状上（包络上）部分与调制信号相同。具体地说，就是已调信号的包络只与调制信号正值部分成正比关系。那么能不能想办法让已调信号在包络上完全与调制信号成正比呢？回答是肯定的。

从图 2-3 可知，若调制信号没有负值，则已调信号的包络就完全与调制信号的幅值变化成正比。那么如何使具有负值的调制信号变为没有负值呢？方法很简单，给调制信号加上一个大于或等于其最小负值的绝对值的常数即可。从波形上看，就是将调制信号向上移一个 A 值，而 A 值不能小于调制信号的负振幅值。将上移后的信号再与载波相乘，即可得到包络与调制信号幅值变化成正比的已调信号，被称为常规调幅信号，这种调制方法就是常规双边带调幅法，简记为 AM(Amplitude Modulation)，其具体过程的示意图如图 2-7 所示。数学推导过程如下。

设调制信号为 $f(t)$，其频谱为 $F(\omega)$，即有

$$f(t) \overset{\mathscr{F}}{\rightleftharpoons} F(\omega)$$

$$A + f(t) \overset{\mathscr{F}}{\rightleftharpoons} 2\pi A\delta(\omega) + F(\omega)$$

设载波为 $c(t)$

$$c(t) = \cos\omega_c t \overset{\mathscr{F}}{\rightleftharpoons} \pi[\delta(\omega+\omega_c) + \delta(\omega-\omega_c)]$$

则已调信号

$$s_{AM}(t) = [A + f(t)]\cos\omega_c t \qquad (2.3-1)$$

其频谱为

$$S_{AM}(\omega) = \frac{1}{2\pi}\{[2\pi A\delta(\omega) + F(\omega)] * \pi[\delta(\omega+\omega_c) + \delta(\omega-\omega_c)]\}$$

$$= [2\pi A\delta(\omega) + F(\omega)] * \frac{1}{2}[\delta(\omega+\omega_c) + \delta(\omega-\omega_c)]$$

$$= \pi A[\delta(\omega+\omega_c) + \delta(\omega-\omega_c)] + \frac{1}{2}[F(\omega+\omega_c) + F(\omega-\omega_c)] \qquad (2.3-2)$$

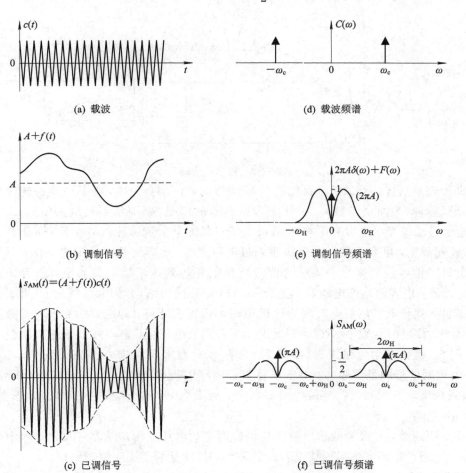

图 2-7 常规双边带调幅示意图

2.3.2 AM 信号的解调

比较 DSB 信号与 AM 信号的频谱和时域波形可以发现，在频谱上 AM 信号比 DSB 信号多了载波分量即冲激分量（比较式(2.1-1)和式(2.3-2)可得到同样结论），这表明 AM 信号在发射时要比 DSB 信号多发送一个载波分量，即在边带信号功率相同的情况下，AM

信号的发射功率要比 DSB 信号大。由于载波中并不包含有用信息，所以发送载波对信息的传送没有意义，而且造成功率浪费（这也就是为什么要提出抑制载波双边带调幅法的一个原因）。那么多用一些功率发射载波分量有什么好处呢？答案是其优点体现在解调上。

根据相干解调的原理，AM 信号也可以采用相干解调法解调。但我们之所以要多"浪费"一些功率去发射没有信息的载波分量，就是要在解调上"拣个便宜"，也就是要简化解调。而这个"便宜"就是包络解调法或叫包络检波法。

包络检波器（如图 2-8 所示）非常简单，只用一个二极管、一个电容和一个电阻三个元器件即可。二极管用来半波整流，即将 AM 信号的负值部分去掉，而保留正值部分，并为电容的充电提供通路；电阻的作用是为电容的放电提供回路。

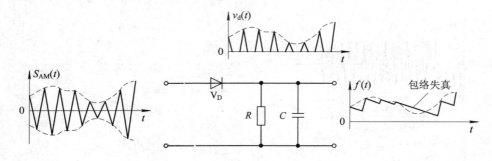

图 2-8　包络检波器

解调原理是这样的：二极管首先将 AM 信号的负值部分去掉，使其变成一连串幅值不同的正余弦脉冲（半周余弦波）；在每个余弦脉冲的前半段（即从零到最大值），二极管导通，电流通过二极管给电容充电并达到最大值；在每个余弦脉冲的后半段（即从最大值到零），二极管截止，电容上储存的电能就通过电阻放电，电容两端电压随之下降；等到下一个余弦脉冲的前半段到来后，又对电容进行充电并达到该半周的最大值，然后又开始放电。如此重复，电容两端的电压基本上就随 AM 信号的包络（即调制信号）而变化。但有一个前提条件，就是电容的放电时间要比充电时间慢得多才行，即电容的充电时常数要比放电时常数小。放电时常数 $\tau = RC$ 也不能太大，否则放电过慢，输出波形不能紧跟包络线的下降而下降，就会产生包络失真（如图 2-8 所示）。通常要求 $2\pi/\omega_c \ll \tau \ll 2\pi/\Omega_m$，$\omega_c$ 为载频，Ω_m 为调制信号的最高频率。对于普通收音机，中频（载频）为 465 kHz，音频信号（调制信号）最高频率取 5 kHz，则 $2~\mu s \ll \tau \ll 200~\mu s$，通常取 $\tau = 50~\mu s$，那么 R 取 5 kΩ 左右，C 取 0.01 μF 左右。

需要说明的是，二极管的输出波形与电容两端的电压波形应该是一样的，图中的二极管输出波形 $v_d(t)$ 是不考虑后面接电容时的波形，目的是为了说明解调原理。

【例题 2-1】 画出图 2-9 所示原始（基带）信号 $s(t)$ 的 DSB 和 AM 波形以及通过包络检波后的波形，并说明包络检波后的波形差别。

解 该信号的 DSB、AM、DSB 的解调波形和 AM 的解调波形分别如图 2-10 的（a）、（b）、（c）、（d）所示。显然，DSB 的解调波形

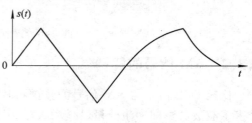

图 2-9　例 2-1 图

包络与原信号相比，已严重失真，而 AM 的解调波形包络没有变化，说明 DSB 信号不能直接采用包络检波。

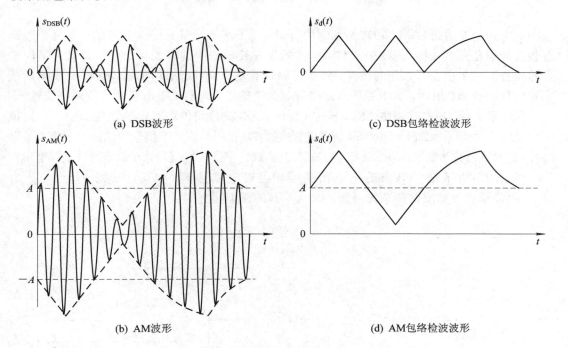

图 2-10　例 2-1 解图

2.4　AM 和 DSB 的性能比较

AM 和 DSB 调制虽然都属于幅度调制的范畴，但在性能上各有千秋。这里主要从两个方面加以比较：一是发射效率；二是总的使用成本。

如果把发射边带信号的平均功率 P_s 和发射载波的平均功率 P_c 加起来作为总的发射功率，把边带发射功率 P_s 与总发射功率之比定义为调制效率 η，即

$$\eta = \frac{P_s}{P_c + P_s} \qquad (2.4-1)$$

则可以证明，AM 调制的最高调制效率为 50%，DSB 的调制效率为 100%。也就是说，在同等信号功率的前提下，AM 的总功率至少要大于或等于 DSB 总功率的两倍。

虽然从发送信息的角度上看，AM 的成本较高，技术较复杂，但却因为解调电路简单而给信息接收者带来了实惠和便利。信息接收者越多，这种效益越明显。因此，在总的使用成本上 AM 调制要比 DSB 低。大家所熟悉的无线电广播（点到多点）就是采用 AM 调制的。

DSB 的发射系统虽然比 AM 经济，但它的接收机却比较复杂，因此，一般多用于一些不在乎成本的专用通信中。

AM 和 DSB 的性能比较结果告诉我们一个浅显但却重要的辩证法原理：任何事物都是一分为二的。正所谓："甘蔗没有两头甜"。

2.5　单边带调制

从上述的双边带（AM 和 DSB）调制中可知，上下两个边带是完全对称的，即两个边带所包含的信息完全一样，那么在传输时，实际上只传输一个边带就可以了，而双边带传输显然浪费了一个边带所占用的频段，降低了频带利用率。对于通信而言，频率点或频带是非常宝贵的资源。因此，为了克服双边带调制这个缺点，人们又提出了单边带调制的概念。

从结果上看，单边带调制（SSB, Single Side Band）就是只传送双边带信号中的一个边带（上边带或下边带）。因此，产生 SSB 信号最直接的方法就是从双边带信号中滤出一个边带信号即可。这种方法称为滤波法，是最简单、最常用的方法。图 2-11 是单边带调制滤波法模型图。

可以用单边带信号频谱的示意图来说明滤波法的原理（如图 2-12 所示）。图中 $H_{SSB}(\omega)$ 是单边带滤波器的系统函数，即 $h_{SSB}(t)$ 的傅里叶变换。

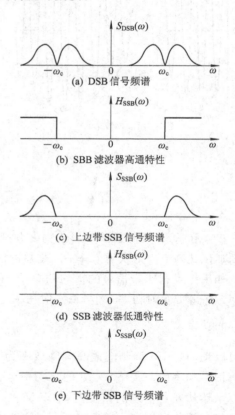

(a) DSB 信号频谱

(b) SBB 滤波器高通特性

(c) 上边带 SSB 信号频谱

(d) SSB 滤波器低通特性

(e) 下边带 SSB 信号频谱

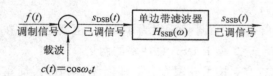

图 2-11　单边带调制滤波法模型　　　　图 2-12　单边带信号频谱示意图

若保留上边带，则 SSB 滤波器应具有高通特性，如图 2-12(b)所示，此时

$$H_{SSB}(\omega) = \begin{cases} 1, & |\omega| > \omega_c \\ 0, & |\omega| \leqslant \omega_c \end{cases} \qquad (2.5-1)$$

上边带 SSB 信号频谱如图 2-12(c)所示。

若保留下边带，则 SSB 滤波器应具有低通特性，如图 2-12(d)所示，此时

$$H_{\text{SSB}}(\omega) = \begin{cases} 1, & |\omega| < \omega_c \\ 0, & |\omega| \geqslant \omega_c \end{cases} \quad\quad (2.5-2)$$

下边带 SSB 信号频谱如图 2-12(e)所示。

下面看一下单边带调制的时域表达式。注意：这里的 $\Omega \ll \omega_c$。

设调制信号为单频正弦型信号 $f(t) = E\cos\Omega t$；载波信号为 $c(t) = A\cos\omega_c t$，则 DSB 信号为

$$s_{\text{DSB}}(t) = AE\cos\Omega t \cdot \cos\omega_c t = \frac{AE}{2}\big[\cos(\omega_c + \Omega)t + \cos(\omega_c - \Omega)t\big] \quad (2.5-3)$$

上边带信号为

$$s_{\text{USB}}(t) = \frac{AE}{2}\cos(\omega_c + \Omega)t \quad\quad (2.5-4)$$

下边带信号为

$$s_{\text{LSB}}(t) = \frac{AE}{2}\cos(\omega_c - \Omega)t \quad\quad (2.5-5)$$

SSB 调制的优点主要是受多径传播引起的选择性衰落的影响比 DSB 调制小；频带利用率比 DSB 调制高；所需发射功率也比 DSB 调制小，同时它的保密性强，普通调幅接收机不能接收 SSB 信号。其主要缺点是接收机需要复杂且精度高的自动频率控制系统来稳定本地载波的频率和相位。另外，对于低通型调制信号（含有直流或低频分量的信号）用滤波法调制的时候，要求滤波器的过渡带非常窄，即滤波器的边缘必须很陡峭，理想状态是一根垂直线。在实际工程中，滤波器很难达到这样的要求，因此，用滤波器产生的单边带信号，要么频带不完整，要么多出一部分另一个边带的信号。对于带通型调制信号而言，只要载频相对于调制信号最低频率分量的频率不要太大，滤波法就可以实现 SSB 调制；否则，就必须采用多级调制的方法降低每一级调制对滤波器过渡带的要求，从而完成 SSB 信号的产生。产生 SSB 信号还可采用的一种方法叫做移相法，其模型如图 2-13 所示。

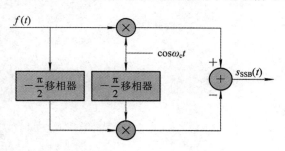

图 2-13　单边带调制移相法模型

对于一般信号的单边带调制需要借助于希尔伯特变换才能导出时域表达式，在此不作深入介绍。

SSB 信号不能用简单的包络解调法进行解调，通常采用相干解调法。

SSB 主要用于远距离固定业务通信系统，在特高频散射通信、车辆和航空通信方面也有应用。

2.6　残留边带调制

前面说过，低通型调制信号由于上、下边带的频谱靠得很近甚至连在一起，所以用滤波器很难干净彻底地分离出单边带信号，甚至得不到单边带信号。而在现实生活中，有很

多情况需要传送低通型调制信号，比如电视的图像信号（频带为 $0 \sim 6$ MHz）。那么如何解决 SSB 中滤波器的难度问题和 DSB 的频带利用率低的矛盾呢？人们想了一个折中的方法，既不用 DSB 那么宽的频带，也不用 SSB 那么窄的频带传输已调信号，而在它们之间取一个中间值，使得传输频带既包含一个完整的边带（上边带或下边带）又有另一个边带的一部分，从而形成一种新的调制方法——残留边带调制（VSB，Vestigial Side Band）。

VSB 调制可以采用移相法或滤波法，通常多采用滤波法，其模型如图 2-14 所示。从图 2-14 可看出 VSB 和 SSB 在原理上差不多。但为了在接收端能够无失真地恢复出调制信号，对残留边带滤波器有一个要求，即其传输函数在载频附近必须具有互补对称特性。

VSB 信号的解调和 SSB 信号一样也不能用包络检波，而要采用相干解调法（如图 2-6 所示）。下面通过解调公式的推导，证明 $H_{VSB}(\omega)$ 在载频附近必须具有互补对称特性，残留边带信号频谱示意图如图 2-15 所示。

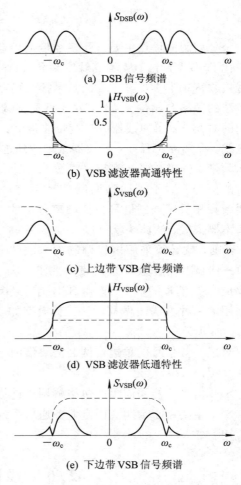

(a) DSB 信号频谱

(b) VSB 滤波器高通特性

(c) 上边带 VSB 信号频谱

(d) VSB 滤波器低通特性

(e) 下边带 VSB 信号频谱

图 2-15　残留边带信号频谱示意图

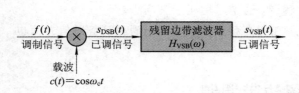

图 2-14　残留边带调制滤波法模型

从图 2-14 中得到 VSB 信号 $s_{VSB}(t)$ 的频谱为

$$S_{VSB}(\omega) = \frac{1}{2}[F(\omega + \omega_c) + F(\omega - \omega_c)] \cdot H_{VSB}(\omega) \qquad (2.6-1)$$

在图 2-6 中，设输入信号为 $s_{\text{VSB}}(t)$，$m(t)$ 是乘法器的输出，则其频谱为

$$M(\omega) = \frac{1}{2\pi} S_{\text{VSB}}(\omega) * \pi[\delta(\omega + \omega_c) + \delta(\omega - \omega_c)]$$

$$= \frac{1}{2}[S_{\text{VSB}}(\omega + \omega_c) + S_{\text{VSB}}(\omega - \omega_c)] \qquad (2.6-2)$$

将式(2.6-1)代入式(2.6-2)可得

$$M(\omega) = \frac{1}{4}[F(\omega) + F(\omega + 2\omega_c)] \cdot H_{\text{VSB}}(\omega + \omega_c) + \frac{1}{4}[F(\omega) + F(\omega - 2\omega_c)] \cdot H_{\text{VSB}}(\omega - \omega_c)$$

$$= \frac{1}{4}F(\omega)[H_{\text{VSB}}(\omega + \omega_c) + H_{\text{VSB}}(\omega - \omega_c)] + \frac{1}{4}[H_{\text{VSB}}(\omega + \omega_c)F(\omega + 2\omega_c)$$

$$+ H_{\text{VSB}}(\omega - \omega_c)F(\omega - 2\omega_c)] \qquad (2.6-3)$$

设低通滤波器的输出（解调信号）为 $m_d(t)$，如果能选择合适截止频率的低通滤波器将式(2.6-3)中第二个中括号项滤除掉，则有

$$M_d(\omega) = \frac{1}{4}F(\omega)[H_{\text{VSB}}(\omega + \omega_c) + H_{\text{VSB}}(\omega - \omega_c)] \qquad (2.6-4)$$

可见，要想使 $m_d(t)$ 还原为 $f(t)$，就需要 $M_d(\omega)$ 与 $F(\omega)$ 成比例，即要求

$$[H_{\text{VSB}}(\omega + \omega_c) + H_{\text{VSB}}(\omega - \omega_c)] = C \qquad (2.6-5)$$

式中：C 为常数。

图 2-16 为残留边带滤波器互补特性示意图，它以低通滤波器为例图解了式(2.6-5)的几何意义。也就是说，在 $H_{\text{VSB}}(\omega + \omega_c)$ 与 $H_{\text{VSB}}(\omega - \omega_c)$ 的交界处两个曲线互补，使得曲线在交界处为水平直线。图中是一个频移传输函数过渡带的上半部分和另一个频移传输函数过渡带的下半部分互补，实际上也意味着原传输函数过渡带的上、下部分互补对称。

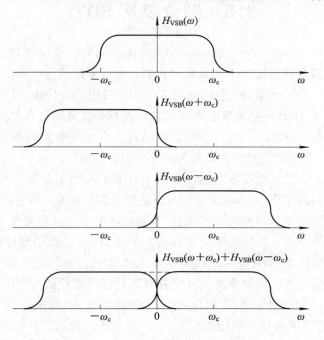

图 2-16　残留边带滤波器互补特性示意图

通常把滤波器的边缘形状（过渡带）称为滚降形状。满足互补的滚降形状有多种，常用的是直线滚降和余弦滚降，它们分别在电视信号和数据信号的传输中得到应用。我国目前的电视节目音频信号采用调频方法，视频（图像）信号采用残留边带方式传输。

2.7　插入载波的包络检波

DSB、SSB 和 VSB 信号都不能采用简单的包络检波法进行解调，只能采用实现难度大、成本高的相干解调法。显然，这给上述三种调制技术的广泛应用带来了困难。因此，人们努力寻求新的解调方法以期为这几种调制技术的普及铺平道路。通过研究发现，如果插入很强的载波，则上述三种调制仍然可用包络检波法进行解调。在图 2 - 17 中，$s(t)$ 是 DSB、SSB 或 VSB 信号；$c_d(t)$ 是幅度很大的载波；$s_d(t)$ 是包络检波器的输出信号。

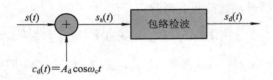

图 2 - 17　插入载波的包络解调法

可以证明，只要插入载波的幅值 A_d 足够大，$s_d(t)$ 就会与调制信号 $s(t)$ 很近似。强载波可以在发射端加入，也可在接收端插入。显然在发射端插入对广大的信号接收者有益。因此，在广播电视系统中为使接收机结构简单、成本低廉，都是在发射时插入强载波。

2.8　频分复用 FDM

频分复用（FDM，Frequency Division Multiplex）是调制技术在通信领域中的典型应用，它通过对多路调制信号进行不同载频的调制，使得多路信号的频谱在同一个传输信道的频率特性（通频带）中互不重叠，从而完成在一个信道中同时传输多路信号的任务。

下面我们用一个 DSB 调制的例子来说明如何进行频分复用与解复用。

设有三路语音信号 $f_1(t)$、$f_2(t)$、$f_3(t)$ 要通过一个通频带大于 24 kHz 的信道从甲方传输到乙方（已知三路语音信号的频带均为 0~4 kHz）。

根据调制定理，在发信端用振荡器产生三个频率不同的正弦型信号作为载波 $c_1(t) = \cos\omega_1 t$、$c_2(t) = \cos\omega_2 t$、$c_3(t) = \cos\omega_3 t$ 分别与三路语音信号相乘，将它们调制在 ω_1、ω_2、ω_3 三个频率上。为使三个频谱相互错开不重叠（否则，将无法区分各路信号），三个载波频率必须落在信道通频带之中，同时间隔频带必须大于 8 kHz。三路语音信号经载波调制后成为已调信号，再经加法器合成为一路已调信号送入信道传输，完成发信端的频分复用任务。那么收信端如何从接收到的多路信号中各取所需呢？或者说如何实现解复用呢？我们采用通频带略大于二倍信号带宽（8 kHz）的三个带通滤波器（其中心频率分别等于载波频率）滤出各自所需的频谱信号，再分别解调，最后送给不同的信息接收者，完成解复用的任务。图 2 - 18 为频分复用与解复用的示意图。为了更清楚、形象地说明频分复用的原理，我们给出频分复用过程中发信端和收信端的频谱示意图（如图 2 - 19 所示）。

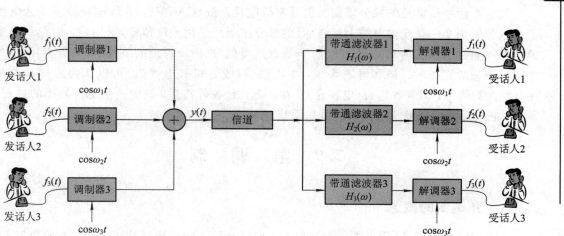

图 2-18 频分复用与解复用示意图

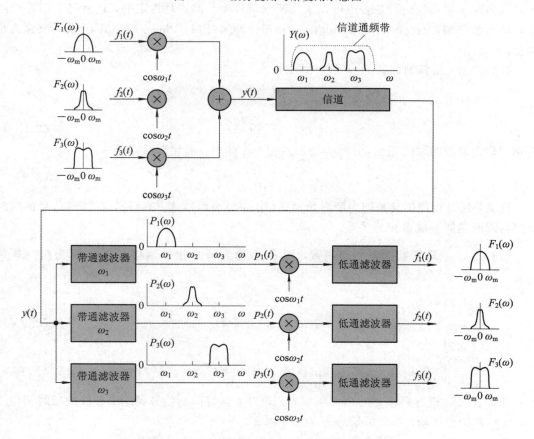

图 2-19 频分复用发信端和收信端频谱示意图

　　细心的读者会发现上述频分复用通信的信号是单向传输的(单工方式)，那么如何完成双工通信呢？这就需要在通信的双方再加一套同样的频分复用系统(但位置要倒过来)，信道可以采用同一信道，但调制频率必须改变，保证两个方向传输的频谱不重叠。

我们生活中最常见的频分复用实例是有线电视系统（CATV）。有线电视台将多套电视节目频分复用在一条同轴电缆上传送（目前部分主干线采用光纤传输）给用户，用户利用遥控器就可通过电视机内部的调谐电路（与收音机类似）选出所喜爱的节目（解频分复用）。对于我们熟悉的无线电广播和电视系统，在收信端（收音机和电视机）可以认为是解频分复用，但在发信端，因为各电台（电视台）不在一起，且各行其是，缺少一个统一复用的过程，所以，它们不是严格意义上的频分复用系统。

2.9 角 调 制

2.9.1 角调制的概念

AM、DSB、SSB 和 VSB 都是幅度调制，即把欲传送的原始信号调制到载波的幅值上。而一个正弦型信号由幅度、频率和相位三要素构成，既然幅度可以作为调制信号的载体，那么其他两个要素（参量）是否也可以承载调制信号呢？回答是肯定的，这就是下面要介绍的频率调制（FM，Frequency Modulation）和相位调制（PM，Phase Modulation），统称为角调制。

我们知道，正弦型载波的一般表达式为

$$c(t) = A\cos(\omega_c t + \varphi) = A\cos\theta(t)$$

设

$$\theta(t) = \omega_c t + \varphi \tag{2.9-1}$$

则 $\theta(t)$ 称为载波的瞬时相位，φ 称为初始相位。若对 $\theta(t)$ 求导则可得

$$\omega(t) = \frac{\mathrm{d}\theta(t)}{\mathrm{d}t} = \omega_c \tag{2.9-2}$$

可见，瞬时相位的导数即为瞬时角频率（用 $\omega(t)$ 表示），换句话说，正弦型信号的瞬时相位与瞬时角频率成微积分关系。

若初相 φ 不是常数而是 t 的函数，则 $\varphi(t)$ 称为瞬时相位偏移。$\frac{\mathrm{d}\varphi(t)}{\mathrm{d}t}$ 称为瞬时频率偏移。

式（2.9-1）变为

$$\theta(t) = \omega_c t + \varphi(t) \tag{2.9-3}$$

式（2.9-2）变为

$$\omega(t) = \omega_c + \frac{\mathrm{d}\varphi(t)}{\mathrm{d}t} \tag{2.9-4}$$

如果让瞬时相位偏移 $\varphi(t)$ 随调制信号而变化，即将调制信号调制到载波的瞬时相位上去，就叫做相位调制。设调制信号为 $f(t)$，则有

$$\varphi(t) = K_P f(t)$$

$$s_{PM}(t) = A\cos[\omega_c t + \varphi(t)] = A\cos[\omega_c t + K_P f(t)] \tag{2.9-5}$$

式中：K_P 为比例常数（相移常数）；$s_{PM}(t)$ 为调相信号。

如果让瞬时频率偏移 $\frac{\mathrm{d}\varphi(t)}{\mathrm{d}t}$ 随调制信号而变化，即将调制信号调制到载波的瞬时频率

上去，就叫做频率调制。设调制信号为 $f(t)$，则有

$$\frac{\mathrm{d}\varphi(t)}{\mathrm{d}t} = K_F f(t)$$

$$s_{FM}(t) = A\cos[\omega_c t + \varphi(t)] = A\cos\left[\omega_c t + K_F \int_{-\infty}^{t} f(\tau)\mathrm{d}\tau\right] \qquad (2.9-6)$$

式中：K_F 为比例常数（频偏常数）；$s_{FM}(t)$ 为调频信号。

从式（2.9-5）和（2.9-6）可知，不管是调频还是调相，调制信号的变化最终都反映在瞬时相位 $\theta(t)$ 的变化上（这就是统称为角调制的原因），因此，从已调信号的波形上分不出是调相信号还是调频信号。

下面以单频余弦调制信号为例，给出调相信号和调频信号的示意图（如图 2-20 所示）。

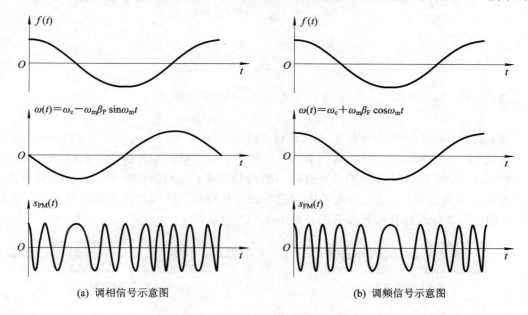

(a) 调相信号示意图　　　　　　　(b) 调频信号示意图

图 2-20　调频、调相信号示意图

设

$$f(t) = A_m \cos\omega_m t$$

则有

$$s_{PM}(t) = A\cos(\omega_c t + K_P A_m \cos\omega_m t) = A\cos(\omega_c t + \beta_P \cos\omega_m t) \qquad (2.9-7)$$

$$s_{FM}(t) = A\cos\left(\omega_c t + K_F A_m \int_{-\infty}^{t} \cos\omega_m t\,\mathrm{d}t\right) = A\cos(\omega_c t + \beta_F \sin\omega_m t) \qquad (2.9-8)$$

式中：$\beta_P = K_P A_m$ 称为调相指数；$\beta_F = K_F A_m/\omega_m$ 称为调频指数。因 $K_F A_m$ 就是调频信号的最大频偏 $\Delta\omega_{max}$，故有 $\Delta\omega_{max} = K_F A_m$，它指的是载波频率 $\omega(t)$ 在调制信号 $f(t)$ 的控制下产生的相对于载波原频率 ω_c 的最大偏移量。注意：图 2-20(a)中的 $\omega(t) = \omega_c - \omega_m\beta_P \sin\omega_m t$，图 2-20(b)中的 $\omega(t) = \omega_c + \omega_m\beta_F \cos\omega_m t$，两图均没有画出常量 ω_c。

【例题 2-2】　已知一调制器的输出为 $s_{FM}(t) = 10\cos(10^6\pi t + 8\cos 10^3\pi t)$，频偏常数 $K_F = 2$，求：

(1) 载频 f_c；

（2）调频指数；

（3）最大频偏；

（4）调制信号 $f(t)$。

解 （1）、（2）与式（2.9-8）相比，可得

$$f_c = \frac{10^6 \pi}{2\pi} = 500 \text{ kHz}$$

$$\beta_F = 8$$

（3）

$$\Delta\omega_{max} = K_F A_m = \beta_F \omega_m = 8 \times 10^3 \pi \text{ rad/s}$$

因此

$$\Delta f_{max} = \frac{\Delta\omega_{max}}{2\pi} = 4 \text{ kHz}$$

（4）

$$A_m = \frac{\Delta\omega_{max}}{K_F} = \frac{8 \times 10^3 \pi}{2} = 4 \times 10^3 \pi$$

将 $s_{FM}(t) = 10 \cos(10^6 \pi t + 8 \cos 10^3 \pi t)$ 与式（2.9-8）比较，则可得

$$f(t) = -A_m \sin\omega_m t = -4 \times 10^3 \pi \sin 10^3 \pi t$$

答：载频 500 kHz；调制指数 8；最大频偏 4 kHz；$f(t) = -A_m \sin\omega_m t = -4 \times 10^3 \pi \sin 10^3 \pi t$。

从式（2.9-5）和式（2.9-6）还可看出，调相信号与调频信号在数学上只差一个积分运算，也就是说，若对调制信号 $f(t)$ 先进行一次积分运算，然后再进行调相，则调相器的输出就变成了调频信号；反之，若先对 $f(t)$ 进行微分再调频，则调频器的输出就变成了调相信号。调相与调频这种互相转换的关系如图 2-21 所示。

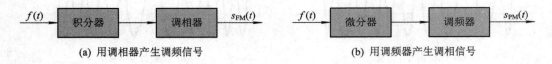

(a) 用调相器产生调频信号　　　　　　　　(b) 用调频器产生调相信号

图 2-21　调频、调相关系图

由于调频和调相存在这种天然的"血缘"关系，它们在理论和技术上有着很多相似的地方，所以，我们只介绍和讨论有关调频的知识。

2.9.2　窄带角调制和宽带角调制

角调制根据已调信号瞬时相位偏移的大小可分为窄带角调制和宽带角调制两种。所谓"窄带"和"宽带"指的是信号频谱的相对宽度。通常把调制指数（$\beta_P = K_P A_m$ 和 $\beta_F = K_F A_m/\omega_m$）远远小于 1 的调制称为窄带调制，反之，称为宽带角调制。而调制指数远远小于 1 与最大瞬时相位偏移小于 30° 等价。因此，窄带和宽带之分也可用最大瞬时相位偏移做标准，即

$$\text{NBFM：} \left| K_F \int f(t) dt \right|_{max} \ll \frac{\pi}{6}$$

$$\text{NBPM：} \left| K_P f(t) \right|_{max} \ll \frac{\pi}{6} \qquad\qquad (2.9-9)$$

式中：NBFM 是窄带调频的缩写；NBPM 是窄带调相的缩写。下面我们给出它们的主要特点。

NBFM 的频谱与 AM 的很相似，其带宽也是调制信号最高频率分量的两倍。与 AM 频谱的主要不同有两点：一是下边频的相位与上边频相反（正、负频率分量相差 180°）；二是正、负频率分量分别乘有因式 $1/(\omega-\omega_c)$ 和 $1/(\omega+\omega_c)$。调幅信号与窄带信号频谱示意图如图 2-22 所示。

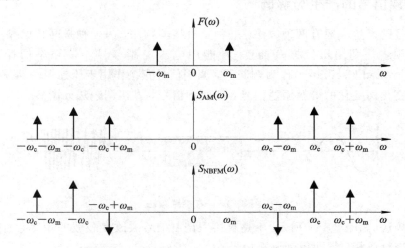

图 2-22 调幅信号与窄带调频信号频谱示意图

单频宽带调频的频谱包含有载波、各次边带谐波及各种交叉调制谐波，形成一个带宽无限且频谱对称分布于载频两侧的结构；尽管宽带调频信号的频谱为无限宽，但其频谱的主要成分集中于载频附近的有限带宽内。因此，单频宽带调频同样具有有限的带宽，计算公式为

$$B_{FM} = 2(\Delta f_{max} + f_m) = 2(\beta_F + 1)f_m \qquad (2.9-10)$$

式中：B_{FM} 为调频信号带宽；f_m 为调制信号频率；Δf_{max} 为最大频偏。该式被称为卡森公式。

【例题 2-3】 一个 2 MHz 载波被一个 10 kHz 单频正弦信号调频，峰值频偏为 10 kHz，求：

(1) 调频信号的频带带宽；

(2) 调制信号幅度加倍后调频信号的带宽；

(3) 调制信号频率加倍后调频信号的带宽。

解 根据题意有

$$f_m = 10 \text{ kHz}, \ \Delta f_{max} = 10 \text{ kHz}$$

(1) 则由式(2.9-10)可得

$$B_{FM} = 2(\Delta f_{max} + f_m) = 2(10 + 10) = 40 \text{ kHz}$$

再由式(2.9-10)可得

$$\beta_F = \frac{B_{FM}}{2f_m} - 1 = \frac{40}{2 \times 10} - 1 = 1$$

(2) 因为

$$\beta_F = \frac{K_F A_m}{\omega_m}$$

所以，调制信号幅度 A_m 加倍意味着 β_F 加倍，即 $\beta_F = 2$，则由式(2.9-10)可得

$$B_{FM} = 2(\beta_F + 1)f_m = 2(2 + 1) \times 10 = 60 \text{ kHz}$$

通信原理与通信技术

（3）若调制信号频率加倍，即 $f_m = 20$ kHz，则由式（2.9-10）可得

$$B_{FM} = 2(\Delta f_{max} + f_m) = 2(10 + 20) = 60 \text{ kHz}$$

答：（1）调频信号带宽为 40 kHz；（2）、（3）调频信号带宽为 60 kHz。

2.9.3 调频信号的产生与解调

调频信号的产生一般有两种方法：一种是直接调频法，另一种是间接调频法。

直接调频法是利用压控振荡器（一种能用电压控制信号振荡频率的振荡器 VCO，Voltage Controlled Oscillator）作为调制器，调制信号直接作用于压控振荡器使其输出频率随调制信号变化而变化的等幅振荡信号，即调频信号，直接调频法如图 2-23 所示。

图 2-23 直接调频法

间接调频法（如图 2-24 所示）不是直接用调制信号去改变载波的频率，而是先将调制信号积分再进行调相，继而得到调频信号。

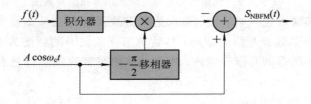

图 2-24 间接调频法

如果希望从窄带调频变为宽带调频，可用倍频法。该方法的原理是在上述间接调频法的基础上，再在后面加一级倍频电路即可。该方法又叫阿姆斯特朗（Armstrong）法。

角调制信号与调幅信号一样需要用解调器进行解调，但一般把调频信号的解调器称为鉴频器，把调相信号的解调器称为鉴相器。在这里我们只介绍鉴频器。

设一调频信号为

$$s_{FM}(t) = A\cos\theta(t) = A\cos\left[\omega_c t + K_F \int_{-\infty}^{t} f(t)dt\right]$$

该信号的瞬时角频率 $\omega(t)$ 为

$$\omega(t) = \frac{d\theta(t)}{dt} = \omega_c + K_F f(t)$$

从上式中可以看到，若在收信端能够从调频信号中取出 $\omega(t)$，再想办法去掉 ω_c 项，就可以得到调制信号 $f(t)$，这就是鉴频器的设计思路。

对调频信号求导

$$\frac{ds_{FM}(t)}{dt} = -A\frac{d\theta(t)}{dt}\sin\theta(t) = -A[\omega_c + K_F f(t)]\sin\theta(t) \qquad (2.9-11)$$

可见，该式与 AM 信号的表达式 $s_{AM}(t) = [A + f(t)]\cos\omega_c t$ 很相似，也就是说，调频信号的

导数是一个既调频又调幅的新信号。因为调制信号 $f(t)$ 的全部信息不但反映在该信号的频率上，而且也反映在该信号的包络上，所以只要对该信号进行包络检波即可恢复出调制信号 $f(t)$。由此我们得到鉴频器需要由微分器和包络检波器组成的结论（如图 2-25 所示）。

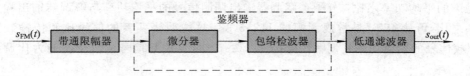

图 2-25　调频信号的非相干解调

　　鉴频器的输入输出关系可用鉴频特性曲线来描述，如图 2-26 所示。我们使用的是该曲线中间的直线段部分，直线段的斜率叫做鉴频灵敏度，用 K_d 表示。可以这样理解该曲线：瞬时频率是时间的函数，在鉴频特性的横轴上变化，通过鉴频特性曲线的直线段可映射为纵轴上的电压变化（由于是利用直线段映射，纵轴的电压变化与横轴的频率变化成线性关系）。直线段的斜率 K_d 越大，直线就越陡峭，则横轴上频率的微小变化，就会在纵轴上产生较大的电压变化，也就是说，鉴频灵敏度高；反之，K_d 小，直线就平，横轴上较大的变化才能在纵轴上微小地反映出来，鉴频灵敏度就低。那么是不是 K_d 越大越好？K_d 大，直线陡，在横轴上的投影就会短，也就是说，瞬时频率的变化范围变小，我们称之为频偏变小。频偏变小有什么害处呢？我们知道，调频信号的频率是以 ω_c 为中心随调制信号大小的变化而变化，调制信号的最大幅度值对应着调频信号的最大频偏。如果把单位电压对应的频偏值称为调制灵敏度，显然，从调制的角度上讲，调制灵敏度越高越好。因此，频偏变小，将使得调制灵敏度降低。可见，鉴频灵敏度与调制灵敏度是一对矛盾，实际工程设计中要综合考虑。

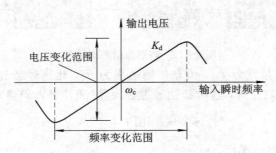

图 2-26　鉴频特性曲线

对于窄带调频信号还有一种相干解调法，其示意图如图 2-27 所示。

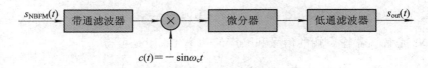

图 2-27　窄带调频信号的相干解调示意图

2.9.4　频率调制的特点

　　频率调制主要解决通信中的可靠性问题，其突出优点是抗干扰能力强。可以证明，宽带调频信号解调后输出的信噪比远远大于调幅信号。比如在调频指数 $\beta_F=5$ 时，信噪比增益(信噪比增益定义为：$G=\dfrac{S_o/N_o}{S_i/N_i}$，式中分母是解调器输入已调信号的平均功率与解调器输入噪声的平均功率之比，分子是解调器输出调制信号的平均功率与解调器输出噪声的平均功率之比)可达 450，是常规调幅的 112.5 倍。这说明当两者的信噪比和传输衰减相同时，调频信号的发射功率是调幅信号的 1/112.5。可见调频信号的抗干扰能力比调幅信号好得多。

可以用比较浅显的道理来解释调频信号的这一特点。信道中的噪声干扰最常见的为加性干扰，即干扰信号线性叠加到传输信号的幅值上。因为调幅信号的信息就在它的包络上，也就是幅值上，所以干扰对信号的影响很大；而调频信号的信息搭载在频率上与信号的幅值无关，因此，只要信道干扰没有改变信号频率就不会对传输的信息产生大的影响。

窄带调频的频带宽度虽然与调幅信号相同，其抗干扰性能比不上宽带调频，但比调幅信号还是要好。

频率调制因其抗干扰性能好而广泛地应用于高质量通信或信道噪声较大的场合，比如调频广播、电视伴音、移动通信、模拟微波中继通信等。

2.9.5 输出信噪比与信道带宽的关系

需要强调的是，频率调制的输出信噪比高的优点是以增加频带宽度为代价的。那么为什么加大信号频带宽度可以提高信噪比呢？我们以一个理想通信系统(如图 2-28 所示)为例加以说明(理想通信系统的概念在 1.7.2 节中)。

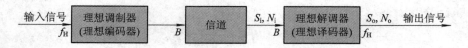

图 2-28 理想通信系统框图

假定输入端的信号带宽为 f_H，信息传输速率为 R_i。此信号经过理想调制(或编码)后的带宽变为 B。根据香农公式，这时到达理想解调器(或理想译码器)输入端的信息速率为

$$R_i = B\,\mathrm{lb}\left(1+\frac{S_i}{N_i}\right)$$

式中：S_i/N_i 是信道输出信噪比。

理想解调器将把带宽为 B 的信号解调(还原)为带宽为 f_H 的信号，且其输出信号的信息传输速率必须与输入信号的相等。因此，解调器输出信息速率 R_o 可表示为

$$R_o = R_i = f_H\,\mathrm{lb}\left(1+\frac{S_o}{N_o}\right)$$

这里，S_o/N_o 是解调器输出端的信号和噪声的功率比。于是可得

$$B\,\mathrm{lb}\left(1+\frac{S_i}{N_i}\right) = f_H\,\mathrm{lb}\left(1+\frac{S_o}{N_o}\right)$$

$$\mathrm{lb}\left(1+\frac{S_o}{N_o}\right) = \mathrm{lb}\left(1+\frac{S_i}{N_i}\right)^{\frac{B}{f_H}}$$

$$\left(1+\frac{S_o}{N_o}\right) = \left(1+\frac{S_i}{N_i}\right)^{\frac{B}{f_H}}$$

由于实际上信噪比往往都远远大于 1，所以上式变为

$$\frac{S_{\circ}}{N_{\circ}} \approx \left(\frac{S_{i}}{N_{i}}\right)^{\frac{B}{f_{H}}} \qquad (2.9-12)$$

可见，在理想系统中，输出信噪比($S_{\circ}/N_{\circ}$)随带宽 B 按指数规律增加。也就是说，通过增加信号带宽（也意味着必须同时增加信道带宽）能明显改善信噪比。

虽然所有的实际系统在实现带宽和信噪比的互换上，都不能达到理想系统的水平，但都会有程度不同的提高或改善。

我们还可以这样理解式(2.9-12)。比如有一个发射功率为 P 的信号，其频谱带宽为 w，则单位频带所占的功率为 P/w。假设把信号带宽变为 $2w$，发射功率不变，则单位频带所占的功率变为 $P/2w$，比原来少了一半。从第一章可知，干扰也是一种信号，也具有一定的频带，假设一干扰的频带宽度为 $w/10$，虽然它对两种信号造成同样带宽($w/10$)的影响，但相同的带宽却包含不同的信号功率值，从对信息的破坏程度上看，显然带宽为 $2w$ 的信号功率受损小。

因为调频信号的频谱比调幅信号宽，所以其抗干扰能力就比调幅信号强。比如，10 吨货物装在一辆汽车上运输，那么只要汽车出事故，则 10 吨货物都无法正常送到目的地；若将货物分散到 4 辆汽车上在 4 个车道上同时运输，而 4 辆车道都出事故的概率极低。显然，一两辆车出了问题，其余的货物仍能正常运送。

幅度调制相当于把货物装在一辆大汽车上运输，而频率调制可理解为把货物分散装在并排行驶的多辆小汽车上。显然，一辆车占用的道路宽度小于多辆车占用的宽度，因此，传输调频信号需要更大的信道通频带。

2.10 调制的功能与分类

2.10.1 调制的功能

调制技术有三大功能：

（1）频率变换。把低频信号变换成高频信号以利于无线发送或在信道中传输。关于无线发送的条件前面已经讲过；在信道中传输主要指有线通信中的高频对称电缆要求传输信号的频率为 12～252 kHz，显然，频率为 0.3～3.4 kHz 的话音信号（考虑保护带，通常将带宽定义为 4 kHz）不能直接在其中传输，必须经过调制。

（2）信道复用。信号必须通过信道才能传输，而每一种物理信道的频率特性一般都比所传的基带信号带宽要大很多（比如同轴电缆的带宽约为 0～400 MHz，若只传送一路普通话音信号，则显得非常浪费），但若对信号不加处理，直接传输多路话务信号又会造成相互干扰，致使收信端无法分清各路信号，因此必须用调制技术才能使多路信号在一个信道中同时传输，实现信道多路复用。

（3）改善系统性能。从香农公式中可知，当一个通信系统的信道容量一定时，其信道带宽和信噪比可以互换，即为了某种需要可以降低信噪比而提高带宽，也可降低带宽而提高信噪比。这种互换可以通过不同的调制方式来实现。比如当信噪比比较低时，可选择宽带调频方式增加信号的带宽以提高系统的抗干扰能力（提高信息传输的可靠性）。

2.10.2 调制的分类

根据不同的标准，调制技术有多种分类，见表2-1。

表 2-1 常用调制技术及其用途

调 制 方 式			主 要 用 途
连续波调制	线性模拟调制	常规双边带调制（AM）	广播
		双边带调制（DSB）	立体声广播
		单边带调制（SSB）	载波通信、短波无线电话通信
		残留边带调制（VSB）	电视广播、传真
	非线性模拟调制	频率调制（FM）	微波中继、卫星通信、立体声广播
		相位调制（PM）	中间调制方式
	数字调制	幅度键控（ASK）	数据传输
		频移键控（FSK）	
		相移键控（PSK）、（DPSK）	
		其他高效数字调制（QAM、MSK）	数字微波、空间通信
脉冲调制	脉冲模拟调制	脉幅调制（PAM）	中间调制方式、遥测
		脉宽调制（PDM）	中间调制方式
		脉位调制（PPM）	遥测、光纤传输
	脉冲数字调制	脉码调制（PCM）	市话中继线、卫星、空间通信
		增量调制（DM（ΔM））	军用、民用数字电话
		差分脉码调制（DPCM）	电视电话、图像编码
		其他编码方式（ADPCM）	中继数字电话

其中，线性调制是指已调信号的频谱与调制信号的频谱之间满足线性关系的调制。比如，对于一个传输函数为 $H(\omega)$ 的调制器，当调制信号为 $f_1(t)$ 时已调信号为 $s_1(t)$，调制信号为 $f_2(t)$ 时已调信号为 $s_2(t)$，当调制信号为 $f_1(t)+f_2(t)$ 时已调信号为 $s_1(t)+s_2(t)$，则称调制器为线性调制器，通过线性调制器进行的调制即为线性调制。线性调制的特点是已调信号的频谱与调制信号的频谱相比，在形状上没有变化，即不改变调制信号的频谱结构，但在频谱的幅值上差一个倍数（一般来说，该倍数小于1，若调制器具有放大作用，则倍数大于1）。另外，线性调制过程在数学上可以用调制信号与载波直接相乘得到。AM、DSB、SSB 和 VSB 都是线性调制。

非线性调制是不满足线性调制条件的调制就是非线性调制。非线性调制的已调信号频谱已不再是调制信号频谱的形状，也不能只用一个常数描述频谱之间的关系。非线性调制在数学上不能用调制信号与载波直接相乘进行描述。FM 和 PM 调制都是非线性调制。

在实际工程应用中，还经常将几种调制结合起来使用，即所谓复合调制方式，比如多进制数字调制中的调幅调相法（也就是调制定义中将信号调制在载波的几个参量上）。

2.11　小资料——麦克斯韦

　　詹姆斯·麦克斯韦(James Maxwell，1831—1879)，英国物理学家，经典电动力学的创始人，统计物理学的奠基人之一。1831 年 6 月 13 日，麦克斯韦出生于英国爱丁堡，父亲是位律师。14 岁的麦克斯韦在中学时期就发表了第一篇科学论文《论卵形曲线的机械画法》。他 16 岁进入爱丁堡大学学习物理，三年后，转学到剑桥大学三一学院，主攻数学和物理学，1854 年以优异成绩毕业。

　　1862 年他发表了第二篇论文《论物理力线》，得出电场变化产生磁场的结论，由此预言了电磁波的存在，并证明了这种波的速度等于光速，揭示了光的电磁本质。1864 年其第三篇论文《电磁场的动力学理论》，从几个基本实验事实出发，运用场论的观点，以演绎法建立了系统的电磁理论。1873 年出版的《电学和磁学论》一书，全面总结了 19 世纪中叶以前对电磁现象的研究成果，建立了完整的电磁理论体系。这是一部可以同牛顿的《自然哲学的数学原理》、达尔文的《物种起源》和赖尔的《地质学原理》相媲美的里程碑式的著作。

　　麦克斯韦引入位移电流的概念，建立了一组确定电荷、电流(运动的电荷)、电场、磁场之间普遍联系的微分方程。

　　麦克斯韦方程组表明，空间某处只要有变化的磁场就能激发出涡旋电场，而变化的电场又能激发涡旋磁场。交变的电场和磁场互相激发就形成了连续不断的电磁振荡即电磁波；电磁波的速度只随介质的电磁性质而变化，由此式可证明电磁波在以太(即真空)中传播的速度等于光在真空中传播的速度。这是因为光和电磁波在本质上是相同的，光就是一定波长的电磁波。这就是麦克斯韦创立的光的电磁学说。

　　麦克斯韦所做的另一项重要工作是筹建了剑桥大学的第一个物理实验室——著名的卡文迪许实验室。该实验室对整个实验物理学的发展产生了极其重要的影响，众多著名科学家都曾在该实验室工作过。卡文迪许实验室甚至被誉为"诺贝尔物理学奖获得者的摇篮"。

　　麦克斯韦除了在电磁学方面的重大贡献外，还在天体物理学、气体分子运动论、热力学、统计物理学等方面都作出了卓越的成绩。

　　1879 年 11 月 5 日，麦克斯韦因病在剑桥逝世，年仅 48 岁。那一年正好爱因斯坦出生。科学史上这种巧合还有一次是在 1642 年，那一年伽里略去世，牛顿出生。

思考题与习题

　　2-1　已知两个线性已调信号为

（1）$f(t)=\cos\Omega t\,\cos\omega_c t$

（2）$f(t)=(1+0.5\sin\Omega t)\cos\omega_c t$

式中：$\omega_c=6\ \Omega$。分别画出它们的波形图和频谱图。

　　2-2　一调制系统如习题 2-2 图所示。为在输出端得到 $f_1(t)$ 和 $f_2(t)$，试确定收信端的本地载波 $c_1(t)$ 和 $c_2(t)$。

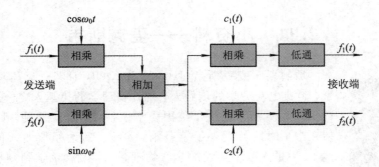

习题 2-2 图

2-3 如习题 2-3 图(a)所示的调制系统，已知 $f(t)$ 的频谱如习题 2-3 图(b)所示，载频 $\omega_1 \ll \omega_2$，$\omega_1 > \omega_H$，且理想低通滤波器的截止频率为 ω_1，求输出信号 $s(t)$，并说明是何种调制信号。

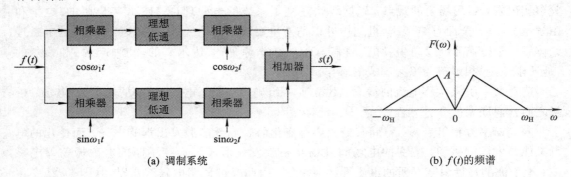

(a) 调制系统   (b) $f(t)$ 的频谱

习题 2-3 图

2-4 证明在习题 2-4 图所示的电路中，只要适当选择放大器增益 K，不用滤波器也可实现抑制载波双边带调制。

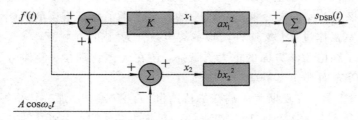

习题 2-4 图

2-5 什么时候适合采用 FDM？

2-6 FDM 的理论基础是什么？

2-7 设信道带宽为 10 MHz，信号带宽为 1.5 MHz。若采用 FDM 进行多路传输，试问该信道最多可传输几路信号？

2-8 已知一个受 1 kHz 正弦调制信号调制的角调制信号为

$$s(t) = 100 \cos(\omega_c t + 25 \cos\omega_m t)$$

(1) 若为调频波，求 ω_m 增加 5 倍时的调频指数和带宽。

(2) 若为调相波，求 ω_m 减小为 1/5 时的调相指数和带宽。

第3章　脉冲编码调制

本章重点问题：

我们已经知道数字通信比模拟通信质量高，那么，如何将模拟消息转化为数字消息，从而利用数字通信技术传输模拟消息呢？也就是说，如何利用数字技术提高模拟信号的传输质量？

第 2 章介绍了用正弦型信号作载波的各种调制技术（AM、FM 和 PM 等），其实，载波还可以是其他形式的高频周期信号，如锯齿波、脉冲串等。通常把用脉冲串作为载波的调制称为脉冲调制。

脉冲调制可分为模拟式和数字式两类。用模拟信号对脉冲序列参量进行的调制叫模拟脉冲调制，主要有脉冲幅度调制、脉冲宽度调制和脉冲相位调制等；用数字信号对脉冲序列参量进行的调制就叫数字脉冲调制，主要有脉冲编码调制和增量调制等。常见的脉冲调制分类如图 3-1 所示。

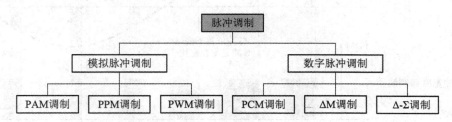

图 3-1　常见脉冲调制分类

3.1　模拟脉冲调制

3.1.1　脉冲幅度调制

脉冲幅度调制是用调制信号对脉冲幅度进行控制的过程或方法，简称为脉幅调制（PAM，Pulse Amplitude Modulation），它把调制信号变为一系列幅度随其瞬时采样值的变化而变化的窄脉冲（窄脉冲的位置和宽度均保持不变）且脉冲幅度的取值仍然可能是连续的。脉冲幅度调制波形如图 3-2(b)所示。

3.1.2　脉冲宽度调制

脉冲宽度调制是用调制信号对脉冲宽度进行控制的过程或方法，简称为脉宽调制（PWM，Pulse Width Modulation），也可记为（PDM，Pulse Duration Modulation），它把调制信号变为一系列占空比随其瞬时采样值的变化而变化的矩形脉冲（脉冲的幅度和位置均保持不变）。脉冲宽度调制波形如图3-2(c)所示。

我们利用面积等效原理，使一个正弦波可以用一系列等幅但不等宽的脉冲（PWM波）代替。这个结论使得PWM技术在控制领域得到广泛应用，比如家用电器中的变频空调、变频冰箱等就是采用PWM进行电压控制的。

3.1.3 脉冲相位调制

脉冲相位调制是用调制信号对脉冲相位（位置）进行控制的过程或方法，简称脉位调制（PPM，Pulse Phase Modulation），它把调制信号变为一系列位置随其瞬时采样值的变化而不同的窄脉冲（脉冲的幅度和宽度均保持不变）。脉冲相位调制波形如图3-2(d)所示。

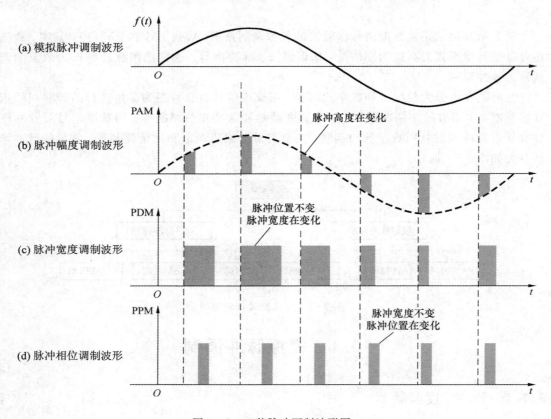

图3-2 三种脉冲调制波形图

PPM的优点在于不需要进行脉冲幅度和宽度的控制，便于以较低的复杂度实现调制与解调。

3.2 PCM 调 制

3.2.1 基本概念

在数字通信系统中，信源和信宿处理的都是模拟信号（消息），而信道传输的却是数字基带或已调信号。可见在数字通信系统中的发信端必须有一个将模拟信号变成数字信号的过程，而在收信端也要有一个把数字信号还原成模拟信号的过程。通常把模拟信号（Analog Signal）变成数字信号（Digital Signal）的过程简称为 A/D 转换，把数字信号变成模拟信号的过程简称为 D/A 转换。信源编码和译码模块的一个任务就是完成 A/D 转换和 D/A 转换。

那么如何将一个模拟信号转换为一个数字信号呢？脉冲编码调制（PCM，Pulse Code Modulation）可以解决这个问题。

PCM 的概念最早是由法国工程师 Alce Reeres 于 1937 年提出，其目的就是实现电话信号（模拟信号）的数字化传输。1946 年第一台 PCM 数字电话终端机在美国 Bell 实验室问世。1962 年后，采用晶体管的 PCM 终端机大量应用于市话网中，使市话电缆传输的路数扩大了二三十倍。20 世纪 70 年代后期，随着超大规模集成电路 PCM 芯片的出现，PCM 在光纤通信、数字微波通信和卫星通信中得到了更为广泛的应用。

PCM 调制需要经过抽样、量化和编码三个步骤才能完成（脉冲编码调制模型如图 3-3 所示）。

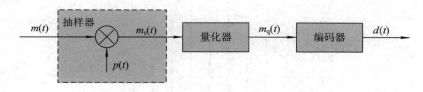

图 3-3　脉冲编码调制模型

我们用图 3-4 脉冲编码调制示意图简要描述其实现过程。

图 3-4(a) 是一个以 T_s 为时间间隔的窄脉冲序列 $p(t)$，被称为抽样脉冲串。在图 3-4 (b) 中，$v(t)$ 是待抽样的模拟电压信号，抽样后的离散信号 $v_s(t)$ 的取值分别为 $v_s(0)=0.2$，$v_s(T_s)=0.4$，$v_s(2T_s)=1.8$，$v_s(3T_s)=2.8$，$v_s(4T_s)=3.6$，$v_s(5T_s)=5.1$，$v_s(6T_s)=6.0$，$v_s(7T_s)=5.7$，$v_s(8T_s)=3.9$，$v_s(9T_s)=2.0$，$v_s(10T_s)=1.2$，可见取值在 0～6 之间是随机的，也就是说可以有无穷个可能的取值。在图 3-4(c) 中，为了把无穷个可能取值变成有限个，我们必须对 $v_s(t)$ 的取值进行量化（即四舍五入），得到 $v_q(t)$。则 $v_q(t)$ 的取值变为 $v_q(0)=0$，$v_q(T_s)=0$，$v_q(2T_s)=2$，$v_q(3T_s)=3$，$v_q(4T_s)=4$，$v_q(5T_s)=5$，$v_q(6T_s)=6$，$v_q(7T_s)=6$，$v_q(8T_s)=4$，$v_q(9T_s)=2$，$v_q(10T_s)=1$，总共只有 0～6 七个可能的取值。显然，$v_q(t)$ 已经变成数字信号，但还不是常用的二进制数字信号，因此，需要对 $v_q(t)$ 用 3 位二进制码元进行自然编码，即可得到图 3-4(d) 的数字信号 $d(t)$，从而完成了 A/D 转换，实现了脉冲编码调制。

读者可能会提出这样的问题：PCM 最后形成的 $d(t)$ 在幅度、位置和宽度上均不随 $v(t)$ 变化，其调制的概念体现在哪里？其实，调制的概念体现在抽样和编码的过程中。对图 3-3 中抽样器的分析可以发现，其功能就是 PAM 调制。另外，PCM 输出的脉冲序列幅度是被表示调制信号样值的"0""1"码组合（即数据编码）所控制，也就是说，PCM 是将原始信号"调制"（编码）到二元脉冲序列的码字组合上。

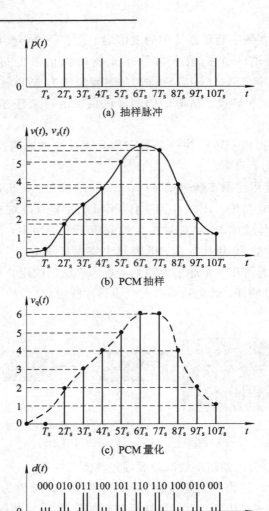

(a) 抽样脉冲

(b) PCM 抽样

(c) PCM 量化

(d) PCM 编码

图 3-4 脉冲编码调制示意图

下面介绍抽样、量化和编码技术的具体实现方法。

3.2.2 抽样

PCM 过程的第一步是对模拟信号进行信号抽样（Sampling）。所谓**抽样就是以固定的时间间隔不断采集模拟信号当时的瞬时值**。图 3-5 为抽样概念示意图，假设模拟信号

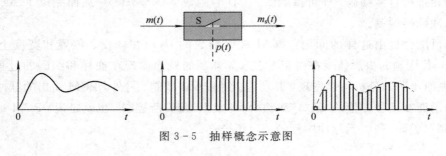

图 3-5 抽样概念示意图

$m(t)$ 通过一个开关 S，当开关处于闭合状态，开关的输出就是输入，即 $m_s(t)=m(t)$；当开关处在断开位置，输出 $m_s(t)$ 就为零。可见，如果让开关受一个窄脉冲串（序列）$p(t)$ 的控制，脉冲出现时开关闭合，脉冲消失时开关断开，则输出 $m_s(t)$ 就是一个幅值随 $m(t)$ 变化的脉冲串，即 $m_s(t)$ 就是对 $m(t)$ 抽样后的信号，简称为"样值信号"。

根据抽样值表现形式的不同，抽样又分为"曲顶抽样"和"平顶抽样"两种。

(1) 曲顶抽样。

曲顶抽样又称自然抽样，其特点是抽样后的脉冲幅度（顶部）随被抽样信号 $m(t)$ 而变化，或者说保持 $m(t)$ 的变化规律。图 3-5 中的 $m_s(t)$ 就是曲顶抽样信号。

设模拟基带信号 $m(t)$ 的波形及频谱如图 3-6(a)所示。抽样脉冲 $p(t)$ 是宽度为 τ 周期为 T_s 的矩形窄脉冲序列，并设其抽样频率 f_s 是 $m(t)$ 最高频率分量的两倍，即 $f_s=1/T_s=2f_H$，脉冲序列及其频谱如图 3-6(b)所示，则自然抽样信号 $m_s(t)$ 为 $m(t)$ 与 $p(t)$ 的乘积，即

$$m_s(t) = m(t)p(t) \tag{3.2-1}$$

自然抽样信号及其频谱如图 3-6(c)所示。

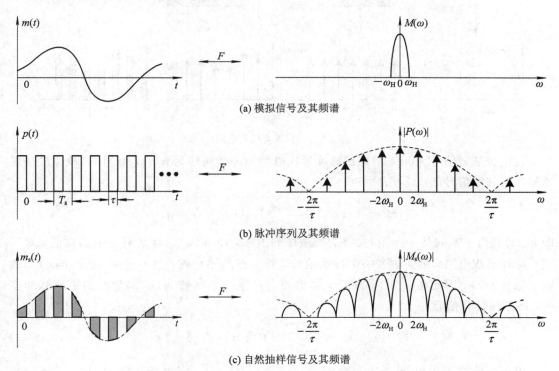

(a) 模拟信号及其频谱

(b) 脉冲序列及其频谱

(c) 自然抽样信号及其频谱

图 3-6　自然抽样信号及其频谱

由于 $p(t)$ 的频谱表达式为

$$P(\omega) = \frac{2\pi\tau}{T_s} \sum_{n=-\infty}^{\infty} \mathrm{Sa}(n\tau\omega_H)\delta(\omega-2n\omega_H) \tag{3.2-2}$$

则由频域卷积定理可知 $m_s(t)$ 的频谱为

$$M_s(\omega) = \frac{1}{2\pi}[M(\omega) * P(\omega)] = \frac{A\tau}{T_s} \sum_{n=-\infty}^{\infty} \mathrm{Sa}(n\tau\omega_H)M(\omega-2n\omega_H) \tag{3.2-3}$$

其波形如图 3-6(c)所示。可以认为：**用窄脉冲序列作为抽样脉冲的抽样过程被称为"曲顶**

抽样"。

由上述分析可知，在自然抽样中，因为抽样脉冲有一定的宽度，所以抽样后所形成的样值脉冲顶部就是一段原始信号的曲线。若抽样脉冲的宽度可以任意小，则样值脉冲就是一条竖线段，其高度就是原始信号在抽样时刻的值，从理论上讲这样的抽样脉冲就是冲激串信号 $\delta_T(t)$。因此，**用 $\boldsymbol{\delta}_T(t)$ 作为抽样脉冲的抽样过程就被称为"理想抽样"。**

（2）平顶抽样。

平顶抽样又叫瞬时抽样，它与自然抽样的不同之处在于抽样后的样值脉冲顶部是平的（即是矩形脉冲），其幅度为被抽样信号在抽样时刻的瞬时值。平顶抽样信号在原理上可以由理想抽样和脉冲形成电路（也可称为保持电路）产生。平顶抽样示意图如图 3-7 所示，其中脉冲形成电路的作用就是把冲激脉冲变为矩形脉冲，因此，所谓**平顶抽样就是用幅值为被抽样信号在抽样时刻的瞬时值的矩形脉冲进行的抽样过程。**

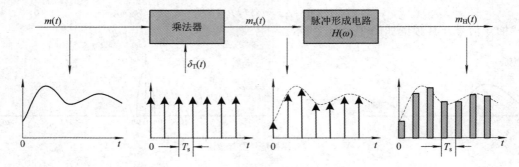

图 3-7　平顶抽样示意图

设模拟基带信号为 $m(t)$，矩形脉冲形成电路的冲激响应为 $h(t)$，则对 $m(t)$ 经过理想抽样后得到的信号 $m_s(t)$ 可表示为

$$m_s(t) = m(t)\delta_T(t) = \sum_{n=-\infty}^{\infty} m(nT_s)\delta(t-nT_s) \qquad (3.2-4)$$

即 $m_s(t)$ 是由一系列被 $m(nT_s)$ 加权的冲激序列组成，而 $m(nT_s)$ 就是第 n 个抽样值。对于矩形脉冲形成电路，每当输入一个冲激信号，就会在其输出端产生一个幅度为 $m(nT_s)$ 的矩形脉冲 $h(t)$。因此在 $m_s(t)$ 作用下，输出便会产生一系列被 $m(nT_s)$ 加权的矩形脉冲序列，即平顶抽样信号 $m_H(t)$

$$m_H(t) = \sum_{n=-\infty}^{\infty} m(nT)h(t-nT_s) \qquad (3.2-5)$$

因为脉冲形成电路的传输函数满足 $H(\omega) \xleftrightarrow{F} h(t)$，所以输出信号 $m_H(t)$ 的频谱 $M_H(\omega)$ 为

$$M_H(\omega) = M_s(\omega)H(\omega) \qquad (3.2-6)$$

式中：$M_s(\omega)$ 为式（3.2-4）中理想抽样信号 $m_s(t)$ 的频谱，即

$$M_s(\omega) = \frac{1}{2\pi}\left[M(\omega)*\delta_T(\omega)\right] = \frac{1}{T_s}\left[M(\omega)*\sum_{n=-\infty}^{\infty}\delta(\omega-n\omega_s)\right] = \frac{1}{T_s}\sum_{n=-\infty}^{\infty}M(\omega-n\omega_s)$$

$$(3.2-7)$$

式中：$\omega_s = 2\pi f_s = 2\omega_H$。将式（3.2-7）代入式（3.2-6）中，则有

$$M_H(\omega) = \frac{1}{T_s}H(\omega)\sum_{n=-\infty}^{\infty}M(\omega - 2n\omega_H) = \frac{1}{T_s}\sum_{n=-\infty}^{\infty}H(\omega)M(\omega - 2n\omega_H) \quad (3.2-8)$$

可见，平顶抽样信号频谱 $M_H(\omega)$ 是由被 $H(\omega)$ 加权后的周期性重复的 $M(\omega)$ 所组成。

3.2.3　量化

PCM 过程的第二步是对样值信号进行量化（quantizing）处理。**量化就是把连续的无限个数值的集合映射（转换）为离散的有限个数值的集合。**通常采用"四舍五入"的原则进行数值量化。

在讨论量化之前，首先介绍三个概念：

（1）量化值。量化后的取值叫量化值（也称量化电平），比如图 3-4 的量化值就是 0、1、2、3、4、5、6。

（2）量化级。量化值的个数称为量化级。比如图 3-4 所示的量化级就是 7 级量化。

（3）量化间隔。相邻两个量化值之差为量化间隔（也称量化台阶）。比如图 3-4 所示的量化间隔就是 1。

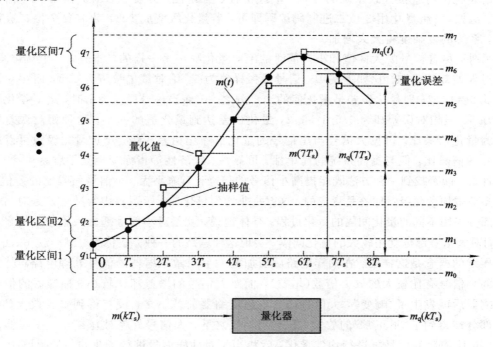

图 3-8　量化过程示意图

下面借助图 3-8 量化过程示意图说明量化原理。

设 $m(t)$ 为模拟信号；T_s 为抽样间隔；$m(kT_s)$ 是第 k 个抽样值（在图中用"·"表示）；$m_q(t)$ 表示量化信号；$q_1 \sim q_M$ 是预先规定好的 M 个量化电平（量化级 $M=7$）；m_i 为第 i 个量化区间的终点电平（分层电平），电平之间的间隔 $\Delta V_i = m_i - m_{i-1}$ 就是量化间隔。那么，量化就是将抽样值 $m(kT_s)$ 转换为 M 个规定电平值 $q_1 \sim q_M$ 中任何一个的过程，即

$$m_q(kT_s) = q_i \qquad 如果\ m_{i-1} \leqslant m(kT_s) \leqslant m_i \quad (3.2-9)$$

例如，在图 3-8 中，$t=5T_s$ 和 $t=7T_s$ 时的抽样值落在 $m_5 \sim m_6$ 之间，则量化器输出的量化

值均为 q_6。

显然，量化值是抽样值的近似，它们之间的误差称为量化误差，表示为

$$e_q = m - m_q \qquad (3.2-10)$$

其中：符号 m 表示 $m(kT_s)$；m_q 表示 $m_q(kT_s)$。

因为量化误差对信号的影响就像噪声一样，所以也被称为"量化噪声"。比如，在图 3-4(b) 和 (c) 中，$v(t)$ 的样值信号 $v_s(t)$ 和量化信号 $v_q(t)$ 是不一样的，即量化前后的样值有可能不同，比如 $v_s(0)=0.2$ 而 $v_q(0)=0.0$。因为收信端恢复的只能是量化信号 $v_q(t)$，而不能恢复出 $v_s(t)$，所以，收、发信号之间就会有误差，也就是量化噪声。又因为量化间隔为 1，且采用"四舍五入"进行量化，所以量化噪声的最大值是 0.5，即量化噪声的最大绝对误差是 0.5 个量化间隔。这种量化间隔都一样的量化方法被称为均匀量化。

如果在一定的取值范围内增加量化级数，也就是减小量化间隔，则量化噪声就会减小。比如，把量化间隔取成 0.5，则上例的量化级数就变成 14 个，量化噪声则变为 0.25。显然，量化噪声的大小与量化间隔成正比。但是在实际中，不可能对量化分级过细，因为过多的量化值将直接导致系统的复杂性、经济性、可靠性、方便性、维护使用性等指标的恶化。比如，7 级量化用 3 位二进制码编码即可，若量化级变成 128，就需要 7 位二进制码编码，系统的复杂度将大大增加。

另外，尽管信号的大样值和小样值时的绝对量化噪声是一样的，都是 0.5 个量化间隔，但相对误差却很悬殊。比如上例中，信号最大样值为 6，绝对量化噪声为 0.5，而相对误差为 $0.5/6=1/12$，即量化误差是量化值的十二分之一；而当信号样值为 1 时，绝对量化噪声仍为 0.5，但相对误差却为 $0.5/1=1/2$，量化误差达到量化值的一半。这种相对误差可以定义为量化信噪比。可见大信号与小信号的量化信噪比相差 6 倍。增加量化级数可以提高小信号的信噪比，但与提高系统的简单性、可靠性、经济性等指标却相互矛盾。

那么，能否找到一种方法既能提高小信号的信噪比，缩小大、小信号信噪比的差值，又不过多地增加量化级？回答是肯定的，这就是非均匀量化法。所谓非均匀量化就是对信号的不同部分采用不同的量化间隔的量化过程。具体地说，就是对小信号部分采用较小的量化间隔，而对大信号部分就用较大的量化间隔。实现这种思路的一种方法称为"压缩与扩张法"。

压缩的概念是这样的：在抽样电路后面加上一个叫做压缩器的信号处理电路，其特点是对弱小信号有比较大的放大倍数（增益），而对大信号的增益却比较小。抽样后的信号经过压缩器后就发生了"畸变"，大信号部分与进压缩器前差不多，没有得到多少放大，而小信号部分却得到了"不正常"的放大（提升），相比之下，大信号好像被压缩了，压缩器由此得名。对压缩后的信号再进行均匀量化，就相当于对抽样信号进行了非均匀量化。

在收信端为了恢复原始抽样信号，就必须把接收到的经压缩后的信号还原成压缩前的信号，完成这个还原工作的电路就是扩张器，其特性正好与压缩器相反，对小信号压缩，对大信号提升。为了保证信号的不失真，要求压缩特性与扩张特性合成后是一条直线，也就是说，信号通过压缩器后再通过扩张器实际上好像通过了一个线性电路。显然，压缩或扩张对信号进行的都是非线性变换。压缩与扩张特性如图 3-9 所示。图中，脉冲 $A(A=3.1)$ 和脉冲 $B(B=0.9)$ 是两个样值，作为压缩器的输入信号经过压缩后变成 $A'=3.2$ 和 $B'=2.5$，可见 A' 与 A 基本上没有差别，而 B' 却比 B 大了许多，这正是我们需要的压缩特性；在收信端 A' 与 B' 作为扩张器的输入信号，经扩张后还原成样值 A 和样值 B。

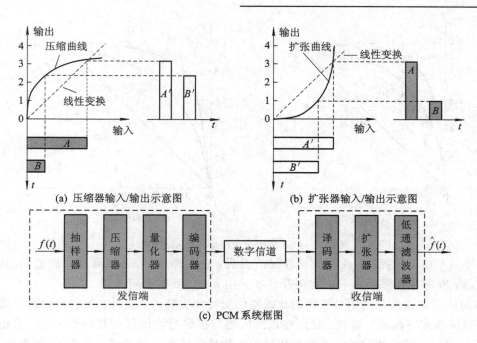

(a) 压缩器输入/输出示意图　　　(b) 扩张器输入/输出示意图

(c) PCM 系统框图

图 3-9　压扩特性与 PCM 框图

再看一下小信号的信噪比变化情况。样值 B 如果经均匀量化，则量化噪声为 0.5，相对误差为 0.5；而经过压缩后，样值 B' 的量化噪声仍为 0.5，但相对误差变为 0.5/3=1/6，比均匀量化减小了许多，其信噪比也就大为提高。图 3-9(c)给出了一个完整的 PCM 系统框图。

压缩特性通常采用对数压缩特性，也就是压缩器的输出与输入之间近似呈对数关系。对于电话信号而言，对数压缩特性又有 A 律和 μ 律之分。

A 律特性输出 y 与输入信号 x 之间满足下式

$$y = \begin{cases} \dfrac{Ax}{1+\ln A}, & 0 \leqslant x \leqslant \dfrac{1}{A} \\ \dfrac{1+\ln Ax}{1+\ln A}, & \dfrac{1}{A} < x \leqslant 1 \end{cases} \qquad (3.2-11)$$

式中：y 为归一化的压缩器输出电压，即实际输出电压与可能输出的最大电压之比；x 为归一化的压缩器输入电压，即实际输入电压与可能输入的最大电压之比；A 为压缩系数，表示压缩程度。

从式(3.2-11)可见，在 $0 \leqslant x \leqslant 1/A$ 的范围内，压缩特性为一条直线，相当于均匀量化特性；在 $1/A < x \leqslant 1$ 范围内是一条对数曲线。通常，国际上取 $A = 87.6$。

μ 律特性输出 y 与输入信号 x 之间满足下式

$$y = \frac{\ln(1+\mu x)}{\ln(1+\mu)}, \quad 0 \leqslant x \leqslant 1 \qquad (3.2-12)$$

式中：y、x、μ 的意思与 A 律一样。

A 律与 μ 律的特性曲线如图 3-10 所示，它们的性能基本相似，但在 $\mu = 255$，量化级为 256 时，μ 律对小信号信噪比的改善优于 A 律。图 3-10 的曲线只是压缩特性的一半，另一半在第三象限，与第一象限的曲线奇对称，为简单计，一般都不画出来。

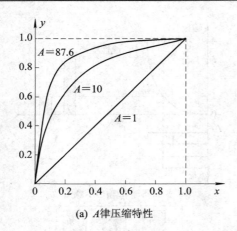

(a) A律压缩特性

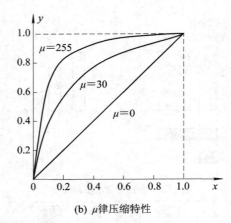

(b) μ律压缩特性

图 3-10　两种对数压缩特性示意图

　　μ律最早由美国提出，A律则是欧洲的发明，它们都是 ITU(国际电信联盟)允许的标准。目前，欧洲主要采用 A 律，北美及日本采用 μ 律，我国采用 A 律。

　　早期的压缩特性是利用二极管的非线性伏安特性实现的，但因二极管特性的一致性不好，要保证压缩特性的一致性、稳定性以及压缩与扩张特性的匹配是很困难的。目前都是采用近似理想压缩特性曲线的折线来代替理想特性。对于 A 律曲线，采用 13 段折线近似；对于 μ 律曲线，采用 15 段折线近似。

　　这里简单介绍 A 律的 13 段折线，首先把输入信号的幅值归一化(横坐标)，把 0~1 的值域划分为不均匀的 8 个区间，每个区间的长度以 2 倍递增。具体地说就是 0~1/128 为第一区间，1/128~1/64 为第二区间，1/64~1/32 为第三区间，1/32~1/16 为第四区间，直到 1/2~1 为第八区间。再把输出信号的幅度也归一化(纵坐标)，并均匀分成 8 个区间，即 0~1/8，1/8~2/8，2/8~3/8，直到 7/8~1。然后以横轴各区间的右端点为横坐标，以相对应纵轴区间的上端点为纵坐标，就可得到(1/128，1/8)，(1/64，2/8)，(1/32，3/8)⋯(1，1)等 8 个点。将原点及这 8 个点依次用直线段连接起来就得到一条近似 A 律的折线，A 律 13 折线示意图如图 3-11 所示。也许有人会问：图 3-11 中的折线只有 8 段，为什么

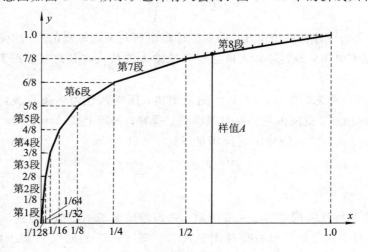

图 3-11　A 律 13 折线示意图

叫做 13 折线呢？这是因为我们只画出了对数曲线的正值部分，实际上还有负值部分，正值曲线与负值曲线奇对称。所以，在图 3-11 中加上负值曲线就有 16 条折线。多出的 3 条线是怎么回事儿呢？这是因为第一区间和第二区间的线段斜率一样，可以看成一条线段，则正值曲线就只有 7 条线段，与之对应的负值曲线也只有 7 条线段，而正、负值曲线合画在一起后，各自的第一段折线斜率也一样，所以在 14 条线段中再减去一条就成为 13 折线。

表 3-1 给出了 13 折线的各个参数。

表 3-1　13 折线参数表

线段号	1	2	3	4	5	6	7	8
各段斜率	16	16	8	4	2	1	1/2	1/4
y 轴各段终点电平	1/8	2/8	3/8	4/8	5/8	6/8	7/8	1
x 轴各段终点电平	1/128	1/64	1/32	1/16	1/8	1/4	1/2	1
x 轴各段电平数	1/128	1/128	1/64	1/32	1/16	1/8	1/4	1/2

可以验证，13 折线非常逼近 $A=87.6$ 的 A 律对数压缩特性。那么为什么取 $A=87.6$ 呢？原因有二：一是使特性曲线原点附近的斜率凑成 16，二是用 13 折线逼近时，x 的八个段落量化分界点近似于按 2 的幂次递减分割，有利于数字化。

μ 律的 15 折线的画法与上述 13 折线的方法类似，我们不再赘述。

3.2.4　编码

PCM 过程的第三步是对量化后的数字信号进行编码（Coding）处理。**把量化后的多进制数字序列变换成二进制数字序列的过程或方法称为 PCM 编码。其逆过程称为 PCM 译码（解码）。**

完成 PCM 编码需要解决两个问题：一是如何确定二进制码字的字长；二是采用怎样的编码码型。

一个由二进制码元（也可以是多进制）构成的有限长序列被称为码字。M 个不同码字就可以表示 M 个消息状态或符号。比如 3 位码字就有 000、001、010、011、100、101、110、111，共 $M=2^3=8$ 种组合（可以表示 8 个消息状态或符号），在 PCM 编码中，就可以表示 8 个量化值。

构成一个码字的码元位数称为字长（上例中字长为 3）。显然，字长越大，构成的码字个数就越多，可表示的量化值就会越多，则量化级数就会增加，量化间隔与量化噪声也随之减小。但码字长度越长，对电路的精度要求也越高，同时，要求码元速率（波特率）越高，从而要求信道带宽越宽。

对于 A 律量化来说，每段折线进行 16 级均匀量化，量化级数为 $16\times16=256$，则字长就是 8。

在数字和数据通信原理中有多个码型概念，归纳起来可分为码元码型和码字码型两种。这里的码型是码字码型，指一组码字的编排或构成规则，反映的是各码字之间的相互关系。

用某种码型代表的量化值就是 PCM 编码的具体内容。可用的 PCM 编码码型主要有自然二进制码 NBC(Natural Binary Code)、折叠二进制码 FBC(Folded Binary Code)和格雷二进制码 RBC(Gray or Reflected Binary Code)三种。表 3-2 给出了三种码型的编码规律。为简单计，表中只给出 16 个量化值，也就是 4 位字长的情况。

表 3-2　三种常用二进制码组

量化值序号	自然码(NBC)	折叠码(FBC)	格雷码(RBC)
15	1111	1111	1000
14	1110	1110	1001
13	1101	1101	1011
12	1100	1100	1010
11	1011	1011	1110
10	1010	1010	1111
9	1001	1001	1101
8	1000	1000	1100
7	0111	0000	0100
6	0110	0001	0101
5	0101	0010	0111
4	0100	0011	0110
3	0011	0100	0010
2	0010	0101	0011
1	0001	0110	0001
0	0000	0111	0000

　　自然二进制码就是一般的十进制正整数的二进制表示，其特点是编码简单。

　　折叠二进制码是一种符号幅度码。左边第一位表示信号的极性，第二位至最后一位表示信号的幅度。由于正、负绝对值相同时，折叠码的上半部分与下半部分相对零电平对称折叠，因此称为折叠码，且其幅度码从小到大按自然二进码规则编码。

　　与自然二进码相比，折叠二进码的优点是，对于话音这样的双极性信号，只要绝对值相同，则可以采用单极性编码的方法，使编码过程大大简化。另一个优点是，传输过程中出现的误码对小信号影响较小。例如，信号 1000 误传为 0000，对于自然二进码误差有 8 个量化级，而折叠二进码误差却只有 1 个量化级。这一特性十分有用，因为话音信号小幅度出现的概率比大幅度的大，所以，折叠码的着眼点在于小信号的传输质量。而格雷码的特点是任何相邻的码字只有一个码位不同，即相邻码字的距离恒为 1，其优点是量化电平的误差较小。当正、负极性信号的绝对值相等时，它们的幅度码相同，故又称反射二进制码。

　　通过码型比较可见，对于话音信号的编码而言，折叠码性能比较优越，应用广泛。

　　我们把上述内容总结为三句话：在 PCM 过程中，**抽样的作用是"模拟信号离散化"；量化的作用是"离散信号数字化"；编码的作用是"数字信号二值化"**。

　　实际中，量化和编码工作是在 13 折线上同时完成的。在 13 折线编码中，普遍采用 8 位二进制码，对应有 $M=2^8=256$ 个量化级，即正、负输入幅度范围内各有 128 个量化级。这需要将 13 折线中的每个折线段再均匀划分 16 个量化级，由于各段长度不一，所以，正或负输入的 8 个段落被划分成 $8 \times 16 = 128$ 个不均匀的量化级。按折叠二进码的码型，这 8 位码的安排见表 3 - 3。

表 3 - 3 码 位 安 排

极 性 码	幅 度 码	
	段落码	段内码
C_1	$C_2 C_3 C_4$	$C_5 C_6 C_7 C_8$

极性码 C_1 表示样值的极性。规定正极性 $C_1 = 1$，负极性 $C_1 = 0$。对于正、负对称的双极性信号，在极性判决后会被整流（相当于取绝对值），然后按信号的绝对值进行编码，因此只要考虑 13 折线中正值的 8 段折线就行了。8 段折线共包含 128 个量化级，正好用剩下的 7 位幅度码 $C_2 C_3 C_4 C_5 C_6 C_7 C_8$ 表示。

幅度码中的段落码 $C_2 C_3 C_4$ 表示样值的幅度处在哪个段落。3 位码的 8 种可能状态分别代表 8 个不同的段落，段落码见表 3 - 4。

表 3 - 4 段 落 码

段落序号	段落码			段落序号	段落码		
	C_2	C_3	C_4		C_2	C_3	C_4
8	1	1	1	4	0	1	1
7	1	1	0	3	0	1	0
6	1	0	1	2	0	0	1
5	1	0	0	1	0	0	0

幅度码中的段内码 $C_5 C_6 C_7 C_8$ 的 16 种组合分别代表每一段中的 16 个均匀量化级，段内码见表 3 - 5。

表 3 - 5 段 内 码

电平序号	段内码				电平序号	段内码			
	C_5	C_6	C_7	C_8		C_5	C_6	C_7	C_8
15	1	1	1	1	7	0	1	1	1
14	1	1	1	0	6	0	1	1	0
13	1	1	0	1	5	0	1	0	1
12	1	1	0	0	4	0	1	0	0
11	1	0	1	1	3	0	0	1	1
10	1	0	1	0	2	0	0	1	0
9	1	0	0	1	1	0	0	0	1
8	1	0	0	0	0	0	0	0	0

注意在 13 折线编码方法中，虽然各段内的 16 个量化级是均匀的，但因各段长度不等，故不同段之间的量化级是非均匀的。小信号时，段长度小，量化间隔小；大信号时，量化间隔大。13 折线中的第一、二段最短，只有归一化值的 1/128，再将它等分 16 级，每一级长

度为 $\frac{1}{128} \times \frac{1}{16} = \frac{1}{2048}$，这是最小的量化间隔（称为一个量化单位，记为 Δ），它仅有输入信号归一化值的 1/2048；第八段最长，是归一化值的 1/2，将它等分 16 级后，每一级的归一化长度为 1/32，等于 64Δ。如果以非均匀量化时的最小量化间隔 Δ 作为 x 轴的单位，那么各段的起点电平分别是 0、16、32、64、128、256、512、1024 个量化单位。表 3 - 6 列出了 A 律 13 折线每一量化段的起始电平 I_i、量化间隔 ΔV_i 及各位幅度码的权值（对应的电平）。

表 3 - 6 13 折线幅度码及其对应电平

段序号 $i=1\sim8$	电平范围 (Δ)	段落码			段落起始电平 $I_i(\Delta)$	量化间隔 $\Delta V_i(\Delta)$	段内码对应权值 (Δ)			
		C_2	C_3	C_4			C_5	C_6	C_7	C_8
8	1024~2048	1	1	1	1024	64	512	256	128	64
7	512~1024	1	1	0	512	32	256	128	64	32
6	256~512	1	0	1	256	16	128	64	32	16
5	128~256	1	0	0	128	8	64	32	16	8
4	64~128	0	1	1	64	4	32	16	8	4
3	32~64	0	1	0	32	2	16	8	4	2
2	16~32	0	0	1	16	1	8	4	2	1
1	0~16	0	0	0	0	1	8	4	2	1

最后，用一个例子说明利用 13 折线的量化与编码方法。

【例题 3 - 1】 对图 3 - 11 中的样值 A 进行量化与编码。

解 （1）因为样值 A 为正，所以，$C_1=1$。

（2）因为样值 A 处于折线第 8 段，所以，$C_2C_3C_4=111$。

（3）因为样值 A 处于第 8 段的第 3 个量化间隔的顶端，所以，$C_5C_6C_7C_8=0011$。

因此，样值 A 的编码为 $C_1C_2C_3C_4C_5C_6C_7C_8=11110011$。

3.3 抽样定理和系统带宽

3.3.1 抽样定理

分析 PCM 的全过程会发现一个问题，即当把一个模拟信号通过抽样处理变成离散信号后，凭什么认为该离散信号可以携带原始信号的全部信息？换句话说，凭什么认为能从该离散信号中恢复出原始信号？如果这一问题说不清楚，那么 PCM 就没有实用价值。

PCM 过程实际上就是 A/D 转换的过程。而 A/D 转换的理论基础是抽样定理。也就是说，抽样定理为我们的担心提供了保证。抽样定理包含两个内容：低通抽样定理和带通抽样定理。下面主要介绍低通抽样定理。

低通抽样定理：对于一个带限模拟信号 $f(t)$，假设其频带为 $[0, f_H]$，若以抽样频率 $f_s \geqslant 2f_H$ 对其进行抽样（抽样间隔 $T_s \leqslant 1/f_s$），则 $f(t)$ 将被其样值信号 $y_s(t) = \{f(nT_s)\}$ 完全确定。或者说，可从样值信号 $y_s(t) = \{f(nT_s)\}$ 中无失真地恢复出原信号 $f(t)$。

这里引出了两个新概念：奈奎斯特间隔和奈奎斯特频率。

所谓奈奎斯特间隔，就是能够唯一确定信号 $f(t)$ 的最大抽样间隔。而能够唯一确定信号 $f(t)$ 的最小抽样频率就是奈奎斯特频率。可见，奈奎斯特间隔 $T_s=1/(2f_H)$，奈奎斯特频率 $f_s=2f_H$。

下面以图 3-12 所示的抽样过程为例，对抽样定理给予简单的证明。

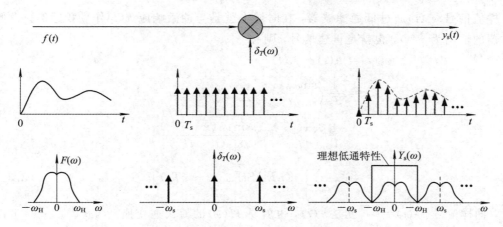

图 3-12　抽样过程示意图

设带限信号为 $f(t)$，其频谱为 $F(\omega)$；抽样脉冲序列为一周期信号冲激串 $\delta_T(t)$，频谱为 $\delta_T(\omega)$；样值信号 $y_s(t)$ 的频谱为 $Y_s(\omega)$，则有

$$y_s(t)=f(t) \cdot \delta_T(t)$$

由频域卷积特性可得

$$Y_s(\omega)=\frac{1}{2\pi}\left[F(\omega) * \delta_T(\omega)\right]$$

而冲激串 $\delta_T(t)=\sum_{n=-\infty}^{\infty}\delta(t-nT_s)$ 的频谱为

$$\delta_T(\omega)=\frac{2\pi}{T_s}\sum_{n=-\infty}^{\infty}\delta(\omega-n\omega_s)$$

则有
$$Y_s(\omega)=\frac{1}{T_s}\left[F(\omega) * \sum_{n=-\infty}^{\infty}\delta(\omega-n\omega_s)\right]=\frac{1}{T_s}\sum_{n=-\infty}^{\infty}F(\omega-n\omega_s) \tag{3.3-1}$$

从图 3-12 中可见，$Y_s(\omega)$ 是由一连串位于不同频率处的 $F(\omega)$ 波形组成。在 $\omega_s \geqslant 2\omega_H$ 的前提下，样值信号的频谱 $Y_s(\omega)$ 不会发生重叠现象，从理论上讲，就可以通过一个截止频率为 ω_H 的理想低通滤波器将 $Y_s(\omega)$ 中的第一个 $F(\omega)$ 滤出来，恢复出原始信号 $f(t)$。若不满足 $\omega_s \geqslant 2\omega_H$ 的条件，则 $Y_s(\omega)$ 中的 $F(\omega)$ 就会出现重叠（如图 3-13 所示），以至于无法用滤波器提取出一个干净的 $F(\omega)$。

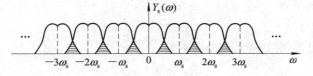

图 3-13　频谱重叠示意图

第一篇 通信原理

下面从时域给出重建(恢复)模拟信号 $f(t)$ 的过程。已知理想低通滤波器的频谱是一个门函数,若设滤波器的冲激响应为 $h(t)$,则 $h(t)$ 的傅氏变换 $H(\omega)$(频谱)也就是滤波器的传输函数

$$H(\omega) = \begin{cases} 1, & |\omega| \leqslant \omega_H \\ 0, & |\omega| > \omega_H \end{cases}$$

样值信号 $y_s(t)$ 通过低通滤波器,在时域上就是与冲激响应 $h(t)$ 作卷积运算。设低通滤波器的输出为 $\hat{f}(t)$,也就是重建信号,则有

$$\hat{f}(t) = h(t) * y_s(t)$$

$$= \frac{1}{T_s} \left(\frac{\sin\omega_H t}{\omega_H t} \right) * \sum_{n=-\infty}^{\infty} f(nT_s)\delta(t-nT_s)$$

$$= \frac{1}{T_s} \sum_{n=-\infty}^{\infty} f(nT_s) \frac{\sin\omega_H(t-nT_s)}{\omega_H(t-nT_s)}$$

$$= \frac{1}{T_s} \sum_{n=-\infty}^{\infty} f(nT_s) \mathrm{Sa}[\omega_H(t-nT_s)] \qquad (3.3-2)$$

式中,抽样信号 $\mathrm{Sa}(t) = \dfrac{\sin t}{t}$ 就是 $h(t)$,也就是 $H(\omega)$ 的傅氏逆变换。从式(3.3-2)可以看出重建信号是无穷个抽样信号的叠加(其波形示意图如图 3-14 所示)。抽样信号的名称就是由此而来。

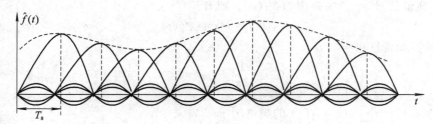

图 3-14 重建信号波形

3.3.2 PCM 信号码元速率和系统带宽

在 PCM 过程中,因为一个样值要用 N 位二进制码编码,即在一个抽样间隔 T_s 内要有 N 位二进制码元,每个码元宽度为 $T_B = \dfrac{T_s}{N}$,所以,N 越大,T_B 越窄,波特率 $R_B = \dfrac{N}{T_s} = \dfrac{1}{T_B}$(比特率)越高,需要的系统带宽 B(通频带)越大。

对于一个最高频率为 f_H 的低通信号,若按 $f_s \geqslant 2f_H$ 抽样,每个样值用 N 位二进制码编码,则码元传输速率为

$$R_B = N \cdot f_s \qquad (3.3-3)$$

当抽样频率为 $f_s = 2f_H$ 时,码元传输速率为

$$R_B = 2N \cdot f_H \qquad (3.3-4)$$

根据 1.7 节奈奎斯特定理(式 1.7-10)可知,理想情况下,传输二进制码的系统的最

小带宽(奈圭斯特带宽)B 与信道容量 C 或码元速率 R_B 的关系为

$$B = \frac{C}{2} = \frac{R_B}{2} = N \cdot f_H \qquad (3.3-5)$$

【例题 3－2】　单路话音信号的带宽为 4 kHz，对其进行 PCM 传输，求：

(1) 最低抽样频率；

(2) 抽样后按 8 级量化，求 PCM 系统的信息传输速率和带宽；

(3) 若抽样后按 128 级量化，PCM 系统的信息传输速率和带宽又为多少？

解　(1) 因 $f_H = 4$ kHz，则最低抽样频率 $f_s = 2f_H = 8$ kHz。

(2) 8 级量化意味着一个抽样值用 3 个码元编码。因为每秒有 8000 个抽样值，所以波特率为

$$R_B = 3 \times 8000 = 24 \text{ k } \text{(Baud)}$$

又因为是二进制码元，波特率与比特率相等，所以信息传输速率为

$$R_b = R_B = 24 \text{ kb/s}$$

由式(3.3-5)可得系统最小带宽为

$$B = \frac{C}{2} = \frac{R_B}{2} = N \cdot f_H = 3 \cdot 4 = 12 \text{ kHz}$$

(3) 因为 128 级量化需用 7 位二进制码进行编码，所以，比特率为

$$R_b = R_B = 7 \times 8000 = 56 \text{ kb/s}$$

由式(3.3-5)可得系统最小带宽为

$$B = \frac{C}{2} = \frac{R_B}{2} = N \cdot f_H = 7 \cdot 4 = 28 \text{ kHz}$$

答：最低抽样频率 $f_s = 8$ kHz；8 级量化的比特率 $R_b = 24$ kb/s，系统带宽 12 kHz；128 级量化的比特率 $R_b = 56$ kb/s，系统带宽 28 kHz。

通常认为，典型的语音信号，也就是我们说话、唱歌信号的带宽为 50 Hz～10 kHz；用于电话的话音信号带宽为 300 Hz～3.4 kHz(近似取 4 kHz)；音乐信号(即音频信号的带宽)为 20 Hz～20 kHz。那么，对于高保真音频通信而言，语音信号的抽样频率 $f_s \geqslant 20$ kHz，音乐信号的抽样频率 $f_s \geqslant 40$ kHz(比如，CD 的一种抽样频率为 44.1 kHz)。

注意：因为理论上的冲激串信号无法得到，所以，在实际应用中都采用窄脉冲序列作抽样脉冲。

3.4　时 分 复 用

在第 2 章我们讲了信道复用的频分复用(FDM)法，下面介绍信道复用的另一种方法——时分复用(TDM)法。

我们知道一路话音信号的最高频率为 3.4 kHz，一般取为 $f_H = 4$ kHz，那么，若对该信号进行 PCM，则抽样频率为 $f_s = 8$ kHz，所对应的抽样间隔 $T_s = 1/f_s = 125 \ \mu s$，如果每个样值脉冲的持续时间为 25 μs，则相邻两个样值之间就有 100 μs 的空闲时间。若一个信道只传输一路这样的 PCM 信号，则每一秒就有约 0.8 s 被白白浪费掉了，如果进行长途传输，其信道利用率之低，传输成本之高是人们难以容忍的。为此，人们提出了时分复用的概念。

时分复用就是对欲传输的多路信号分配以固定的传输时隙(时间),以统一的时间间隔依次循环进行断续传输的过程或方法。下面以图 3-15 为例详细介绍时分复用的原理。

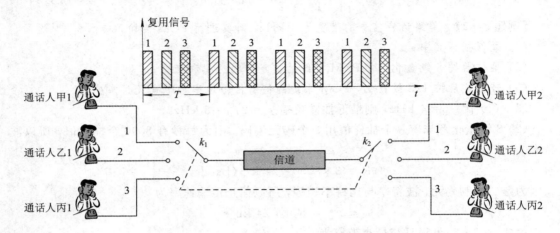

图 3-15 时分复用示意图

假设收、发信端各有三人要通过一个实信道(一条电缆)同时打电话,我们把他们分成甲、乙、丙三对,并配以固定的传输时隙以一定的顺序分别传输他们的信号,比如第一秒开关拨在甲位传输甲对通话者的信号,第二秒开关拨在乙位传输乙对通话者的信号,第三秒开关拨在丙位传输丙对通话者的信号,第四秒又循环传送甲对信号,周而复始,直到通话完毕。时分复用的特点是:各路信号在频谱上是互相重叠的,但在传输时彼此独立,任一时刻,信道上只有一路信号在传输。

在上述通信过程中要注意两个问题,一是传输时间间隔必须满足抽样定理,即把各路信号的样值信号分别传输一次的时间,也就是完成一次循环的时间 $T \leqslant 125\ \mu s$,但每一路信号传输时所占用的时间(时隙)没有严格限制,显然,一路信号占用的时间越少,则可复用的信号路数就越多。二是收信端和发信端的转换开关必须同步动作,否则信号传输就会发生混乱。

这里需要引入"帧"的概念。所谓**"帧"就是传输一段具有固定格式数据所占用的时间**。这里包含两个意思:第一,"帧"是一段时间(不同应用或不同场合的帧,其时间长短是不同的),每一帧中的数据格式是一样的;第二,"帧"是一种数据格式,一般来说,同一种应用每一帧的时间长度和数据格式是一样的,但每一帧的数据内容可以不同(注意有时在同一种应用中,其帧长允许变化,比如 802.3 协议中的帧)。因此,在讲到帧时,要么是强调传输时间的长短,要么是强调数据格式的结构。比如,上面讲的话音信号复用时,每一个传输循环时间必须小于等于 $125\ \mu s$,如果我们取最大值,则一个循环时间就是 $125\ \mu s$。从传输时间上看,这 $125\ \mu s$ 就是 3 路话音信号 TDM 的一个帧。而数据格式就是各路信号或数据在一个帧中的安排方式(结构)。注意在图 3-15 中,为了形象说明时分复用,我们"掩盖"(没有画出)了量化和编码过程,而实际上 TDM 都是传输经过编码后的数字信号。上例中,如果把 $125\ \mu s$ 四等分,前三个等分按甲、乙、丙的顺序分别传输 3 路话音信号,第四个等分传输一路控制信号,每个样值用 8 位二进制码编码,那么这种数据安排方式就是数据格式或帧结构。

图 3-16 就是时分复用帧结构示意图。

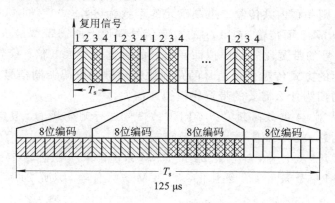

图 3-16 时分复用帧结构示意图

"帧"的概念非常重要，不但后面的复接技术要用到它，计算机网络或数据通信中也经常碰到。比如，异步传输模式 ATM 的信元可当作帧，其结构就是共有 53 个字节，每个字节有 8 位，前 5 个字节是信头也就是所谓的控制码，后 48 个字节是数据；常见的以太网数据帧结构（802.3 标准）比 ATM 信元复杂，其帧结构示意图如图 3-17 所示。注意这里的"帧"强调的是其数据格式（也就是帧结构）。

信头(5 B)	数据(48 B)

(a) ATM信元结构

前导字段 7 B	帧起始符 1 B	目的地址 2~6 B	源地址 2~6 B	长度 2 B	数据 0~1500 B	填充 0~46 B	校验和 4 B

(b) 802.3的帧结构

图 3-17 ATM、以太网帧结构示意图

在 PCM 和数据通信应用中，一般都采用 TDM 进行信号传输，以提高信道利用率。

细心的读者会发现上述普通的时分复用技术有一个缺陷：即在传输过程中，如果有一路或多路信号在该它（它们）传输的时刻没有信号（信号为零），则事先分配给它（它们）的这一段时间就浪费了。比如我们打电话时的话音信号就是时断时续的。如果复用的路数比较多的话，这种时间浪费就不可忽视，因为它降低了信道利用率。为此，人们提出了统计时分复用（STDM，Statistical Time Division Multiplex）的概念，即对复用的多路信号不再分配给固定的传输时间，而是根据信信号的统计特性动态分配传输时间。通俗地讲，对于每一路信号，你有值，我就给你传输时间，你没值，我就跳过你，把时间分给有值的其他路信号。这样，由于每一次循环中所传输的信号路数都可能不一样，所以每一帧的长度就不同，统计时分复用的特点正在于此。统计时分复用的缺点是由于采用了流量控制，而对信号的传输带来了延迟。实际中，STDM 通常与 TDM 结合起来使用。

我们已经有了 PCM 和 TDM 的概念，那么自然会想到一个问题，如果对 PCM 信号进行 FDM 会怎样？换句话说，对于一路模拟话音信号和一路 PCM 话音信号，它们在 FDM 时的主要区别是什么？这个问题实际上是讨论 PCM 信号的带宽问题。我们已经知道一路模拟话音信号的带宽为 4 kHz，而一路 PCM 话音信号的带宽是多少呢？在 A 律量化中，

量化级数为 256，一个码字的长度是 8 位，即一个样值用 8 位二进制码，按抽样定理每 125 μs 抽一次样，则一秒内共传输二进制码元的个数为 $8 \times 8000 = 64\ 000$，即信息传输速率（比特率）为 64 kb/s。而传输 64 kb/s 的数字信号理论上所需带宽最少为 32 kHz，可见一路 PCM 话音信号的带宽比一路模拟话音信号的带宽至少大 8 倍。换句话说，在同一信道中，以频分复用的方式传输模拟信号的路数比传输脉冲编码调制信号的路数多好几倍。这正说明了数字通信为什么需要的带宽比模拟通信大。

【例题 3－3】 对 24 路最高频率为 4 kHz 的信号进行时分复用，假定所用脉冲为周期矩形脉冲，脉冲宽带 τ 为每路信号占用时间的一半。

（1）采用 PAM 方式传输，试求此 24 路 PAM 系统的最小带宽；

（2）若对 PAM 信号采用 128 级量化，用 PCM 方式传输，求此 24 路 PCM 系统的最小带宽。

解 （1）单路信号抽样频率 $f_s = 4 \times 2 = 8$ kHz，抽样间隔 $T_s = 125\ \mu$s，即帧长为 125 μs。

因为要传输 24 路信号，一帧需分为 24 个时隙。每路信号所占时隙宽度 $T_i = \dfrac{T_s}{24} = \dfrac{125}{24}$ 5.2 μs，则半占空脉冲的宽度 $\tau = \dfrac{T_i}{2}$，所以 PAM 脉冲序列的频率，也就是 PAM 系统的波特率为

$$R_B = \frac{1}{\tau} = \frac{2}{5.2} \approx 384\ \text{k} \quad （\text{Baud}）$$

由式（3.3－5）可知，PAM 系统的最小带宽

$$B = \frac{R_B}{2} = \frac{384}{2} = 192\ \text{kHz}$$

（2）PAM 信号一个样值要用 7 位二进制码编码，则一帧要分为 $24 \times 7 = 168$ 个时隙，每个时隙宽度 $T_i = \dfrac{T_s}{168} = \dfrac{125}{168} = 0.74\ \mu$s，半占空脉冲的宽度 $\tau = \dfrac{T_i}{2}$，因此，PCM 系统的波特率为

$$R_B = \frac{1}{\tau} = \frac{2}{0.74} \approx 2703\ \text{k} \quad （\text{baud}）$$

由式（3.3－5）可知，PCM 系统的最小带宽

$$B = \frac{R_B}{2} = \frac{2703}{2} \approx 1352\ \text{kHz}$$

显然，PCM 系统的带宽大于 PAM 系统。

3.5 小资料——赫兹

赫兹（Heinrich Rudolf Hertz, 1857—1894），德国物理学家。1857 年 2 月 22 日生于汉堡。父亲为律师，后任参议员，家庭富有。赫兹在少年时期就表现出对实验的兴趣，12 岁时便有了木工工具和工作台，以后又有了车床，常常用以制作简单的实验仪器。

1876 年赫兹进入德累斯顿工学院学习工程，后转入慕尼黑大学学习数学和物理，次年

又转入柏林大学，在赫尔姆霍兹指导下学习并研究麦克斯韦电磁理论。

通过实验，他确认了电磁波具有与光类似的特性，如反射、折射、衍射等，并且试验了电磁波的干涉，同时证实了在直线传播时，电磁波的传播速度与光速相同，从而全面验证了麦克斯韦的电磁理论的正确性，并且进一步完善了麦克斯韦方程组，给出了麦克斯韦方程组的现代形式。此外，赫兹又做了一系列实验，研究了紫外光对火花放电的影响，发现了光电效应，即在光的照射下物体会释放出电子的现象。这一发现，后来成了爱因斯坦建立光量子理论的基础。

1880 年他以纯理论性论文《旋转导体电磁感应》获得博士学位，并成为赫尔姆霍兹的助手。1883 年到基尔大学任教。1885—1889 年任卡尔斯鲁厄大学物理学教授。1889—1894 年接替克劳修斯的席位任波恩大学物理学教授。1894 年 1 月 1 日因血液中毒在波恩逝世，年仅 36 岁。为了纪念他在电磁波发现中的卓越贡献，后人将频率的单位命名为赫兹。

赫兹在物理学上的主要贡献是发现了电磁波。1888 年 1 月 21 日——赫兹完成著名论文《论电动力学作用的传播速度》的日子，被人们规定为电磁波"发现日"。

思考题与习题

3-1 TDM 的理论基础是什么？

3-2 TDM 与 FDM 的主要区别是什么？

3-3 抽样后的信号频谱在什么条件下发生混叠？

3-4 量化的目的是什么？

3-5 什么是均匀量化？它有什么缺点？

3-6 为什么要进行压缩和扩张？

3-7 对 10 路带宽均为 300~3400 Hz 的模拟信号进行 PCM 时分复用传输。抽样速率为 8 kHz，抽样后进行 8 级量化，并编为二进制码，码元波形是宽度为 τ 的矩形脉冲，且占空比为 1。试求传输此时分复用 PCM 信号所需的带宽。

3-8 设一个模拟信号 $f(t)=9+10\cos\omega t$，若对 $f(t)$ 进行 41 级均匀量化，求编码所需的二进制码组长度和量化台阶。

3-9 6 路独立信源的频带宽度分别为 W、W、2W、2W、3W、3W，若采用时分复用制进行传输，每路信源均采用 8 位对数 PCM 编码。

(1) 设计该系统的帧结构和总时隙数，求每个时隙宽度 T_s 以及脉冲宽度。

(2) 求信道最小传输带宽。

3-10 北美洲采用 PCM24 路复用系统，每路的抽样频率 $f_s=8$ kHz，每个抽样值用 8 bit 表示。每帧共有 24 个时隙，并加 1 bit 作为帧同步信号。求每路时隙宽度与总群路的数码率。

3-11 对一个基带信号 $f(t)=\cos2\pi t+2\cos4\pi t$ 进行理想抽样，为了在收信端能不失真地恢复 $f(t)$，试问抽样间隔应如何选择？

第4章 增量调制

本章重点问题：

PCM 的 A/D 转换精度与量化级数或编码字长有关，且精度越高，系统越复杂，成本也越高。那么，除了 PCM 外，是否还有其他 A/D 转换方法能够克服 PCM 的缺点？

4.1 简单增量调制

4.1.1 增量调制的基本概念

在 PCM 系统中，每个被量化的抽样值要用一个二进制码字表示其大小，字长一般为 7 位或 8 位。字长越大，可表示的量化级数越多，量化噪声越小，但编、译码设备就越复杂、成本也越高。那么能否找到可以克服 PCM 缺点的其他模/数转换方法呢？

我们看一下图 4-1 所示的增量调制波形示意图。图中在模拟信号 $f(t)$ 的曲线附近，有一条与 $f(t)$ 的形状相似的阶梯状曲线 $f'(t)$。显然，只要阶梯"台阶" σ 和时间间隔 Δt 足够小，则 $f(t)$ 与 $f'(t)$ 的相似度就会提高。对 $f'(t)$ 进行滤波处理，去掉高频波动，所得到的曲线将会很好地与原曲线重合，这意味着 $f'(t)$ 可以携带 $f(t)$ 的全部信息（这一点很重要）。因此，$f'(t)$ 可以看成是用一个给定的"台阶" σ 对 $f(t)$ 进行抽样与量化后的曲线。把"台阶"的高度 σ 称为增量，用数据"1"表示正增量，代表向上增加一个 σ；用数据"0"表示负增量，代表向下减少一个 σ。则这种阶梯状曲线就可用一个"0"、"1"数字序列来表示，也

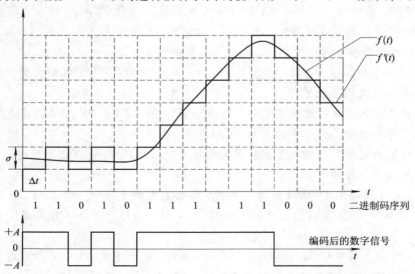

图 4-1 增量调制波形示意图

就是说，对 $f'(t)$ 的编码只用一位二进制码即可。但由此形成的二进制码序列不是像 PCM 那样用一个码字代表某一时刻的样值，而是用一位码值反映曲线在抽样时刻向上（增大）或向下（减小）的变化趋势。

这种只用一位二进制编码将模拟信号变为数字序列的方法（过程）就被称为增量调制，记为 ΔM、DM(Delta Modulation) 或 δ 调制。

增量调制最早由法国人 De Loraine 于 1946 年提出，目的就是要克服 PCM 的缺点，简化模拟信号的数字化过程。其主要特点是：

(1) 在比特率较低的场合，量化信噪比高于 PCM。

(2) 抗误码性能好。能工作在误比特率为 $10^{-3} \sim 10^{-2}$ 的信道中，而 PCM 则要求信道的误比特率为 $10^{-6} \sim 10^{-4}$。

(3) 设备简单、制造容易。

ΔM 调制与 PCM 调制的本质区别是，只用一位二进制码进行编码，但这一位码不表示信号抽样值的大小，而是表示抽样时刻信号曲线或大小的变化趋势。

增量调制的概念告诉我们一个事实：要描述一个函数或曲线，可以直接用函数表达式，也可以用其导函数。由此可见数学知识在实际工程应用中的重要性。

4.1.2　ΔM 的调制原理

那么，如何在发信端形成 $f'(t)$ 信号并编制成相应的二元码序列呢？

在图 4-1 中，比较在每个抽样时刻 Δt 处的 $f(t)$ 和 $f'(t)$ 的值可以发现：

(1) 当 $f(i\Delta t) > f'(i\Delta t_-)$ 时，上升一个 σ，发"1"码；

(2) 当 $f(i\Delta t) < f'(i\Delta t_-)$ 时，下降一个 σ，发"0"码；

(3) $f'(i\Delta t_-)$ 是第 i 个抽样时刻前一瞬间的量化值。

根据上述分析，我们可以给出增量调制原理框图如图 4-2 所示。$f'(i\Delta t_-)$ 可以由编码输出的二进制序列反馈到一个理想积分器以后得到。因为该积分器又具有解码功能，所以又被称为本地解码器(译码器)。$f(i\Delta t)$ 和 $f'(i\Delta t_-)$ 的差值，可以用一个比较电路(减法器)来完成。量化编码可以用一个双稳判决器来执行，并生成双极性二进制码序列。

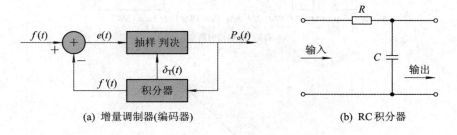

(a) 增量调制器(编码器)　　　　　(b) RC积分器

图 4-2　增量调制原理框图

具体增量调制过程（如图 4-3 所示）描述如下：

设 $f'(0_-)=0$（即 $t=0$ 时刻前一瞬间的量化值为零），因此有

$t=0$ 时，$e(0)=f(0)-f'(0_-)>0$，则 $P_o(0)=1$；

$t=\Delta t$ 时，$e(\Delta t)=f(\Delta t)-f'(\Delta t_-)>0$，则 $P_o(\Delta t)=1$；

$t=2\Delta t$ 时，$e(2\Delta t)=f(2\Delta t)-f'(2\Delta t_-)<0$，则 $P_o(2\Delta t)=0$；

第一篇 通信原理

$t=3\Delta t$ 时，$e(3\Delta t)=f(3\Delta t)-f'(3\Delta t_-)>0$，则 $P_o(3\Delta t)=1$；

$t=4\Delta t$ 时，$e(4\Delta t)=f(4\Delta t)-f'(4\Delta t_-)<0$，则 $P_o(4\Delta t)=0$；

$t=5\Delta t$ 时，$e(5\Delta t)=f(5\Delta t)-f'(5\Delta t_-)>0$，则 $P_o(5\Delta t)=1$；

$t=6\Delta t$ 时，$e(6\Delta t)=f(6\Delta t)-f'(6\Delta t_-)>0$，则 $P_o(6\Delta t)=1$。

以此类推，即可得到如图 4-3 所示的波形。显然，图 4-3 中的 $f'(t)$ 和图 4-1 的波形并不一样。其实，图 4-1 的阶梯波形只是为了形象地说明增量调制原理，而实际积分器的输出波形如图 4-3(d) 所示。

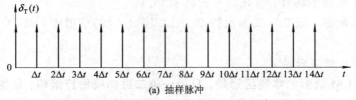

(a) 抽样脉冲

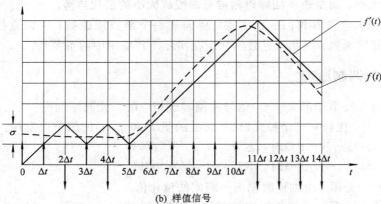

(b) 样值信号

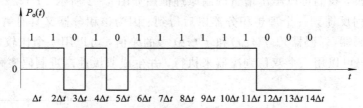

(c) 调制(编码)输出信号

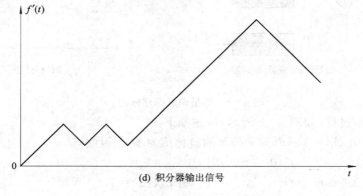

(d) 积分器输出信号

图 4-3　增量调制过程示意图

4.1.3 ΔM 的解调原理

ΔM 信号的解调比较简单，用一个和本地解码器一样的积分器即可完成。在收信端和发信端的积分器一般都是一个 RC 积分器。

解调原理就是图 4-3 所示的积分过程。当积分器输入"1"码时，积分器就输出产生一个正斜变电压并上升一个量化台阶 σ；而当输入"0"码时，积分器输出电压就下降一个量化台阶 σ。

为了保证解调质量，对解码器有两个要求：

（1）每次上升或下降的大小要一致，即正负斜率大小一样。

（2）应具有"记忆"功能，即输入为连续"1"或"0"码时，输出能连续上升或下降。

对积分器的输出信号进行低通滤波，滤除波形中的高频成分，即可得到与原始模拟信号十分近似的解调信号 $f_\circ(t)$，如图 4-4 所示。

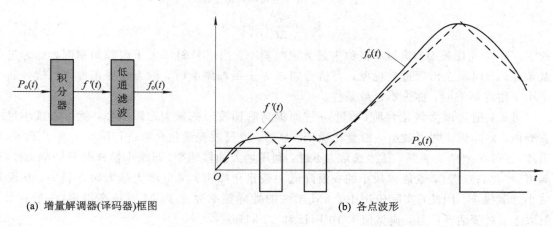

(a) 增量解调器(译码器)框图　　　　　　　　(b) 各点波形

图 4-4　增量调制解调(译码)示意图

4.1.4 ΔM 调制存在的问题

增量调制尽管有前面所述的优点，但它也有两个不足：一个是过载噪声问题，另一个是一般量化噪声问题。两者可统称为"量化噪声"。

我们观察图 4-1 可以发现，阶梯曲线（调制曲线）的最大上升和下降斜率是一个定值，只要增量 σ 和时间间隔 Δt 给定，它们就不变。那么，如果原始模拟信号的变化率超过调制曲线的最大斜率，则调制曲线就跟不上原始信号的变化，从而造成误差。这种因调制曲线跟不上原始信号变化的现象叫做过载现象，由此产生的波形失真或者信号误差叫做过载噪声。

另外，由于增量调制是利用调制曲线和原始信号的差值进行编码，也就是利用增量进行量化，所以在调制曲线和原始信号之间存在误差，这种误差称为一般量化误差或一般量化噪声。两种量化噪声示意图如图 4-5 所示。图中 $n(t)=f(t)-f'(t)$。

仔细分析两种噪声波形可以发现，两种噪声的大小与阶梯波的抽样间隔 Δt 和增量 σ 有关。我们定义 K 为阶梯波一个台阶的斜率

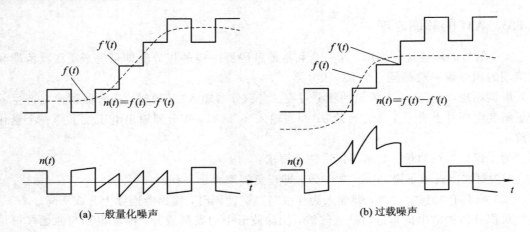

图 4-5　两种量化噪声示意图

$$K = \frac{\sigma}{\Delta t} = \sigma f_s \tag{4.1-1}$$

式中：f_s 是抽样频率。该斜率被称为最大跟踪斜率。当信号斜率大于跟踪斜率时，称为过载条件，此时就会出现过载现象；当信号斜率等于跟踪斜率时，称为临界条件；当信号斜率小于跟踪斜率时，称为不过载条件。

可见，通过增大量化台阶（增量）σ 进而提高阶梯波形的最大跟踪斜率，就可以减小过载噪声；而降低 σ 则可减小一般量化噪声。显然，通过改变量化台阶进行降噪出现了矛盾，因此，σ 值必须两头兼顾，适当选取。不过，利用增大抽样频率（即减小抽样时间间隔 Δt），却可以"左右逢源"，既能以较小的 σ 值降低一般量化噪声，又可增大最大跟踪斜率，从而减小过载噪声。因此，实际应用中，ΔM 系统的抽样频率要比 PCM 系统高得多（一般在 2 倍以上。对于话音信号，典型值为 16 kHz 和 32 kHz）。

【例题 4-1】　已知一个话音信号的最高频率分量 $f_H = 3.4$ kHz，幅度为 $A = 1$ V。若抽样频率 $f_s = 32$ kHz，求增量调制台阶 σ。

解　首先要找出话音信号的最大斜率。若信号为单频正弦型信号 $f(t) = A \sin\omega t$，则其斜率就是它的导数，

$$k(t) = \frac{\mathrm{d}f(t)}{\mathrm{d}t} = A\omega \cos\omega t$$

最大斜率为

$$K = A\omega$$

把话音信号的最高频率分量看成是一个正弦型信号，则话音信号的最大斜率就是

$$K = A\omega = A2\pi f_H$$

由式（4.1-1）可知，当 $A2\pi f_H \leqslant \sigma f_s$ 时，系统不过载。因此

$$\sigma = \frac{A2\pi f_H}{f_s} = \frac{2\pi \times 3.4}{32} = 0.668 \ (\mathrm{V})$$

答：增量调制台阶为 0.668 V。

另外，若模拟信号为起伏信号，且信号峰-峰值小于 σ 时，则增量调制器的输出将不随信号的变化而变化，只能输出"1"和"0"交替出现的数字序列。只有当信号峰值大于 $\sigma/2$ 时，

调制器才输出随交流信号的变化而变化的数字序列。因此，把 $\sigma/2$ 称为增量调制器的起始编码电平。

4.2　增量总和调制 $(\Delta - \Sigma)$

从 4.1.4 节中可知，对于一个实际的增量调制系统，其抽样频率和增量值的改变总是有限的，也就是说，系统对两种量化噪声性能的改善是有限的。因此，增量调制系统对于直流、频率较低信号或频率很高的信号均会造成较大的量化噪声，从而丢失不少信息。

为了克服增量调制的缺点，人们提出了增量总和调制、自适应增量调制以及数字检测音节控制调制等方案。下面简要介绍增量总和调制。

4.2.1　$\Delta - \Sigma$ 的调制原理

增量总和调制的基本思想是：对输入的模拟信号先进行一次积分处理，改变信号的变化性质从而使信号更适合于增量调制，然后再进行增量调制。这个过程就像先对信号求和（积分），后进行增量调制一样，因此称为增量总和调制或 $\Delta - \Sigma$ 调制。

我们可以用信号及其积分的例子（如图 4-6 所示）解释增量总和调制的原理。

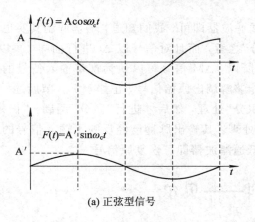

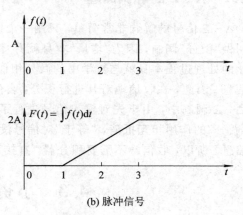

(a) 正弦型信号　　　　　　　　　　　　(b) 脉冲信号

图 4-6　信号及其积分示意图

比如，对于图 4-6(a) 的正弦型信号 $f(t) = A\cos\omega_c t$，其最大斜率为其导数最大值，即 $K = A\omega_c$，可见该斜率值与信号频率成正比，信号频率越高，则斜率值就越大。假设该斜率大于系统最大跟踪斜率，则对该信号直接进行简单增量调制时就会出现过载现象。为了克服这个缺点，现对 $f(t) = A\cos\omega_c t$ 先进行积分处理，则

$$F(t) = \frac{A}{\omega_c}\sin\omega_c t = A'\sin\omega_c t$$

式中：$A' = A/\omega_c$。然后对 $F(t)$ 进行简单增量调制，则 $F(t)$ 的最大斜率是

$$K' = A'\omega_c = A$$

显然，因为 ω_c 大于 1，所以 K' 小于 K，并且与信号频率无关。可见 $F(t)$ 的最大斜率小于系统最大跟踪斜率，这样，对 $F(t)$ 进行简单增量调制时就不会过载。再看图 4-6(b) 所示的脉冲信号，其边沿斜率为无穷大，调制器无法跟踪，积分后，边沿变成斜坡信号，斜率大大

降低。增量总和调制系统示意图如图 4 - 7 所示。

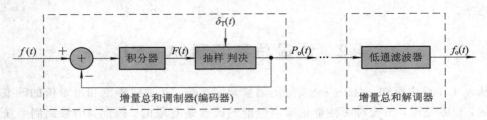

图 4 - 7　增量总和调制系统示意图

细心的读者会发现，按前面介绍的增量总和调制原理，应该先对信号积分，然后再进行增量调制，而图 4 - 7 中的积分器怎么会放在比较器之后，而且还少了一个反馈用的积分器？这是因为我们利用了一个积分的特性：两个积分信号的代数和等于两个信号代数和的积分，即

$$\int f(t)\,\mathrm{d}t - \int P_\mathrm{o}(t)\,\mathrm{d}t = \int [f(t) - P_\mathrm{o}(t)]\,\mathrm{d}t$$

这样可以节省一个积分器，从而简化了系统结构。

4.2.2　Δ-Σ 的解调原理

Δ-Σ 信号的解调非常简单，只用一个低通滤波器即可。我们知道，增量调制其实也可以叫做"微分"调制，因为"增量"本身就有"微分"之意，而且对信号以 Δt 进行抽样，再以 σ 量化的处理过程本身就与数学中的微分相似。所以，ΔM 信号可以认为携带输入信号的微分信息。因此，在收信端对其进行积分，自然能够解调出原始信号，正如 4.1.3 节所述。而在 Δ-Σ 调制中，由于先对输入信号进行了"积分"处理，然后才进行"微分"调制，"积分"与"微分"的作用相互抵消，"等于"对信号没做处理，其输出脉冲已经反映了输入信号的幅度信息，所以，收信端不需要积分器，直接用低通滤波器即可恢复原信号。

4.3　小资料——贝尔

亚历山大·格雷厄姆·贝尔(1847—1942)，1847 年生于苏格兰爱丁堡市。虽然他只在学校念过几年书，但是通过家庭的熏陶和自学却受到了良好的教育。由于父亲是语言生理、语言矫正和聋哑教学方面的专家，所以贝尔从小就对语音复制很感兴趣。

1869 年，22 岁的贝尔受聘为美国波士顿大学语言学教授，担任声学讲座的主讲，并开始发明电话。他曾试图用连续振动的曲线来使聋哑人看出"话"来，没有成功。但在实验中发现了一个有趣现象：每次电流通断时，线圈会发出类似于莫尔斯电码的"滴答"声，这引起贝尔大胆的设想：如果能用电流强度模拟出声音的变化不就可以用电流传递语音了吗？他辞去了教授职务，一心投入发明电话的试验中。在万事俱备只缺合作者时，他偶然遇到了 18 岁的电气工程师沃特森。

两年后，经过无数次失败后他们终于制成了两台粗糙的样机：圆筒底部的薄膜中央连接着插入硫酸的碳棒，人说话时薄膜振动改变电阻使电流变化，在接收处再利用电磁原理将电信号变回语音。但不幸的是试验失败了，两人的声音是通过公寓的天花板而不是通过机器互相传递的。正在他们冥思苦想之时，窗外吉他的叮咚声提醒了他们：送话器和受话器的灵敏度太低了！他们连续两天两夜自制了音箱，改进了机器，然后开始实验。沃特森终于听到了贝尔清晰的声音"沃特森先生，快来呀！我需要你"。这是 1875 年 6 月 2 日傍晚，当时贝尔 28 岁，沃特森 21 岁。他们趁热打铁，几经改进，制成了世界上第一台实用的电话机。

1876 年 3 月 3 日（贝尔 29 岁的生日），贝尔的电话专利申请被批准。之后不久，贝尔就在费拉德尔菲亚市百年纪念展览馆展出了他的电话。他的发明引起了观众的极大兴趣并且获了奖。东方联合电报公司花十万美元获得了该项发明权，却不购买贝尔的电话。因此，贝尔及其同事于 1877 年 7 月成立了一家公司，即现今美国电话电报公司（AT&T）的前身。

虽然电话的发明使贝尔成了富翁，但他从未中断研究，还发明了几项有用的仪器。另外，他自始至终都在帮助聋哑人。他的妻子就是他曾教授过的聋女。他们有两儿两女，两个儿子都在褴褓中死去。1882 年贝尔加入美国籍，1942 年去世，享年 95 岁。

思考题与习题

4-1 在 ΔM 调制中，抽样频率越高，量化噪声越小。那么提高抽样频率对系统有什么不利的影响？

4-2 ΔM 调制与 PCM 调制有何异同点？

4-3 按增量总和调制工作原理，画出调制器框图和解调器框图。

4-4 分析 ΔM 调制的二进制输出和 $\Delta - \Sigma$ 调制的二进制输出分别代表什么信息？

4-5 设简单增量调制系统的量化台阶 $\sigma = 50$ mV，抽样频率为 32 kHz，求当输入信号为 800 Hz 正弦波时，允许的最大振幅为多大？

第5章　数字复接与同步数字序列

本章重点问题：

　　时分复用是提高通信系统有效性的一个有效途径，而基于时分复用概念的复接技术，是目前广泛采用的通信网传输技术。那么，什么是复接？复接与 PCM 复用有何异同点？

　　若要让一个铁路交通网高效运行，需要在两个方面下工夫，一是要路上（信道）跑的列车尽量装得多跑得快；二是要车站（节点）的调度时间和上下货物时间尽量短。这个概念也适合通信网，即通信网的有效性问题主要涉及信道传输技术和节点交换技术，而数字复接就是常见的一种信道传输技术。

5.1　PCM 复用与数字复接

5.1.1　基本概念

　　在第 3 章我们知道，为了提高通信的有效性（信道利用率），可以采用 TDM 技术把多路信号在同一个信道中分时传输。可是，通过深入研究就会发现一个问题：假设要对 120 路电话信号进行 TDM，根据 PCM 过程，首先要在 125 μs 内完成对 120 路话音信号的抽样，然后对 120 个抽样点值分别进行量化和编码。这样，对每路信号的 PCM 处理（抽样、量化和编码）时间实际只有 0.95 μs（这种对多路话音信号直接时分复用的方法，称为 PCM 复用）。如果复用的信号路数再增加，则每路信号的处理时间更短。要在如此短暂的时间内完成大路数信号的 PCM 复用，尤其是要完成对数压扩 PCM 编码，对电路及元器件的精度要求就很高，在技术上实现起来比较困难。

　　因此，对于小路数的电话信号，直接采用 PCM 是可行的，但对于大路数而言，PCM 复用在理论上可行，而实际上难以实现。那么，如何实现大路数信号的时分复用呢？

　　"数字复接"就是解决这一问题的"良方"。**所谓数字复接是指将两个或多个低速率数字流合并成一个较高速率数字流的过程或方法。**它是提高线路利用率的一种有效方法，也是实现现代数字通信网的基础。

　　比如对 30 路电话进行 PCM 复用（采用 8 位编码）后，通信系统的信息传输速率为 8000×8×32＝2048 kb/s，即形成速率为 2048 kb/s 的数字流（比特流）。现在要对 120 路电话进行时分复用，就需要对 4 个这样的 2048 kb/s 低速数字流采用复接技术以形成一个更高速的数字流。

5.1.2　数字比特序列与复接等级

　　在数字电话通信中常将数字流根据比特率划成不同等级，其原始计量单元为一路

PCM 电话信号的比特率为 $8000(\text{Hz}) \times 8(\text{bit}) = 64 \text{ kb/s}$（零次群）。复用设备按照给定比特率序列划分为不同的等级，在各个数字复用等级上的复用设备就是将数个低等级比特率的信号源复接成一个高等级比特率的数字信号。在国际上，CCITT 推荐了 2 M 序列和 1.5 M 序列两种群路比特率序列和数字复接等级，分别如表 5-1 和图 5-1 所示。

表 5-1　两种数字序列速率表

群　号	2M 序列		1.5M 序列	
	信号速率/(Mb/s)	电话路数	信号速率/(Mb/s)	电话路数
一次群（基群）	2.048	30	1.544	24
二次群	8.448	$30 \times 4 = 120$	6.312	$24 \times 4 = 96$
三次群	34.368	$120 \times 4 = 480$	32.064	$96 \times 5 = 480$
四次群	139.264	$480 \times 4 = 1920$	97.728	$480 \times 3 = 1440$
五次群	564.992	$192 \times 4 = 7680$	397.200	$1440 \times 4 = 5760$

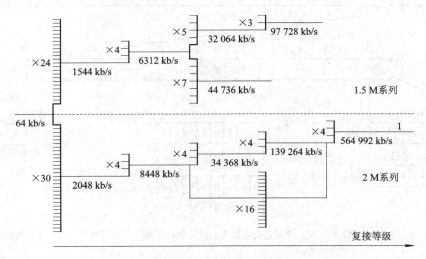

图 5-1　数字复接等级示意图

由于北美和日本采用的基本复接单元为 1.544 Mb/s（基群）数字流，所以，其复接等级序列称为 1.5 M 序列。欧洲各国和我国都采用 2.048 Mb/s（基群）数字流，因此复接等级称为 2 M 序列。

在 ITU 建议中，大多数情况都是逐级复接，即采用 $N-(N+1)$ 方式进行等级复接，比如二次群复接为三次群（$N=2$），三次群复接为四次群（$N=3$）。也有采用 $N-(N+2)$ 方式复接，比如由二次群直接复接为四次群（$N=2$）。

采用 2 Mb/s 基群数字速率序列和复接等级具有如下好处：

(1) 复接性能好，对传输数字信号结构没有任何限制，即比特独立性较好。

(2) 信令通道容量大。

(3) 同步电路搜捕性能较好（同步码集中插入）。

(4) 复接方式灵活，可采用 $N-(N+1)$ 和 $N-(N+2)$ 两种方式复接。

(5) 为了便于向数字交换统一化方向发展，2 Mb/s 序列的帧结构与数字交换用的帧结构是一致的。

5.1.3 PCM 基群帧结构

我们知道，国际上通用的 PCM 有 A 律和 μ 律两种标准，它们的编码规则与帧结构均不相同。因为我国采用 A 律标准，所以下面简要介绍 A 律 PCM 基群帧结构。

对于带宽为 4 kHz 的话音信号，抽样频率为 8 kHz，故每帧的长度为 125 μs。在 A 律 PCM 基群中，一帧共有 32 个时间间隔，称为时隙。各个时隙从 0 到 31 顺序编号，分别记作 TS_0，TS_1，TS_2，…，TS_{31}，其中 TS_1 至 TS_{15} 和 TS_{17} 至 TS_{31} 这 30 个路时隙用来传送 30 路电话信号的 8 位编码码组，TS_0 分配给帧同步，TS_{16} 专用于传送话路信令。每个路时隙包含 8 位码，占时 3.91 μs，每位码占 0.488 μs，一帧共含 256 个码元，PCM 30/32 路基群复用帧结构如图 5-2 所示。

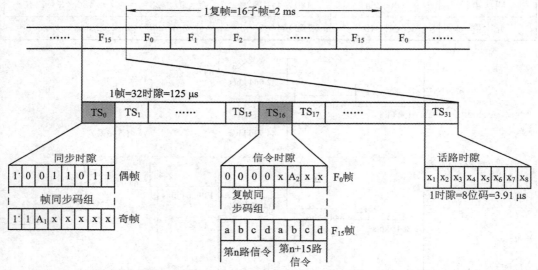

图 5-2 PCM 30/32 路基群复用帧结构

帧同步码组为 10011011，它是每隔一帧插入 TS_0 的固定码组，接收端识别出帧同步码组后，即可建立正确的路序。其中第一位码"1"保留作国际电话间通信用。在不传帧同步的奇数帧 TS_0 的第 2 位固定为 1，以避免接收端错误识别为帧同步码组。

在传送话路信令时，可以将 TS_{16} 所包含的总比特集中起来使用，称为共路信令传送，也可以按规定的时间顺序分配给各个话路，直接传送各话路所需的信令，称为随路信令传送。

采用共路信令传送方式时，必须将 16 个帧构成一个更大的帧，称为复帧。复帧的重复频率为 500 Hz，周期 2.0 ms。复帧中各帧顺次编号为 F_0，F_1，…，F_{15}。其中 F_0 的 TS_{16} 前 4 位码用来传送复帧同步码组 0000，F_1 至 F_{15} 的 TS_{16} 用来传送各话路的信令。每个信令用 4 位码组来表示，因此，每个 TS_{16} 时隙可以传送两路信令。这种帧结构每帧共有 32 个路时隙，但真正用于传送电话或数据的时隙只有 30 路，因此有时称为 30/32 路基群。

5.1.4　数字复接的原理与分类

数字复接系统主要由数字复接器和分接器组成。复接器是把两个或两个以上的支路（低次群）按时分复用概念合并成一个单一的高次群，其设备由定时、码速调整和复接单元等组成；分接器的功能是把已合路的高次群数字信号分解成原来的低次群数字信号，它是由同步、定时和码速恢复等单元组成。数字复接系统示意图如图 5 - 3 所示。

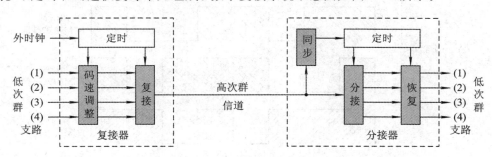

图 5 - 3　数字复接系统示意图

复接器在将输入各支路数字信号复接之前需要进行码速调整，即对各输入支路数字信号进行频率和相位调整，使其各支路输入码流速率彼此同步并与复接器的定时信号同步后，复接器方可将低次群码流复接成高次群码流。由此可得出如下复接条件：被复接的各支路数字信号彼此之间必须同步并与复接器的定时信号同步时方可复接。根据此条件划分的复接方式可分为：同步复接、异源（准同步）复接、异步复接三种。

同步复接：被复接的各输入支路之间，以及同复接器之间均是同步的，此时复接器便可直接将低支路数字信号复接成高速的数字信号。这种复接就称为同步复接。由此可见，这种复接方式无需进行码速调整、有时只需进行相位调整或根本不需要任何调整便可复接。

异源（准同步）复接：被复接的各输入支路之间不同步，并与复接器的定时信号也不同步；但是各输入支路的标称速率相同，也与复接器要求的标称速率相同（速率的变化范围在规定的容差范围内，基群为 2048 kb/s±50 ppm，二次群为 8448 kb/s±30 ppm，1 ppm＝10^{-6}）。但这仍不满足复接条件，复接之前还需要进行码速调整，使之满足复接条件再进行复接，这种复接方式就称为异源复接或准同步复接。

异步复接：被复接的各输入支路之间及与复接器的定时信号之间均是异步的，其频率变化范围不在允许的变化范围之内，显然也不满足复接条件，必须进行码速调整方可进行复接，这种复接方式称为异步复接。

由上述可见，异源和异步复接方式都必须进行码速调整，满足复接条件后方可复接。

绝大多数国家在将低次群复接成高次群时都采用异源复接方式。这种复接方式的最大特点是各支路具有自己的时钟信号，其灵活性较强。码速调整单元电路不太复杂；而异步复接的码速调整单元电路却要复杂得多，要适应码速大范围的变化，因此需要大量的存储器方可满足要求。同步复接目前主要用于高速大容量的同步数字序列中。

对满足复接条件的低速支路码流进行复接时，根据码流的具体汇接方式可分为逐位（逐比特）复接、按码字复接、按帧复接三种方式。

逐位复接：复接器每次复接一个支路的一比特信号，依次轮流复接各支路信号，这种

第一篇 通信原理

复接就称为逐位(逐比特)复接。如图 5-4(a)所示是 4 个 PCM30/32 路基群的 TS_1 时隙(CH_1 话路)的码字情况,图 5-4(b)是按位复接后的二次群中各支路数字码排列情况。按位复接简单易行,且对存储器容量要求不高。其缺点是对信号交换不利。

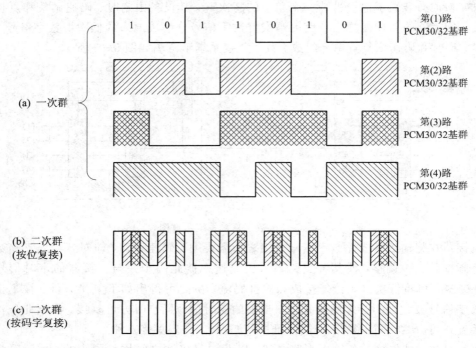

图 5-4 两种复接方式示意图

按码字复接:复接器每次只复接一个支路的一个码字(8 bit),依次复接各支路的信号,这种复接就称为按码字(字节)复接。图 5-4(c)是按码字复接情况,对基群来说,一个码字有 8 位码,它是将 8 位码先存起来,在规定的时间一次复接,四个支路轮流复接。这种方法有利于数字电话交换,但要求复接设备有较大的存储容量。

按帧复接:复接器每次只复接一个支路的一帧信号,依次复接各支路的信号,这种复接称为按帧复接。这种方法的优点是复接时不破坏原来的帧结构,有利于交换,但需要更大的存储容量,目前极少应用。

早期采用的复接方式多为异源逐位复接方式。目前多为按码字复接。

通过上述介绍,我们可以看到"复用"与"复接"的区别:PCM 复用是对多路(电话)模拟信号在一个定长的时间内(帧),完成的 PCM 和 TDM 全过程。而复接是对多路数字信号(数字流或码流)在一个定长的时间内进行的码元压缩与编排过程,它只负责把多路数字信号编排(复用)在给定的时间内,而不需要再进行抽样、量化和编码的 PCM 过程,从而减少了对每路信号的处理时间,降低了对器件和电路的要求,实现了大路数(高次群)信号的"时分复用"。复接原理就是改变各低速数字流的码元宽度,并把它们重新编排在一起,从而形成一个高速数字流。从表面上看,复接是一种合成,但其本质仍然是一种时分复用的概念。为与 PCM 复用相区别,而称之为"复接"。另外需要注意,PCM 复用是针对模拟信号的,而数字复接是以数字信号为对象的。从功能上看,复接强调的是把多路低速数字信号变为一路高速数字信号,其目的类似于模拟通信中的频分复用,都是要提高通信系统的通信容量和信道的利用率。

5.2　同步数字序列简介

5.2.1　同步数字序列(SDH)的基本概念

在数字通信系统中，传送的信号都是脉冲序列。这些数字信号流在数字交换设备之间传输时，其速率必须完全保持一致，才能保证信息传送的准确无误，这就叫做"同步"。

常见的数字同步传输序列有两种，一种叫"准同步数字序列"(Plesiochronous Digital Hierarchy)，简称 PDH；另一种叫"同步数字序列"(Synchronous Digital Hierarchy)，简称 SDH。

数字通信技术的应用是从市话中继传输开始的，为了适应点对点通信的应用而选择了准同步复用方式。鉴于当时可利用的传输媒介主要是电缆，其频带宽度有限，因此，尽量减小帧中的开销以节约频带资源便成为选择各级速率的一个基本出发点，并由此形成了 2 - 8 - 34 - 140 Mb/s 的准同步数字序列(PDH)。

在 PDH 系统，数字通信网的每个节点上都分别设有高精度的时钟，这些时钟的信号都具有统一的标准速率。尽管每个时钟的精度都很高，但总还是有一些微小误差。为了保证通信的质量，要求这些时钟的误差不能超过规定的范围。由于这种同步方式不是绝对的同步，所以叫做"准同步"。

程控数字交换技术的引入使数字通信的应用从点对点传输发展为综合数字网。以光纤为代表的大容量传输技术的出现，要求 PDH 向更高速率发展。而随着电信网的发展和用户要求的提高，传统准同步(PDH)系统暴露出了一些缺点，其主要表现如下：

(1) PDH 是逐级复用的，当要在传输节点从高速数字流中分出支路信号时，需配备背对背的各级复分接器，分支/插入电路不灵活。

(2) PDH 各级信号的帧中预留的开销比特很少，不利于传送操作管理和维护(OAM)信息，不适应电信管理网(TMN)的需要。

(3) PDH 中 1.5 Mb/s 与 2 Mb/s 两大序列难以兼容互通。

(4) 更高次群如继续采用 PDH 将难以实现。

(5) PDH 在各支路信号同源时仍需塞入脉冲来调整速率，不利于向 B - ISDN 发展。

(6) 欧洲、北美和日本等国规定的话音信号编码速率不同，给国际间的互通造成不便。

因为 PDH 已不适合现代电信业务开发以及现代化电信网管理的需要，所以，美国 Bellcore 公司在 1985 年提出了同步光纤网(SONET)的设想，在此基础上 CCITT 于 1988 年提出 SDH 的建议，并于 1990 年和 1992 年两次修订完善，形成一套 SDH 的标准。

SDH 是一种新的数字传输体制，可用一个我们熟悉的术语——"高速公路"来描述其特点。形象地说，公路是 SDH 中的传输系统(光纤、微波及卫星)，立交桥是大型 ATM 交换机，而在"SDH 高速公路"上跑的"车"，就是各种电信业务(语音、图像、数据等)信号。

SDH 技术同传统的 PDH 技术相比，有如下几个优点：

(1) 统一的比特率。世界上存在两种 PDH 体系的速率等级。而 SDH 中实现了统一的比特率。此外还规定了统一的光接口标准，因此，为不同厂家设备间互联提供了可能。

（2）极强的网管能力。SDH 帧结构中包含丰富的网管字节，可提供满足各种要求。

（3）自愈保护环。SDH 设备还可组成带有自愈保护能力的环网形式，这样可有效地防止传输介质被切断，通信业务全部终止的情况。

（4）SDH 采用字节复接技术。若把 SDH 技术与 PDH 技术的主要区别用铁路运输类比，PDH 技术如同散装列车，各种货物（业务）堆在车厢内，我们若想把某一包特定货物（某一项传输业务）在某一站取下，就需把车上所有货物先全部卸下，找到所需要的货物，然后再把剩下的货物及该站新装货物依次堆到车上运走。因此，PDH 技术在凡是需要信号上、下电路的地方都需要配备大量各次群的复接设备。而 SDH 技术就好比集装箱列车，各种货物（业务）贴上标签（各种开销）后装入包装箱。然后小箱子装入大箱子，一级套一级，这样通过各级标签，就可以在高速行驶的列车上准确地将某一包货物取下，而不需将整个列车"翻箱倒柜"（通过标签可准确地知道某一包货物在第几车厢及第几级箱子内），因此，只有在 SDH 中，才可实现简单的上下电路操作。

SDH 的基础单元是同步传送模块（STM，Synchronous Transport Module）。它的第一级称为 STM-1，它是一个带有线路终端功能的准同步数字复用器，能将 63 个 2 Mb/s 信号或 3 个 34 Mb/s 信号或 1 个 140 Mb/s 信号复用或适配为 1 个 155 520 kb/s（简称 155 Mb/s），并在其中预留了相当多的开销比特。从 155 Mb/s 往上则完全采用同步字节复用，从而形成速率分别为 622 080 Mb/s、2 488 320 kb/s 的 STM-4 和 STM-16，更高速率的 STM-N 尚待标准化。

SDH 设备根据其种类可分为终端复用器 TM、再生中继器 REG、分插复用器 ADM 和数字交叉连接设备 DXC；以它们为基础即可构成 SDH 传送网。其中 ADM 是体现 SDH 特色的重要设备，利用 ADM 可组成链路，适于在沿线节点有上、下电路要求的环境下使用，也可用在接入网中；链路两端的 TM 如改成 ADM 且首尾相接连成环状，则可组成具有自动保护倒换的 SDH 自愈环，这种方式适于在本地网中运用或用于二级干线网。

随着 SDH 技术的飞速发展，现在的 ADM 设备大都具有支路—群路、群路—群路、支路—支路交连能力，上下电路相当灵活，从功能上看，相当于一个小型 DXC。

5.2.2 SDH 的帧结构

1. SDH 的帧结构

SDH 最基本、最重要的数据块为同步传输模块 STM-1。更高级别的 STM-N 信号则是将 STM-1 按同步复用，经字节间插后形成的。STM-1 矩形块状帧结构，如图 5-5 所示，它由比特开销和信息净负荷两部分组成。

STM-1 帧结构由 9 行、270 列组成。每列宽一个字节即 8 比特，开始 9 列为开销所用，其余 261 列则为有效负荷即数据存放地。整个帧容量为（261+9）×9=2430 字节，相当于 2430×8＝19 440 比特。帧传输速率为 8000 帧/秒，即 125 μs 为一帧，因而 STM-1 传输速率为 19 440×8000＝

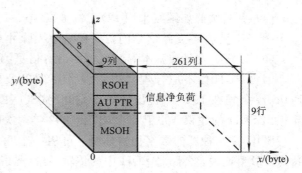

图 5-5　STM-1 帧结构

155.520 Mb/s，其他较高级别的码速都是 STM－1 码速的正整数倍，如表 5－2 所示。

表 5－2　STM 序列表

速率等级	速率(Mb/s)
STM－1	155.520
STM－4	622.080
STM－16	2488.320
STM－64	9953.280

STM－1 帧结构字节的传送是从左到右，从上到下按行进行，首先传送帧结构在上角第一个 8 比特字节，依次传递，直到 9×270 个字节都送完，再转入下一帧。

2. 比特开销

SOH 的比特开销约占信号的 5%，由段开销(SOH，Section Overhead)和指针组成，如图 5－6 所示。所谓段开销，是指为保证信息正常传送所必须附加的字节。段开销可分为再生段开销(RSOH)和复用段开销(MSOH)。对 STM－1 而言，每帧有 8×9＝72 个字节(576 bit)用于段开销，可见段开销是相当丰富的，这是 SDH 的重要特点之一。

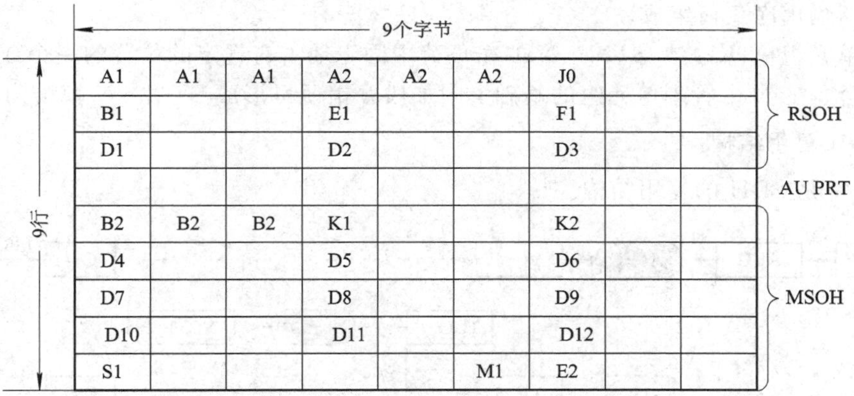

			9个字节				
A1	A1	A1	A2	A2	A2	J0	RSOH
B1			E1			F1	
D1			D2			D3	
							AU PRT
B2	B2	B2	K1			K2	
D4			D5			D6	
D7			D8			D9	MSOH
D10			D11			D12	
S1					M1	E2	

(左侧标注：9行)

图 5－6　SDH 的比特开销

AU PRT 叫管理单元指针，是一种指示符，用于指示出信息净负荷中分支数据的准确位置(即指信息净负荷的第 1 个字节在 STM－N 帧内的准确位置)，以便正确地分解提取信息。采用指针是 SDH 的重要创新，可以把指计提取数据形象地理解为文件传递：利用指针寻址，将数据压入堆栈，将数据弹出堆栈。

信息净负荷是 STM－1 帧结构中存放各种信息的地方，占有 2344 个字节，其中有少量用于通道性能监视、管理和控制的通道开销字节(POH)作为净负荷的一部分，并与其一起在网络中传送。

5.2.3　SDH 的复用结构

各种业务信号复用进 STM－N 帧的过程都要经过映射、定位、复用三个步骤。

映射：使支路信号适配进虚容器的过程。

定位：将帧偏移信息收进支路单元或管理单元的过程。

复用：使多个低阶通道层的信号适配进高阶通道或者把多个高阶通道层信号适配进复用层的过程。

1. 复用单元

标准容器 C：用来装载各种速率的业务信号的信息结构，主要完成适配功能。目前标准容器 C 主要有五种：C-11、C-12、C-2、C-3、C-4，它们分别装载 1.544 Mb/s、2.048 Mb/s、6.312 Mb/s、34.368 Mb/s(或 44.736 Mb/s)、139.264 Mb/s。这些是虚容器的净负荷。

虚容器 VC：用来支持 SDH 通道层连接的信息结构，由容器输出的信息净负荷加通路开销组成。VC 在 SDH 网中传输时总是保持完整不变，因而可作为一个十分方便和灵活的实体在通道上任一点插入和取出，进行同步复用和交叉连接处理。

支路单元 TU：提供低阶的通道层和高阶通道层之间的适配信息结构，由支路单元指针和相应的容器输出净负荷组成。

支路单元 TUG 组：把一些不同规模的支路单元合成一个支路单元组的净负荷可增加传输网络的灵活性。

管理单元 AU：提供高阶通道层和复用段层之间的适配信息结构，由管理单元指针和相应的容器输出净负荷组成。

管理单元组 AUG：在 STM-N 的净负荷中固定地占有规定的位置的一个或多个管理单元的集合。在 N 个管理单元组的基础上附加段开销便可形成 STM-N 帧结构。

2. SDH 复用结构

图 5-7 是 SDH 的复用结构。

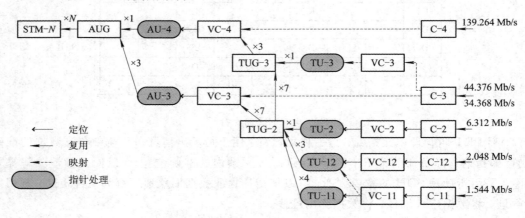

图 5-7　SDH 复用结构

5.3　小资料——马可尼

马可尼(1874—1937)，无线电发明者。1874 出生于意大利一个富裕家庭，从小喜欢读书，爱做实验。他自己装备了一个小实验室，先做化学实验，后来做电学实验。

1886 年的一天，意大利罗波亚大学的一位教授正在指导学生做实验。他走到马可尼面前说："你知道吗？赫兹证明，电磁波可以在空间传播，而且具有光一样的反射性！"。马可

尼专心地听着。

下课后，马可尼交给老教授一张图画，上边画着长了翅膀的字母正飞越大海。他恭敬地对教授说："让电磁波带着信号飞过大海，地球上的距离不就缩小了吗?"教授满意地点着头："把幻想变成现实，是要付出艰苦劳动的啊!"

马可尼开始认真钻研麦克斯韦和赫兹的学说。他猜想：假如加强电磁波的发射能力，也许能增大它的传播距离。他首先在菜园子里完成了几百米的无线电通信。他连续干了 10 年，终于在 1895 年完成了 2000 m 的无线电通信。在这次实验中，马可尼提出了用天线接地的方法来加强电磁波的发射能力。

1897 年，他和助手在英国海岸进行了跨海通信实验。他们把发射机放在海岸上的一间小屋里，屋外竖起一根很高的杆子，上面架设了用金属圆筒制成的天线。先把接收机放在距海岸 4.8 km 的一个小岛上，通信效果良好。然后又把距离扩大到 14.5 km，同样获得成功。

1901 年 12 月，他带着一名助手从英国来到加拿大的圣约翰斯。12 日，他们首先安装好信号接收装置，然后用氢气球把天线高高吊起。谁知正在准备接受信号时，氢气球爆炸了，马可尼急中生智用大风筝把天线升到了 121 m 的高空。突然，耳机里传来了"嘀嗒"声，无线电报成功啦! 马可尼实现了从英国到加拿大长达两千多英里的跨洋通信，这一天标志着无线电已成为全球性事业。

1909 年，35 岁的马可尼荣获诺贝尔物理学奖。1937 年 7 月 20 日，马可尼在罗马逝世，意大利政府为他举行了国葬。英国所有邮局的无线电报和无线电话都沉默两分钟，悼念这位伟大的无线电发明家。

思考题与习题

5-1　按 ITU 建议，两种制式的 PCM 高次群复用序列中，各次群的话路数和速率分别是多少?

5-2　PCM 复用与数字复接有何区别? 目前普遍采用数字复接的理由是什么?

5-3　数字复接的目的是什么?

5-4　数字复接分几种? 复接方式有几种?

5-5　异源(准同步)复接有什么特点?

5-6　图 5-3 中，如果码速调整模块和复接模块不同步，复接会出现什么问题?

5-7　同步数字序列(SDH)相对于准同步数字序列(PDH)有哪些优点?

5-8　简述 SDH 的复用原理。

第6章　数字信号的基带传输

本章重点问题:

模拟信号可以进行基带传输,比如有线广播,那么,数字信号是否也能以基带形式传输? 若能,传输时需要注意什么问题?

6.1　基带信号的概念

将一串 M 进制信息码直接用某种电脉冲序列表示,就形成了数字基带信号。例如用幅度为 A 的矩形脉冲(高电平)表示 1,用幅度为 0 的矩形脉冲(低电平)表示 0,就形成了具有高、低两种电平状态的二进制数字基带信号。因此,我们可以定义:**数字基带信号指可以表示二(多)进制信息码且不经过调制处理的电脉冲序列。**

通常,数字基带信号可以是模拟信号经过 A/D 转换后形成的编码信号,也可能是来自数据终端设备(比如计算机)的原始数据信号,且多以二进制形式出现。

从形式上看,基带信号有数字和模拟之分。常见的数字基带信号是计算机与键盘、打印机和显示器等外设之间的通信信号以及局域网中传输的信号;而常见的模拟基带信号是话筒输出的语音信号和模拟摄像机输出的图像信号。

基带信号示意图如图 6-1 所示。基带信号的主要特点是,其频谱分布在低频段(通常包含直流)。

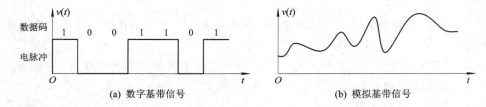

图 6-1　基带信号示意图

在某些有线信道中,特别是在近距离传输情况下,基带信号可以直接传输。传输数字基带信号的系统叫做数字基带通信系统。很多数据通信系统都是数字基带系统,比如局域网等。而利用模拟基带信号进行通信的系统叫做模拟基带通信系统,比如有线广播。图6-2为模拟基带通信系统和数字基带通信系统示意图。

图 6-2　基带传输系统实例

我们知道，不同道路对行驶车辆的类型可能会有不同要求，或者说，不同类型的车辆对道路的适用性会有所不同。比如，小轿车更适合宽阔平坦的公路，而越野车则是狭窄崎岖的山路的克星。与此类似，在模拟通信系统中，我们希望信号在信道传输过程中的波形无失真，这就需要对信道进行设计和选择（涉及通频带带宽、平坦度、衰减特性等），以适合传输模拟信号。而数字基带通信系统为了保证传输质量，不但可以设计信道以适合给定的基带信号，还可以通过改变基带信号波形以匹配给定的信道，这正是本章要讨论的主要内容。

6.2　数字基带信号的码型

6.2.1　码元码型及码型变换

首先介绍几个新概念：

（1）码元码型：我们把一个码元的电脉冲表现形式称为码元码型。码元码型有多种，主要有正/负极性矩形脉冲、归零/不归零矩形脉冲、高/低电平矩形脉冲等。

（2）线路码型：**适合在有线信道中传输的码元码型称为线路码型。**

（3）码型变换：**把某种码元码型变换成另一种码元（线路）码型的过程称为线路编码或码型变换。**比如，将单极性码变换为双极性码就是一种码型变换。

通常，由信源编码输出的数字基带信号多是高电平表示 1，低电平表示 0 的单极性脉冲序列。这种数字基带信号不适合在信道中传输，因为其码型不满足传输要求，即码型与信道不匹配。

（1）由于这种数字基带信号包含直流分量或低频分量，那么对于一些具有电容耦合电路的设备或者传输频带低端受限的信道，信号将可能传不过去。

（2）对于连"0"或连"1"数据，这种信号会出现长时间不变的低电平或高电平，以致收信端难以确定各个码元的位置，即收信端无法从接收到的数字信号中获取定时（定位）信息。

（3）对收信端而言，从这种基带信号中无法判断是否包含有错码。

因此，为解决上述及其他问题，人们需要寻求性能相对好的码型，以替换各种不适合信道传输的基带信号，即要进行码型变换，通常，码型变换要遵循以下原则：

（1）对于传输频带低端受限的信道，线路传输码型的频谱中应不含直流分量。

（2）码型的抗噪声能力要强。

（3）码型中要包含位定时信息。

（4）码型频谱中的高频分量要少，以节省传输频带并减小串扰。

（5）对于采用分组形式传输的基带通信（比如 5B6B、4B3T 码等），码型除了要包含位定时信息外，还要有分组同步信息，以便正确划分码组。

（6）编译码的设备应尽量简单，易于实现。

不同的线路码型各有千秋，但都难以同时满足上述全部要求，因此，在实际应用中，要根据需求全盘考虑，合理选择。显然，**码型变换的主要目的是提高通信过程的可靠性。**下面给大家介绍几种常见的码型。

6.2.2 二元码

只有两个取值的数字序列就是二元码。最简单的二元码基带信号波形为矩形波，幅度取值只有两种电平，分别对应数据(信息码)1 和 0。几种常用的二元码波形如图 6-3 所示。

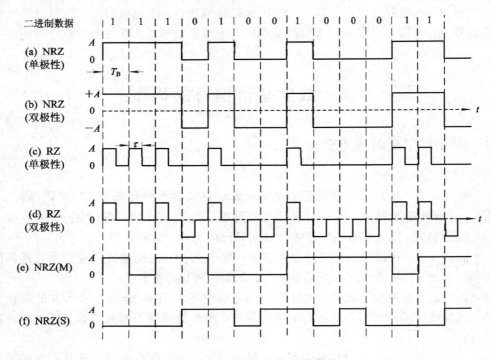

图 6-3　几种常用的二元码波形

1. 单极性不归零码

用高电平和低电平(零电平)两种码元分别表示二进制数据 1 和 0，在整个码元期间电平保持不变，此种码型被称为单极性不归零码，记作 NRZ，如图 6-3(a)所示。它是一种最简单、最常用的码型。很多终端设备因为一般都有一个 0 电位输出端，而输出单极性码。

2. 双极性不归零码

将单极性码的零电平脉冲变为负脉冲，即可形成双极性不归零码，如图 6-3(b)所示。该码在 1 和 0 等概率出现时无直流成分，具有较强的抗干扰能力，适合在电缆等无接地的信道中传输。

3. 单极性归零码

将单极性不归零码的高电平脉冲变为在整个码元期间 T_B 内高电平只持续一段时间 τ，在其余时间返回到零电平的脉冲，即可得到单极性归零码，记作 RZ(归零)码。τ/T_B 被称为占空比。常见的 RZ 码是占空比为 50% 的半占空码。单极性归零码可以直接提取到定时信号，是其他码型提取位定时信号时需要采用的一种过渡码型，如图 6-3(c)所示。

4. 双极性归零码

用正、负极性的归零码分别表示 1 和 0，就得到双极性归零码，如图 6-3(d)所示。这种码兼有双极性和归零码的特点。虽然其幅度取值存在正、负和零三种电平，但只用正负电平表示数据 0 和 1，因此仍称为二元码。

以上四种码型是最简单的二元码，它们有丰富的低频乃至直流分量，不能用于有交流耦合的信道。当数据中出现长 1 串或长 0 串时，不归零码（包括单极性归零码在出现连续 0时）会呈现连续的固定电平，没有定时信息。另外，这些码型还有一个共同的问题，即数据 1 与 0 分别对应两个传输电平，相邻码元取值独立，相互之间没有制约，故不具有检测错码的能力，这些码型也因此被称为"绝对码"。基于上述原因，这些码型一般只用于设备内部和近距离的传输。

5. 差分码

在差分码中，1 和 0 分别用电平的跳变或不变来表示。在电报通信中，把 1 称为传号，把 0 称为空号。用电平跳变表示 1，称为传号差分码，用电平跳变表示 0，称为空号差分码。传号差分码和空号差分码分别记作 NRZ(M) 和 NRZ(S)。如图 6-3(e) 和图 6-3(f) 所示。

这种码型的信息 1 和 0 不直接对应具体的电平幅度，而是用电平的相对变化来表示，其优点是信息（数据）存在于电平的变化之中，可有效地解决 PSK 同步解调时因收信端本地载波相位倒置而引起"1"和"0"的倒换问题（详见 7.3.4 节），故得到广泛应用。由于差分码中电平只具有相对意义，所以又称为相对码。

6. 数字双相码

数字双相（Digital Diphase）码又称曼彻斯特（Manchester）码。它用一个周期的方波码型表示 1，用方波的反相波形表示 0。这样就等效于用 2 位二进制码表示信息中的 1 位码。例如规定：用 10 表示 1，用 01 表示 0。如图 6-4(a) 所示。显然，它可以由定时脉冲和单极性绝对码异或（模二加）而成。

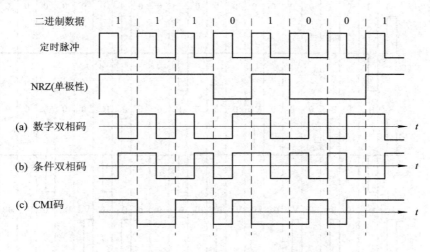

图 6-4　几种常用的 1B2B 码波形

因为双相码在每个码元间隔的中心都存在电平跳变，所以便于提取位定时信息。在这种码中，正、负电平各占一半，因而不存在直流分量。但这些优点是用频带加倍来换取的。双相码适用于数据终端设备的短距离传输，最高信息速率可达 10 Mb/s。这种码常被用于以太网中。

若把数字双相码中用绝对电平表示的波形改成用电平的相对变化来表示,比如相邻周期的方波如果同相则表示"0",反相则代表"1",就形成了差分码,通常称为条件双相码,记作 CDP 码,也叫差分曼彻斯特码,如图 6-4(b)所示。这种码常被用于令牌环网中。

7. 传号反转码

传号反转码记作 CMI 码。与数字双相码类似,它也是一种双极性二电平不归零码。在 CMI 码中,1 交替地用 00 和 11 两位码表示,而 0 则固定地用 01 表示,如图 6-4(c)所示。

CMI 码没有直流分量,有频繁的波形跳变,此特点便于恢复定时信号。并且 10 为禁用码组,不会出现 3 个以上的连码,这个规律可用来进行宏观检测。

由于 CMI 码易于实现且具有上述特点,因此在高次群脉冲编码终端设备中被广泛用作接口码型,有时,在光纤传输系统中也用作线路传输码型。

在双相码和 CMI 码中,原始信息码的每一位在编码后都用一组 2 位的二元码表示,因此这类码又称为 1B2B 码型。

6.2.3 三元码

三元码是指用信号幅度的三种取值表示二进制数据的脉冲序列。三种幅度的取值为 +A,0,−A(记作 +1,0,−1),但只有两个值携带二进制消息,因此三元码又称为准三元码或伪三元码。三元码种类很多,常被用作脉冲编码调制的线路传输码型。

1. 传号交替反转码

传号交替反转码常记作 AMI 码。在 AMI 码中,二进制码 0 用 0 电平表示,二进制码 1 交替地用 +1 和 −1 的半占空码表示,如图 6-5(a)所示。

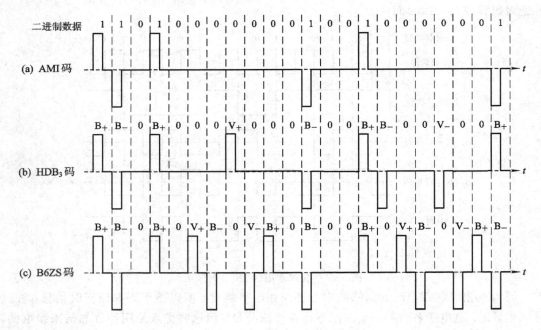

图 6-5　几种三元码波形

AMI 码中正负极性脉冲个数大致相等,故无直流分量,低频分量较小。只要将基带信号经全波整流变为单极性归零码，便可提取位定时信号。利用传号交替反转规则，在接收端可以检错纠错，比如发现有不符合这个规则的脉冲时，就说明传输中出现错误。

当信息码出现连0时，AMI码将长时间不出现电平跳变，这给提取定时信号带来困难。因此，在实际使用AMI码时，工程上还有相关规定以弥补AMI码在定时提取方面的不足。

2. n 阶高密度双极性码

n 阶高密度双极性码记作 HDB_n 码，是 AMI 码的一种改进型，用于解决信息码中出现连"0"串时所带来的问题。HDB_n 码的"1"也是交替地用"+1"和"−1"半占空归零码表示，但允许的连"0"码个数被限制为小于或等于 n。HDB_n 码采用在连"0"码中插入"1"码的方式破坏连"0"状态。这种"插入"实际上是用一种特定码组取代 $n+1$ 位连"0"码，特定码组被称为取代节。HDB_n 码的取代节有两种：$B00\cdots0\,V$ 和 $00\cdots V$，每种都是 $n+1$ 位码。

HDB_n 码中应用最广泛的是 HDB_3 码。在 HDB_3 码中，$n=3$，故连"0"的个数不能大于3。每当出现4个连"0"码时，就用取代节 B00V 或 000V 代替，其中 B 表示符合极性交替变化规律的传号，V 表示破坏极性交替变化规律的传号，也称为破坏点。当两个相邻 V 脉冲之间的传号数为奇数时，采用 000V 取代节；若为偶数时采用 B00V 取代节。这种选取原则能确保任意两个相邻 V 脉冲间的 B 脉冲数目为奇数，从而使相邻 V 脉冲的极性也满足交替规律。原信息码中的传号都用 B 脉冲表示。HDB_3 码的波形如图 6-5(b) 所示。

HDB_3 码的取代方法是根据前一个破坏点的脉冲极性和4个连"0"码前一个脉冲极性的不同组合，在4种取代节码组中选择一个，具体码组见表6-1。

表 6-1　取 代 节 码 组

前一破坏点脉冲极性	+	−	+	−
4个连"0"码前一个脉冲的极性	+	−	−	+
取代节码组	−00−	+00+	000−	000+
取代节符号	B00V		000V	

比如，给定一个二进制信息序列和前一个破坏点的脉冲极性，则根据表6-1可编制出相应的 HDB_3 码，见表6-2。其中下划线码组就是取代节码组。

表 6-2　HDB_3 码编制实例

二进制信息	1 0 1 1 0 0 0 0 0 0 0 0 1 1 0 0 0 0 0 0 1
HDB_3 码（前一个破坏点为 V_-）	B_+ 0 B_- B_+ 0 0 0 V_+ 0 0 0 B_- B_+ B_- 0 0 V_- 0 0 B_+
HDB_3 码（前一个破坏点为 V_+）	B_+ 0 B_- B_+ 0 0 0 V_- 0 0 0 B_+ B_- B_+ 0 0 V_+ 0 0 B_-

从 HDB_n 码的规则可知，B 脉冲和 V 脉冲都符合极性交替变化的规则，因此这种码型没有直流分量。利用 V 脉冲的特点，HDB_n 码可用作传输差错的宏观检测。最重要的是，HDB_n 码解决了 AMI 码遇连 0 串不能提取定时信息的问题。AMI 码和 HDB_3 码的功率谱如图 6-6 所示，图中还有用虚线画出的二元双极性不归零码的功率谱，以示比较。

HDB_3 码应用广泛，四次群以下的 A 律 PCM 终端设备的接口码型均为 HDB_3 码。

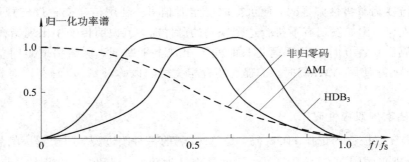

图 6-6　AMI 码和 HDB₃ 码的功率谱

3. BNZS 码

BNZS 码是 N 连 0 取代双极性码的缩写。与 HDB$_n$ 码相类似，该码也可看作 AMI 码的一种改进型。当连 0 数小于 N 时，服从传号极性交替规律，但当连 0 数为 N 或超过 N 时，则用带有破坏点的取代节替代。常用的是 B6ZS 码，其取代节为 0VB0VB，该码也有与 HDB₃ 码相似的特点。B6ZS 码的波形如图 6-5(c) 所示。

【例题 6-1】 设信息码为 100000000011，试写出相应的数字双相码、AMI 码和 HDB₃ 码 (设前一个破坏点脉冲极性为 V$_-$；连 "0" 前一个脉冲极性为 B$_+$)。

解 各码数据如下：

信息码	1	0	0	0	0	0	0	0	0	0	1	1
双相码	10	01	01	01	01	01	01	01	01	01	10	10
AMI 码	+10	0	0	0	0	0	0	0	0	0	-10	+10
HDB₃ 码	B$_+$	0	0	0	V$_+$	B$_-$	0	0	V$_-$	0	B$_+$	B$_-$

6.2.4　多元码

可表示数字消息 M (取 2 的幂次) 种符号的码型称为 M 元码或多元码，相应地需要用 M 种信号状态来表示它们。在多元码中，每个符号都可以用一个二进制码组来表示，如 3 位二进制码组可表示八进制码的 8 个符号。与二元码传输相比，多元码的主要特点是信息速率大于码元速率，因此，在码元速率相同的情况下 (传输带宽相同)，多元码的信息速率提高了 1bM 倍。

多元码在频带受限的高速数字传输系统中得到广泛应用。例如，在综合业务数字网 (ISDN) 中，数字用户环的基本传输速率为 144 kb/s，若以电话线为传输介质，ITU 建议的线路码型为四元码 2B1Q，即 1 个四元码元用 2 个二进制码元表示。

多元码通常采用格雷码表示，相邻幅度电平所对应的码组之间只相差 1 bit，这样就可以减小在接收时因错误判定电平而引起的误比特率。

多元码不仅用于基带传输，也广泛地用于多进制数字调制传输中，以提高频带利用率。比如，我们所熟悉的用于电话线上网的调制解调器采用的就是多进制调制技术。

6.2.5　数字基带信号的功率谱

前面我们只介绍了典型数字基带信号的时域波形，但从信号传输的角度上看，还需要进一步了解数字基带信号的频域特性，以便于设计或选择合适的信道进行传输。

在实际通信中，被传输的数字基带信号是随机脉冲序列。由于随机信号不能用确定的时间函数表示，所以只能从统计数学的角度，用功率谱来描述它的频域特性。

二进制随机脉冲序列的功率谱一般包含连续谱和离散谱两部分。

（1）连续谱总是存在的。通过连续谱在频谱上的分布，可以看出信号功率在频率上的分布情况，从而确定传输数字信号的带宽。

（2）离散谱不一定存在，它与脉冲波形及出现的概率有关。离散谱的存在与否关系到能否从脉冲序列中直接提取位定时信号，因此，离散谱的存在非常重要。如果一个二进制随机脉冲序列的功率谱中没有离散谱，则要设法通过码型变换使功率谱中出现离散分量，以便于提定时信号的取位（出现在 f_B 处的离散分量最重要）。

图 6-7 给出了几种常用码型的数字基带信号功率谱（0、1 均等概出现），其分布似花瓣状，在功率谱的第一个过零点之内的花瓣最大，称为主瓣，其余的称为旁瓣。由于主瓣内集中了信号的绝大部分功率，所以主瓣的宽度可以作为信号的近似带宽，通常称为谱零点带宽。设 T_B 是一个全占空码元的持续时间，则 $f_B = 1/T_B$ 就是码元传输速率。

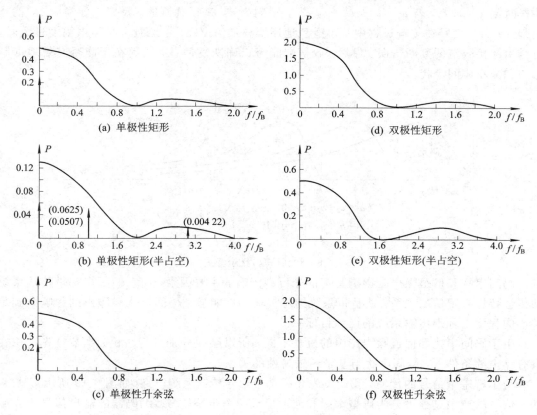

图 6-7 几种常用码型的单边功率谱

从图 6-7 中可见，无论单极性还是双极性脉冲，第一个谱零点后仍有较大的能量，如果信道带宽设在 0 至第一个谱零点处，则会引起较大的波形传输失真。若采用宽度为 $2T_B$ 的升余弦脉冲，则传输失真会小得多。另外，只有图 6-7(b) 在 f_B 处有离散分量，可直接提取同步分量。

6.3 无码间串扰的传输波形

6.3.1 码间串扰的概念

在实际通信中，由于信道的带宽不可能无穷大（称为频带受限），并且还有噪声的影响，所以，前面介绍的数字基带信号通过这样的信道传输时，将不可避免地产生波形畸变。

在"信号与系统"课程中我们知道，一个时间有限的信号，比如门信号 $g_\tau(t)$ 的出现时间是 $-\tau/2$ 到 $+\tau/2$，则它的傅里叶变换（频谱）$Sa(\omega)$ 在频域上就是向正负频率方向无限延伸的；反之，一个频带受限的频域信号，如门信号 $G_\Omega(\omega)$ 的时域信号（傅里叶逆变换）$Sa(t)$ 就会在时间轴上无限延伸。因此，信号经频带受限的系统传输后，其波形在时域上必定是无限延伸的。这样，前面的码元对后面的若干个码元就会造成不良影响，这种影响被称为码间串扰（ISI，Inter Symbol Interference）。此时，实际抽样值是本码元的抽样值与其他码元在该码元抽样时刻的串扰值及噪声的叠加，码间串扰示意图如图6-8所示。在码元4的抽样时刻 $3T_B+t_1$，若 $a_1+a_2+a_3+a_4<0$，则判为0，是正确判断；反之，会判为1，就是误判。另外，信号在传输过程中不可避免地还要叠加信道噪声，因此，当噪声幅度过大时，也会引起接收端的判断错误。显然，收信端能否正确恢复信息，关键在于能否有效地抑制噪声和减小码间串扰。

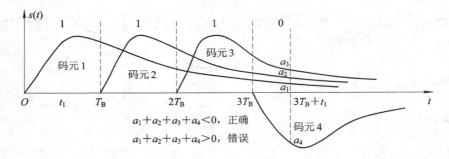

图6-8 码间串扰示意图

码间串扰和信道噪声是影响基带信号可靠传输的主要因素，而它们都与基带传输系统的传输特性有密切的关系。使基带系统的总传输特性能够把码间串扰和噪声的影响减到足够小的程度是基带传输系统的设计目标。

由于码间串扰和信道噪声产生的机理不同，所以必须分别进行讨论。本节首先讨论在没有噪声的条件下，码间串扰与基带传输特性的关系。

为了解基带信号的传输，我们首先介绍基带信号传输系统模型（如图6-9所示）。数字基带信号的产生过程可分为码型编码和波形形成两个步骤。码型编码器的输出信号为 δ 脉冲序列；波形成形网络是将每个 δ 脉冲转换为所需形状的接收波形 $s(t)$。成形网络由发送滤波器、信道和接收滤波器组成。由于成形网络的冲激响应正好是 $s(t)$，所以，接收波形 $s(t)$ 的频谱函数 $S(\omega)$ 即为成形网络的传递函数。由图6-9可知，$S(\omega)$ 可表示为

$$S(\omega) = T(\omega)C(\omega)R(\omega) \tag{6.3-1}$$

基带信号在频域内的延伸范围主要取决于单个脉冲波形的频谱函数 $G(f)$ 或 $G(\omega)$，只

要讨论单个脉冲波形的传输情况就可了解基带信号的传输特性。

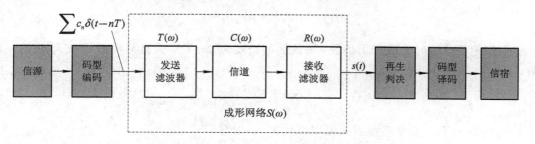

图 6-9　基带传输系统模型

在数字信号的传输中，信息携带在码元波形上，因此，即便信号波形经传输后整个波形发生了变化，只要收信端对抽样值的判决能正确反映其原来的幅值状态，那么仍然可以准确无误地恢复原始信息（数据）。也就是说，只需研究特定时刻的波形幅值怎样可以无失真传输即可，而不必要求整个波形保持不变。

奈奎斯特等人通过研究发现，在三种条件下，基带信号可以无失真传输，通常称之为奈奎斯特第一、第二和第三准则，或称为第一、第二、第三无失真条件。

6.3.2　第一无失真条件及传输波形

第一无失真条件也叫抽样值无失真条件，其内容为：接收波形满足抽样值无串扰的充要条件是仅在本码元的抽样时刻上有最大值，而对其他码元在抽样时刻的信号值无影响，即在抽样点上不存在码间干扰。

一种典型的码元波形 $s(t)$ 如图 6-10 所示。接收波形 $s(t)$ 除了在 $t=0$ 时抽样值为 S_0 外，在 $t=kT_B(k\neq0)$ 的其他抽样时刻皆为 0，故不会影响其他码元的抽样值。该波形应满足以下关系：

$$s(kT_B) = S_0\delta(t) \tag{6.3-2}$$

其中

$$\delta(t) = \begin{cases} 0, & t\neq 0 \\ \int_{-\infty}^{\infty}\delta(t)\mathrm{d}t = 1, & t = 0 \end{cases} \tag{6.3-3}$$

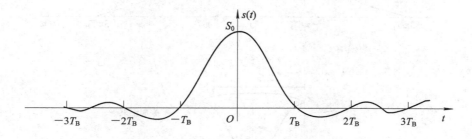

图 6-10　抽样点上不存在码间串扰的码元波形

当 $s(kT_B)$ 满足以上关系时，抽样值是无码间串扰的。由于 $s(kT_B)$ 是 $s(t)$ 的特定值，而 $s(t)$ 是由基带系统形成的传输波形，所以，基带系统必须满足一定的条件，才能形成抽样值无串扰的波形。推导如下：

由于 $s(t)$ 与 $S(\omega)$ 构成傅里叶变换对，因而有

$$s(t) = \frac{1}{2\pi} \int_{-\infty}^{\infty} S(\omega) \mathrm{e}^{\mathrm{j}\omega t} \,\mathrm{d}\omega \qquad (6.3-4)$$

如果把积分区间分成若干小段，每段区间长度为 $2\pi/T_B$，并且只考虑 $t=kT_B$ 时的 $s(t)$ 值，则式(6.3-4)可表示为

$$s(kT_B) = \frac{1}{2\pi} \sum_{-\infty}^{\infty} \int_{(2n-1)\pi/T_B}^{(2n+1)\pi/T_B} S(\omega) \mathrm{e}^{\mathrm{j}\omega k T_B} \,\mathrm{d}\omega \qquad (6.3-5)$$

令 $\tau = \omega - 2n\pi/T_B$，变量代换后又可用 ω 代替 τ，则有

$$s(kT_B) = \frac{1}{2\pi} \sum_{-\infty}^{\infty} \int_{-\pi/T_B}^{\pi/T_B} s\left(\omega + \frac{2n\pi}{T_B}\right) \mathrm{e}^{\mathrm{j}\omega k T_B} \,\mathrm{d}\omega \qquad (6.3-6)$$

当上式右边一致收敛时，求和与积分次序可以互换，于是有

$$s(kT_B) = \frac{1}{2\pi} \int_{-n/T_B}^{n/T_B} \sum_{-\infty}^{\infty} s\left(\omega + \frac{2n\pi}{T_B}\right) \mathrm{e}^{\mathrm{j}\omega k T_B} \,\mathrm{d}\omega \qquad (6.3-7)$$

上式表明，$s(kT_B)$ 是 $\displaystyle\sum_{n=-\infty}^{\infty} s\left(\omega + \frac{2n\pi}{T_B}\right)$ 的傅里叶逆变换。由式(6.3-2)和式(6.3-7)得

$$S_0 \delta(t) = \frac{1}{2\pi} \int_{-\pi/T_B}^{\pi/T_B} \sum_{n=-\infty}^{\infty} S\left(\omega + \frac{2n\pi}{T_B}\right) \mathrm{e}^{\mathrm{j}\omega k T_B} \,\mathrm{d}\omega \qquad (6.3-8)$$

由此得到满足抽样值无失真的充要条件为

$$\sum_{n=-\infty}^{\infty} S\left(\omega + \frac{2n\pi}{T_B}\right) = S_0 T_B, \quad -\frac{\pi}{T_B} \leqslant \omega \leqslant \frac{\pi}{T_B} \qquad (6.3-9)$$

该条件称为奈奎斯特第一准则。

式(6.3-9)的物理意义是，把传递函数在 ω 轴上以 $2\pi/T_B$ 为间隔切开，然后分段沿 ω 轴平移到 $-\pi/T_B$，π/T_B 区间内，将它们叠加起来，其结果应当为一常数。满足抽样值无失真条件的传递函数如图 6-11 所示，这种物理特性被称为等效低通特性。

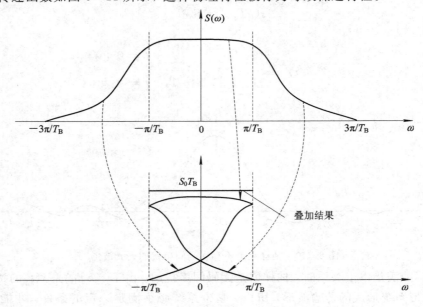

图 6-11 满足抽样值无失真条件的传递函数

满足等效低通特性的传递函数有多种。经计算可知，只要传递函数过渡带在 $\pm\pi/T_B$ 处满足奇对称的要求，不管 $S(\omega)$ 的形式如何，都可以消除码间串扰。

有了无失真传输条件，就可以通过分析找出满足该条件的传输波形，常见的是理想低通信号和升余弦滚降信号。

1. 理想低通信号

如果系统的传递函数 $S(\omega)$ 不用分割后再叠加成为常数，其本身就是理想低通滤波器的传递函数，即

$$S(\omega) = \begin{cases} 0, & |\omega| > \dfrac{\pi}{T_B} \\ S_0 T_B, & |\omega| \leqslant \dfrac{\pi}{T_B} \end{cases} \tag{6.3-10}$$

相应地，理想低通滤波器的冲激响应为

$$s(t) = S_0 \mathrm{Sa}\left(\frac{\pi t}{T_B}\right) \tag{6.3-11}$$

根据式(6.3-10)和式(6.3-11)可画出理想低通系统的传递函数和冲激响应曲线，如图 6-12 所示。由理想低通系统产生的信号称为理想低通信号。由图 6-12(b)可知，理想低通信号在 $t = \pm n\pi$（$n \neq 0$）时有周期性零点。如果发送码元波形的时间间隔为 T_B，接收端在 $t = nT_B$ 时抽样，就能达到无码间串扰。图 6-13 画出了这种情况下无码间串扰示意图。

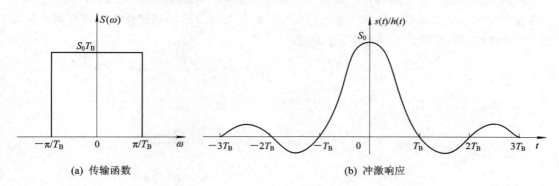

(a) 传输函数　　　　　(b) 冲激响应

图 6-12　理想低通系统

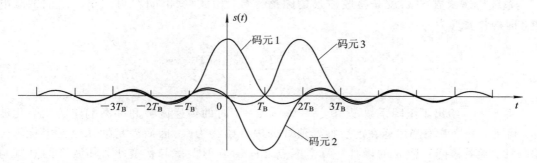

图 6-13　无码间串扰示意图

可见，如果基带传输系统的总传输特性为理想低通特性，则传输过程中不存在码间串扰。但这种有无限陡峭过渡带的传输特性实际上不可能实现，即使获得了这种传输特性，

其冲激响应波形的尾部衰减特性也很差，尾部仅按 $1/t$ 的速度衰减，且接收波形在再生判决中还要再抽样一次，这样就要求接收端的抽样定时脉冲必须准确无误，稍有偏差，就会引入码间串扰。因此，式(6.3-10)只有理论意义，但它给出了基带传输系统传输能力的极限值。

由图 6-13 可知，无串扰传输码元周期为 T_B 的序列时，所需的最小传输带宽为 $B=1/2T_B$(Hz)(因为频响门函数的截止频率 $\omega_H=\pi/T_B$)。这是在抽样值无串扰条件下基带系统传输所能达到的极限情况。

通常我们把 $1/2T_B$ 称为奈奎斯特带宽，记为 f_N。则系统在无 ISI 时的最大码元传输速率为 $2f_N$ Baud。该速率也被称为奈奎斯特速率。

二进制码元速率 R_B 与信息速率 R_b 相等，这时频带利用率 η_b 为最大值

$$\eta_{bmax} = \frac{R_b}{B} = \frac{R_B}{B} = 2 \text{ bit}/(s \cdot Hz)$$

即二进制基带系统所能提供的最高频带利用率是单位频带内每秒传 2 个码元。

若码元序列为 M 元码，则频带利用率为 $2 \text{ lb}M \text{ bit}/(s \cdot Hz)$，这是基带系统传输 M 元码所能达到的最高频带利用率。

今后如不特别说明，频带利用率的计算均使用式(1.9-3)。

2. 升余弦滚降信号

升余弦滚降信号是在实际中广泛应用的无串扰波形，因其频域过渡特性以 π/T_B 为中心具有奇对称升余弦形状而得名。这里的"滚降"指的是信号的频域过渡特性或频域衰减特性。能形成升余弦滚降信号的基带系统传递函数为

$$S(\omega) = \begin{cases} \frac{S_0 T_B}{2}\left\{1 - \sin\left[\frac{T_B}{2\alpha}\left(\omega - \frac{\pi}{T_B}\right)\right]\right\}, & \frac{\pi(1-\alpha)}{T_B} \leqslant |\omega| \leqslant \frac{\pi(1+\alpha)}{T_B} \\ S_0 T_B, & 0 \leqslant |\omega| \leqslant \frac{\pi(1-\alpha)}{T_B} \\ 0, & |\omega| > \frac{\pi(1+\alpha)}{T_B} \end{cases}$$

$$(6.3-12)$$

式中：α 称为滚降系数，$0 \leqslant \alpha \leqslant 1$。

系统传递函数 $S(\omega)$ 就是接收波形的频谱函数。由式(6.3-12)可求出系统的冲激响应，即接收波形为

$$s(t) = S_0 \frac{\sin \frac{\pi t}{T_B}}{\frac{\pi t}{T_B}} \frac{\cos \frac{\alpha \pi t}{T_B}}{1 - \left(\frac{4\alpha^2 t^2}{T_B^2}\right)}$$

$$(6.3-13)$$

图 6-14 给出了滚降系数 $\alpha=0$，$\alpha=0.5$，$\alpha=1$ 时的传递函数和冲激响应的归一化波形。可见，升余弦滚降信号在前后抽样值处的串扰始终为 0，因而满足抽样值无串扰的传输条件。随着滚降系数 α 的增加，两个零点之间的波形振荡起伏变小，其波形的衰减与 $1/t^3$ 成正比，但所占频带也增加。$\alpha=0$ 时即为前面所述的理想低通基带系统。$\alpha=1$ 时，所占频带的带宽最宽，是理想系统带宽的二倍，因而频带利用率为 $1 \text{ bit}/(s \cdot Hz)$。$0 < \alpha < 1$ 时，带宽 $B=(1+\alpha)/2T_B$，频带利用率 $\eta=2/(1+\alpha) \text{ bit}/(s \cdot Hz)$。由于抽样时刻不可能完

全没有时间上的误差,为了减小抽样定时脉冲误差所带来的影响,滚降系数 α 不能太小,通常选择α≥0.2。

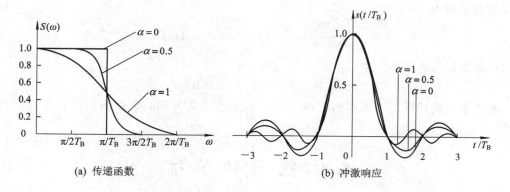

(a) 传递函数　　　　　　(b) 冲激响应

图 6-14　升余弦滚降特性

【例题 6-2】　理想低通信道的截止频率为 3 kHz,当传输以下二电平信号时,求信号的频带利用率和最高信息速率。

(1) 理想低通信号;

(2) α=0.4 的升余弦滚降信号;

(3) NRZ 码;

(4) RZ 码。

解　(1) 理想低通信号的频带利用率为

$$\eta_b = 2 \text{ bit}/(\text{s} \cdot \text{Hz})$$

取信号的带宽为信道的带宽,由 η_b 的定义式

$$\eta_b = \frac{R_b}{B}$$

可求出最高信息传输速率为

$$R_b = \eta_b B = 2 \times 3000 = 6000 \text{ bit/s}$$

(2) 升余弦滚降信号的频带利用率为

$$\eta_b = \frac{2}{1+\alpha} = \frac{2}{1+0.4} = 1.43 \text{ bit}/(\text{s} \cdot \text{Hz})$$

取信号的带宽为信道的带宽,可求出最高信息传输速率为

$$R_b = \eta_b B = 1.43 \times 3000 = 4290 \text{ bit/s}$$

(3) 二进制 NRZ 码的信息速率 R_b 与码元速率 R_B 相同,取 NRZ 码的谱零点带宽为信道带宽,即

$$B = R_B$$

则频带利用率为

$$\eta_b = \frac{R_b}{B} = \frac{R_B}{B} = 1 \text{ bit}/(\text{s} \cdot \text{Hz})$$

可求出最高信息速率为

$$R_b = \eta_b B = 1 \times 3000 = 3000 \text{ bit/s}$$

（4）二进制 RZ 码信息速率与码元速率相同，取 RZ 码谱零点带宽为信道带宽，即

$$B = 2R_B$$

则频带利用率为

$$\eta_b = \frac{R_b}{B} = \frac{R_B}{B} = 0.5\ \text{bit}/(\text{s}\cdot\text{Hz})$$

可求出最高信息速率为

$$R_b = 0.5 \times 3000 = 1500\ \text{bit/s}$$

有关奈奎斯特第二准则和第三准则的内容这里不再介绍，有兴趣的读者可参阅其他书籍。

6.4 扰 码 和 解 扰

对于数字信源出现长 0 串问题，除了用码型变换方法解决外，还可用 m 序列对信源序列进行"加乱"或"扰码"的方法，"破坏"其连 0 状态，然后，在信宿再把"加乱"了的序列用同样的 m 序列进行"解乱"或"解扰"，从而恢复原来的信源序列。

扰码就是不用增加码元而搅乱数字序列，改变序列统计特性，使其近似于白噪声特性。它给数字通信系统的设计和性能估计带来方便。

扰码的原理基于 m 序列的伪随机性。

6.4.1 m 序列的产生和特性

m 序列是最长线性反馈移位寄存器序列的简称，是常用的一种伪随机序列。m 序列是由带线性反馈的移位寄存器产生的，并且具有最长的周期。

由 n 级串接的移位寄存器和反馈逻辑线路可组成动态移位寄存器。如果反馈逻辑线路只用模 2 加单元构成，则称为线性反馈移位寄存器；如果反馈线路中包含"与"、"或"等运算，则称为非线性反馈移位寄存器。

当设定线性反馈逻辑移位寄存器初始状态后，在时钟触发下，每次移位后各级寄存器的状态都会变化。任何一级寄存器输出，随着时钟节拍的推移产生一个序列，该序列被称为移位寄存器序列。

以图 6-15 所示的 4 级移位寄存器为例，线性反馈逻辑服从递归关系式：

$$a_n = a_{n-3} \oplus a_{n-4} \tag{6.4-1}$$

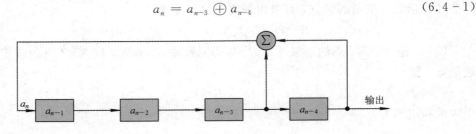

图 6-15 4 级移位寄存器

即第 3 级与第 4 级输出的模 2 加运算结果反馈到第一级去。假设这 4 级移位寄存器的初始状态为 0001，即第 4 级为 1 状态，其余 3 级均为 0 状态。随着移位时钟节拍，各级移位寄

存器的状态转移流程图如表 6-3 所示。

表 6-3　m 序列发生器状态转移流程图

移位时钟节拍	第 1 级 a_{n-1}	第 2 级 a_{n-2}	第 3 级 a_{n-3}	第 4 级 a_{n-4}	反馈 $a_n = a_{n-3} \oplus a_{n-4}$
0	0	0	0	1	1
1	1	0	0	0	0
2	0	1	0	0	0
3	0	0	1	0	1
4	1	0	0	1	1
5	1	1	0	0	0
6	0	1	1	0	1
7	1	0	1	1	0
8	0	1	0	1	1
9	1	0	1	0	1
10	1	1	0	1	1
11	1	1	1	0	0
12	1	1	1	1	0
13	0	1	1	1	0
14	0	0	1	1	1
15	0	0	0	1	1
16	1	0	0	0	0

在第 15 节拍时，移位寄存器的状态与第 0 拍的状态（即初始状态）相同，因而从第 16 拍开始必定重复第 1 至第 15 拍的过程。这说明该移位寄存器的状态具有周期性，其周期长度为 15。如果从末级输出，选择 3 个 0 为起点，便可得到如下序列：

$$a_{n-4} = 000100110101111$$

由上例可以看出，对于 $n = 4$ 的移位寄存器共有 16 种不同的状态。上述序列中出现了除全 0 以外的所有状态，因此是可能得到的最长周期的序列。只要移位寄存器的初始状态不是全 0，就能得到周期长度为 15 的序列。其实，从任何一级寄存器所得到的序列都是周期为 15 的序列，只不过节拍不同而已，这些序列都是最长线性反馈移位寄存器序列。

将图 6-15 中的线性反馈逻辑改为

$$a_n = a_{n-2} \oplus a_{n-4} \tag{6.4-2}$$

即得如图 6-16 所示，如果 4 级移位寄存器的初始状态仍为 0001，可得末级输出序列为

$$a_{n-4} = 000101$$

其周期为 6。

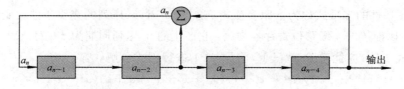

图 6-16　式(6.4-2)对应的 4 级移位寄存器

如果将初始状态改为 1011，输出序列是周期为 3 的循环序列，即

$$a_{n-4} = 011$$

当初始状态为 1111 时，输出序列是周期为 6 的循环序列，其中一个周期为

$$a_{n-4} = 111100$$

以上四种不同的输出序列说明，n 级线性反馈移位寄存器的输出序列是一个周期序列，其周期长短由移位寄存器的级数、线性反馈逻辑和初始状态决定。但在产生最长线性反馈移位寄存器序列时，只要初始状态非全 0 且有合适的线性反馈逻辑即可。

n 级线性反馈移位寄存器如图 6-17 所示。

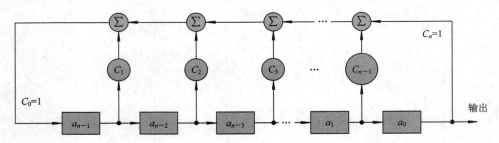

图 6-17 n 级线性反馈移位寄存器

图 6-17 中，C_i 表示反馈线的两种可能连接状态，$C_i = 1$ 表示连接线通，第 $n-i$ 级输出加入反馈中；$C_i = 0$ 表示连接线断开，第 $n-i$ 级输出未参加反馈。因此，一般形式的线性反馈逻辑表达式为

$$a_n = C_1 a_{n-1} \oplus C_2 a_{n-2} \oplus \cdots \oplus C_n a_0 = \sum_{i=1}^{n} C_i a_{n-i} \pmod 2 \qquad (6.4-3)$$

将等式左边的 a_n 移至右边，并将 $a_n = C_0 a_n (C_0 = 1)$ 代入上式，则上式可改写为

$$0 = \sum_{i=0}^{n} C_i a_{n-i} \qquad (6.4-4)$$

定义一个与上式相对应的多项式

$$F(x) = \sum_{i=0}^{n} C_i x^i \qquad (6.4-5)$$

其中 x 的幂次表示元素相应位置。式(6.4-5)称为线性反馈移位寄存器的特征多项式，它与输出序列的周期有密切关系。可以证明，当 $F(x)$ 满足下列条件时，就一定能产生 m 序列：

(1) $F(x)$ 是不可约的，即不能再分解因式。

(2) $F(x)$ 可整除 $x^p + 1$，这里 $p = 2^n - 1$。

(3) $F(x)$ 不能整除 $x^q + 1$，这里 $q < p$。

满足上述条件的多项式称为本原多项式。这样，产生 m 序列的充要条件就变成如何寻找本原多项式。以前述的 4 级移位寄存器为例，它产生的 m 序列周期为 $p = 2^n - 1 = 2^4 - 1 = 15$，其特征多项式 $F(x)$ 应能整除 $x^{15} + 1$。将 $x^{15} + 1$ 进行因式分解，有

$$x^{15} + 1 = (x^4 + x + 1)(x^4 + x^3 + 1)(x^4 + x^3 + x^2 + x + 1)(x^2 + x + 1)(x + 1)$$

式中有 5 个不可约因式，其中有 3 个 4 阶多项式，而 $x^4 + x^3 + x^2 + x + 1$ 可整除 $x^5 + 1$，即

$$x^5 + 1 = (x^4 + x^3 + x^2 + x + 1)(x+1)$$

故不是本原多项式。其余 2 个是本原多项式且是互逆的，只要找到其中的一个，另一个就可写出。例如 $F_1(x) = x^4 + x^3 + 1$ 就是图 6-15 对应的特征多项式，另一个 $F_2(x) = x^4 + x + 1$。

m 序列有如下特性：

(1) 由 n 级移位寄存器产生的 m 序列，其周期为 $2^n - 1$。

(2) 除全 0 状态外，n 级移位寄存器可能出现的各种不同状态都在 m 序列的一个周期内出现，且只出现一次。因此，m 序列中 1 和 0 的出现概率大致相同，1 码只比 0 码多 1 个。

(3) 在一个序列中连续出现的相同码称为一个游程，连码的个数称为游程的长度。m 序列中共有 2^{n-1} 个游程，其中，长度为 1 的游程占 1/2，长度为 2 的游程占 1/4，长度为 3 的游程占 1/8，以此类推，长度为 k 的游程占 2^{-k}。其中最长的游程是 n 个连 1 码，次长的游程是 $n-1$ 个连 0 码。

(4) m 序列的自相关函数只有两种取值。周期为 p 的 m 序列的自相关函数定义为

$$R(j) = \frac{A-D}{A+D} = \frac{A-D}{p} \tag{6.4-6}$$

式中：A、D 分别是 m 序列与其 j 次移位序列在一个周期中对应元素相同和不相同的数目。可以证明，一个周期为 p 的 m 序列与其任意次移位后的序列模 2 相加，其结果仍是周期为 p 的 m 序列，只是原序列某次移位后的序列。所以对应元素相同和不相同的数目就是移位相加后 m 序列中 0，1 的数目。由于一个周期中 0 比 1 的个数少 1，因此 j 为非零整数时 $A-D=-1$，j 为零时 $A-D=p$，这样可得到：

$$R(j) = \begin{cases} 1, & j = 0 \\ \dfrac{-1}{p}, & j = \pm 1, \pm 2, \cdots, \pm(p-1) \end{cases} \tag{6.4-7}$$

m 序列的自相关函数在 j 为整数的离散点上只有两种取值，因此它是一种双值自相关序列。$R(j)$ 是周期长度与 m 序列周期 p 相同的周期性函数。

由以上特性可知，m 序列是一个周期性确定序列，又具有类似于随机二元序列的特性。故常把 m 序列称为伪随机序列或伪噪声序列，记作 PN 序列。具有或基本具有上述特性的序列不只 m 序列一种，只是由于 m 序列有很强的规律性及伪随机性，所以得到了广泛的应用。

【例题 6-3】 已知移位寄存器的特征多项式系数为 51，若移位寄存器起始状态为 10000。

(1) 求末级输出序列；

(2) 验证输出序列是否符合 m 序列的性质。

解　(1) 因为移位寄存器的特征多项式系数为 51，则其本原多项式如下表：

5			1			
1	0	1	0	0	1	
C_0	C_1	C_2	C_3	C_4	C_5	$F_1(x) = x^5 + x^2 + 1$
C_5	C_4	C_3	C_2	C_1	C_0	$F_2(x) = x^5 + x^3 + 1$

以 $F_1(x)=x^5+x^2+1$ 为例，画出其 5 级线性反馈移位寄存器如图 6-18 所示。

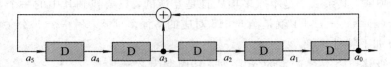

图 6-18　例题 6-3 图

则求出其末级输出序列为

$$0000101011101100011111001101001……$$

（2）① 因为序列周期为 31，周期 2^5-1 符合 m 序列周期为 2^n-1 的特性。

② 序列中有 16 个"1"码，15 个"0"码，基本平衡。

③ 游程共有 16 个，其中

游程长度为 1 的有 8 个，"1"码、"0"码游程各为 4 个；

游程长度为 2 的有 4 个，"1"码、"0"码游程各为 2 个；

游程长度为 3 的有 2 个，"1"码、"0"码游程各为 1 个；

游程长度为 4 的有 1 个，"0"码游程；

游程长度为 5 的有 1 个，"1"码游程。

④ 其自相关函数为

$$R(j)=\frac{A-D}{A+D}=\frac{-1}{31}$$

输出序列符合 m 序列特性。

6.4.2　扰码和解扰原理

扰码和解扰是指在发信端用扰码器改变原始数字信号的统计特性，而接收端用解扰器恢复出原始数字信号的过程或方式，其原理是以线性反馈移位寄存器理论为基础的。以 5 级线性反馈移位寄存器为例，在反馈逻辑输出与第一级寄存器输入之间引入一个模 2 加电路，以输入序列作为模 2 加的另一个输入端，即可得到图 6-19（a）所示的扰码器电路。相应的解扰电路如图 6-19（b）所示。

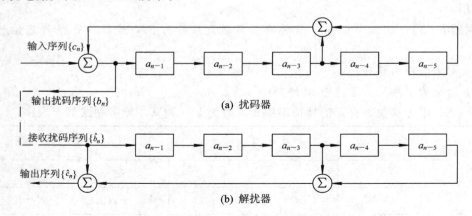

图 6-19　5 级移位寄存器构成的扰码器和解扰器

若输入序列 $\{c_n\}$ 是信源序列，扰码电路输出序列为 $\{b_n\}$，则 b_n 可表示为

$$b_n = c_n \oplus a_{n-3} \oplus a_{n-5} \tag{6.4-8}$$

经过信道传输，接收序列为 $\{\hat{b}_n\}$，解扰电路输出序列为 $\{\hat{c}_n\}$，可表示为

$$\hat{c}_n = \hat{b}_n \oplus a_{n-3} \oplus a_{n-5} \tag{6.4-9}$$

当传输无差错时，有 $b_n = \hat{b}_n$，由式(6.4-8)和式(6.4-9)可得

$$\hat{c}_n = c_n \tag{6.4-10}$$

上式说明，解扰后的序列与扰码前的序列相同，因此扰码和解扰是互逆运算。

以图 6-19(a)的扰码器为例。设移位寄存器的初始状态除 $a_{n-5}=1$ 外，其余均为 0，输入序列 c_n 是周期为 6 的序列 000111000111，则各反馈抽头处 a_{n-3}、a_{n-5} 及输出序列 b_n 为

$$
\begin{aligned}
c_n \quad & 0001110001110000111 \\
a_{n-3} \quad & 0001000100100001101 \\
a_{n-5} \quad & 1000010000100100011 \\
b_n \quad & 1000100100011101001
\end{aligned}
$$

b_n 是周期为 186 的序列，这里只列出开头的一段。由此例可知，输入周期性序列经扰码器后变为周期较长的伪随机序列。如果输入序列中有连 1 或连 0 串时，输出序列也会呈现出伪随机性。如果输入序列为全 0，只要移位寄存器初始状态不为全 0，扰码器就是一个线性反馈移位寄存器序列发生器，当有合适的反馈逻辑时就可以得到 m 序列伪随机码。

扰码器和解扰器的一般形式分别如图 6-20(a)、图 6-20(b)。接收端采用的是一种前馈移位寄存器结构，可自动将扰码后的序列恢复为原始数据序列。

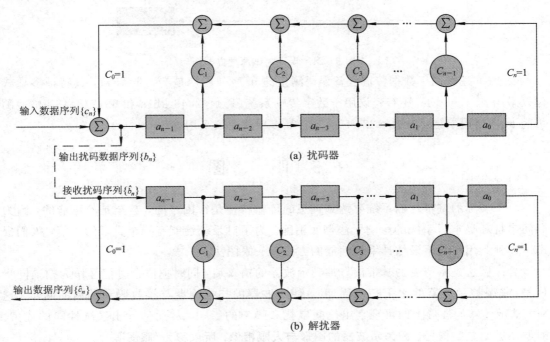

图 6-20　扰码器和解扰器的一般形式

由于扰码器能使包括连 0(连 1)在内的任何输入序列变为伪随机码，所以在基带传输系统中用作码型变换时，能限制连 0 码个数。

采用扰码方法的主要缺点是对系统的误码性能有影响。在传输扰码序列过程中产生的单个误码会在解扰时导致误码的增值，接收端解扰器的输出端会产生多个误码。误码增值是由反馈逻辑引入的，反馈项数愈多，差错扩散也愈多。

6.4.3 m序列在误码测试中的应用

在数字通信系统中误码率是一项重要的质量指标。在实际测量系统的误码率时，我们发现测量结果与信源发送的信号统计特性有关。因此测量误码率时最理想的信源应是随机序列产生器。

m序列是周期性伪随机序列。在调试数字设备时，m序列常被用作数字信号源。如果m序列经过发送设备、信道和接收设备后仍为原序列，则说明传输是无误的；如果有错误，则需要进行统计。在接收设备的末端，由同步信号控制，产生一个与发送端相同的本地m序列，将该序列与接收端解调出的m序列逐位进行模2加运算，一旦有错，就会出现1码，用计数器计数，便可统计出错误码元的个数及误码率。

发信端m序列发生器和收信端统计模块组成的设备被称为误码测试仪，其工作原理示意图如图6-21所示。

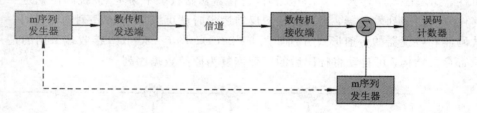

图6-21 误码测试原理方框图

CCITT建议用于数据传输设备误码测量的m序列周期是$2^9-1=511$，其特征多项式建议采用x^9+x^5+1；还有建议用于数字传输系统(1544/2048 kb/s和6312/8448 kb/s)测量的m序列周期是$2^{15}-1=32\ 767$，其特征多项式建议采用$x^{15}+x^{14}+1$。

6.5 眼 图

一个实际的基带传输系统要达到理想的传输特性是很困难的，甚至是不可能的，因为码间串扰和噪声对系统的影响无法彻底消除。为了对系统性能有一个直观的了解，人们提出了一种利用实验手段估计系统性能的方法——眼图法。

具体做法是将待测的基带信号加到示波器的输入端，同时把位定时信号作为扫描同步信号(或调整示波器的水平扫描周期)，使示波器的扫描周期与接收码元的周期同步。这时，从示波器的波形上即可观察出码间串扰和噪声的影响，从而估计出系统性能的优劣。对于二进制数字信号，因为示波器的图形与人眼相像，所以称为"眼图"。

图6-22给出了双极性二元码的波形及眼图。图6-22(a)为没有失真的波形，示波器将此波形每隔T_B秒重复扫描一次，利用示波器的余辉效应，扫描所得的波形重叠在一起，结果形成图6-22(b)所示的"开启"的眼图。图6-22(c)是有失真的基带信号的波形，重叠

后的波形会聚变差，张开程度变小，如图 6-22(d)所示。因为基带波形的失真通常是由噪声和码间串扰造成的，所以眼图的形状能定性地反映系统的性能。

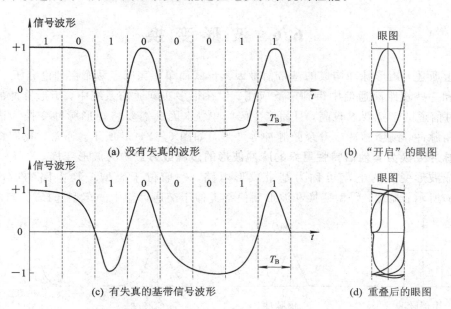

图 6-22　双极性二元码的波形及眼图

为了解释眼图与系统性能之间的关系，可把眼图抽象为一个模型（如图 6-23(a)所示）。

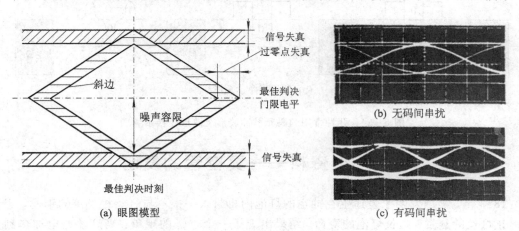

图 6-23　眼图模型及其照片

由眼图可以获得的信息有：

（1）最佳取样时刻应选在眼图张开最大的时刻，此时的信噪比最大。

（2）眼图斜边的斜率反映出系统对定时误差的灵敏度，斜边越陡，对定时误差越灵敏，对定时稳定度要求越高。

（3）在抽样时刻，上下两个阴影区的高度称为信号失真量，它是噪声和码间串扰叠加的结果。因此，眼图的张开度反映码间串扰的大小。

当码间串扰十分严重时，"眼睛"会完全闭合，信息码元无法经过抽样判决准确恢复，因此必须对码间串扰进行校正。

图 6-23(b)和图 6-23(c)给出无码间串扰和有码间串扰的眼图照片。

6.6　波　形　变　换

综上所述，矩形脉冲构成的基带信号因其形式简单、实现容易而在理论分析、信源/信道编码和一些短距离通信中得到广泛应用。但在很多实际通信系统中，矩形脉冲的谱带宽较大，对信道的带宽要求较高，且易产生码间串扰，因此需要将矩形脉冲变换为谱特性更好的三角脉冲、高斯脉冲或升余弦脉冲等波形，如图 6-24(a)所示。通常，我们**把将码元的矩形脉冲变换为其他谱特性更好的脉冲波形的过程或方法称为波形变换。**

完成波形变换的电路可称为基带成形电路，一般位于码型变换电路的后面，如图 6-24(b)所示。显然，码型变换和波形变换都类似于交通运输中的车型选择。

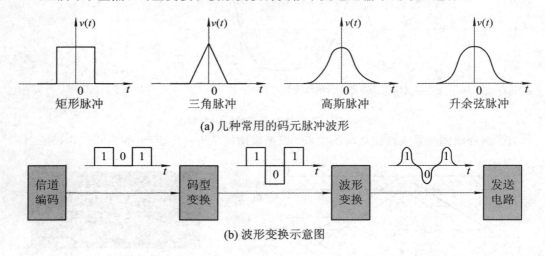

(a) 几种常用的码元脉冲波形

(b) 波形变换示意图

图 6-24　几种常用的码元脉冲波形及波形变换示意图

6.7　小资料——真空管的发明

1883 年，美国发明家爱迪生在抽空的灯泡内再封入一根不与灯丝相连接的铜丝，想借此遏止灯丝的蒸发，延长灯泡的寿命。结果出现了一个奇怪的现象：当灯丝通电加热到白炽状态后，如铜丝加上正电压，尽管铜丝与灯丝没直接接触相连，但这时却有电流通过。如铜丝上加负电压，或者不加热灯丝，则不出现电流。该现象后来被人们称为"爱迪生效应"。爱迪生虽然对新发现异常敏感，立即为新发现申请了专利权，但他没去探索这些新现象的实质，实际上他已触及真空电子管的边缘。

被爱迪生本人忽略的"爱迪生效应"惊动了大洋彼岸的一位青年。1885 年，30 岁的英国电气工程师弗莱明(J. Fleming)经过反复试验，终于发现，如果在真空灯泡里装上碳丝和铜板，分别充当阴极和屏极，则灯泡里的电子就能实现单向流动。1904 年，弗莱明研制出一种能够充当交流电整流和无线电检波的特殊灯泡——"热离子阀"，从而催生了世界上第

第
一
篇

通
信
原
理

最早的真空二极管

一只电子管，即真空二极管。

　　在二极管的基础上，很快催生了真空三极管。真空三极管的发明者是美国工程师德·福雷斯特(D. Forest)。其孩提时期并不出众，被老师认为是个平庸的孩子，唯一的爱好是拆装各种机械。1902 年，他在纽约泰晤士街租了间破旧的小屋，创办了德·福雷斯特无线电报公司。

　　当听到弗莱明发明真空二极管的消息后，德·福雷斯特也选择了一段白金丝制成灯丝，也在灯丝附近安装了一小块金属屏板，把玻壳抽成真空通电后，果然也"追寻"到电子的踪迹。他抓起一根导线，弯成"Z"型，小心翼翼地把它安装到灯丝与金属屏板之间的位置。他惊讶地发现，"Z"型导线装入真空管内之后，只要把一个微弱的变化电压加在它的身上，就能在金属屏板上接收到更大的变化电流，其变化的规律完全一致，这正是电子管的"放大"作用。后来，他又把导线改用像栅栏形式的金属网，于是，他的电子管就有了三个"极"——丝极、屏极和栅极。1906 年，他完成了真空三极管的发明，那年他还不到 30 岁。

　　因发明新型电子管，德·福雷斯特竟无辜受到美国纽约联邦法院的传讯。有人控告他推销积压产品，进行商业诈骗。法官判决说，德·福雷斯特发明的电子管是一个"毫无价值的玻璃管"。1912 年，顶着随时可能入狱的压力，德·福雷斯特来到加利福尼亚帕洛阿托小镇，坚持不懈地改进三极管。在爱默生大街 913 号小木屋，德·福雷斯特把若干个三极管连接起来，与电话机话筒、耳机相互连接，再把他那只走时相当准确的英格索尔手表放在话筒前方，手表的"滴答"声几乎把耳朵震聋。最早的电子扩音机由此诞生。

　　帕洛阿托市的德·福雷斯特故居至今依然矗立着一块小小的纪念牌，以市政府的名义写着："德·福雷斯特在此发现了电子管的放大作用。"德·福雷斯特被人们称为"真空管之父"。

思考题与习题

　　6-1　已知二进制数字信息序列为 0100110000001100111，画出它所对应的双极性非归零码、传号差分码、CMI 码、数字双相码及条件双相码的波形。

　　6-2　已知数字码元序列为 10011000000110000101，画出它所对应的单极性归零码、AMI 码和 HDB_3 码的波形。

　　6-3　有 4 个连 1 与 4 个连 0 交替出现的序列，画出用单极性不归零码、AMI 码、HDB_3 码表示时的波形图。

　　6-4　码型变换的目的是提高通信的什么性能？通常要以牺牲什么指标为代价？

　　6-5　已知信息速率为 64 kb/s，且采用 $\alpha=0.4$ 的升余弦滚降频谱信号。

　　(1) 求它的时域表达式。

　　(2) 画出它的频谱图。

　　(3) 求传输带宽。

　　(4) 求频带利用率。

　　6-6　设二进制基带系统的传输特性为

$$H(\omega) = \begin{cases} \tau_0(1 + \cos\omega\tau_0), & |\omega| \leqslant \pi/\tau_0 \\ 0, & \text{其他 } \omega \end{cases}$$

试确定系统最高的码元传输速率 R_B 及相应的码元间隔 T_B。

6-7 已知某线性反馈移位寄存器的特征多项式系数的八进制表示为 107，且移位寄存器的起始状态为全 1。

(1) 求末级输出序列。

(2) 输出序列是否为 m 序列？为什么？

第 7 章　数字信号的调制传输

本章重点问题：

由于数字基带通信系统的频带利用率低且不便于无线电传输，所以，必须采用调制技术才能解决问题。那么，对于数字信号如何进行调制呢？

数字信号有两种传输方式，一种是第 6 章介绍的基带传输方式；另一种就是本章要介绍的调制传输方式。

采用调制传输的主要原因有两个：一是数字基带信号具有丰富的低频成分，只适合在低通型信道中传输（如双绞线），而实际通信系统的信道多为带通型，且带通型信道比低通型信道大得多，可以采用频分复用技术传输多路信号，如无线信道、同轴电缆等；二是为了适合无线传输。

第 2 章介绍的模拟信号调制概念及各种调制技术，同样也适用于对数字信号的处理。**让载波的某个参量随数字基带信号的变化而变化的过程或方法叫做数字调制**。相应的传输方式称为数字信号的带通传输、载波传输或调制传输。

数字调制所用的载波与模拟调制一样，也是正弦型信号，但调制信号则为数字基带信号。

与模拟调制中的幅度调制、频率调制和相位调制相对应，数字调制也分为三种基本方式：幅移键控（ASK，Amplitude Shift Keying）、频移键控（FSK，Frequency Shift Keying）和相移键控（PSK，Phase Shift Keying）。

所谓"键控"是指一种如同"开关"控制的调制方法。比如对于二进制数字基带信号，由于其只有两个状态，所以调制后的载波参量也只能有两个取值，其调制过程就像用调制信号去控制一个开关键，选择两个相应的载波参量值输出，从而形成已调信号。

7.1　二进制幅移键控

7.1.1　二进制幅移键控（2ASK）的基本原理

用二进制信号控制载波幅度，最简单的形式称为通—断键控（OOK，On Off Keying），即键控法，意为载波在调制信号 1 或 0 的控制下或通或断，其时域表达式为

$$s_{\mathrm{OOK}}(t) = a_k A \cos\omega_c t \tag{7.1-1}$$

式中：A 为载波幅度；ω_c 为载波频率；a_k 为二进制数字消息（k 为码元或信息状态序数，最大值等于进制数），可表示为

$$a_k = \begin{cases} 1, & \text{出现概率为 } P, k = 1 \\ 0, & \text{出现概率为 } 1-P, k = 2 \end{cases} \tag{7.1-2}$$

通常，调制信号是具有一定波形形状的二进制脉冲序列，可表示为

131

$$B(t) = \sum_{n=1}^{L} a_k g(t - nT_B) \qquad (7.1-3)$$

其中：n 为码元排列序数；L 为序列长度；$g(t)$ 为调制信号的码元波形，一般是矩形脉冲；T_B 为码元持续时间。当序列 a_k 为 1001 时，所对应的 $B(t)$ 波形及其对载波进行调制所得的 2ASK(OOK)信号波形及其产生示意图如图 7-1 所示。

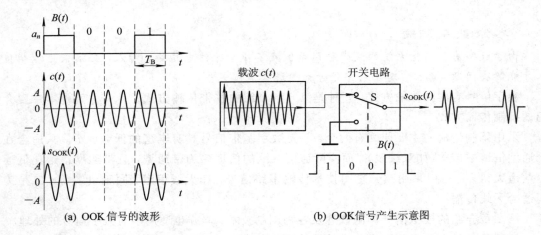

(a) OOK 信号的波形　　　　　　　(b) OOK信号产生示意图

图 7-1　2ASK(OOK)信号波形及产生示意图

把图 7-1 中的开关用乘法器取代，即可形成 2ASK 调制。2ASK 信号的时域表达式为

$$s_{2ASK}(t) = \sum_{n=1}^{L} a_k g(t - nT_B) \cos\omega_c t \qquad (7.1-4)$$

显然，此式与第 2 章调幅信号时域表达式相似，说明 2ASK 信号是双边带调幅信号。

7.1.2　2ASK 的频域特性

若二进制序列的功率谱密度为 $P_B(f)$，2ASK 信号的功率谱密度为 $P_{2ASK}(f)$，则有

$$P_{2ASK}(f) = \frac{1}{4}[P_B(f + f_c) + P_B(f - f_c)] \qquad (7.1-5)$$

可见，幅度键控信号的功率谱是基带信号功系谱的线性搬移，因此 2ASK 调制为线性调制，其频谱宽度是二进制基带信号的 2 倍，2ASK(OOK)信号的功率谱如图 7-2 所示。

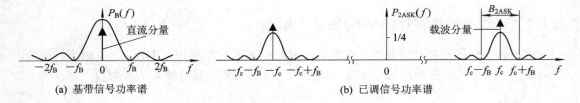

(a) 基带信号功率谱　　　　　　　　(b) 已调信号功率谱

图 7-2　2ASK(OOK)信号的功率谱

由于调制信号是矩形波，则由图 7-2(b)可知，2ASK 信号的谱零点带宽 $B_{2ASK} = 2f_B$，f_B 为基带信号的谱零点带宽，在数值上与基带信号的码元速率 R_B 相同，即 $f_B = R_B$。这说明 2ASK 信号的传输带宽是码元速率的 2 倍。

7.1.3 2ASK 的调制与解调

2ASK 调制用相乘器实现，称为模拟调制法，2ASK 调制模型如图 7-3 所示。

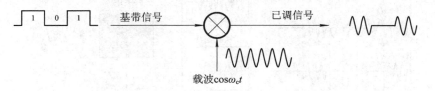

图 7-3 2ASK 调制模型

和模拟常规调幅信号的解调一样，2ASK 信号也有包络检波和相干解调两种方式，如图 7-4 所示。由于被传输的是数据 1 和 0，所以，在每个码元持续期间要用抽样判决电路对低通滤波器的输出波形进行判决，以确定输出码元的取值，比如，抽样值大于某设定阈值，判为 1，否则，输出 0 电平信号。

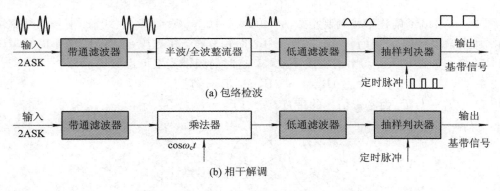

图 7-4 2ASK 解调器

7.2 二进制频移键控

7.2.1 二进制频移键控(2FSK)的基本原理

同 FM 一样，2FSK 也是利用载波的频率变化来传递信息的。数据"1"对应于载波频率 f_{c1}，数据"0"对应于载波频率 f_{c2}。2FSK 信号在形式上如同两个不同频率交替发送的 2ASK 信号相叠加，因此已调信号的时域表达式为

$$s_{2FSK}(t) = \sum_{n=1}^{L} a_k g(t - nT_B)\cos\omega_{c1}t + \sum_{n=1}^{L} \bar{a}_k g(t - nT_B)\cos\omega_{c2}t \qquad (7.2-1)$$

2FSK 信号的波形如图 7-5(a) 所示。这里，$\bar{a}_k$ 是 a_k 的反码，两者可表示为

$$\begin{cases} a_k = \begin{cases} 0, & 概率为 P, k=1 \\ 1, & 概率为 1-P, k=2 \end{cases} \\ \bar{a}_k = \begin{cases} 1, & 概率为 P, k=1 \\ 0, & 概率为 1-P, k=2 \end{cases} \end{cases} \qquad (7.2-2)$$

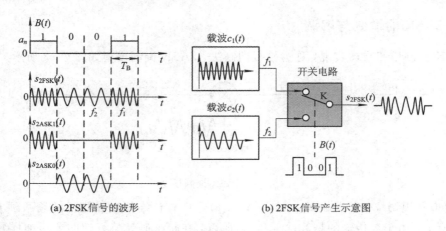

(a) 2FSK信号的波形　　　　(b) 2FSK信号产生示意图

图 7-5　2FSK 信号波形及其产生示意图

7.2.2　2FSK 的频域特性

图 7-6 给出了偏移率或调制指数 $h=0.5$、$h=0.7$、$h=1.5$ 时 2FSK 信号的功率谱示意图。功率谱以频偏 $f_c=(f_{c2}+f_{c1})/2$ 为中心对称分布。在 $\Delta f_c=f_{c2}-f_{c1}$ 较小时功率谱为单峰，随着 Δf_c 的增大，功率谱变成了双峰，这时的频带宽度可近似表示为

$$B_{2FSK} \approx 2B_B + |f_{c2}-f_{c1}| \tag{7.2-3}$$

式中：$B_B=f_B=1/T_B$ 为基带信号的带宽。$h=|f_{c2}-f_{c1}|/B_B$。

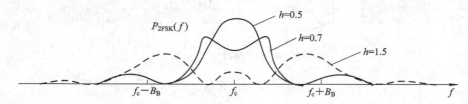

图 7-6　2FSK 信号的功率谱

7.2.3　2FSK 的调制与解调

2FSK 信号有两种产生方法：一种是与 FM 相同的利用压控振荡器直接产生的直接法或模拟法；另一种是频率选择法或键控法。模拟法产生的 2FSK 信号相位是连续的；而采用键控法得到的 2FSK 信号相位一般是不连续的，且起始相位往往随机。

2FSK 键控调制器图如图 7-7 所示。两个独立的振荡器作为两个频率的载波发生器，它们受控于输入的二进制信号。二进制信号通过两个门电路控制其中的一个载波信号通过。

比较式(7.1-4)和式(7.2-1)不难发现，式(7.2-1)可以看成是两个式(7.1-4)之和，即 2FSK 可以用两个不同载频(ω_{c1}，ω_{c2})且取值相反(a_k，$\bar{a}_k$)的 2ASK 组合而成，从图 7-8 也可看出这个特性。这对我们理解 2FSK 和 2ASK 的概念及 2FSK 的调制与解调很有帮助。

由于 2FSK 信号可以看作是由两个频率的 2ASK 交替传输得到，所以 2FSK 解调器可以由两个并联的 2ASK 解调器构成。图 7-8 给出了 2FSK 非相干和相干解调器原理图。

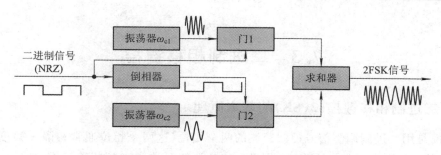

图 7-7　2FSK 键控调制器

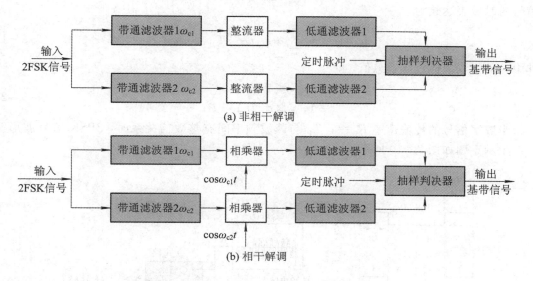

(a) 非相干解调

(b) 相干解调

图 7-8　2FSK 相干解调器

2FSK 信号还有其他解调方法，比如过零检测法。2FSK 信号的过零点数随载频的变化而不同，因此，检测出过零点数就可以得到载频的差异，从而进一步得到调制信号的信息。过零检测法的原理框图及各点波形如图 7-9 所示。2FSK 信号经限幅、微分、整流后形成与频率变化相对应的脉冲序列，由此再形成相同宽度的矩形波。此矩形波的低频分量与数字信号相对应，由低通滤波器滤出低频分量，然后经抽样判决，即可得到原始的数字调制信号。

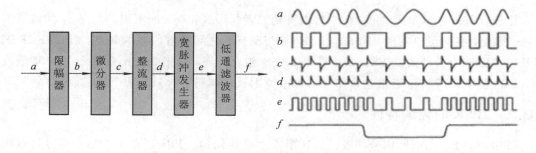

图 7-9　2FSK 信号过零检测法

7.3 二进制相移键控

7.3.1 二进制相移键控(2PSK)的基本原理

2PSK 是用二进制调制信号控制载波的两个相位(这两个相位通常相隔 π 弧度),例如用相位 0 和 π 分别表示数据 1 和 0,因此,这种调制又称为二相相移键控(BPSK)。2PSK信号的时域表达式为

$$s_{2PSK}(t) = \sum_{n=1}^{L} a_k g(t - nT_B) \cos\omega_c t \qquad (7.3-1)$$

其中:a_k 为双极性数字消息值,即

$$a_k = \begin{cases} +1, & \text{概率为 } P, k=1 \\ -1, & \text{概率为 } 1-P, k=2 \end{cases} \qquad (7.3-2)$$

当数字信号的传输速率 $R_B = 1/T_B$ 与载波频率间有整数倍关系时,2PSK 信号波形及其产生示意图如图 7-10 所示。

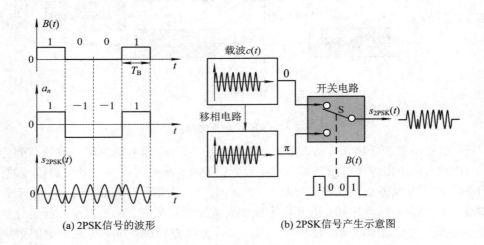

(a) 2PSK信号的波形   (b) 2PSK信号产生示意图

图 7-10　2PSK 信号波形及其产生示意图

比较式(7.1-4)和式(7.3-1),可以看到二者的形式相同,所不同的只是 a_k 的取值不一样。因此,我们可以发现 2ASK、2FSK、2PSK 三者之间有着内在的联系:2FSK、2PSK 都是以 2ASK 为基础的,2FSK 可由两个 2ASK 组合而成,而把 2ASK 系数 a_k 的 0 取值改为 -1 就可得到 2PSK。造成这个结果的根本原因就是调制信号只有两个固定取值。

7.3.2 2PSK 的频域特性

2PSK 信号与 2ASK 信号的表达式在形式上是相同的,其区别在于 2PSK 信号是双极性不归零码的双边带调制,2ASK 信号是单极性不归零码的双边带调制。2PSK 信号的功率谱与 2ASK 信号的功率谱相同,只是少了离散的载波分量,如图 7-11 所示。

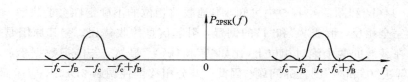

图 7 - 11　2PSK/2DPSK 信号功率谱示意图

7.3.3　2PSK 的调制与解调

2PSK 调制可以采用模拟法，也可以采用键控法，如图 7 - 12 所示。在模拟法中，我们可以看到，只要去掉电平转换功能，就变成了 2ASK 的调制模型。

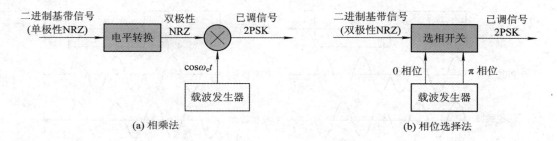

图 7 - 12　2PSK 调制器

由于 2PSK 信号的功率谱中无载波分量，所以必须采用相干解调。在解调时，如何得到本地载波是个关键问题。通常，在收信端采用从接收信号中恢复载波的方式得到本地载波。常用的载波恢复电路有两种：一种是如图 7 - 13(a)所示的平方环电路，另一种是如图 7 - 13(b)所示的科斯塔斯(Costas)环电路。

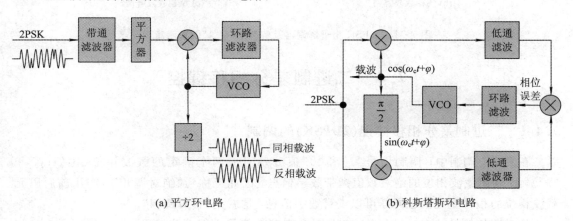

图 7 - 13　载波恢复电路

在这两种电路中，设压控振荡器 VCO 输出的载波与调制载波之间的相位差为 $\Delta\varphi$。分析可知，在 $\Delta\varphi=n\pi$(n 为任意整数)时 VCO 都处于稳定状态。这意味着经 VCO 恢复出来的本地载波与调制载波可能同相，也可能反相。这种相位关系的不确定性称为 0、π 相位模糊度。本地载波的相位模糊会使解调输出信号产生"0"和"1"倒置，从而引起错码。

2PSK 相干解调器及解调"0"、"1"倒置示意图如图 7 - 14 所示。

从图 7-14(b)和图 7-14(c)中可知，本地载波相位的不确定性会造成解调后的数字信号可能极性完全相反，形成"0"和"1"的倒置，引起信息接收错误。究其原因是"0"和"1"信息分别调制在载波的两个绝对相位上（比如"0"和"π"）。显然，若能把数据不放在绝对相位上，就可以解决"0"和"1"倒置的问题。因此，差分相移键控调制 2DPSK 应运而生。

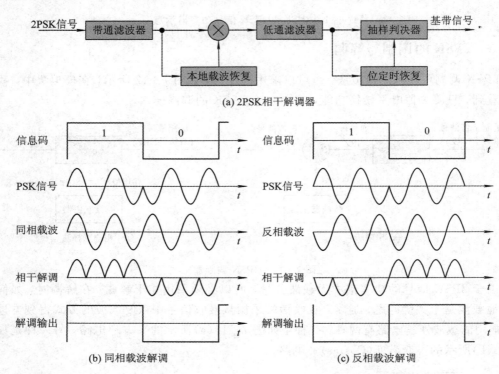

(a) 2PSK相干解调器

(b) 同相载波解调   (c) 反相载波解调

图 7-14　2PSK 相干解调器及解调"0"、"1"倒置示意图

7.4　二进制差分相移键控

7.4.1　二进制差分相移键控(2DPSK)的调制

在 2PSK 调制中，调制信号"1"和"0"值分别对应两个确定的载波相位（比如"0"和"π"），即利用载波相位的绝对数值携带数字信息，因此可称为"绝对调相"。利用前后码元载波相位的相对变化值也同样可以携带数字信息，这就是"相对调相"。

相对调相信号的产生过程是，首先对数字基带信号进行差分编码，即由绝对码变为相对码（差分码），然后再进行绝对调相。基于这种形成过程的二相相对调相信号称为二进制差分相移键控信号，记作 2DPSK。

2DPSK 调制器及其波形示意图如图 7-15 所示。

差分码可取传号差分码或空号差分码。传号差分码的编码规则为

$$b_n = c_n \oplus b_{n-1}$$

式中：$\oplus$ 为模 2 加；c_n 为第 n 个绝对码值；b_{n-1} 为 b_n 的前一个相对码元值，最初的 b_{n-1} 可任

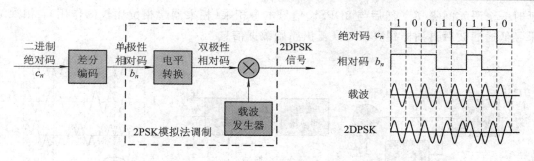

图 7-15　2DPSK 调制器及其波形示意图

意设定。由已调信号的波形可知，在使用传号差分码的条件下，载波相位遇"1"变化而遇"0"不变，载波相位的这种相对变化就携带了数字信息。

7.4.2　2DPSK 的解调

由于受本地载波相位模糊度的影响，对 2DPSK 信号进行相干解调得到的相对码 $\hat{b}_n$ 可能会出现"1"和"0"倒置。但由相对码恢复为绝对码时，要按以下规则进行差分译码

$$\hat{c}_n = \hat{b}_n \oplus \hat{b}_{n-1}$$

式中：$\hat{b}_{n-1}$ 是 $\hat{b}_n$ 的前一个码元。显然绝对码 $\hat{c}_n$ 的值由相对码 $\hat{b}_n$ 相邻两个码元相位的变化决定，与相对码的码元电平高低无关，因此，克服了 2PSK 因相位模糊而造成的错码问题。

可见，**2DPSK 之所以能克服载波相位模糊的问题，就是因为数据 1 和 0 是用载波相位的相对变化来表示的**。2DPSK 的相干解调器及其各点波形如图 7-16 所示。

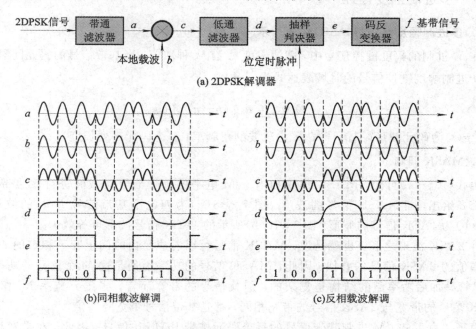

图 7-16　2DPSK 解调器及相干解调示意图

2DPSK 信号的另一种解调方法是差分相干解调（又称延迟解调），其方框图和波形图如图 7-17 所示。这种方法的原理是用码元内的一段载波代替本地载波，即将 2DPSK 信号

延时一个码元间隔 T_s，然后与 2DPSK 信号本身相乘（相乘器起相位比较的作用），相乘结果经低通滤波后再抽样判决即可恢复出原始数据信息。

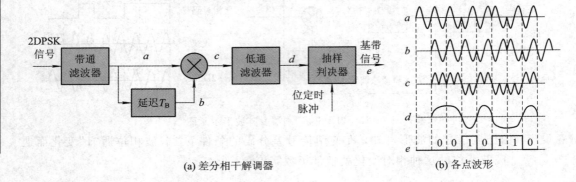

(a) 差分相干解调器　　　　　　　　　　(b) 各点波形

图 7 - 17　2DPSK 差分相干解调器及其各点波形示意图

7.5　多进制数字调制

用多进制数字基带信号调制载波，就可得到多进制数字调制信号。

当信道频带受限时，采用 M 进制数字调制可以增大信息传输速率，提高频带利用率，即在不提高波特率的前提下，采用多进制信号可以提高比特率。

7.5.1　多进制幅度键控

1. 多进制幅度键控(MASK)信号表示

在 M 进制的幅度键控信号中，载波幅度 a_k 有 M 种取值。当基带信号的码元间隔为 T_B 时，M 进制幅度键控信号的时域表达式为

$$s_{\text{MASK}}(t) = \sum_{n=1}^{L} a_k g(t - nT_B)\cos\omega_c t \qquad (7.5-1)$$

式中：$g(t)$ 为码元波形（门信号）；ω_c 为载波的角频率；L 为码元序列长度。

2. MASK 调制

由式(7.5-1)可知，MASK 信号相当于 M 电平的基带信号对载波进行双边带调幅。图 7-18 给出一个 4ASK 信号的波形。图 7-18(a) 为四电平基带信号 $B(t)$ 的波形，图 7-18(b) 为 4ASK 信号的波形。图 7-18(b) 所示的 4ASK 信号波形可等效为图 7-18(c) 中的 4 种 2ASK 波形之和。也就是说，MASK 信号可以看成是由时间上互不相容的 M 个不同振幅值的 2ASK 信号的叠加。因此，MASK 信号的功率谱便是这 M 个信号的功率谱之和。尽管叠加后功率谱的结构是复杂的，但就信号的带宽而言，当码元速率 R_B 相同时，MASK 信号的带宽与 2ASK 信号的带宽相同，都是基带信号带宽的 2 倍。

由第 1 章可知，M 进制基带信号的每个码元携带 $\text{lb}M$ bit 信息。因此，在带宽相同的情况下，MASK 信号的信息速率是 2ASK 信号的 $\text{lb}M$ 倍，或者说，在信息速率相同的情况下，MASK 信号的带宽仅为 2ASK 信号的 $1/\text{lb}M$。

MASK 的调制方法与 2ASK 相同，但首先要把基带信号由二电平变为 M 电平。将二

进制信息序列分为 N 个一组（$N=\mathrm{lb}M$），然后变换为 M 电平基带信号，M 电平基带信号对载波进行调制，便可得到 MASK 信号。

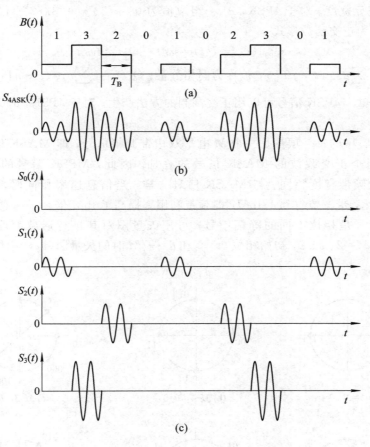

图 7 – 18　4ASK 信号的波形

【**例题 7 – 1**】　对数字基带序列 0111 1000 0100 1011 0001 进行 4ASK 调制。

解　$N=\mathrm{lb}4=2$，故首先将序列每两个一组变换为 4 电平信号，即用 4 组二进制码对 4 种电平编码。用 00 表示 0，01 表示 1，10 表示 2，11 表示 3。当然，编码方式不唯一。原序列变为四电平序列；1320102301（如图 7 – 18(a)所示）。对载波调制后，可得 4MASK 波形如图 7 – 18(b)所示。

3. MASK 解调

MASK 信号的解调可以采用包络解调或相干解调法，其原理与 2ASK 信号的解调完全相同。

7.5.2　多进制相移键控

1. 多进制相移键控（MPSK）信号表示

在 MPSK 信号中，载波相位 φ_k 有 M 种取值，其表达式为

$$s_{MPSK}(t) = \sum_{n=1}^{L} g(t - nT_B)\cos(\omega_c t + \varphi_k) \qquad (7.5-2)$$

其中：T_B 为码元宽度。对于 4PSK，φ_k 一组取值为 0、$\pi/2$、π 和 $3\pi/2$。可以证明，MPSK 信号能够表达为正交函数形式

$$s_{MPSK}(t) = I(t)\cos\omega_c t - Q(t)\sin\omega_c t \qquad (7.5-3)$$

式中：$I(t) = \sum_n a_k g(t - nT_B)$，被称为同相分量；$Q(t) = \sum_n b_k g(t - nT_B)$，被称为正交分量。由此可知，MPSK 信号可以用正交调制的方法产生。对于 4PSK，a_k 和 b_k 可取 0，+1 或 −1。

式(7.5-2)中的每一项都是一个 M 电平双边带调幅信号，即 MASK 信号，且该信号可以看成是两个正交载波的 MASK 信号的叠加。因此，MPSK 信号的频带宽度应与 MASK 信号的频带宽度相同。与 MASK 信号一样，当信息速率相同时，MPSK 信号与 2PSK 信号相比，带宽节省到 $1/\mathrm{lb}M$，即频带利用率提高了 $\mathrm{lb}M$ 倍。

MPSK 信号是相位不同的等幅信号，可用矢量图对其进行形象而简单的描述。图 7-19 画出了 $M=2$、4、8，初始相位 $\theta=0$ 和 $\theta=\pi/M$ 时的矢量图（以 0 相位载波作为参考矢量）。

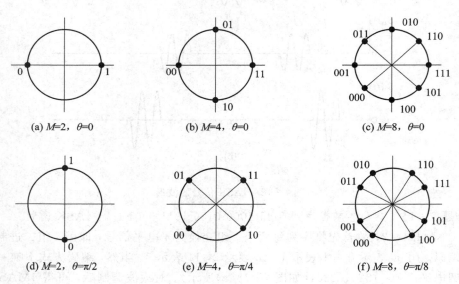

(a) $M=2$，$\theta=0$ (b) $M=4$，$\theta=0$ (c) $M=8$，$\theta=0$

(d) $M=2$，$\theta=\pi/2$ (e) $M=4$，$\theta=\pi/4$ (f) $M=8$，$\theta=\pi/8$

图 7-19　MPSK 信号的矢量图表示

2. MPSK 调制

在 MPSK 调制中，由于随着 M 值的增加，相位之间的差值减小，使得系统的可靠性降低，所以，MPSK 调制多采用 4PSK 和 8PSK。

4PSK 又称 QPSK，其产生方法有正交调制法、相位选择法等。

QPSK 正交调制器原理框图如图 7-20(a)所示。其原理是输入的串行二进制码经串/并变换，分为两路速率减半的序列；电平发生器分别产生双极性二电平信号 $I(t)$ 和 $Q(t)$，然后分别对同相载波 $\cos\omega_c t$ 和正交载波 $\sin\omega_c t$ 进行调制，相加后即得到 QPSK 信号。$I(t)$ 和 $Q(t)$ 的信号波形如图 7-20(b)所示。

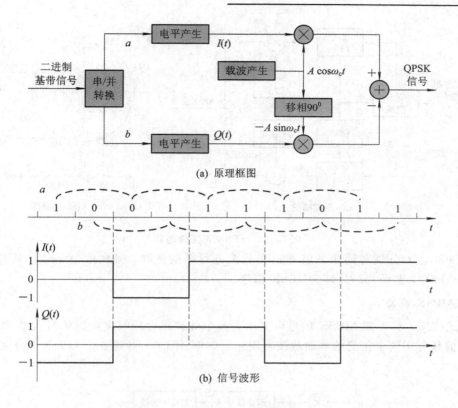

(a) 原理框图

(b) 信号波形

图 7-20　QPSK 正交调制器

QPSK 也可以用相位选择法产生,其原理框图如图 7-21 所示。载波发生器产生 4 种相位的载波,输入的数字信号经串/并变换成为双比特码,经逻辑选择电路,每次选择一种载波作为输出,然后经过带通滤波器滤除高频分量即可。

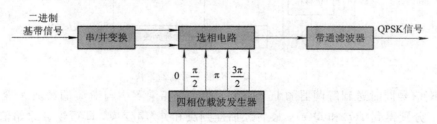

图 7-21　相位选择法产生 QPSK 信号

8PSK 是用载波的 8 种相位代表八进制信号的 8 个状态,8PSK 正交调制器原理框图如图 7-22(a)所示。输入的二进制信号经串/并变换,每次产生一个 3 位码组 $b_1 b_2 b_3$。在 $b_1 b_2 b_3$ 的控制下,同相路和正交路分别产生一个四电平基带信号 $I(t)$ 和 $Q(t)$。b_1 用于决定同相路信号的极性,b_2 决定正交路信号的极性,b_3 则用于确定同相路和正交路信号的幅度。在图 7-22(b)中,若设 8PSK 信号幅度为 1,则 $b_3 = 1$ 时同相路基带信号应为 0.924,而正交路幅度为 0.383,$b_3 = 0$ 时同相路幅度为 0.383,而正交路幅度为 0.924。因此,$I(t)$ 的极性和幅度由 $b_1 b_3$ 决定,$Q(t)$ 的极性和幅度由 b_2 决定。可见,同相路与正交路的基带信号幅度互相关联,不能独立选取。

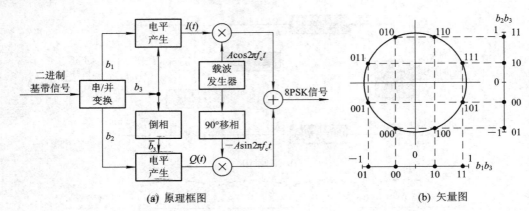

| (a) 原理框图 | (b) 矢量图 |

图 7-22 8PSK 正交调制器

$I(t)$ 和 $Q(t)$ 分别对同相载波和正交载波进行幅度调制，得到两个 4ASK 信号，由式 (7.5-3)可知，其叠加结果即为 8PSK 信号。

3. MPSK 解调

由式(7.5-3)可知 MPSK 信号可表示为两个载波正交的幅度调制信号代数和，因此，MPSK 信号可用两个正交的本地载波实现相干解调。图 7-23 是一个 QPSK 相干解调器原理框图。

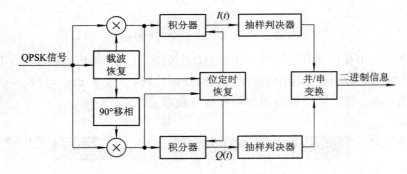

图 7-23 QPSK 相干解调器框图

QPSK 信号同时送到解调器的上下两个通道，在相乘器中与对应的载波相乘，再经积分器积分，分别得到 $I(t)$ 和 $Q(t)$，最后经抽样判决和并/串变换，即可恢复原始信息。

在 MPSK 相干解调时，同样存在载波相位模糊度问题。因此，对于 M 进制调相也要采用相对调相的方法。对输入的二进制信息进行串/并变换时，同时进行逻辑运算，将其编为多进制差分码，然后再进行绝对调相。解调时，也采用相干解调和差分译码的方法。

【例题 7-2】 带通型信道的带宽为 3000 Hz，基带信号是二元 NRZ 码。求 2PSK 和 QPSK 信号的频带利用率和最高信息速率。

解 当 2PSK 信号的带宽取谱零点带宽时，频带利用率为

$$\eta_{2PSK} = \frac{R_b}{B_{2PSK}} = \frac{R_b}{2R_b} = 0.5 \text{ b/(s · Hz)}$$

取信号的带宽为信道带宽，得最高信息速率为

$$R_{\rm b} = \eta_{\rm 2PSK} B_{\rm 2PSK} = 0.5 \times 3000 = 1500 \text{ b/s}$$

MPSK 信号的频带利用率是 2PSK 信号的 lb$M$ 倍，因此 QPSK 信号的频带利用率为

$$\eta_{\rm QPSK} = \eta_{\rm 2PSK} \text{lb} 4 = 0.5 \times 2 = 1 \text{ b/s} \cdot \text{Hz}$$

同样，取 QPSK 信号的带宽为信道带宽，得最高信息速率为

$$R_{\rm b} = \eta_{\rm QPSK} B_{\rm QPSK} = 1 \times 3000 = 3000 \text{ b/s}$$

可见，在带宽不变的前提下，多进制调制信号提高了信息传输速率。

7.5.3　多进制频移键控

多进制频移键控（MFSK）意味着载波频率 ω_{ck} 有 M 种取值，$M = 2^N$。MFSK 信号的时域表达式为

$$s_{\rm MFSK}(t) = \sum_{n=1}^{L} g(t - nT_{\rm B}) \cos \omega_{ck} t \tag{7.5-4}$$

式中：$T_{\rm B}$ 为多进制码元宽度。MFSK 调制可用频率选择法实现，其调制器如图 7-24(a)所示。串行二进制信号经串/并变换后形成 N 路并行二进制信号并产生出 M 个组合。M 个组合信号经过逻辑电路译码后，输出 M 个控制信号分别控制 M 个振荡源，即可产生 MFSK 信号。比如，串行信号经串/并变换后形成 3 路并行信号，有 8 种组合，通过逻辑电路译码后输出 8 个控制信号分别控制 8 个振荡器产生 8FSK 信号。

MFSK 信号通常用非相干解调法解调，如图 7-24(b)所示。

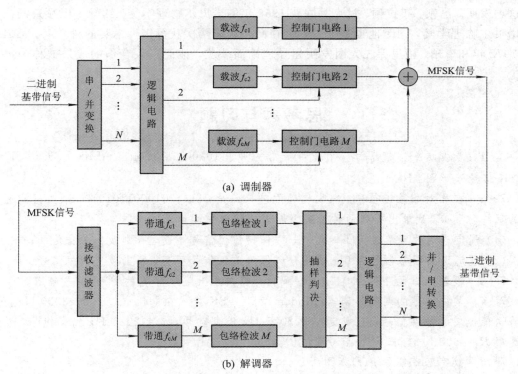

(a) 调制器

(b) 解调器

图 7-24　MFSK 调制器及非相干解调器

多进制调制技术在当前的通信领域应用非常广泛，如我们通过电话线上网常用的 1200 b/s

调制解调器 Modem，其内部对数字信号采用的就是四进制调相技术，遵循的标准是 Ball 212A 和 CCITT V.22；而 2400 b/s 的 Modem 采用正交幅度调制技术（QAM，Quadrature Amplitude Modulation），其标准为 V.22 bis。此外，还有执行 V.29 标准的 9600 b/s 调制解调器，执行 V.32 标准采用格码调制技术的更高速的调制解调器等。

7.6　小资料——晶体管的发明

20 世纪初，人们发明了真空三极管（电子管），开创了电子技术的新领域。但是真空三极管的效率非常低，且灯丝过热，寿命较短，特别是处理高频信号的效果不理想。

1945 年秋天，美国电报电话公司贝尔实验室成立了半导体研究小组，由肖克莱负责，成员有布拉顿、巴顿以及其他科学家。经过反复实验，巴顿和布拉顿制成了"点接触型晶体管"。这一实验发现了晶体管具有电流放大作用。

1947 年 2 月 6 日，世界上最早的实用晶体管问世了，其外形比火柴棍短粗一些。在首次实验时，它能把音频信号放大 100 倍。

1948 年 6 月 22 日，贝尔实验室正式对外宣布发明了晶体管。

晶体管被称为 20 世纪最重大的发明之一，对计算机的进一步发展具有决定性意义。由于这项发明，巴顿、布拉顿、肖克莱同获 1956 年的诺贝尔物理学奖。约翰·巴顿曾两次获得诺贝尔物理学奖，同时他也是唯一一个在同一领域两次获得诺贝尔奖的科学家。第二次是 1972 年和库珀、施里弗三人因发明超导理论而获奖，他们三人合作的成果被称为 BCS 理论。

思考题与习题

7-1　设发送数字信息为二元序列 $\{a_k\}$＝010111010011，试画出 ASK、FSK、PSK 和 DPSK 信号波形图。

7-2　在相对相移键控中，假设传输的差分码是 011110010001110101011，且规定差分码的第一位为 0，试求出下列两种情况下原来的数字信号：

（1）规定遇到数字信号为 1 时，差分码保持前位信号不变，否则改变前位信号；

（2）规定遇到数字信号为 0 时，差分码保持前位信号不变，否则改变前位信号。

7-3　设输入二元序列为 0，1 交替码，计算并画出载频为 f_c 的 PSK 信号频谱。

7-4　某一型号的调制解调器（Modem）利用 FSK 方式在电话信道 600～3000 Hz 范围内传送低速二元数字信号，且规定 f_1＝2025 Hz 代表空号，f_2＝2225 Hz 代表传号，若信息速率 R_b＝300 b/s，求 FSK 信号带宽。

7-5　数字基带信号 $g(t)$ 如图所示。

（1）试画出 MASK 信号的波形；

（2）试大致画出 MFSK 的信号波形。

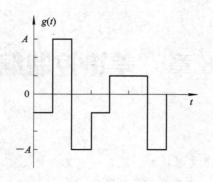

题 7 - 5 图

7 - 6　待传送二元数字序列 $\{a_k\}$ = 1011010011。

(1) 试画出 QPSK 信号波形。假定载频 $f_c = R_B = \dfrac{1}{T_B}$，4 种双比特码 00，01，11，10 分别用相位偏移 $0，\pi/2，\pi，3\pi/2$ 的振荡波形表示。

(2) 写出 QPSK 信号的表达式。

7 - 7　已知电话信道可用的信号传输频带为 600～3000 Hz，取载频为 1800 Hz，说明：

(1) 采用 a = 1 升余弦滚降基带信号时，QPSK 调制可以传输 2400 b/s 数据；

(2) 采用 a = 0.5 升余弦滚降基带信号时，8PSK 调制可以传输 4800 b/s 数据。

7 - 8　采用 8PSK 调制传输 4800 b/s 数据。

(1) 最小理论带宽是多少？

(2) 若传输带宽不变，而数据率加倍，则调制方式应作何改变？

第8章　差错控制编码

本章重点问题：

数字通信除了对波形失真不敏感外，还有一个优点就是可以利用编码这种"软"方法对信号传输中出现的错码进行检查甚至纠正。那么，检/纠错的机理是什么？如何实现呢？

8.1　差错控制编码的基本概念

不管是模拟通信系统还是数字通信系统，都存在因干扰和信道传输特性不好对信号造成的不良影响(如图8−1所示)。对于模拟信号而言，信号波形会发生畸变(失真)，导致模拟信息失真，并且信号波形的失真很难纠正过来，因此，在模拟通信系统中，通常只能采取各种抗干扰、防干扰措施尽量将干扰降到最低程度以保证通信质量；而在数字通信系统中，尽管干扰同样会使信号产生变形，但一定程度的信号畸变不会影响对数字信息的接收，因为我们只关心数字信号电平的状态，而不太在乎其波形的失真，也就是说，数字系统对干扰或信道特性不良的宽容度比模拟系统大(这也就是数字通信比模拟通信抗干扰能力强的主要原因)。当然，若干扰超过一定的限度，也会使数字信号产生误码，从而引起信息传输错误。数字通信系统除了可以采取与模拟系统同样的措施以降低干扰和信道不良对信号造成的影响之外，还可以通过对所传数字信息进行特殊的处理方式(差错控制编码)对误码进行检错和纠错，以进一步降低误码率，从而满足高质量的通信要求。因此，**数字通信系统可以从硬件上的抗干扰措施和软件上的信道编码两个方面对消息传输中出现的错误进行控制和纠正。**

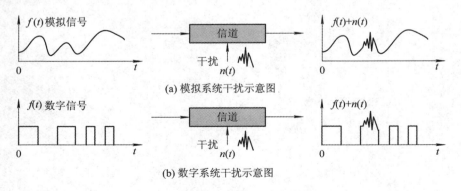

(a) 模拟系统干扰示意图

(b) 数字系统干扰示意图

图8−1　两种通信系统干扰示意图

在图1−6中，数字通信系统有信源编/译码和信道编/译码两对功能模块。因为信源输出是携带模拟消息的模拟信号，所以，信源编码模块的主要任务是把模拟信号转换为数字信号(比如用PCM实现A/D转换)。若信源输出为离散消息(图1−6也可以看作是一个数据通信系统的示意图），信源编码模块的主要任务则是把这些离散信息变成数字代码（数据），并尽量减少编码多余度（原始码元个数），从而提高编码效率并降低码元速率。比如，消息"真"和"假"用符号"T"和"F"表示，则信源编码就是将符号"T"和"F"变换成"0"和"1"、"00"和"11"或其他码字，显然，"0"和"1"的编码效率最高。可见，信源编码就是把信源的信息（符号）变换成数据码的方法或过程。**信源编码的主要目的是提高通信的有效性，信源译码模块是信源编码的逆过程。**

　　信道编码的目的是提高通信的可靠性，其主要任务就是对信源编码器输出的数字基带信号按一定的规律加入一些冗余码元，使之携带检、纠错信息，以便于收信端利用这些信息检出或纠正通信过程中出现的错码，从而提高信息传输的可靠性。可见，信道编码就是使原来没有规律性或规律性不强的原始数字信号变换成具有规律性或加强了规律性的数字信号，而**信道译码则是利用这种规律性来鉴别信号是否发生错误或进而纠正错误。**

　　香农在 1848 年和 1957 年发表的《通信的数学理论》、《适用于有扰信道的编码理论某些成果》两篇论文中提出了关于有扰信道中信息传输的重要理论——香农第二定理。该定理指出：对于一个给定的有扰信道，若该信道容量为 C，则只要信道中的信息传输速率 R 小于 C，就一定存在一种编码方式，使编码后的误码率随着码长 n 的增加按指数下降到任意小的值。或者说只要 $R<C$，就存在传输速率为 R 的纠错码。

　　该定理虽然没有明确指出如何对数据信息进行纠错编码，也没有给出具有纠错能力的通信系统的具体实现方法，但它奠定了信道编码的理论基础，并为人们从理论上指出了信道编码的努力方向。

　　综上所述，信道编码的基本思想就是在数字信息序列中加入一些冗余码元，这些冗余码元不含通信信息，但与信息序列中的码元有着某种制约关系，这种关系在一定程度上可以帮助人们发现或纠正在信息序列中出现的误码，从而起到降低误码率、提高可靠性的作用。这些冗余码元被称为监督（或校验）码元。所谓**信道编码就是寻找合适的方法将信息码元和监督码元编排在一起的方法或过程。**

　　或者说，信道编码的结果就是形成一种具有检纠错能力的编码码型，比如，数据序列"1100110 0"、"1010101 0"和"110100 1"就是一种由 3 个码字构成的偶校验编码码型，其中下划线码元就是监督码元。

　　注意：编码码型和信号波形（码元波形）无关，是一种特定的数据字符排列，属于一种码字码型。编码码型的不同主要指码字中码元（数据）的排列规律不同或码元（数据）之间的数学约束关系不同。比如，第 6 章出现的自然码、折叠码和格雷码三种编码码型就是码元排列规律不同；下面要出现的分组码和卷积码则主要是因码元之间的数学关系不同而不同。

　　这里需要说明的是，一种比较流行的说法是"信道编码就是差错控制编码"。但在第 6 章中我们知道基带信号通常需要进行码型变换，使得信号与信道匹配，从而提高通信的可靠性。显然，从目的上看，码型变换和信道编码是一致的，都是提高通信的可靠性；从通信流程上看，信道编码和码型变换紧密相连且都处在信号传输阶段（即在信道中）。另外，码形变换实际上也是一种编码。因此，我们可以把码型变换看作信道编码的一个分支，或者说，信道编码应该包含差错控制编码和码型变换两部分内容，差错控制编码从解码角度提高可靠性，而码型变换从传输角度提高可靠性；差错控制编码注重数字信号的内在规律

第一篇 通信原理

性,而码型变换强调数字信号的外在表现形式。可见,二者虽然侧重点和方法不同,但实施对象和目的是一致的。这样,图1-6的系统功能才更加准确和完善。

图8-2给出了一种信源分别为模拟消息和数字信息时的信源编码和信道编码示意图。图8-2(a)中,信源编码模块将模拟消息转换为"0"、"1"代码序列(A/D转换),信道编码模块(含码型变换)将信源编码模块的输出(NRZ码)转换为双极性归零码并附带1位偶校验码输出到信道上。图8-2(b)中,信源编码模块将数字信息A、B、C、D分别转换为"00"、"01"、"10"、"11"代码序列,信道编码模块将信源编码模块的输出(NRZ码)转换为双极性归零码并附带1位偶校验码输出到信道上(阴影码为校验码)。

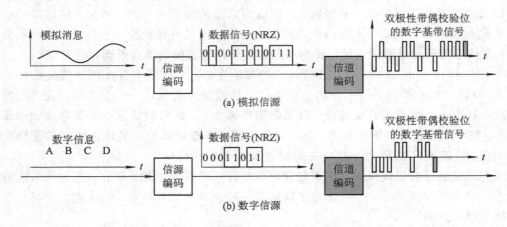

图8-2 信源编码、信道编码示意图

如果说信源编码的主要任务是将欲传送的信息数字化,那么,信道编码的任务就是将欲传送的信息可靠化。

这里需注意:为了明晰两者的关系,突出信道编码的差错控制功能,有人把第6章的"码型变换"称为"线路编码",这样,可画出数字通信系统的编译码流程示意图(如图8-3所示)。

图8-3 数字通信系统编译流程示意图

下面用三句话总结这个流程:

(1)信源编码模块实现信息到原始数字基带信号的转换。

(2)信道编码模块实现原始数字基带信号到具有差错控制功能基带信号的转换。

(3)线路编码模块实现具有差错控制功能基带信号到适合信道传输基带信号的转换。

比如,消息字符"A"通过信源编码模块变为原始单极性不归零信号00;然后经过信道编码模块变为具有奇校验功能的单极性不归零信号001;最后经过线路编码模块变成双极性归零信号001。三个译码模块完成编码模块的逆变换。

8.2 差错控制方式

前向纠错(FEC)、检错重发(ARQ)和混合纠错(HEC)是常用的三种差错控制方式。图 8-4 是这三种方式构成的差错控制系统示意图。

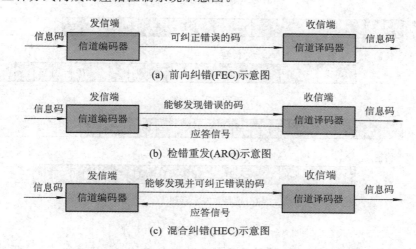

图 8-4 常用三种差错控制系统示意图

在前向纠错系统中，发信端将信息码经信道编码后变成能够纠错的码字，然后通过信道发送出去；收信端收到这些码字后，根据与发信端约定好的编码规则，通过译码能自动发现并纠正因传输带来的数据错误。前向纠错方式只要求单向信道，因此特别适合于只能提供单向信道的场合，同时也适合一点发送多点接收的广播方式。因为不需要对发信端反馈信息，所以接收信号的延时小、实时性好。这种纠错系统的缺点是设备复杂且成本高。

检错重发系统的发信端将信息码编成能够检错的码字发送到信道，收信端收到一个码字后进行检验，将有无误码的结果通过反向信道反馈给发信端作为对发信端的应答信号。发信端根据收到的应答信号做出是继续发送新的数据还是把出错的数据重发的判断。

检错重发系统根据工作方式又可分为三种，即停发等候重发系统、返回重发系统和选择重发系统，如图 8-5 所示。

在图 8-5(a)中，发信端在 $t=0$ 时刻将码字 1 发给收信端，然后停止发送，等待收信端的应答信号。收信端收到该码字并检验确认无误后，将应答信号 ACK 发回发信端；发信端收到 ACK，就将码字 2 发送出来；收信端对码字 2 进行检验后判断有误，则发应答信号 NAK 告诉发信端，发信端就将码字 2 重新发送一次；收信端第二次对码字 2 进行检测，无误后发 ACK 信号给发信端；发信端就会接着发出码字 3，收信端判断该码字无错并以 ACK 告知发信端，发信端就接着发送码字 4。从上述过程中可见，发信端由于要等收信端的应答信号，发送过程是间歇式的，所以数据传输效率不高。但由于该系统原理简单，在计算机通信中仍然得到应用。

返回重发系统的工作原理如图 8-5(b)描述，在这种系统中发信端不停顿地发送信息码字，不再等候 ACK 信号，如果收端发现错误并发回 NAK 信号，则发信端从下一个码字开始重发前一段 N 个码字，N 的大小取决于信号传输和处理所造成的延时，也就是发信端

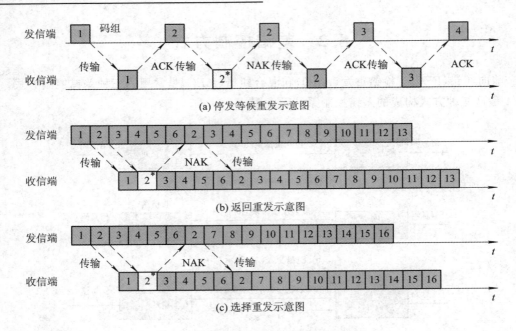

图 8-5　检错重发的三种工作方式

从发错误码字开始，到收到 NAK 信号为止所发出的码字个数，图中 $N=5$。收信端收到码字 2 有错。发信端在码字 6 后重发码字 2，3，4，5，6，收信端重新接收，发信端继续发后续码字。这种返回重发系统的传输效率比停发等候系统高，在很多数据传输系统中得到应用。

图 8-5(c)描述选择重发系统的工作过程：这种重发系统也是连续不断地发送码字，收信端检测到错误后发回 NAK 信号，但发信端不是重发前 N 个码字，而是只重发有错误的那一组。图中显示发信端只重发收信端检出有错的码字 2，对其他码字不重发。收信端对已认可的码字，从缓冲存储器读出时重新排序，恢复出正常的码字序列。显然，选择重发系统传输效率最高，但价格也最贵，因为它需要较为复杂的控制，在收、发两端都要求数据缓存器。

混合纠错方式是前向纠错方式和检错重发方式的结合，如图 8-4(c)所示。其内层采用 FEC 方式，纠正部分差错；外层采用 ARQ 方式，重传那些虽已检出但未纠正的差错。混合纠错方式在实时性和译码复杂性方面是前向纠错和检错重发方式的折中，较适合于环路延迟大的高速数据传输系统。

8.3　差错控制编码分类

根据编码方式和不同的衡量标准，差错控制编码有多种形式和类别，主要分类如下：

(1)检错码、纠错码和纠删码。根据编码功能可分为检错码、纠错码和纠删码三种类型，只能完成检错功能的叫检错码；具有纠错能力的叫纠错码；纠删码既可检错也可纠错。

(2)线性码和非线性码。按照信息码元和附加的监督码元之间的检验关系可以分为线性码和非线性码。若信息码元与监督码元之间的关系为线性关系，即监督码元是信息码元的线性组合，则称为线性码。反之，若两者不存在线性关系，则称为非线性码。

（3）分组码和卷积码。按照信息码元和监督码元之间的约束方式可分为分组码和卷积码。在分组码中，编码前先把信息序列分为 k 位一组，然后用一定规则附加 m 位监督码元，形成 $n=k+m$ 位的码字。监督码元仅与本码字的信息码元有关，而与其他码字的信息码元无关。但在卷积码中，码字中的监督码元不但与本组信息码元有关，而且与前面码字的信息码元也有约束关系，就像链条那样一环扣一环，因此，卷积码又称连环码或链码。

（4）系统码与非系统码。所有码字的 k 信息位和 m 监督位排列顺序一致且互不相混的码叫系统码，反之就是非系统码。

（5）纠正随机错误码和纠正突发错误码。顾名思义，前者用于纠正因信道中出现的随机独立干扰引起的误码，后者主要对付信道中出现的突发错误。

从上述分类中可以看到，一种编码可以具有多样性。本章主要介绍纠正随机错误的二进制线性分组码。

8.4　检错和纠错原理

在讨论检错和纠错问题之前，先介绍数字通信中码元的两种错误形式，其差错及分类如图 8 - 6(a)所示。

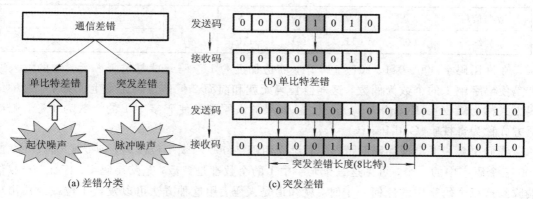

图 8 - 6　通信差错及分类

（1）随机差错（如图 8 - 6(b)所示），也称为单比特差错，是由随机/起伏噪声引起的码元错误。其特点是码元序列中任意一位或几位发生从 0 变 1 或从 1 变 0 的错误是相互独立的，彼此之间没有联系；一般不会引起成片的码元错误。

（2）突发差错（如图 8 - 6(c)所示）是由突发噪声引起的码元错误，比如闪电、电器开关的瞬态、磁带缺陷等都属于突发噪声。该错误的特点是各错误码元之间存在相关性，因此成片出现，也就是说突发错误是一个错误序列，该序列的首部和尾部码元都是错的，中间的码元有错的也有对的，但错的码元相对较多，错误序列的长度（包括首和尾在内的错误所波及的段落长度）称为突发长度。

根据前面给出的基本概念可知，必须在信息码序列中加入监督码元才能完成检错和纠错功能，其前提是监督码元要与信息码之间有一种特殊关系。下面从一个简单的例子出发，详细介绍检错和纠错的基本原理。

假设要发送一组具有四个状态的数据信息（一个电压信号的四个值，1 V、2 V、3 V、

第
一
篇
通
信
原
理

4 V）。我们首先要用二进制码对数据信息进行编码，显然，用 2 位二进制码就可完成，其编码如表 8-1 所示。

表 8-1　2 位 编 码 表

数据信息	1 V	2 V	3 V	4 V
数据编码	00	01	10	11

假设不经信道编码在信道中直接传输按表中编码规则得到的 0、1 数字序列，则在理想情况下，收信端收到 00 就认为是 1 V，收到 10 就是 3 V，如此可完全了解发信端传过来的信息，而在实际通信中由于干扰的影响，会使信息码元发生错误从而出现误码（比如码字 00 变成 10、01 或 11）。从表 8-1 可见，任何一组码不管是一位还是两位发生错误，都会使该码字变成另外一组信息码，从而引起信息传输错误。因此，以这种编码形式得到的数字信号在传输过程中不具备检错和纠错的能力，这是我们所不希望的。该问题的关键是 2 位二进制码的全部组合都是信息码字或称许用码字，其中任何一位（或两位）发生错误都会引起歧义。为了克服这一缺点，我们在每个码字后面再加 1 位码元，变成 3 位码字。这样，在 3 位码字的 8 种组合中只有 4 组是许用码字，其余 4 种被称为禁用码字，编码表变成表 8-2。

表 8-2　3 位 编 码 表

数据信息	1 V	2 V	3 V	4 V	×	×	×	×
数据编码	000	011	101	110	001	010	100	111

在许用码字 000、011、101、110 中，右边加上的 1 位码元就是监督码元，它的加入原则是使码字中 1 的个数为偶数，这样监督码元就和前面 2 位信息码元发生了关系。这种编码方式称为偶校验（Even Parity），反之，如果加入原则是使码字中 1 的个数为奇数，则编码方式称为奇校验（Odd Parity）。

我们再看一下出现误码的情况。假设许用码字 000 出现 1 位误码，即变成 001、010 或 100 三个码字中的一个，可见这三个码字中 1 的个数都是奇数，是禁用码字。因此，当收信端收到这三个码字中的任何一个时，就知道是误码。用这种方法可以发现 1 位或 3 位出现错误的码字，而无法检出 2 位错误，因为一个码字出现 2 位错误，其奇偶性不变。那么，收信端能否从误码中判断哪一位发生错误了呢（即纠正错误）？比如对误码 001 而言，如果是 1 位发生错误，原码可能是 000、101 或 011；如果 3 位都错，原码就是 110，我们现在无法判断出原码到底是哪一组。也就是说，通过增加一位监督码元，可以检出 1 位或 3 位错误（3 位出错的概率极小），但无法纠正错误。

能否通过增加监督码元的位数来增加检错位数或实现纠错功能呢？比如在表 8-2 中再加 1 位监督码元变成 4 位编码（如表 8-3 所示），看看情况如何。

表 8-3　4 位 编 码 表

数据信息	1 V	2 V	3 V	4 V	×	×	×	×
数据编码	0000	0110	1010	1100	0001	0010	1000	1111
					0100	0111	1011	1101
					1110	1001	0101	0011

编码原则仍然是偶校验。显然，检错 1 位和 3 位没问题，但检错 2 位还不行（比如 0000 变成 1100，而 1100 是许用码字）。设误码为 1110，则可能的原码为 0110、1010、1100、1111 四个（还按 1 位误码考虑），而 0110、1010、1100 都是许用码字，因此无法纠错。必须注意，这里的纠错是对所有许用码字而言的，部分许用码字能够纠错还不能称之为能够纠错，比如，误码 0001 的可能原码有 0000、0011、0101、1001，其中 0011、0101 和 1001 都是禁用码字，因此原码只能是 0000，可见对 0001 可以纠错，但不能说这种编码方式可以纠正一位错误（因为不能对全部许用码字纠错）。显然，简单地增加一位监督码元并没有提高检错与纠错能力，那么，检错与纠错能力到底与什么有关呢？在回答这个问题之前，我们先介绍两个新概念——码元的汉明（Hamming）距离和码元的汉明重量。

码元汉明距离就是两个码字中对应码位上码元不同的个数，简称码距（也称汉明距）。码距反映的是码字之间的差异程度。比如，00 和 01 两组码的码距为 1，011 和 100 的码距为 3。那么，多个码字之间相互比较，可能会有不同的码距，其中的最小值被称为最小码距（用 $d_{\min}$ 表示）。表 8-3 中的 4 个许用码字的最小码距为 2。

研究表明，一种编码方式的检错和纠错能力与许用码字中的最小码距有关，根据理论推导，可以得出以下结论：

(1) 在一个码字内要想检出 e 位误码，要求最小码距为

$$d_{\min} \geqslant e + 1 \qquad (8.4-1)$$

(2) 在一个码字内要想纠正 t 位误码，要求最小码距为

$$d_{\min} \geqslant 2t + 1 \qquad (8.4-2)$$

(3) 在一个码字内要想纠正 t 位误码，同时检测出 e 位误码（$e > t$），要求最小码距为

$$d_{\min} \geqslant t + e + 1, \quad e > t \qquad (8.4-3)$$

假如有码字 0000 和 1111，其码距为 4。对式(8.4-1)可以这样理解：若原码为 0000，接收码为 0001、0011 或 0111，显然可以断定接收码出现 1 位、2 位和 3 位错误，即若只用于检错，码距为 4 的码字可检测出 3 位错误；同样的情况，用式(8.4-2)可以发现 0001 是错码，并可认定原码为 0000。但对 0011 不能纠正，因为无法断定原码是 0000 还是 1111。而对 0111，只能认定是 1 位错误，原码为 1111。所以，式(8.4-2)只能纠正 1 位错误。所谓能纠正 t 位误码，同时检测出 e 位误码的意思是指当错码不超过 t 位时，错码能够自动纠正，当错码超过 t 位时，则不能纠正错误，但仍可检测出 e 位误码，这正是混合检错、纠错的控制方式。比如上述码字按式(8.4-3)可知，能够纠正 1 位错误，比如收到 0100，可自动将 1 变为 0，当收到 1100 时，则无法纠正，但仍可发现有 2 位错误，当收到 1101 时，只能按 1 位错误纠正为 1111，而不能判定为 3 位错误纠正为 0000。

有了上述结论，我们就知道表 8-3 和表 8-2 中的编码检错和纠错能力之所以一样，是因为它们的最小码距都是 2。

显然，要提高编码的纠、检错能力，不能仅靠简单地增加监督码元位数（即冗余度），更重要的是要加大最小码距（即码字之间的差异程度），而最小码距的大小与编码的冗余度是有关的。最小码距增大，码元的冗余度就增大，但码元的冗余度增大，最小码距不一定增大。因此，**一种编码方式具有检错和纠错能力的必要条件是信息编码必须有冗余，而检错和纠错能力的大小由最小码距决定。**另外，检错要求的冗余度比纠错要低。

【例题 8-1】　设有一编码集为 1100110，0111010，1011101。求最小码距。若用于检

错，能检出几位错码？若用于纠错，能纠正几位错码？若用于混合纠检错，能纠、检几位错码？

解 因为三个码距分别为

$$d(1100110, 0111010) = 4$$
$$d(1100110, 1011101) = 5$$
$$d(0111010, 1011101) = 5$$

所以，最小码距 $d_{\min} = 4$。

若用于检错，则由 $d_{\min} \geqslant e + 1$ 可得 $e = 3$，即能检出 3 位错码；

若用于纠错，则由 $d_{\min} \geqslant 2t + 1$ 可得 $t = 1$，即能纠正 1 位错码；

若用于混合纠检错，则由 $d_{\min} \geqslant e + t + 1$ $(e > t)$ 可得 $t = 1$，$e = 2$，即能纠正 1 位错码，同时检出 2 位错码。

在把 k 位信息码编制成 n 位差错控制码的过程中，我们把信息码的位数 k 与差错控制码的位数 n 之比定义为编码效率，用 R_c 表示

$$R_c = \frac{k}{n} \tag{8.4-4}$$

因为 $k < n$，所以，$R_c < 1$。显然，编码的冗余度越大，编码效率就越低，即通信系统可靠性的提高是以降低有效性（编码效率）来换取的。

差错控制编码的努力方向就是寻找好的编码方法，在一定的差错控制能力要求下，使得编码效率尽量高，同时译码方法尽量简单。

码元的汉明重量简称码重，被定义为一个码字中非零码元的个数。比如，码字 100110 的码重为 3，0110 的码重是 2。它反映一个码字中"1"和"0"的"比重"。

8.5 几种常用的检错码

8.5.1 奇偶校验码

奇偶校验码是数据通信中最常见的一种简单检错码，其编码规则是：把信息码先分组，形成多个许用码字，在每一个许用码字最后（最低位）加上一位监督码元即可。加上监督码元后使该码字中 1 的数目为奇数的编码称为奇校验码，为偶数的编码称为偶校验码。根据编码分类，可知奇偶校验码属于一种检错、线性、分组系统码。

奇偶校验码的监督关系可用以下公式进行表述。假设一个码字的字长为 n（在计算机通信中，常为一个字节），表示为 $(a_{n-1}a_{n-2}a_{n-3}\cdots a_0)$，其中前 $n-1$ 位是信息码，最后一位 a_0 为校验位，即监督码元，那么，对于偶校验码必须保证

$$a_{n-1} \oplus a_{n-2} \oplus a_{n-3} \oplus \cdots \oplus a_0 = 0 \tag{8.5-1}$$

监督码元 a_0 的取值（0 或 1）可由下式决定

$$a_0 = a_{n-1} \oplus a_{n-2} \oplus a_{n-3} \oplus \cdots \oplus a_1 \tag{8.5-2}$$

对于奇校验码必须保证

$$a_{n-1} \oplus a_{n-2} \oplus a_{n-3} \oplus \cdots \oplus a_0 = 1 \tag{8.5-3}$$

监督码元 a_0 的取值（0 或 1）可由下式决定

$$a_0 = a_{n-1} \oplus a_{n-2} \oplus a_{n-3} \oplus \cdots \oplus a_1 \oplus 1 \tag{8.5-4}$$

根据奇偶校验的规则我们可以看到，当码字中的误码为偶数时，校验失效。比如有两位发生错误，会有这样几种情况：00 变成 11、11 变成 00、01 变成 10、10 变成 01，可见无论哪种情况出现都不会改变码字的奇偶性，偶校验码中 1 的个数仍为偶数，奇校验码中 1 的个数仍为奇数。显然，简单的奇偶校验码只能检测出奇数个位发生错误的码字。

下面我们讨论奇偶校检码的码距问题。假设两个码字同为奇数（或偶数）码字，如果两组码只有 1 位不同，则它们的奇偶性就不同，这与假设相矛盾；如果两组码有 2 位不同，则它们的奇偶性不变。再假设两个码字奇偶性不同，如果两组码只有 1 位不同，则它们就变成奇偶性相同的码，这与假设相矛盾；如果两组码有 2 位不同，则它们的奇偶性不变。换句话说，因为构造不出码距为 1 的奇偶校检码，所以奇偶校验码的最小码距只能为 2。

8.5.2　水平奇偶校验码

为克服上述简单奇偶校验码检错能力不高且不能检测突发错误的缺点，我们可以将经过简单奇偶校验编码的码字按行排列成方阵，每一行是一个码字，若有 n 个码字则方阵就有 n 行。比如，有经过偶校验编码的 7 个码字 01011011001、01010100100、00110000110、11000111001、00111111110、00010011111、11101100001 排成方阵共有 7 行（见表 8-4）。如果传输时按码字逐行传输，则检错能力没有改变。但若发信端按列传输，即 0001001110100100010101…1001011（如表 8-4 中箭头所示）。收信端按列接收后再按行还原成发信端的方阵，然后按行进行偶校验，则纠错能力就会发生变化。观察该表可见，因为是逐列发送，在一列中不管出现几个误码（偶数个或奇数个），对应在每一行都只是一位误码，所以都可以通过水平偶校验检验出来；但对于每一行（一个码字）而言仍然只能检出所有奇数个错误。与简单奇偶校验编码相比，这种方法的最大优点是可以检出所有长度小于行数（码字数）的突发错误。

表 8-4　水平偶校验码

码字	信息码元										监督(校验)码元
码组 1	0	1	0	1	1	0	1	1	0	0	1
码组 2	0	1	0	1	0	1	0	0	1	0	0
码组 3	0	0	1	1	0	0	0	0	1	1	0
码组 4	1	1	0	0	0	1	1	1	0	0	1
码组 5	0	0	1	1	1	1	1	1	1	1	0
码组 6	0	0	0	1	0	0	1	1	1	1	1
码组 7	1	1	1	0	1	1	0	0	0	0	1

8.5.3　二维奇偶校验码

在上述水平奇偶校验编码的基础上，若再加上垂直奇偶校验编码就构成二维奇偶校验码。比如，对表 8-4 的 7 个码字再加上一行就构成二维偶校验码，如表 8-5 所示。

表 8-5　二维偶校验码

码字	信息码元										监督(校验)码元
码组1	0	1	0	1	1	0	1	1	0	0	1
码组2	0	1	0	1	0	1	0	0	1	0	0
码组3	0	0	1	1	0	0	0	0	1	1	0
码组4	1	1	0	0	0	1	1	0	0	0	1
码组5	0	0	1	1	1	1	1	1	1	0	0
码组6	0	0	1	1	0	1	0	0	0	0	1
码组7	1	1	1	0	1	1	0	0	0	0	1
监督码元	0	0	1	1	1	0	1	0	0	1	0

二维奇偶校验码在发送时仍按列发送(如表 8-5 中箭头所示),收信端顺序接收后仍还原成表 8-5 的方阵形式。二维奇偶校验码比一维奇偶校验码多了个列校验,因此,其检错能力有所提高。除了检出行中的所有奇数个误码及长度不大于行数的突发性错误外,还可检出列中的所有奇数个误码及长度不大于列数的突发性错误,同时还能检出码字中大多数出现偶数个错误的情况。比如,在码字 1 中头两位发生错误,从 01 变成 10,则第 1 列的 1 就变成 3 个,第 2 列的 1 也变成 3 个,而两列的校验码元都是 0,所以可以查出这两列有错误,也就是说,码字中出现了 2 位(偶数位)误码,但具体是哪一个码字(那一行)出现误码还无法判断。

8.5.4　群计数码

奇偶校验码是通过添加监督位将码字的码重配成奇数或偶数。而群计数码的编码原则是先算出信息码字的码重,然后用二进制计数法将码重作为监督码元添加到信息码字的后面。比如,表 8-4 中的 7 个信息码字变成群计数码后的形式见表 8-6。

表 8-6　群 计 数 码

码　字	信 息 码 元										监督(校验)码元			
码字1	0	1	0	1	1	0	1	1	0	0	0	1	0	1
码字2	0	1	0	1	0	1	0	0	1	0	0	1	0	0
码字3	0	0	1	1	0	0	0	0	1	1	0	1	0	0
码字4	1	1	0	0	0	1	1	0	0	0	0	1	0	1
码字5	0	0	1	1	1	1	1	1	1	0	1	0	0	0
码字6	0	0	1	1	0	1	0	0	0	0	0	1	0	1
码字7	1	1	1	0	1	1	0	0	0	0	0	1	0	1

这种码属于非线性分组系统码,检错能力很强,除了能检出码字中奇数个错误之外,还能检出偶数个 0 变 1 或 1 变 0 的错误。可以验证,除了无法检出 1 变 0 和 0 变 1 成对出现的误码外,这种码可以检出其他所有形式的错误。

8.5.5　恒比码

恒比码的编码原则是从确定码长的码字中挑选那些"1"和"0"个数的比值一样的码字作为许用码字。

这种码通过计算接收码字中"1"的个数是否正确，就可检测出有无错误。

表 8-7 是我国邮电部门在国内通信中采用的五单位数字保护电码，它是一种五中取三的恒比码。每个码字的长度为 5，其中"1"的个数为 3，每个许用码字中"1"和"0"个数的比值恒为 3/2。许用码字的个数就是 5 中取 3 的组合数，即 $C_5^3 = 5!/(3!2!) = 10$，正好可以表示 10 个阿拉伯数字。

表 8-7　五单位数字保护电码表

阿拉伯数字	编　　码					阿拉伯数字	编　　码				
0	0	1	1	0	1	5	0	0	1	1	1
1	0	1	0	1	1	6	1	0	1	0	1
2	1	1	0	0	1	7	1	1	1	0	0
3	1	0	1	1	0	8	0	1	1	1	0
4	1	1	0	1	0	9	1	0	0	1	1

不难看出这种码的最小码距是 2，它能够检出码字中所有奇数个错误和部分偶数个错误。该码也是非线性分组码，但不是系统码，其主要优点是简单，适用于对电传机或其他键盘设备产生的字母和符号进行编码。

8.6　线　性　分　组　码

对于信源输出的 2^k 个离散消息，信源编码器可以用 k 位二进制码对它们进行编码，形成 2^k 个具有 k 位码元的码字，这些码字被称为信息码字，通常用矩阵 D 表示。

若在每个 k 位信息码字后面添加 m 位码元，就会形成 2^k 个 n 位码字（$n = k + m$）。而添加的 m 个码元不携带欲传送的信息，这些码字被称为监督码元或校验码元。因此，把这种对每个信息码字附加若干位监督码元的编码方法所得到的码字集合被称为分组码，常用矩阵 C 表示。

显然，如果上述分组码每个码字之间没有关系的话（彼此独立或线性无关），则对于大的 k 值或 n 值（信息码或分组码的码长很大），编码设备会极为复杂，因为编码设备必须储存 2^k 个码长为 n 的码字。因此，我们需要构造码字之间有某种关系的分组码，以降低编码的复杂性。线性分组码就是满足这一条件的一种分组码。

如果分组码中的信息码元和监督码元满足一组线性方程，则称其为线性分组码。否则，即为非线性分组码。通常，把长度为 n，有 2^k 个码字的线性分组码称为线性 (n, k) 码或 (n, k) 线性码。

线性分组码有两个重要特性：

（1）封闭性。即任意两个许用码字之模 2 加仍为一个许用码字，这个性质隐含着线性分组码必须包含全零码字这一结论；

（2）码字的最小码距等于非零码的最小码重。利用这一特性，我们可以迅速方便地找出一种线性分组码的最小码距，从而判断该码的检/纠错能力。

在 (n, k) 码中，虽然有 2^k 个码字，但因为有了线性条件，2^k 个码字中只有 k 个独立，其余的都可以通过这 k 个独立码字的线性组合而得到（模 2 加），所以，编码设备不再需要储存 2^k 个字长为 n 的码字，而只需保存 k 个线性无关的码字即可。

比如，一个 $n=7$，$k=3$ 的分组码共有 8 个码字 C_0，C_1，…，C_7，可记为 $\boldsymbol{C}=[c_6$，c_5，c_4，c_3，c_2，c_1，$c_0]$，其中 c_6，c_5，c_4 为信息码，其余为监督码。若该分组码每个码字中的各位满足线性条件

$$\begin{cases} c_0 = c_5 + c_4 \\ c_1 = c_6 + c_5 \\ c_2 = c_6 + c_5 + c_4 \\ c_3 = c_6 + c_4 \end{cases}$$

则对 3 个信息码字 001、010 和 100 可构造出 3 个线性无关的分组码字

$$C_1 = 0011101, \quad C_2 = 0100111, \quad C_4 = 1001110$$

其余四个码字（不包含全零码字 $C_0 = 0000000$）均可由这三个码字线性组合而成：

$$C_3 = 0111010 = C_1 + C_2 = 0011101 + 0100111$$
$$C_5 = 1010011 = C_1 + C_4 = 0011101 + 1001110$$
$$C_6 = 1101001 = C_2 + C_4 = 0100111 + 1001110$$
$$C_7 = 1110100 = C_1 + C_2 + C_4 = 0011101 + 0100111 + 1001110$$

因此，对于该 $(7, 3)$ 码，编码设备只需存储 C_1、C_2 和 C_4 三个码字即可。

设有一 (n, k) 线性分组码，即 c_1，c_2，…，c_n；其中信息码字为 d_1，d_2，…，d_k，线性分组码码格式如图 8-7 所示。具有这种结构的线性分组码又叫做线性分组系统码。

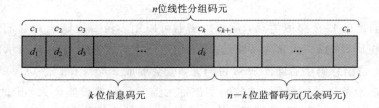

图 8-7　线性分组码格式

显然

$$\boldsymbol{C} = [c_1 \ c_2 \ \cdots \ c_n] \tag{8.6-1}$$
$$\boldsymbol{D} = [d_1 \ d_2 \ \cdots \ d_k] \tag{8.6-2}$$

每一个分组码字可以由信息码元线性组合而成，即有

$$c_1 = d_1$$
$$c_2 = d_2$$
$$c_3 = d_3$$
$$\vdots$$
$$c_k = d_k$$

$$c_{k+1} = h_{11}d_1 \oplus h_{12}d_2 \oplus \cdots \oplus h_{1k}d_k$$
$$c_{k+2} = h_{21}d_1 \oplus h_{22}d_2 \oplus \cdots \oplus h_{2k}d_k$$
$$\vdots$$
$$c_n = h_{m1}d_1 \oplus h_{m2}d_2 \oplus \cdots \oplus h_{mk}d_k$$

式中：h_{ij} 是二进制常数，值为 0 或 1；$h_{mi}d_i$ 表示模 2 乘，也可表示为 $h_{mi} \odot d_i$。其运算规则是：

$$1 \odot 0 = 0 \odot 1 = 0 \odot 0 = 0, \quad 1 \odot 1 = 1$$

可见，在线性分组码中，信息码元和监督码元可以用线性方程联系起来。上述各式描述了一个分组码码字与一个信息码码字之间的关系。

将上述 C 与 D 的 n 个关系式用矩阵表示为

$$\begin{bmatrix} c_1 & c_2 & \cdots & c_n \end{bmatrix} = \begin{bmatrix} d_1 & d_2 & \cdots & d_k \end{bmatrix} \cdot \begin{bmatrix} 1 & 0 & 0 & \cdots & 0 & h_{11} & h_{21} & \cdots & h_{m1} \\ 0 & 1 & 0 & \cdots & 0 & h_{12} & h_{22} & \cdots & h_{m2} \\ \vdots & \vdots & \vdots & & \vdots & \vdots & \vdots & & \vdots \\ 0 & 0 & 0 & \cdots & 1 & h_{1k} & h_{1k} & \cdots & h_{mk} \end{bmatrix}$$

即

$$C = D \cdot G \tag{8.6-3}$$

式中：G 称为生成矩阵，是一个 $k \times n$ 阶矩阵，具体形式为

$$G = \begin{bmatrix} 1 & 0 & 0 & \cdots & 0 & h_{11} & h_{21} & \cdots & h_{m1} \\ 0 & 1 & 0 & \cdots & 0 & h_{12} & h_{22} & \cdots & h_{m2} \\ \vdots & \vdots & \vdots & & \vdots & \vdots & \vdots & & \vdots \\ 0 & 0 & 0 & \cdots & 1 & h_{1k} & h_{2k} & \cdots & h_{mk} \end{bmatrix}$$

该矩阵又可分解为两个子矩阵，即

$$G = \begin{bmatrix} 1 & 0 & 0 & \cdots & 0 & h_{11} & h_{21} & \cdots & h_{m1} \\ 0 & 1 & 0 & \cdots & 0 & h_{12} & h_{22} & \cdots & h_{m2} \\ \vdots & \vdots & \vdots & & \vdots & \vdots & \vdots & & \vdots \\ 0 & 0 & 0 & \cdots & 1 & h_{1k} & h_{2k} & \cdots & h_{mk} \end{bmatrix} = \begin{bmatrix} I_k & Q \end{bmatrix} \tag{8.6-4}$$

其中：I_k 是 $k \times k$ 阶单位阵；Q 为 $k \times m$ 阶矩阵，即

$$I_k = \begin{bmatrix} 1 & 0 & 0 & \cdots & 0 \\ 0 & 1 & 0 & \cdots & 0 \\ \vdots & \vdots & \vdots & & \vdots \\ 0 & 0 & 0 & \cdots & 1 \end{bmatrix}, \quad Q = \begin{bmatrix} h_{11} & h_{12} & \cdots & h_{m1} \\ h_{21} & h_{22} & \cdots & h_{m2} \\ \vdots & \vdots & & \vdots \\ h_{1k} & h_{2k} & \cdots & h_{mk} \end{bmatrix}$$

这样，分组码 C 又可表示为

$$C = D \begin{bmatrix} I_k & Q \end{bmatrix} \tag{8.6-5}$$

需要说明的是，上述各式中的 C 和 D 可以是由一个码字构成的行向量，也可以是由 2^k 个行向量构成的 $2^k \times n$ 阶分组码矩阵或 $2^k \times k$ 阶信息码矩阵。

式(8.6-3)说明，(n, k) 线性码完全由生成矩阵 G 的 k 行元素决定，即任意一个分组码码字都是 G 的线性组合。而 (n, k) 线性码中的任何 k 个线性无关的码字都可用来构成生成矩阵，因此，生成矩阵 G 的各行都线性无关，如果各行之间有线性相关的，就不可能由 G 生成 2^k 个不同的码字了。其实，G 的各行本身就是一个码字。如果已有 k 个线性无关的

码字，则可用其直接构成 G 矩阵，并由此生成其余码字。

用能够分块为 I_k 和 Q 的生成矩阵 G 产生的线性分组码就是系统码，其特征是前 k 位元素与信息码完全相同。不能分块的生成矩阵 G 所产生的线性分组码就是非系统码。

系统码编码器只需存储 $k \times m$ 个元素（非系统码要存储 $k \times n$ 个），就可根据信息向量（矩阵）构造出相应的分组码码字（或分组码矩阵），从而降低了编码复杂性，提高了编码效率。

由于系统码的编/译码器比较简单，且检、纠错性能与非系统码相同，所以，以下只讨论系统码的相关问题。

【例题 8-2】 给定一个 $(7, 4)$ 线性分组码的生成矩阵

$$G = \begin{bmatrix} g_1 \\ g_2 \\ g_3 \\ g_4 \end{bmatrix} = \begin{bmatrix} 1 & 0 & 0 & 0 & 1 & 1 & 0 \\ 0 & 1 & 0 & 0 & 0 & 1 & 1 \\ 0 & 0 & 1 & 0 & 1 & 1 & 1 \\ 0 & 0 & 0 & 1 & 1 & 0 & 1 \end{bmatrix}$$

若信息码为 $d = [1101]$，求该信息码的线性分组编码 C。

解 根据式（8-6）可得

$$C = D \cdot G = \begin{bmatrix} 1 & 1 & 0 & 1 \end{bmatrix} \begin{bmatrix} g_1 \\ g_2 \\ g_3 \\ g_4 \end{bmatrix} = \begin{bmatrix} 1 & 1 & 0 & 1 \end{bmatrix} \begin{bmatrix} 1 & 0 & 0 & 0 & 1 & 1 & 0 \\ 0 & 1 & 0 & 0 & 0 & 1 & 1 \\ 0 & 0 & 1 & 0 & 1 & 1 & 1 \\ 0 & 0 & 0 & 1 & 1 & 0 & 1 \end{bmatrix}$$

$$= \begin{bmatrix} 1 & 1 & 0 & 1 & 0 & 0 & 0 \end{bmatrix}$$

即对信息码 $[1101]$ 的线性分组编码为 $[0001101]$。注意：矩阵乘法采用模 2 乘和模 2 加。

上式也可写成

$$C = 1 \cdot g_1 \oplus 1 \cdot g_2 \oplus 0 \cdot g_3 \oplus 1 \cdot g_4$$
$$= \begin{bmatrix} 1 & 0 & 0 & 0 & 1 & 1 & 0 \end{bmatrix} \oplus \begin{bmatrix} 0 & 1 & 0 & 0 & 0 & 1 & 1 \end{bmatrix} \oplus \begin{bmatrix} 0 & 0 & 0 & 1 & 1 & 0 & 1 \end{bmatrix}$$
$$= \begin{bmatrix} 1 & 1 & 0 & 1 & 0 & 0 & 0 \end{bmatrix}$$

由以上讨论可知，编码前的信息码字共有 2^k 种组合，而编码后的码字在 k 位信息码元之外还附加了 m 位校验码元，共有 2^n 种组合，显然，$2^n > 2^k$，这就是说 C 与 D 的关系不唯一。因此，选择适当的矩阵 Q，就可得到既具有较强的检错或纠错能力，实现方法又比较简单且编码效率较高的一种线性分组码。

为了评价线性分组码的差错控制能力，只需求出分组码中非零码的最小码重（等于码字的最小码距），然后利用式（8.4-1）、（8.4-2）和（8.4-3）计算即可。

需要说明的是，任何线性分组码都包含全零码字。因为任一码字与其本身模 2 加都会得到全零码字。

【例题 8-3】 已知线性 $(6, 3)$ 码的生成矩阵为

$$G_1 = \begin{bmatrix} 1 & 0 & 1 & 0 & 1 & 1 \\ 1 & 1 & 0 & 1 & 0 & 1 \\ 1 & 1 & 1 & 0 & 0 & 0 \end{bmatrix}, \quad G_2 = \begin{bmatrix} 1 & 0 & 0 & 1 & 1 & 0 \\ 0 & 1 & 0 & 0 & 1 & 1 \\ 0 & 0 & 1 & 1 & 0 & 1 \end{bmatrix}$$

求两组线性分组码及其差错控制能力。

解 因为 $k=3$，所以信息码码字矩阵（3×8 阶）为

$$D = \begin{bmatrix} 0 & 0 & 0 \\ 0 & 0 & 1 \\ 0 & 1 & 0 \\ 0 & 1 & 1 \\ 1 & 0 & 0 \\ 1 & 0 & 1 \\ 1 & 1 & 0 \\ 1 & 1 & 1 \end{bmatrix}$$

则由式(8-6)可得出分组码码字矩阵分别为

$$C_1 = \begin{bmatrix} 0 & 0 & 0 & 0 & 0 & 0 \\ 1 & 1 & 1 & 0 & 0 & 0 \\ 1 & 1 & 0 & 1 & 0 & 1 \\ 0 & 0 & 1 & 1 & 0 & 1 \\ 1 & 0 & 1 & 0 & 1 & 1 \\ 0 & 1 & 0 & 0 & 1 & 1 \\ 0 & 1 & 1 & 1 & 1 & 0 \\ 1 & 0 & 0 & 1 & 1 & 0 \end{bmatrix}, \quad C_2 = \begin{bmatrix} 0 & 0 & 0 & 0 & 0 & 0 \\ 0 & 0 & 1 & 1 & 0 & 1 \\ 0 & 1 & 0 & 0 & 1 & 1 \\ 0 & 1 & 1 & 1 & 1 & 0 \\ 1 & 0 & 0 & 1 & 1 & 0 \\ 1 & 0 & 1 & 0 & 1 & 1 \\ 1 & 1 & 0 & 1 & 0 & 1 \\ 1 & 1 & 1 & 0 & 0 & 0 \end{bmatrix}$$

可见，分组码 C_1 的前 3 位与信息码不完全相同，是非系统码；而分组码 C_2 的前 3 位与信息码完全相同，是系统码。

不考虑全零码，C_1 和 C_2 的最小码重都为 3，即最小码距 $d_{\min} = 3$。根据式(8.4-1)、(8.4-2)和式(8.4-3)可知两组分组码都能够检 2 位错，纠 1 位错，但不能同时纠 1 位错检 1 位错。

下面我们简要介绍译码原理。

从式(8.6-4)可得

$$C = D[I_k \quad Q] = [D \quad DQ] = [D \quad C_m] \tag{8.6-6}$$

$$C_m = DQ \tag{8.6-7}$$

式中：C_m 是 $k \times m$ 阶监督码元矩阵。

式(8.6-7)两边模二加 C_m，可得 $DQ \oplus C_m = 0$，该式可变为矩阵相乘形式，即

$$[D \quad C_m] \cdot \begin{bmatrix} Q \\ I_m \end{bmatrix} = 0 \tag{8.6-8}$$

令 $H^{\mathrm{T}} = \begin{bmatrix} Q \\ I_m \end{bmatrix}$，则有

$$H = [Q^{\mathrm{T}} \quad I_m]$$

其中，Q^{T} 是 $m \times k$ 阶矩阵，可用 P 表示，即

$$P = Q^{\mathrm{T}} \quad \text{或} \quad Q = P^{\mathrm{T}} \tag{8.6-9}$$

则有

$$H = [P \quad I_m] \tag{8.6-10}$$

通常，把 H 称为一致校验矩阵或一致监督矩阵。具有 $[P \quad I_m]$ 形式的 H 矩阵称为典型形式的监督矩阵。由典型形式的监督矩阵及信息码元很容易算出各监督码元。

线性代数理论告诉我们，典型形式监督矩阵各行一定是线性无关的，因此由它可以得到 m 个独立的监督位。非典型形式的监督矩阵可以通过行运算或列互换化为典型形式，除非非典型形式监督矩阵的各行不是线性无关的。

比较式(8.6-4)和式(8.6-10)可见，借助式(8.6-9)可由校验矩阵 H 可以求得生成矩阵 G，反之亦然。

将式(8.6-6)和 H^{T} 代入式(8.6-8)可得

$$CH^{\mathrm{T}} = 0 \tag{8.6-11}$$

式(8.6-11)说明任何码字和校验矩阵 H 的转置相乘，其结果为 m 位零向量。设收信端接收码字为 R，将 R 带入式(8.6-11)计算。若结果为零，说明没有错码，即 $R=C$。可见，校验矩阵能够检测码字的正确性，"校验"之名由此而来。

可以推导出校验矩阵 H 与生成矩阵 G 满足

$$GH^{\mathrm{T}} = HG^{\mathrm{T}} = 0 \tag{8.6-12}$$

设行向量 $R=[r_1\ r_2\cdots\ r_n]$ 是收信端收到的码字。由于信道干扰会产生误码，接收向量 R 和发送向量 C 就会有差别。我们用向量 $E=[e_1\ e_2\cdots\ e_n]$ 表示这种差别。由此定义三者的关系为

$$E = R + C \tag{8.6-13}$$

这里的"+"号仍为模 2 加。若 R 中的某一位 r_i 与 C 中的相同位 c_i 一样时，E 中的 $e_i=0$；若不同(即出现误码)，则 $e_i=1$。可见向量 E 能够反映误码状况，因此，称之为错误向量或错误图样。比如，发送向量 $C=[1\,1\,0\,1\,1\,0\,0\,1]$，而接收向量 $R=[1\,0\,0\,0\,1\,0\,1\,1]$，显然，$R$ 中有三个错误，由式(8.6-13)可得错误图样 $E=[0\,1\,0\,1\,0\,0\,1\,0]$。可见，$E$ 的码重就是误码的个数，因此 E 的码重越小越好。

式(8.6-13)也可写为

$$R = E + C \tag{8.6-14}$$

定义矩阵 S 为 R 的伴随式

$$S = RH^{\mathrm{T}} \tag{8.6-15}$$

则由式(8.6-11)、(8.6-14)和式(8.6-15)得

$$S = (E+C)H^{\mathrm{T}} = EH^{\mathrm{T}} + CH^{\mathrm{T}} = EH^{\mathrm{T}} \tag{8.6-16}$$

式(8.6-16)表明伴随式 S 只与错误图样 E 有关，而和发送码字无关。

当通信双方确定了信道编码后，生成矩阵 G 和与之紧密相关的监督矩阵 H 也就随之而定。对于收信端而言，它可以知道生成矩阵 G、监督矩阵 H 以及接收到的行向量 R。

为了译码，收信端先利用式(8.6-15)求出伴随式 S，然后利用式(8.6-16)解出错误图样 E，最后根据式(8.6-13)或式(8.6-14)解出发送码字 C。图 8-8 给出线性分组编码与译码示意图。

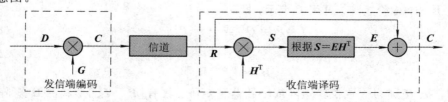

图 8-8　线性分组码编码与译码示意图

需要说明的是，上述步骤仅仅是概念上的解释，具体方法还比较麻烦。因为对于一个伴随式 S，有 2^k 个错误图样与之对应，需要译码器通过译码表，确定其中一个真正的错误图样代入式(8.6-13)，才能求解正确码字。有兴趣的读者可参阅其他相关书籍。

【例题 8-4】 设发送序列为 11010100111，接收序列为 01101011011，求差错图样和突发长度。

解 由式 8.6-10 得错误图样

$$E=R+C=11010100111+01101011011=10111111100$$

可见，E 中的第一个"1"到最后一个"1"共有 9 个码，因此，突发长度为 9。

8.7 循　环　码

循环码(Cyclic Code)是线性分组码的一个重要分支，有许多特殊的代数特性，因此，循环码具有较强的纠错能力，且编译码电路也很容易用移位寄存器实现，在 FEC 系统中得到了广泛的应用。

8.7.1　循环码的概念

循环码可定义为：对于一个 (n,k) 线性码 C，若其中的任一码字向左或向右循环移动任意位后仍是 C 中的一个码字，则称 C 是一个循环码。循环码是一种分组码，前 k 位为信息码元，后 r 位为监督码元。它除了具有线性分组码的封闭性之外，还有一个独特的性质即循环性。循环性指的是任一许用码字经过循环移位后所得到的码字仍为一许用码字。若 $C=[c_1,c_2,\cdots,c_n]$ 是一个循环码字，对它左循环移位一次，得到 $C^{(1)}=[c_2,c_3,\cdots,c_n,c_1]$ 也是许用码字，移位 i 次得到 $C^{(i)}=[c_{i+1},c_{i+2},\cdots,c_n,c_1,c_i]$ 也是许用码字。无论左移或右移，移位位数多少，其结果均为循环码字。

在代数编码理论，可以把循环码字中各码元当作一个多项式的系数，即把一个长为 n 的码字表示为

$$c(x)=c_1x^{n-1}+c_2x^{n-2}+\cdots+c_{n-1}x+c_n \tag{8.7-1}$$

式中，$c(x)$ 称为码多项式，变量 x 称为元素，其幂次对应元素的位置，它的系数即为元素的取值(我们不关心 x 本身的取值)，系数之间的加法和乘法仍服从模 2 规则。

比如一个 $(7,3)$ 循环码(其全部码字见表 8-8)中第 7 个码字为 (1100101)，则该码字可表示为

$$c_7(x)=1\cdot x^6+1\cdot x^5+0\cdot x^4+0\cdot x^3+1\cdot x^2+0\cdot x+1=x^6+x^5+x^2+1 \tag{8.7-2}$$

表 8-8　$(7,3)$ 循环码的全部码字

码字序号	信息位			监督位				码字序号	信息位			监督位			
	c_1	c_2	c_3	c_4	c_5	c_6	c_7		c_1	c_2	c_3	c_4	c_5	c_6	c_7
1	0	0	0	0	0	0	0	5	1	0	0	1	0	1	1
2	0	0	1	0	1	1	1	6	1	0	1	1	1	0	0
3	0	1	0	1	1	1	0	7	1	1	0	0	1	0	1
4	0	1	1	1	0	0	1	8	1	1	1	0	0	1	0

第
一
篇
　
通
信
原
理

观察表 8-8 可见，该码的信息位与监督位排列顺序一致、分明，因此是一种系统码。下面再举一例说明系统码与非系统码的区别。对一组 4 位信息码字，附加 3 位监督码元可编成两种(不止两种)循环码，其全部码字见表 8-9。

表 8-9　(7，4)循环码的全部码字

码字序号	信息码				系统码							非系统码						
	k_1	k_2	k_3	k_4	c_1	c_2	c_3	c_4	c_5	c_6	c_7	c_1	c_2	c_3	c_4	c_5	c_6	c_7
1	0	0	0	0	0	0	0	0	0	0	0	0	0	0	0	0	0	0
2	0	0	0	1	0	0	0	1	0	1	1	0	0	0	1	0	1	1
3	0	0	1	0	0	0	1	0	1	1	0	0	0	1	0	1	1	0
4	0	0	1	1	0	0	1	1	1	0	1	0	0	1	1	1	0	1
5	0	1	0	0	0	1	0	0	1	1	1	0	1	0	1	1	0	0
6	0	1	0	1	0	1	0	1	1	0	0	0	1	0	0	1	1	1
7	0	1	1	0	0	1	1	0	0	0	1	0	1	1	1	0	1	0
8	0	1	1	1	0	1	1	1	0	1	0	0	1	1	0	0	0	1
9	1	0	0	0	1	0	0	0	1	0	1	1	0	1	1	0	0	0
10	1	0	0	1	1	0	0	1	1	1	0	1	0	1	0	0	1	1
11	1	0	1	0	1	0	1	0	0	1	1	1	0	0	1	1	1	0
12	1	0	1	1	1	0	1	1	0	0	0	1	0	0	0	1	0	1
13	1	1	0	0	1	1	0	0	0	1	0	1	1	1	0	1	0	0
14	1	1	0	1	1	1	0	1	0	0	1	1	1	1	1	1	1	1
15	1	1	1	0	1	1	1	0	1	0	0	1	1	0	0	0	1	0
16	1	1	1	1	1	1	1	1	1	1	1	1	1	0	1	0	0	1

从表 8-9 中可见，对于 16 个信息，系统码和非系统码都具有 16 个相同的编码码字，但与信息码的对应(映射)关系不一样。系统码的前 4 位都是信息码，而后 3 位都是监督码元。而非系统码从第 5 组开始就"乱"了，虽然每组信息码仍有一个确定的编码码字与之对应，但已经没有了系统码那种泾渭分明的结构。因一般我们只研究系统码，所以可直接说循环码是一种系统码。另外，还需说明的是，对于一个 $(n，k)$ 线性码 C，根据不同方法(生成矩阵)可以有多种编码形式，其中包含系统码和非系统码，但系统码是唯一的，其余的都是非系统码。

8.7.2　循环码的生成多项式和生成矩阵

在讨论线性分组码时，我们已经指出，k 个互为独立的分组码码字可构成生成矩阵 G。有了生成矩阵 G，就可以由 k 个信息位得出整个分组码的码字。如果在 $(n，k)$ 循环码的 2^k

个码字中，取出一个前面$(k-1)$位皆为"0"的码字，用次数为$n-k$的多项式$g(x)$表示，则根据循环性可知，$g(x)$、$xg(x)$、$x^2g(x)\cdots x^{k-1}g(x)$均是码字，而且这$k$个码字是线性无关的。因此，可以用它们构成此循环码的生成矩阵G。

【**定理 1**】　在一个(n, k)循环码中，存在唯一的$n-k$次码多项式$g(x)$，它的形式为

$$g(x) = 1 \cdot x^{n-k} + a_{n-k-1}x^{n-k-1} + \cdots + a_1 x + 1 \tag{8.7-3}$$

一旦确定了$g(x)$，全部(n, k)循环码就被确定了，因此，$g(x)$也被称为生成多项式。这样，循环码的生成矩阵就可以写为

$$\boldsymbol{G}(x) = \begin{bmatrix} x^{k-1}g(x) \\ \vdots \\ xg(x) \\ g(x) \end{bmatrix} \tag{8.7-4}$$

例如，在表 8-8 所给出的循环码中，$n=7$，$k=3$，$n-k=4$。可见，唯一的一个四次多项式代表的码字是第二个码字 0010111，其对应的码多项式就是生成多项式$g(x)=x^4+x^2+x+1$，将此$g(x)$代入式(8.7-4)，得到

$$\boldsymbol{G}(x) = \begin{bmatrix} x^2 g(x) \\ xg(x) \\ g(x) \end{bmatrix} = \begin{bmatrix} x^6 + x^4 + x^3 + x^2 \\ x^5 + x^3 + x^2 + x \\ x^4 + x^2 + x + 1 \end{bmatrix} \tag{8.7-5}$$

即有

$$\boldsymbol{G} = \begin{bmatrix} 1 & 0 & 1 & 1 & 1 & 0 & 0 \\ 0 & 1 & 0 & 1 & 1 & 1 & 0 \\ 0 & 0 & 1 & 0 & 1 & 1 & 1 \end{bmatrix} \tag{8.7-6}$$

与式(8.6-4)相比较，它不符合$\boldsymbol{G}=[\boldsymbol{I}_k \quad \boldsymbol{Q}]$形式，即该生成矩阵不是典型形式，但是可通过线性变换转换为典型形式的生成矩阵。

根据式(8.6-3)，可以写出该循环码码字为

$$\boldsymbol{C}(x) = [c_6 c_5 c_4]\boldsymbol{G}(x) = [c_6 c_5 c_4] \begin{bmatrix} x^2 g(x) \\ xg(x) \\ g(x) \end{bmatrix}$$

$$= c_6 x^2 g(x) + c_5 xg(x) + c_4 g(x)$$

$$= (c_6 x^2 + c_5 x + c_4) \cdot g(x) \tag{8.7-7}$$

由式(8.7-7)可以得出以下定理。

【**定理 2**】　在循环码中，所有的码多项式都能被$g(x)$整除。

这个定理表明下式成立（证明从略）

$$c(x) = d(x)g(x) \tag{8.7-8}$$

式中：$d(x)$是信息码多项式，其最高次数为$k-1$。由式(8.7-8)可以看出：

(1) 任一循环码多项式都是$g(x)$的倍式，即能被$g(x)$整除。由此推论：任一次数不大于$k-1$的多项式与$g(x)$的乘积都是码多项式。

(2) 若找到$g(x)$并已知$d(x)$，就可生成全部码字。

显然，鉴别一个接收码字是否是原码字，只要验证它是否能被$g(x)$整除即可。因此，定理 2 为循环码的编码和译码提供了依据和方法。

那么如何寻找生成多项式 $g(x)$ 呢？下面的定理给出了寻找生成多项式的一种方法。

【**定理 3**】 循环码的生成多项式 $g(x)$ 是 x^n+1 的因式。

由定理 3 可知，从 x^n+1 的因式分解中，我们可以找出一个 $(n-k)$ 次且常数项不为零的因式 $g(x)$ 作为 n 位长循环码的生成多项式。例如，(x^7+1) 可以分解为

$$x^7+1 = (x+1)(x^3+x^2+1)(x^3+x+1) \tag{8.7-9}$$

为了求 $(7,3)$ 循环码的生成多项式 $g(x)$，要从式 $(8.7-9)$ 中得到一个四次因式。不难看出，这样的因式有两个，即

$$(x+1)(x^3+x^2+1) = x^4+x^2+x+1 \tag{8.7-10}$$

$$(x+1)(x^3+x+1) = x^4+x^3+x^2+1 \tag{8.7-11}$$

式 $(8.7-10)$ 和式 $(8.7-11)$ 都可作为生成多项式选用。不过，选用的生成多项式不同，产生的循环码字也不同。用式 $(8.7-11)$ 作为生成多项式产生的码即为表 8 - 9 所列的循环码。

8.7.3 循环码的编码和译码

循环码可以按下面的思路编码：

(1) 根据给定的 (n,k) 值选定生成多项式 $g(x)$。

(2) 根据定理 2 中的式 $(8.7-8)$，我们可以对给定的信息码 $d(x)$ 进行编码。但这样生成的码并非系统码。根据系统码的概念，系统码码多项式为

$$c(x) = d_{k-1}x^{n-1}+\cdots+d_0x^{n-k}+r_{n-k-1}x^{n-k-1}+\cdots+r_0 = x^{n-k}d(x)+r(x) \tag{8.7-12}$$

式中：$d(x)=d_{k-1}x^{k-1}+\cdots+d_1x+d_0$ 是信息码多项式；$r(x)=r_{n-k-1}x^{n-k-1}+\cdots+r_0$ 是监督码多项式，其相应的监督码元为 $(r_{n-k-1},\cdots,r_0)$。

根据定理 2，系统码的码多项式可以写成

$$r(x) \equiv x^{n-k}d(x)\ (\text{模}\ g(x)) \tag{8.7-13}$$

可见，构造系统循环码时，只需将信息码多项式 $d(x)$ 升 $n-k$ 次幂（乘以 x^{n-k}）变为 $x^{n-k}d(x)$，然后用 $g(x)$ 除以 $x^{n-k}d(x)$，所得的余式 $r(x)$ 即为监督码元多项式。因此，系统循环码的编码过程就是用除法求余的过程。

根据上述原理，系统循环码编码步骤可归纳如下：

第一步：用 x^{n-k} 乘 $d(x)$。

第二步：用 $g(x)$ 除 $x^{n-k}d(x)$，得到商 $Q(x)$ 和余式 $r(x)$，即

$$\frac{x^{n-k}\cdot d(x)}{g(x)} = Q(x)+\frac{r(x)}{g(x)} \tag{8.7-14}$$

第三步：将 $r(x)$ 加进 $x^{n-k}d(x)$ 即得编出的码字

$$c(x) = x^{n-k}d(x)+r(x) \tag{8.7-15}$$

【**例题 8 - 5**】 已知一种 $(7,3)$ 循环码的全部码字为

0000000　　0101110　　1001011　　1100101

0010111　　0111001　　1011100　　1110010

试求：

(1) 该循环码的生成多项式 $g(x)$、典型生成矩阵 **G** 和典型监督矩阵 **H**；

（2）若信息码为 110，按除法电路的工作过程编出相应的码字。

解　（1）已知 $n=7$，$k=3$，$n-k=4$。根据生成多项式 $g(x)$ 对应前面 $k-1$ 位皆为 0 的码字(0010111)，可得

$$g(x)=x^4+x^2+x+1$$

由式(8.7-4)可得生成矩阵

$$\boldsymbol{G}(x)=\begin{bmatrix} x^2 g(x) \\ x g(x) \\ g(x) \end{bmatrix}=\begin{bmatrix} x^6+x^4+x^3+x^2 \\ x^5+x^3+x^2+x \\ x^4+x^2+x+1 \end{bmatrix}$$

即

$$\boldsymbol{G}=\begin{bmatrix} 1 & 0 & 1 & 1 & 1 & 0 & 0 \\ 0 & 1 & 0 & 1 & 1 & 1 & 0 \\ 0 & 0 & 1 & 0 & 1 & 1 & 1 \end{bmatrix} \xrightarrow{\text{典型化}} \boldsymbol{G}=\begin{bmatrix} 1 & 0 & 0 & 1 & 0 & 1 & 1 \\ 0 & 1 & 0 & 1 & 1 & 1 & 0 \\ 0 & 0 & 1 & 0 & 1 & 1 & 1 \end{bmatrix}=\begin{bmatrix} \boldsymbol{I}_k & \boldsymbol{Q} \end{bmatrix}$$

其中

$$\boldsymbol{Q}=\begin{bmatrix} 1 & 0 & 1 & 1 \\ 1 & 1 & 1 & 0 \\ 0 & 1 & 1 & 1 \end{bmatrix}$$

则有

$$\boldsymbol{P}=\boldsymbol{Q}^{\mathrm{T}}=\begin{bmatrix} 1 & 1 & 0 \\ 0 & 1 & 1 \\ 1 & 1 & 1 \\ 1 & 0 & 1 \end{bmatrix}$$

于是，典型监督矩阵

$$\boldsymbol{H}=\begin{bmatrix} \boldsymbol{P} & \boldsymbol{I}_m \end{bmatrix}=\begin{bmatrix} 1 & 1 & 0 & 1 & 0 & 0 & 0 \\ 0 & 1 & 1 & 0 & 1 & 0 & 0 \\ 1 & 1 & 1 & 0 & 0 & 1 & 0 \\ 1 & 0 & 1 & 0 & 0 & 0 & 1 \end{bmatrix}$$

（2）已知选定的 $g(x)=x^4+x^2+x+1$，信息码 110 的多项式为 $d(x)=x^2+x$。编码步骤如下：

第一步，作 x^{n-k} 乘 $d(x)$ 运算。

$$x^{n-k}d(x)=x^4(x^2+x)=x^6+x^5$$

它对应于码字 1100000，相当于信息位左移四位。

可见，这一运算实际上是在信息码后附加上 $n-k$ 个“0”。

第二步，用 $g(x)$ 除 $x^{n-k}d(x)$，得到余式 $r(x)$。

$$\frac{x^{n-k}d(x)}{g(x)}=\frac{x^6+x^5}{x^4+x^2+x+1}=(x^2+x+1)+\frac{x^2+1\,（余式）}{x^4+x^2+x+1}$$

上式相当于

$$\frac{1100000}{10111}=111+\frac{101}{10111}$$

余式 $r(x)=x^2+1\leftrightarrow 0101$。

第三步，编出的码字为 $c(x)=x^{n-k}d(x)+r(x)=x^6+x^5+x^2+1$，即

$$c(x)=1100000+101=1100101$$

它就是表 8-8 中的第七个码字。

循环码译码时，我们对译码器有两个要求：检错和纠错。实现检错的译码原理十分简单。由于任一许用码多项式 $c(x)$ 都应能被生成多项式 $g(x)$ 整除，所以在收信端可以将接收码字 $R(x)$ 用原生成多项式 $g(x)$ 去除。当传输中未发生差错时，接收码字与发送码字相同，即 $R(x)=c(x)$，故接收码字 $R(x)$ 必定能被 $g(x)$ 整除；若 $R(x)\neq c(x)$，则 $R(x)$ 不能被 $g(x)$ 整除，说明码字在传输中发生差错。

在这里，为纠错而采用的译码方法自然要比检错复杂。为了能够纠错，要求每个可纠正的错误图样必须与一个特定的余式有一一对应关系。因为只有存在某种对应关系，才可能根据余式确定错误图样，从而纠正错误。所以，原则上纠错可按下述步骤进行。

第一步：用生成多项式 $g(x)$ 除接收码字 $R(x)=c(x)+e(x)$，得出余式 $r(x)$。

第二步：按余式 $r(x)$ 用查表的方法或通过某种运算得到错误图样 $e(x)$。即通过计算校正子 S，并利用它与错码位置关系表就可确定错码位置。

第三步：从 $R(x)$ 中减去 $e(x)$，得到已纠正错误的原发送码字 $c(x)$。

上述第一步运算和检错译码时相同，第三步也很简单，只有第二步可能需要较复杂的设备，并且在计算余式和决定 $e(x)$ 的时候需要把整个接收码字 $R(x)$ 暂时存储起来。一般而言，纠错码译码器的复杂性主要取决于译码过程的第二步。

作为例子，下面给出常见的循环冗余编码 CRC(Cyclic Redundancy Code) 的编译原理。

(1) 将要发送的数据比特序列看作一个多项式 $c(x)$ 的系数。

(2) 在发送端用双方事先约定的生成多项式 $g(x)$ 去除 $c(x)$，得到一个余式 $r(x)$。

(3) 发送端将 $c(x)$ 和 $r(x)$ 相加后发给接收端。

(4) 接收端用 $g(x)$ 去除接收到的多项式 $\hat{c}(x)$，得到余式 $\hat{r}(x)$。

(5) 接收端判断 $\hat{r}(x)$ 与 $r(x)$ 是否相等。若相等，表明接收无差错，反之，有差错。

综上所述，循环码的编码器和检错译码器都很容易实现，且目前很多超大规模集成电路通信芯片内部都可实现标准循环码的编译码功能，因此，它在检错领域应用广泛。

我们简要介绍了信道编码的基本概念和常用的检、纠错编码，但限于篇幅，还有很多内容没有涉及，为了使读者对编码有一个全面、系统的认识，下面给出编码所研究的主要问题：

(1) 根据实际通信系统对纠错能力的要求，寻找合适的码型（通常是一种长码型）。要求该码型可以在数学上证明具有满足要求的纠错能力，并具有数学结构，且能够根据此结构用一些设备实现编码和译码。

(2) 寻找实用的编码方法，尽量提高编码效率。

(3) 寻找实用的译码方法，尽量降低译码的复杂性。

总之，在通信技术中，"编码"的目的或用途主要有两个：

(1) 实现各种信息的数字化。该功能主要体现在信源编码模块中，如 A/D 转换，各种离散消息转换成数据码等。

(2) 实现差错控制，提高通信的可靠性。该功能主要由信道编码模块完成。

8.8　小资料——香农

　　"通信的基本问题就是在一点重新准确地或近似地再现另一点所选择的消息"。这是数学家香农在他的惊世之著《通信的数学理论》中的一句名言。正是沿着这一思路他应用数理统计的方法来研究通信系统,从而创立了影响深远的信息论。

　　克劳德·香农(Claude Elwood Shannon),1916 年 4 月 30 日诞生于美国密歇根州,在加洛德小镇长大。父亲是该镇的法官,母亲是镇中学校长,祖父是一位农场主兼发明家,发明过洗衣机和许多农业机械,这对香农的影响比较大。此外,香农的家庭与爱迪生还有远亲关系。

　　1936 年香农在密西根大学获得数学与电气工程学士学位,然后进入麻省理工学院(MIT)念研究生。1938 年香农在 MIT 获得电气工程硕士学位,1940 年他在 MIT 获得数学博士学位。

　　在美国电话电报公司的贝尔实验室里,香农刻苦钻研了 8 年之久,终于在 1948 年,在《贝尔系统技术杂志》上发表了 244 页的长篇论著《通信的数学理论》。次年,他又在同一杂志上发表了另一篇名著《噪声下的通信》。在这两篇文章中,他解决了过去许多悬而未决的问题,阐明了通信的基本问题,提出了通信系统的模型,给出了信息量的数学表达式,解决了信道容量、信源统计特性、信源编码、信道编码等有关精确地传送通信符号的基本问题。

　　这两篇文章是现代信息论的奠基之作,而三十出头的香农,也因此而一鸣惊人,成为这门新兴学科的奠基人。

　　香农是美国科学院院士、美国工程院院士、英国皇家学会会员、美国哲学学会会员。他获得过许多荣誉和奖励。例如 1949 年的 Morris 奖、1955 年的 Ballantine 奖、1962 年的 Kelly 奖、1966 年的国家科学奖章和 IEEE 荣誉奖章、1978 年的 Jaquard 奖、1983 年的 Fritz 奖、1985 年的基础科学京都奖。

　　2001 年 2 月 24 日,香农在马萨诸塞州辞世,享年 85 岁。

思考题与习题

　　8-1　已知一组码的 8 个码字分别为(000000)、(001110)、(010101)、(011011)、(100011)、(101101)、(110110)、(111000),求第一组和第二组、第四组和第五组的码距、各码字的码重和全部码字的最小码距。

　　8-2　上题的码字若用于检错、纠错、同时检错和纠错分别能检、纠错几位码?

　　8-3　给定两个码字(00000)、(11111)。试问检错能检几位码?纠错能纠几位码?既检错又纠错能检、纠几位码?

　　8-4　已知某线性码的监督矩阵为

$$H = \begin{bmatrix} 1 & 1 & 1 & 0 & 1 & 0 & 0 \\ 1 & 1 & 0 & 1 & 0 & 1 & 0 \\ 1 & 0 & 1 & 1 & 0 & 0 & 1 \end{bmatrix}$$

列出所有许用码字。

8-5 已知(7,3)线性码的生成矩阵为

$$G = \begin{bmatrix} 1 & 0 & 0 & 1 & 1 & 1 & 0 \\ 0 & 1 & 0 & 0 & 1 & 1 & 1 \\ 0 & 0 & 1 & 1 & 1 & 0 & 1 \end{bmatrix}$$

求监督矩阵并列出所有许用码字。

8-6 已知接收端对发送码矩阵 $C = \begin{bmatrix} 1 & 1 & 1 & 0 & 1 & 0 & 0 \\ 1 & 1 & 0 & 1 & 0 & 1 & 0 \\ 1 & 0 & 1 & 1 & 0 & 0 & 1 \end{bmatrix}$ 的接收错误图样为 $E =$

$\begin{bmatrix} 0 & 1 & 1 & 1 & 1 & 0 & 0 \\ 1 & 0 & 0 & 1 & 0 & 0 & 1 \\ 0 & 0 & 0 & 0 & 0 & 1 & 0 \end{bmatrix}$，求接收码矩阵 R。

8-7 已知(7,4)循环码的全部码字为

0000000	1000101	0001011	1001110
0010110	1010011	0011101	1011000
0100111	1100010	0101100	1101001
0110001	1110100	0111010	1111111

试写出：(1) 该循环码的生成多项式 $g(x)$；

(2) 典型生成矩阵 G；

(3) 典型监督矩阵 H；

(4) 最小码距和纠错能力。

8-8 若(7,3)循环码的生成多项式为 $g(x) = x^4 + x^2 + x + 1$，接收端的码多项式为 $R(x) = x^5 + x^3 + 1$，试检验接收码中是否有错。

8-9 已知一个(7,3)循环码的监督关系式为

$$x_6 \oplus x_3 \oplus x_2 \oplus x_1 = 0$$
$$x_5 \oplus x_2 \oplus x_1 \oplus x_0 = 0$$
$$x_6 \oplus x_5 \oplus x_1 = 0$$
$$x_5 \oplus x_4 \oplus x_0 = 0$$

试求该循环码的监督矩阵和生成矩阵。

8-10 已知 $g_1(x) = x^3 + x^2 + 1$；$g_2(x) = x^3 + x + 1$；$g_3(x) = x + 1$。试分别讨论在：

(1) $g(x) = g_1(x) \cdot g_2(x)$；

(2) $g(x) = g_3(x) \cdot g_2(x)$

这两种情况下，由 $g(x)$ 生成的 7 位循环码能检测出哪些类型的错误？

第二篇

数据通信原理

第9章 数据通信与通信网

本章重点问题：

（1）随着计算机和网络技术的飞速发展，"数据通信"应运而生。什么是"数据通信"？它与模拟通信、数字通信有何异同点？

（2）多用户间的通信就构成了通信网，那么，什么是"通信网"？与之相关的知识有哪些？

随着计算机和网络技术的飞速发展，"数据通信"技术应运而生。那么，什么是"数据通信"？"数据通信系统"如何构成？"数据通信"的特点是什么？"数据通信"与"数字通信"的关系是什么？什么是"通信网"？"点到点通信"与"通信网"是什么关系？对这些问题的回答就构成了本章的主要内容。

9.1 数据通信与数据通信系统

9.1.1 数据通信的概念

从本质上讲，数据是客观事物属性的记录表示。通常由数量有限的符号集构成，比如文字、阿拉伯数字、英文 26 个字母等。

从计算机技术上看，**数据是指能够由计算机或数字终端设备进行处理并以某种方式编制成二进制码（多进制码）的数字、字母和符号的集合。**

从通信技术上看，数据是消息的一种表现形式，是信息的一种形式载体。

最早的数据编码实例可能就是我国的八卦图了（如图 9-1 所示）。我们的先人用符号"—"和符号"— —"表示"阳"和"阴"两个元素（符号），同时，用它们的八种不同组合构成八卦图，其中每个组合可以代表不同的信息。显然，若用数据"1"替代"—"，"0"替代"— —"，则这八种组合就可用三位二进制数描述，构成二进制八卦数据编码。

最早的数据通信实例可以追溯到 1837 年莫尔斯发明的电报系统。莫尔斯将 0～9 十个数字、A～Z 二十六个字母和常用标点符号用短

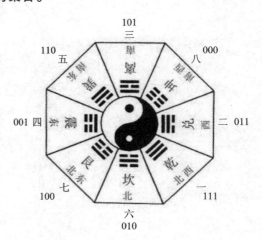

图 9-1 八卦图与二进制编码

电流脉冲(俗称"点"，短音，念作"嘀")和长电流脉冲(俗称"划"，长音，念作"嗒")的不同组合表示，即进行"数据编码"，从而实现了"数据通信"。莫尔斯码见表 9-1。(表中未列出常用符号。)

表 9-1　国际莫尔斯码

A	·—	J	·———	S	···	2	··———
B	—···	K	—·—	T	—	3	···——
C	—·—·	L	·—··	U	··—	4	····—
D	—··	M	——	V	···—	5	·····
E	·	N	—·	W	·——	6	—····
F	··—·	O	———	X	—··—	7	——···
G	——·	P	·——·	Y	—·——	8	———··
H	····	Q	——·—	Z	——··	9	————·
I	··	R	·—·	1	·————	0	—————

其实，只要将莫尔斯码中的符号"点"、"划"用数据"0"、"1"代替，摩尔斯码就变成了我们熟悉的二进制编码。可见，莫尔斯码与八卦码"异曲同工"。

数据信号在形式上是由计算机或其他数字终端设备产生的二进制或多进制脉冲序列即数字信号，其携带的消息是经过编码处理的数字、符号和字母的集合，即所谓的数据。因此，可以说**数据信号是携带数据消息的数字信号**。数字信号强调的是信号的变化特性(取值离散且个数有限)，即外在的物理特性，而数据信号体现的是信号携带的消息属性。

由于现代的数据通信与计算机密不可分，无论是大、中、小型机、PC 机甚至嵌入式系统，在其内部、或与外部设备的连接、或计算机与计算机之间的连接中都存在着数据通信，所以我们把这些通信都统称为计算机通信。通常，可以认为计算机通信就是数据通信。也就是说，数据通信是人与计算机类设备或计算机类设备与计算机类设备之间的以数据信号进行的信息交换过程，通信双方至少有一方是计算机类设备。

如果要给数据通信下一个定义，可以这样说：**数据通信是指通信双方(或多方)按照一定协议(或规程)，以数字(基带或调制)信号为数据载体，完成信息传输的过程或方法。**简言之，利用数据信号进行的信息传输方法或过程就是数据通信。

这里的"协议"(规程)是指为了能有效和可靠地进行通信而制定的通信双方必须共同遵守的一组规则，它包括相互交换信息的格式、含义以及过程间的连接和信息交换的节拍等。

9.1.2　数据通信、模拟通信和数字通信的异同点

我们知道，模拟通信和数字通信是按照信号的表现形式来区分的，而数据通信则是按消息的一种表现形式——"数据"，定义的一种通信方法或过程。

通常，数据信号就是由计算机或其他数字终端设备产生的二进制脉冲序列即数字信号，其携带的是经过编码处理(包括 A/D 转换)后的音频、视频、图像、数字、符号和字母信息，即所谓的"数据"，因此，数据信号和模拟信号、数字信号不是一个范畴。数据信号与数字信号在形式上是一样的。数字信号可认为是去掉信息特性的数据信号。

从对信号的传输方法上看，模拟系统主要是"放大"，而数字系统和数据系统则是"抽样-判断-再生"，即便是对于以模拟信号形式出现的数字信号（ASK 信号）也必须进行这样的处理。若把以"放大"为主的信道称为"模拟信道"，那么，模拟通信系统就是以模拟信道传输模拟消息的系统，把以"抽样-判断-再生"为主的信道称为"数字信道"，则数字或数据通信系统就是以数字信道（有时还会有部分模拟信道）传输模拟消息或数据的系统。

因为模拟信号本身就是需要传输的信息（模拟信息），比如语音信号、电视信号等。通信系统完成了信号传输也就完成了信息的传输。所以，模拟通信系统只要尽量不失真地将信号从信源传送到信宿即可完成通信任务。

从传输角度上看，信宿接收的信号就是信源发出的信号，所不同的是接收的信号相对于发送的信号有不同程度的变形（失真）；信号在传输过程中不能停顿，只有因电磁波传输而带来的时延（可忽略），因此，模拟通信是实时通信。

数字通信主要指用数字信号进行的模拟信息传输过程（比如数字电话），虽然，信宿接收的信号从形式上看与信源发出的信号一样，但它是信源发出信号的再生而不是原信号。它所传输的信息一般是数字化（经过信源编码）的音频、视频信号，即数字化的模拟信息。

数据通信主要指用数字信号进行的模拟或数字信息传输过程。它与数字通信最大的区别是：① 通过编码，信号可携带不同的信息；② 在通信过程中，常常伴随着协议转换。

数据信号的一个重要特点是所携带的信息不唯一，即同一个数据信号可以代表不同的信息，比如，一个 8 位数据信号 10110010，它可以是一个 10 进制数，也可以代表一个字母或文字等；而同一个信息也可以用不同的信号表示，比如，同样是"火警"电话，中国是"119"，新加坡是"995"，巴基斯坦是"16"。这类似于一种货物可以被不同的载运工具携带。因此，作为信息的载体——数据信号具有多义性。这说明数据通信中的信息和信号可以"分离"，即**数据通信可以分为上、下两个层面：下层是信号传输层，即由硬件和传输介质构成的传输系统或网络；上层就是信息传输层，即置于传输系统中或网络节点和终端上的通信协议**。可见，数据通信系统仅仅完成信号的传输还不够，还必须完成信息的传输。换句话说，在数据通信中，信号主要由硬件设备和传输介质传输，而信息则由编译码协议传输。图 9-2 给出了数据通信示意图。需要说明的是：

（1）这里的信号传输层和信息传输层还可以细化，比如 OSI 模型的七层和 TCP/IP 模型的四层协议。

（2）数据通信中的协议可分为两大部分。第一部分是负责信息传输的协议，主要是编译码协议；第二部分是保证信号可靠传输的协议，主要是信号的物理特性、帧格式，差错控制、路由等协议。OSI 模型中的下三层协议基本上都属于信号传输协议。

根据数据通信技术的现状，数据通信在信息传输过程中有两个显著特点：一个是在信息传输层面上的"化整为零"；一个是在信号传输层面上的"存储—转发"。

从信息传输角度看，数据通信系统在发信端要对信息作"化整为零"处理，即将欲传输的全部信息分割成若干个"子信息"，形成若干个"信息包"（分割打包），类似于在货运站将一批苹果分装在若干个集装箱内，或在邮局把一本书拆开分装在若干个信封里；因为每一个信息包"体积"较小，所以传输起来方便、灵活、快捷，而这正是数据通信的精髓所在。这些信息包可以沿一条事先选定的链路分时传到收信端（面向连接的服务）；也可以经过不同链路分别到达收信端（面向非连接的服务），收信端根据每个信息包上的原始拆分信息将各信息包中的信息重新整理，"组装还原"成原始信息，完成一个完整的数据信息通信过程。

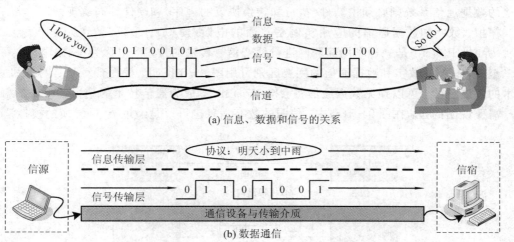

(a) 信息、数据和信号的关系

(b) 数据通信

图 9-2　数据通信示意图

从信号传输角度上看，在数据通信过程中，系统不但需要对信号进行物理加工处理（放大、整形、解析、再生、复用等），还经常需要对不同的协议进行转换（尤其是在网络通信中），信号在每个传输节点都会有或多或少的停顿，使数据通信达不到模拟通信那样的实时传输。尽管目前利用计算机网络进行的多媒体通信可以提供视频点播、电视会议等实时业务，但它们已不是模拟通信中真正意义上的"实时"，只是时延较小可以忽略罢了。而且还需要在每个节点上将数据"暂存"起来，等完成各种处理后再转发出去，从而形成了"存储—转发"的信号传输特点。

可用"分割打包—存储转发—封装还原"三个步骤描述数据通信的信号传输过程。

需要说明的是：对信号的"存储—转发"处理必须基于"抽样—判断—再生"处理。"抽样—判断—再生"是对一个码元的处理方法，而"存储—转发"是对码字、帧或包的处理方法。

综上所述，数据通信与公路（铁路）运输和邮政系统非常相似。货物/信纸可类比数据，集装箱/信封或包裹可类比数据包，货运站和邮局可类比节点，编组、分拣可类比解析、复用，货车进站出站可类比存储转发等。显然，这样的类比对理解数据通信原理有很大帮助。

数据通信与数字通信尽管是两个不同的概念，但在信号传输方面有许多共同之处，比如，调制、信道编码、差错控制、同步、多路复用、再生中继等。可见，在传输原理上数据通信与数字通信没有本质的区别，甚至可以说数据通信是以数字通信为基础的。但数据通信系统通常存在更为复杂的协议转换问题。从信息传输的角度上看，可以说具有信息协议转换的数字通信就是数据通信。在信号传输层面，通常，模拟通信没有协议问题，而在数字通信尤其是数据通信中存在协议及其转换问题。

模拟通信主要研究信号波形的传输问题，注重信号波形变化对通信的影响，以信噪比和系统带宽为主要研究指标；数字通信主要是研究信号状态的传输问题，注重信号状态变化对通信的影响，以误码/信率和系统带宽为主要研究指标；而数据通信更关心的是基于信号的数据传输问题，即各种通信协议的设计和转换，也以误信率和系统带宽为主要研究指标。显然，模拟和数字通信强调的是信号传输，而数据通信则强调信息传输。

从物理实现上看，第一篇所介绍的模拟和数字通信系统基本上由纯硬件即可实现；而本篇的数据通信系统则必须由软件（执行和转换协议的程序）和硬件共同实现。

模拟、数字和数据通信的应用实例是普通的电话（模拟）、手机（数字）和 IP 电话（数据）。所谓"IP 电话"是一种利用互联网进行话音信号传输的技术，也称为"网络电话"。

至此，模拟、数字和数据通信的主要区别可用图 9-3 说明。根据计算机、网络和通信技术的发展现状，可以预见数据通信将会"一统江山"，成为通信技术的霸主。

需要说明的是：在图 9-3(c) 中，信源的数字消息也可以是经过 A/D 转换的模拟消息。

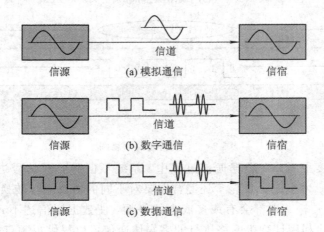

图 9-3　三种通信系统示意图

理解数据通信可分为信号和信息传输两个层面的概念，对学习计算机网络知识大有裨益。因为"计算机网络"课程的主要内容就是各种通信协议，也就是说，"计算机网络"课程以介绍"信息传输"为己任，而信息的载体——信号传输，则是"通信原理"课程的"专利"。

9.1.3　数据通信的特点

相对于传输数据之外其他信息的数字通信，数据通信主要有以下特点：

（1）数据通信业务拥有比其他通信业务更为复杂、严格的通信协议。

（2）数据通信业务比音/视频业务的实时性要求要低，可采用存—储转发方式传输信号。

（3）数据通信业务比音/视频业务的差错率要求要高，必须采用严格的差错控制措施。

（4）数据通信是进程间的通信，可在无人参与的情况下自动进行。

数据通信是随着信息处理技术的进步而迅速发展起来的，是计算机技术与通信技术紧密结合的产物。因此，数据通信的发展不能脱离原有的通信网，在一般情况下还需要利用原有的通信设施作为传输手段，比如公用电话网。数据通信与传统的话音通信相比，有以下主要特点：

（1）以计算机为主。通常是人（通过终端设备）与计算机或计算机与计算机的通信。

（2）传输的数据信息通常由计算机（或数字终端设备）产生、加工和处理。

（3）为了进行信息传递，要有严格的通信协议，对信息传输的准确性和可靠性要求高。

（4）通信速度较高，可以同时处理大量数据。

（5）数据呼叫（一次完整的通信过程）具有突发性和持续时间短的特点。

（6）可采用存储—转发方式工作，且一般多采用这种方式。

（7）必须采用差错控制措施。

目前，数据通信在科技、商贸、金融、交通、军事等领域已发挥着越来越重要的作用且应用日趋广泛，几乎渗透到人类生活的各个角落，比如气象预报、异地会诊、远程教育、智能运输系统、金融结算、股票交易、网络游戏、电子邮件、电子商务、办公自动化等等。

9.1.4 数据通信系统的组成

数据通信系统（Data Communication System）就是以数字信号传输数据的系统。

从宏观上看，数据通信系统与第 1 章介绍的通信系统一样具有信源、信宿和传输信道（介质）三大部分。如果结合数据通信的具体特点更深入地讨论数据通信系统，我们可以认为一个数据通信系统由七个部分构成，它们是：① 信源数据终端设备 DTE（Data Terminal Equipment）；② 信源数据终端设备和数据通信设备之间的接口；③ 信源的数据通信设备 DCE（Data Communication Equipment）；④ 信源与信宿之间的传输信道（狭义信道）；⑤ 信宿的数据通信设备 DCE；⑥ 信宿数据终端设备（DTE）和数据通信设备（DCE）之间的接口；⑦ 信宿数据终端设备（DTE）。

数据通信系统的组成如图 9－4 所示。DTE 是终端设备或计算机，比如显示器、电传打字机、个人计算机、打印机、主机的前端处理机或者能发送和接收数据的其他设备；DCE 对于模拟信道可以是调制解调器，对于数据信道可以是数据服务单元 DSU（Data Service Unit）；传输信道（传输介质）可以是电缆、双绞线或光纤等；从形式上看，接口由 DTE 和 DCE 内部的输入输出电路以及连接它们的连接器和电缆组成。从功能上看，接口还应包含相应的协议标准，比如 RS－232C 接口除了规定计算机内部的输入输出电路、D 形插头/插座和电缆参数外，还有相应的通信协议。

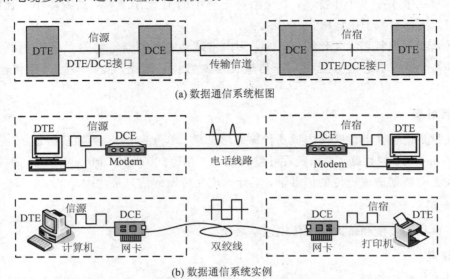

(a) 数据通信系统框图

(b) 数据通信系统实例

图 9－4 数据通信系统的组成

数据通信系统的存在意义与其他通信系统一样，就是在信源和信宿之间传送有用的信息，而差别主要表现在这些信息可直接被 DTE 使用，也可以由 DTE 处理后供相关人员使用。

9.1.5 数据通信系统的主要性能指标

数据通信系统和模拟通信系统、数字通信系统一样具有下面一些技术性能指标。

1. 带宽

带宽有信道带宽和信号带宽之分，一个信道(广义信道)能够传送电磁波的有效频率范围就叫该信道的带宽。对信号而言，信号所占据的频率范围就是信号的带宽。

2. 信号传播速度

信号传播速度是指信号在信道上每秒前进的距离，单位是 m/s。由于我们所用的通信信号都是以电磁波的形式出现，因此其传播速度约等于 3×10^8 m/s。

3. 数据传输速率(比特率)

数据传输速率是指每秒能够传输多少位数据，单位是 b/s，它和第 1 章中的信息传输速率是一致的。如在 100 Mb/s 传输速率的情况下，每比特传输时间为 10 ns；在 10 Mb/s 传输速率的情况下，每比特传输时间为 100 ns。

4. 最大传输速率

信道传输数据的速率有一个上限，我们把这个速率上限叫做最大传输速率，也就是信道容量。

5. 码元传输速率(波特率)

波特率一般小于等于比特率，奈奎斯特定理中的 V 大于 2 时，波特率小于比特率；V 等于 2 时，波特率等于比特率。

某些情况下波特率大于比特率，如采用内带时钟的曼彻斯特编码，一半的信号变化用于时钟同步，另一半的信号变化用于传输二进制数据，因此，波特率是数据传输速率的两倍。

6. 吞吐量

吞吐量是信道在单位时间内成功传输的信息量。单位为 b/s。例如某信道 10 分钟内成功传输了 8.4 Mb 的数据，那么其吞吐量就是 8.4 Mb/600 s＝14 kb/s。注意，因传输过程中出错或丢失数据造成重传的信息量，不计入成功传输的信息量之内。

7. 利用率

利用率是吞吐量和最大数据传输速率之比。

8. 延迟

延迟指从发信端发送第一位数据开始，到收信端成功地收到最后一位数据为止，所经历的时间。它又主要分为传输延迟、传播延迟两种，传输延迟与数据传输速率和发送机/接收机以及中继和交换设备的处理速度有关，传播延迟与传播距离有关。

9. 抖动（Jitter）

延迟的实时变化叫做抖动。抖动往往与机器处理能力、信道拥挤程度等有关。有的应用对延迟敏感，如电话；有的应用对抖动敏感，如实时图像传输。

10. 差错率（包括比特差错率、码元差错率、分组差错率）

差错率是衡量通信系统可靠性的重要指标，在数据通信中常见的是比特差错率和分组差错率。比特差错率是二进制比特位在传输中被误传的概率，用错码位数与传输总位数之比表示。码元差错率指码元被误传的概率。分组差错率是指数据分组被误传的概率。

我们通过对一个信道的描述说明上述概念：有一条带宽 3000 Hz 的信道，最大传输速率可以达到 30 kb/s，实际速率为 28.8 kb/s；信号的波特率为 2400 b/s；其吞吐量为 14 kb/s，因此利用率约等于 50%；延迟约为 100 ms；因为环境稳定，所以抖动很小，可忽略不计。

9.1.6　数据通信方式

数据通信特有的工作方式主要是：串行通信和并行通信，其中串行通信又分为同步通信和异步通信。

1. 串行通信

串行通信是指将携带数据的数字基带信号按码元出现的时间顺序一位接一位地从信源经过一个信道传输到信宿的过程或方式。

串行通信的特点是只需一条信道，通信线路简单、成本低廉，一般用于较长距离的通信，比如，工控领域利用计算机串口进行的数据采集和系统控制。缺点是传输速度较慢，为解决收、发双方的码组或字符同步问题，需要采取同步措施。

设有一数字信号 10011010，要在两个计算机设备中进行传递，则发送设备需将该序列按 1→0→0→1→1→0→1→0 的顺序逐个通过一条信道传送到接收设备，如图 9-5(a) 所示。

若两个计算机要利用电话线路进行通信，就只能采用串行方式，同时，必须使用调制解调器（Modem，俗称"猫"）。因为电话线路只能传输模拟信号，不能直接传输数字基带信号，所以发送端计算机输出的数字基带信号必须经过调制解调器变成模拟信号才能经电话线路传递到接收端计算机，而接收端也必须通过调制解调器将模拟信号再还原成数字信号才能被计算机接收，如图 9-4(b) 所示。甲方与乙方要进行双向通信，调制解调器就要进行数/模和模/数转换，因此，调制解调器可按全双工或半双工方式通信。

2. 并行通信

并行通信是指将携带数据的数字基带信号按码元个数分成 n 路（通常 n 为一个字长，如 8 路、16 路、32 路等），同时在 n 路信道中传输，信源一次可以将 n 位数据（一个字节）传送到信宿的过程或方式。

比如在传输数字信号 10011010 时，并行方式是将该序列的 8 位码用 8 条信道同时传输，如图 9-5(b) 所示。

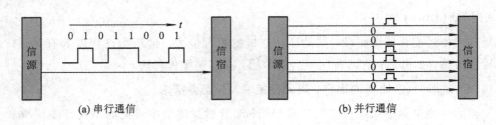

图 9-5　串行通信与并行通信示意图

并行通信的特点是需多条信道、通信线路复杂、成本较高、但传输速率快且不需要外加同步措施就可实现通信双方的码组或字符同步，多用于短距离通信，比如计算机与打印机之间通过计算机并行通信口的通信。

注意：数据通信或计算机技术中的"字节"在形式上和信道编码中的"码字"是一样的，即都是若干位二进制数据的排列，比如，"10011010"可以是一个字节也可以是一个码字。在概念上，"字节"是一个基本处理或传输单位，主要用于描述对数据处理能力的大小或传输速率的快慢；而"码字"是消息的基本携带单元，主要反映的是数据编排形式。

3. 异步串行通信与同步串行通信

串行通信时，数据是逐位从信源传到信宿，通常由若干个数据位组成一个字符，位与位之间、字符与字符之间没有停顿（没有时间间隙），这就给信宿在区分、确认字符时带来很大的困难，即信宿虽然收到了一大串数据，但不知它们多少位是一个字符或哪几位是一个字符。因此，这串数据对信宿来说毫无意义。为了解决这个问题，信源与信宿之间在通信时必须同步，也就是必须让信宿知道多少位数据是一个字符或一个字符何时开始何时结束。

那么如何使通信双方保持同步呢？在实际通信中有一个控制过程（发生在网络7层协议中的数据链路层），这个过程叫数据链路控制，可实现两点间的同步。该控制过程要求通信硬件或软件给数据（位、字节、报文）加上同步信息，使得通信双方的硬件时钟保持一致，从而保证信宿正确地识别信源发过来的信息。

根据同步信息添加方法的不同，串行通信可分成异步串行通信和同步串行通信两种。

（1）异步串行通信。

在以字符为通信单位的串行通信中，同步信息由硬件加在每一个字符的数据帧上，这种串行通信称为异步串行通信。

我们知道，一个字符由若干数据位（码元）组成，在异步串行通信中一般以一个字符为一个数据传输单位，而所谓的同步信息也是几个数据位，把一个数据传输单位（一个字符）的数据位与同步信息的数据位结合起来就构成一个数据帧。数据帧有自己的格式称为帧格式，通常由起始位、数据位、校验位和停止位四部分组成。

起始位：当通信线路从空闲的标志状态（逻辑1电平）变为逻辑0电平，并保持一个位时长后，表示起始位到来，其作用是唤醒接收设备准备接收数据。起始位对应于二进制数的0，用低电平表示，占用一个数据位的宽度。

数据位：由 n 个代表信息的二进制码元组成。常数 n 也称一个字符的宽度（长度），其数值取决于数据所采用的字符集，如电报码字符为5位，ASCII码为7位，汉字码则为8位。

校验位：数据位后面可插入一个校验位，用 0 或 1 表示，作用是对收到的数据是否出现差错进行检测。其原理是信源通信设备利用硬件检测字符数据位逻辑 1 的个数，然后根据此值是奇数还是偶数来决定校验位的值。若采用偶校验，则 1 的个数为偶数时校验位被设置为 0，反之，校验位被设置为 1，其结果是每一帧数据位和校验位 1 的和为偶数。若采用奇校验，则规则相反，其结果是每一帧数据位和校验位 1 的和为奇数。信宿设备在收到数据后，对 1 的个数进行检测，以判断错误。如采用偶校验，而测到 1 的个数为奇数，则可断定该字符有 1 位（或奇数位）发生错误。校验位不是必需的，可被关闭或为空。

停止位：停止位位于数据帧的尾部，其作用是表示一个字符传送完毕，对应于二进制数的 1，用高电平表示，占用一到二个数据位的宽度，以确保数据线处于标志状态，等待下一个起始位的到来。为提高通信设备的吞吐率，应尽量缩短帧周期，因此，PC 机的停止位一般都定为 1 位，只有对传输速率要求不高时才使用 1.5 或 2 位。

图 9-6(a)是传输 ASCII 码字符 A 的数据帧格式（A 由 1000001 表示）。

要想成功地进行异步通信，除了收、发端采用相同的数据帧格式外，还必须统一传输速率。计算机通信中常采用的典型速率有：300 b/s、600 b/s、1200 b/s、2400 b/s、4800 b/s、9600 b/s 等。

异步通信是一种面向字符的传输方式，其特点是简单、可靠、经济，常用于计算机与终端之间的数据通信（如计算机的串行通信口），主要缺点是速率较低。但随着技术的发展，传输速率越来越高，其应用范围也日益广阔。

（2）同步串行通信。

与异步通信不同，同步通信不是对每个字符单独同步，而是以数据块为传输单位并对其进行同步。每个数据块的头部和尾部都要附加一个特殊的字符或比特序列，以标志数据块的开始与结束。所谓数据块就是一批字符或二进制位串组成的数据。图 9-6(b)是其数据帧格式。同步通信可分为面向字符和面向位流两种传输方式。在面向字符的方式中，每个数据块的头部用一个或多个同步字符 SYN 来表示数据块的开始；而尾部用另一个字符 ETX 代表数据块的结束。在面向位流的传输方式中，每个数据块的头部和尾部都用一个特殊的比特序列（如 01111110）来标记数据块的开始与结束。在计算机局域网的通信中都采用面向位流的同步传输方式。图 9-6(c)是可变长度的字符和位数据块。

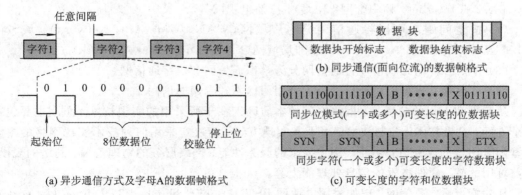

(a) 异步通信方式及字母A的数据帧格式　　　(c) 可变长度的字符和位数据块

图 9-6　异步通信与同步通信示意图

同步通信的特点是开销少、效率高，适合于较高速率的数据传输；缺点是整个数据块一旦有一位误传，就必须重传整个数据块。

　　需要提醒大家注意的是，在异步和同步通信方式中，有时会出现两个不同的"字符"概念。一个是只包含数据位(消息)的字符，比如电报码的 5 位字符、ASCII 码的 7 位字符和汉字码的 8 位字符等；另一个是除数据位之外还包括起始位、停止位、校验位在内的码集合，也就是异步通信中的一个传输单位，即一个数据帧。一般地说，"帧"是一个或多个字符及开销的一种码元排列，主要用于描述一个数据传输单元中消息及开销码的构成形式。这里所谓的"开销码"可以认为是为保证"消息码"可靠准确传输而附加的"码元"集合。简言之，开销就是非信息码的码元集合。比如上述的"起始位"、"校验位"和"停止位"等。

9.2　通　信　网

9.2.1　通信网及其结构

　　前八章所介绍的通信原理知识主要围绕着完成点到点的通信任务而展开，但在实际生活中，更多的通信业务是在通信网中进行，因此，需要研究如何基于点到点通信技术实现点到多点、多点到多点和穿过多点的点到点通信任务。

　　所谓通信网是指由一定数量的节点(包括终端设备和交换设备)和连接节点的传输链路组合在一起，以实现两个或多个规定点之间信息传输的通信系统，或者说通信网是为位于不同空间位置的用户之间进行信息传输(交换)而构建的硬件和软件环境。

　　从形式上看，通信网是传输介质、传输设备和通信终端的集合。显然，点到点通信是通信网的基础，通信网是多个互相连接的点到点通信支路的集合。

　　由于通信网的任务和结构更加复杂，因此，我们为保证用户信息的准确和可靠传输，通信网还必须传输信令信息和管理信息。

　　根据通信网提供的业务类型、采用的交换技术、传输技术、服务范围、运营方式、拓扑结构等方面的不同可对其进行各种分类。

　　(1) 按业务类型可以将通信网分为电话通信网(如 PSTN、移动通信网等)、数据通信网(如 X.25、Internet、帧中继网 FR 等)、广播电视网等。

　　(2) 按空间距离可以将通信网分为广域网(WAN，Wide Area Network)、城域网(MAN，Metropolitan Area Network)和局域网(LAN，Local Area Network)。

　　(3) 按信号传输方式可以将通信网分为模拟通信网和数字通信网。

　　(4) 按运营方式可以将通信网分为公用通信网和专用通信网。

　　从管理和工程的角度看，网络之间的本质区别在于所采用的实现技术不同，主要包括三个方面：交换技术、控制技术以及业务实现方式。而决定采用何种技术实现网络的主要因素则有用户的业务流量特征、用户要求的服务性能、网络服务的物理范围、网络的规模、当前可用的软、硬件技术的信息处理能力等。

　　从功能上看，通信网，比如公用电话网 PSTN(Public Switched Telephone Network)，由传输、交换、终端三大部分组成。其中传输部分为网络的链路(Link)，交换部分为网络的节点(Node)，终端(Terminal)是信息的发送者和接收者(或者说是信息的用户)。

由于现代通信网上承载的已不再是单一的语音，还可能是图形、图像、视频、文字、数字、符号等数据信息；用户可以是人，也可以是计算机类设备（包括计算机、各种输入输出设备、服务器以及通信设备或网络互连设备等），所以我们把具有传输除语音信息之外还能传输其他信息能力的通信网称为数据通信网，比如综合业务数据网 ISDN。因此，计算机网络就是由资源子网（由各种计算机终端组成）和通信子网（由传输介质和各种通信设备组成）共同组成的一种数据通信网或现代通信网，如图 9-7 所示。

类似于 OSI 的 7 层网络结构模型，可以把通信网从下到上依次分为传输网、业务网和应用层三层，为垂直体结构（如图 9-8 所示）。其中，应用层面表示各种信息应用；业务网层面表示传送各种信息的业务网；传输网层面表示支持业务网的传送手段和基础设施；支撑网则可以支持全部三个层面的工作，提供保证网络有效正常运行的各种控制和管理能力，它包括信令网、同步网和电信管理网。

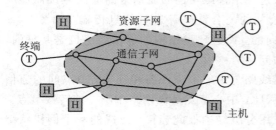

图 9-7 计算机网络逻辑结构

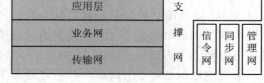

图 9-8 通信网垂直体系结构

网络分层使网络规范与具体实施方法无关，简化了网络规划和设计，各层的功能相对独立。因此，单独设计和运行每一层网络要比将整个网络作为单个实体设计和运行简单得多。随着信息服务多样化的发展及技术的演进，尤其是随着软交换等先进技术的出现，现代通信网与支撑技术还会出现变化，如增加控制层等平面，而网络分层的变化将主要体现在应用层和业务层面上，网络的基础层即传送网将保持相对稳定。

从信号传输手段上看，现代通信网主要由光纤通信、卫星通信和无线电通信技术支撑。从信号传输技术上看，寻址、路由和转发是组成现代通信网的基本功能要素。

目前，现代通信网正朝着传统的电信网、有线电视网、互联网这三大网络相互渗透、相互融合的方向发展，为人们提供更为快捷、便利、广泛的多种通信业务服务。

9.2.2 通信网拓扑结构

拓扑结构是指通信网络中的各节点设备（包括计算机及有关通信设备等）与通信链路相互连接而构成的不同物理几何结构。网络拓扑结构是决定通信网络性质的关键因素之一。

根据各节点在网络中的连接形式，通信网络拓扑结构常分为总线型、环型、星型、树型、网状型、网孔型和复合型七种结构，见图 9-9。

总线型结构的特点是：网络上各节点设备都与一根总线挂接，所有节点都是通过总线进行信息传输，如图 9-9(a) 所示。因此，在任一时刻只能有一个节点设备发送数据，所有要发送信息的节点必须通过某种仲裁协议（即介质访问控制协议）控制访问共享的通信线路。

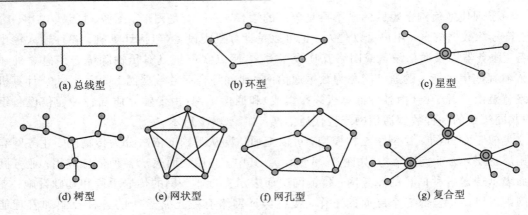

(a) 总线型　　　　　　(b) 环型　　　　　　(c) 星型

(d) 树型　　(e) 网状型　　(f) 网孔型　　　　(g) 复合型

图 9-9　通信网拓扑示意图

环型结构的特点是：网络中各节点设备通过一条首尾相连的通信链路彼此连接而形成的一个闭合环结构，每一节点设备都是通过公共的闭合链路环进行信息传输，如图 9-9 (b)所示。由于网络中的信息流向只能是单方向的，而且环型结构的通信线路也是共享的，所以，也需要采用某种仲裁协议控制对环的访问。

星型结构的特点是：各节点设备通过通信线路与中心节点设备相连接，节点间的通信都需通过中心节点设备，如图 9-9(c)所示。因此，中心节点是该网络中唯一的转接节点。

树型结构的特点是：网络中各节点设备采用分级结构彼此连接，形成的一个倒树状结构（又被称为分级的集中式网络），网络中每一节点都是通过它的根节点（或父节点）与它本级的其他节点或上级节点进行信息传输的，与它下级节点的信息交换则是通过它的子节点实现完成的，如图 9-9(d)所示。因此，除了"叶子"节点（末端）外，树型网络中的所有根节点和子节点都是转接节点。

网状型结构的特点是：节点间没有固定的连接形式，网中的每一节点至少有两条或两条以上链路与其他节点相连，如图 9-9(e)所示。如果网络中的每一节点与其他节点都直接相连，那么就形成了全连接型的网状结构，信息流动方向也可随意，这使得网络中任意两节点间信息传输的可靠性高、灵活性大。但随之带来的问题是管理复杂、最优路径的选择、流量和拥塞控制等。图 9-9(f)是网孔型拓扑，它是网状型网的一种变形，也就是不完全的网状型结构。其大部分节点相互之间有线路直接相连，一小部分节点可能与其他节点之间没有线路直接相连。哪些节点之间不需直达线路，视具体情况而定（这些节点间业务量相对少一些）。网孔型结构与网状型相比，网孔型可节省线路，提高线路利用率，改善经济性，但稳定性会有所降低。

复合型网由网状型结构和星型结构复合而成，如图 9-9(g)所示。根据网中业务量的需要，以星型网为基础，在业务量较大的转接交换中心区间采用网状型结构，可以使整个网络比较经济且稳定性较好。复合型网具有网状型结构和星型结构的优点，是通信网中常采用的一种网络结构，但网络设计应以交换设备和传输链路的总费用最小为原则。

表 9-2 列出了各种网络拓扑结构的特性和适用场合。显然，每种拓扑结构都各有特色。在实际应用中，应该根据不同通信网络的实际环境、条件和要求选择合适的拓扑结构。当然，拓扑结构的选取还与所选用的传输介质、介质的布局、介质访问控制技术等因素密切相关。

从概念和结构上看，通信网的拓扑结构与计算机网络拓扑基本上是一样的。

表 9-2 常用的网络拓扑结构的特性和适用场合

拓扑结构	特　　性	适用场合
总线型	具有良好的扩充性和可靠性，利于分布式控制，总线的故障将会对系统产生重要的影响	局域网
星型	便于扩充，利于集中式控制，中心节点的故障将会对系统产生致命的影响	局域网
环型	利于分布式控制和实时通信，介质访问控制方法简单，环路故障将会对系统产生致命的影响	局域网和城域网
树型	具有良好的扩充性和可靠性，利于分布式控制，通信路径选择算法的好坏将直接影响通信的性能	广域网
网状型	可靠性高、灵活性大，利于分布式控制，管理复杂	广域网
复合型	经济性好、稳定性好	广域网

9.2.3　通信网服务质量

从用户的角度来看，通信网实际上是一个提供服务的设施，其基本功能就是在任意两个网络用户之间提供有效而可靠的信息传送服务。因此，对任何通信系统而言，有效性和可靠性是其主要的质量指标。为了用直观、可测量的指标来衡量通信服务质量，目前电话网和数据网对各自的业务都定义了详细的涉及有效性和可靠性等通信性能的服务质量指标。

对通信网的服务质量一般用可访问性、透明性和可靠性这三个方面的性能来衡量。

可访问性是指网络保证合法用户随时能够快速、有保证地接入到网络以获得信息服务，并在规定的时延内传递信息的能力。它反映了网络保证有效通信的能力。

影响可访问性的主要因素有网络的物理拓扑结构、网络的可用资源数目以及网络设备的可靠性等。实际中常用接通率、接续时延等指标来评定。

透明性是指网络保证用户业务信息准确、无差错传送的能力。它反映了网络保证用户信息具有可靠传输质量的能力。实际中常用用户满意度和信号的传输质量来评定。

可靠性是指整个通信网连续、不间断地稳定运行的能力，它一般由组成通信网的各系统、设备、部件等的可靠性来确定。网络可靠性设计不是追求绝对可靠，而是在一定的经济性、合理性前提下，满足业务服务质量要求即可。可靠性指标主要有以下几种：

(1) 失效率：系统在单位时间内发生故障的概率，一般用 λ 表示。

(2) 平均故障间隔时间(MTBF)：相邻两个故障发生的间隔时间的平均值，$MTBF=1/\lambda$。

(3) 平均修复时间(MTTR)：修复一个故障的平均处理时间，μ 表示修复率，$MTTR=1/\mu$。

(4) 系统不可利用度(U)：在规定的时间和条件内，系统丧失规定功能的概率。通常，假设系统在稳定运行时，μ 和 λ 都接近于常数，则

$$U=\frac{\lambda}{\lambda+\mu}=\frac{\text{MTTR}}{\text{MTBF}+\text{MTTR}}$$

对于我们熟悉的电话通信网，可以从持续质量、传输质量和稳定性质等三个方面定义

服务质量要求。

接续质量反映的是电话网接续用户通话的速度和难易程度，通常用接续损失（呼叫损失率，简称呼损）和接续时延来度量。

传输质量反映的是电话网传输话音信号的准确程度，通常用响度、清晰度、逼真度这三个指标来衡量。实际中对上述三个指标一般由用户主观来评定。

稳定性质量反映电话网的可靠性，主要指标与上述一般通信网的可靠性指标相同，如平均故障间隔时间、平均修复时间、系统不可利用度等。

数据网的服务质量与前面所述的"数据通信的主要性能指标"基本相同，这里不再赘述。

9.2.4 网络的服务性能保障机制

由于任何网络都不可能保证 100% 的可靠，所以，在网络运行中时常要面对以下三个问题：① 数据传输中的差错和丢失；② 网络拥塞；③ 交换节点和物理线路故障。

要保证稳定的服务性能，网络必须提供相应的机制来解决上述问题，这对网络的可靠运行至关重要。目前网络采用的服务性能保障机制主要有四类。

1. 差错控制

差错控制机制负责将信源端和信宿端之间传送的数据所发生的丢失和损坏恢复过来。通常控制机制包括差错检测和差错校正两部分。

对于电话网，由于实时话音业务对差错不敏感，对时延很敏感，偶尔产生的差错对用户之间通话质量的影响可以忽略不计，所以，网络对话路上的用户信息不提供差错控制机制。

对于数据网，情况正好相反。数据业务对时延不敏感，对差错却很敏感，因此必须提供相应的差错控制机制。在目前的分组数据网上，主要采用基于帧校验序列（FCS，Frame Check Sequence）的差错检测和发端重发纠错机制进行差错控制。在分层网络体系中，差错控制是一种可以在多个协议级别上实现的功能。例如在 X.25 网络中，既有数据链路层的差错控制，又有分组层的差错控制。目前，大多数分组数据网络均将用户信息的差错控制由网络移至终端来做，在网络中只对分组头中的控制信息做必要的差错检测。

2. 拥塞控制

拥塞一般发生在网络传输的数据量开始接近网络的数据处理能力时。拥塞控制的目标是将网络中的数据量控制在一定水平之下，否则，网络性能就会急剧恶化。

在电话网中，由于采用电路交换方式，拥塞控制只在网络入口处执行，故在网络内部则不再提供拥塞控制机制。原因在于，当呼叫建立时，已为用户预留了网络资源，通信期间，用户信息流总是以恒定不变的预约速率通过网络，因而已被接纳的用户产生的业务不可能导致网络拥塞。另一方面，当呼叫建立时，假如网络无法为用户分配所需资源，呼叫在网络入口处就会被拒绝，因而在这种体制下，网络内部无需提供拥塞控制机制。因此，电话网在拥塞发生时，主要是通过拒绝后来用户的服务请求来保证已有用户的服务质量的。

实质上，采用分组交换的数据网络可以看成是一个由队列组成的网络，网络采用基于存储转发的排队机制转发用户分组，在交换节点的每个输出端口上都有一个分组队列。当发生拥塞时，网络并不是简单的拒绝以后的用户分组，而是将其放到指定输出端口的队列中等待资源空闲时再发送。由于此时分组到达和排队的速率超过交换节点分组的传输速率，队列长度会不断增长，所以，如果不及时地进行拥塞控制，每个分组在交换节点经历的转发时延就会变得越来越长。但不管何时，用户获得的总是当时网络的平均服务性能。如果对局部的拥塞不加控制，则最终会导致拥塞向全网蔓延。因此，在分组数据网中均提供了相应的拥塞控制机制。例如 X. 25 中的阻流分组、Internet 中 ICMP 协议的源站抑制分组均是用于拥塞节点向源节点发送控制分组，以限制其业务量流入网络。"网络拥塞"可以类比为"交通拥堵"。

3. 路由选择

路由选择技术可帮助信号绕开发生故障或拥塞的节点，从而提高通信可靠性。

在电话通信网中，通常采用静态路由技术，即每个交换节点的路由表是人工配置的，网络也不提供自动的路由发现机制，但一般情况下，到达任意信宿，除正常路由外，都会配置两三条迂回路由，以提高可靠性。这样，当发生故障时，故障区域所影响的呼叫将被中断，但后续产生的呼叫通常可走迂回路由，一般不受影响；采用虚电路方式的分组数据网，情况与此类似。静态路由的主要问题是没有提供自动的路由发现机制，网络运行时，交换节点不能根据网络的变化，自动调整或更新本地路由表。

在分组数据网络中，如果采用数据报方式，一般都支持自适应路由选择技术，即路由选择将随着网络情况（故障和拥塞）的变化而改变。如在 Internet 中，IP 路由协议实际就是动态的路由选择协议。使用该协议，路由器可以实时更新自己的路由表以反映当前网络拓扑的变化，因此即使发生故障或拥塞，后续分组也可以自动绕开，从而提高了网络整体的可靠性。

4. 流量控制

流量控制是一种使目的端通信实体可以调节信源端通信实体发出的数据流量的协议机制，可以调节数据发送的数量和速率。

在电话通信网中，网络体系结构保证通话双方工作在同步方式下，并以恒定的速率交换数据，因而无需再提供流量控制机制。

而在分组数据网中，必须进行流量控制的原因如下：

（1）在目的端必须对每个收到的分组的头部进行一定的协议处理，由于收发双方工作在异步方式下，信源端可能试图以比目的端处理速度更快的速度发送分组。

（2）目的端也可能将收到的分组先缓存起来，然后重新在另一个 I/O 端口进行转发，此时它可能需要限制进入的流量以便与转发端口的流量相匹配。

与差错控制一样，流量控制也可以在多个协议层次实现，如实现网络各层流量控制。常见的流量控制方法有在分组交换网中使用的滑动窗口法，在 Internet 的 TCP 层实现的可变信用量方法，在 ATM 中使用的漏桶算法等。

"路由选择"可以类比"交通指挥"和"路径诱导"。

9.3　现代通信网的支撑技术

9.3.1　应用层技术

1. 应用层业务

在现代通信网中，不管采用何种传送网结构及业务网承载，最终目的是要为用户提供其所需的各类通信服务，满足他们对不同业务服务质量的需求。因此，应用层业务是直接面向用户的。

应用层业务主要包括模拟与数字视音频业务（如普通电话业务、智能网业务、IP电话业务和广播电视业务等），数据通信业务（如电子商务、电子邮件）和多媒体通信业务（如分配型业务和交互型业务）等。

2. 终端技术

终端设备是用户与通信网之间的接口设备，具有三项主要功能：① 完成信源或信宿信息与信号之间的相互转换；② 将信号与信道相匹配；③ 完成信令的产生和识别，即用来产生和识别网内所需的信令，以完成一系列控制功能或操作。

终端技术主要包括以下几种：

（1）音频通信终端技术。音频通信终端是通信系统中应用最为广泛的一类通信终端，它可以应用于普通电话交换网络 PSTN 中的普通模拟电话机、录音电话机、投币电话机、磁卡电话机、IC卡电话机，也可以应用于 ISDN 网络中的数字电话机，以及移动通信网中的无线手机。

（2）图形图像终端技术。图形图像终端，如传真机，它是把纸介质所记录的文字、图表、照片等信息，通过光电扫描方法变为电信号，经公共电话交换网络传输后，在接收端以硬拷贝的方式得到与发端相同（或相类似）的纸介质信息。

（3）视频通信终端技术：视频通信终端，如各种电视摄像机、多媒体计算机用摄像头、视频监视器以及计算机显示器等。

（4）数据通信终端技术。数据终端，如调制解调器、ISDN 终端设备、多媒体计算机终端、机顶盒、可视电话终端等。

需要特别说明的是对于广播电视网中的业务，不能简单地采用图 9-1 所示的点到点通信结构与上述的终端技术，而是由电台或电视台向千家万户以广播（或交互）的方式传送信息和提供服务。

9.3.2　业务网技术

业务网是向用户提供诸如电话、电报、传真、数据、图像等各种电信业务的网络。在传送网的节点上安装不同类型的节点设备，就形成不同类型的业务网。业务节点设备主要包括各种交换机（电路交换、X.25 协议、以太网、帧中继网、ATM 等交换机）、路由器和数字交叉连接设备（DXC）等。DXC 既可作为通信基础网的节点设备，也可以作为数字数据网DDN 和各种非拨号专网的业务节点设备。

业务网包括电话网、数据网、智能网、移动网等，可分别提供不同的业务。其中交换设备是构成业务网的核心要素，其基本功能是完成接入交换节点链路的汇集、转接接续和分配，实现一个呼叫终端（用户）和它所要求的另一个或多个用户终端之间的路由选择和连接。交换设备的交换方式可以分为两大类：电路交换方式和分组交换方式。

1. 电话网与电路交换技术

如果需要在两部电话之间通话，只需用一对导线将两部话机直接相连即可。如果有成千上万部电话需要互相通话，就需要将每一部话机通过用户线连到交换机上。交换机根据用户信号(摘机、挂机、拨号等)自动进行话路的接通与拆除。一个城市需建立多个电话分局,分局间使用局间中继线互连。与用户线不同,中继线是由各用户共用的。分局数量太多时,就需要建立汇接局,汇接局与所属分局以星型连接,汇接局间是全互连的。分局间通话需经汇接局转接。为了使不同城市用户能互相通话,城市内还需建立长话局,长话局与市话分局(或市话汇接局)间以长市中继线相连。不同城市的长话局、长话汇接局间用长途中继线相连。

2. 数据网与分组交换技术

公共数据网是根据数据通信的突发性和允许一定时延的特点,采用了存储—转发分组(包)交换技术。数据网指 X.25 协议分组交换网、帧中继(FR)网、数字数据网(DDN)、智能网(IN)、综合业务数字网(ISDN)、异步转移模式(ATM)网等。为了改变目前多种数据网并存的复杂局面,人们正试图用以 TCP/IP 协议为核心的互联网(Internet 或 IP 网)一统天下。

3. 智能网技术

智能网依靠先进的信令技术和大型集中数据库技术,将网络的交换与控制功能相分离,把电话网中原来位于各个端局交换机中的网络智能集中到了业务控制点的大型计算机上,而原有的交换机仅完成基本的接续功能。未来的功能强大的智能网可配备有完善的业务生成环境,客户可以根据自己的特殊需要定义自己的个人业务。这对电信业的发展无疑是一次革命。

4. 移动通信网技术

所谓移动通信是指通信双方或至少一方是在运动中的信息交换过程。例如,固定点与移动体(汽车、轮船、飞机)之间,移动体与移动体之间、人与人或人与移动体之间的通信,都属于移动通信。移动通信必须使用无线信道,即靠无线电波传送信息。

移动通信网依靠先进的移动通信技术可为用户提供灵活的移动业务,如蜂窝公用陆地移动通信系统、集群调度移动通信系统、无绳电话系统、无线电寻呼系统、卫星移动通信系统等。

9.3.3　传送网技术

传送网是一个庞大复杂的网络,由许多的单元组成,完成将信息从一个点传递到另一个点或另一些点的功能,如传输电路的调度、故障切换、分离业务等。

传输链路是信息的传输通道,是连接网络节点的媒介。它一般指信源和信宿之间(或两个节点之间)的传输介质与通信设备。

根据信道的定义,我们这里所说的传输链路指的是广义信道。传输链路可以分为不同的类型,它们各有不同的实现方式和使用范围。

从物理实现角度看,传送网技术包括传输介质、传输系统和传输节点设备。传输介质前面已经讲过,下面我们讲一下传输系统和传输节点设备。

1. 传输系统

传输系统包括传输设备和传输复用设备。携带信息的基带信号一般不能直接加到传输介质上进行传输,需要利用传输设备将它们转换为适合在传输介质上进行传输的信号,例如光、电等信号。

传输设备主要有微波收发信机、卫星地面站收发信机和光端机等。为了在一定传输介质中传输多路信息，需要有传输复用设备将多路信息进行复用与解复用。传输复用设备目前可分为三大类：即频分复用、时分复用和码分复用设备。

2. 传输节点设备

传输节点设备包括配线架、电分插复用器（ADM）、电交叉连接器（DXC）、光分插复用器（OADM）、光交叉连接器（OXC）等。

另外，不同类型的业务节点可以使用一个公共的用户接入网，实现由业务节点到用户驻地网的信息传送，因此可将接入网看成是传送网的一个组成部分。

9.3.4　支撑网技术

支撑网是使业务网正常运行，增强网络功能，提供全网服务质量，以满足用户要求的网络。在各个支撑网中传送相应的控制和检测信号。支撑网包括信令网、同步网和电信管理网。

1. 信令网

在采用公共信道信令系统之后，除原有的用户业务之外，还有一个起支撑作用的、专门传送信令的网络——信令网。信令网的功能是实现网络节点间（包括交换局、网络管理中心等）信令的传输和转接。

2. 同步网

实现数字传输后，在数字交换局之间、数字交换局和传输设备之间均需要实现信号时钟的同步。同步网的功能就是实现这些设备之间的信号时钟同步。

3. 电信管理网

电信管理网是为提高全网质量和充分利用网络设备而设置的。网络管理是实时或准实时地监视电信网络的运行，必要时采取控制措施，以实现任何情况下，最大限度地使用网络中一切可以利用的设备，使尽可能多的通信业务得以实现。

9.4　通信网的发展历程

若将 1878 年第一台交换机投入使用作为通信网发展起点的话，那么现代通信网已经有 130 多年的历史了。这期间由于交换技术、信令技术、传输技术、业务实现方式的发展和变化，通信网大致经历了三个发展阶段。

第一阶段（1880—1970 年）：这是典型的模拟通信网时代，网络的主要特征是模拟化、单业务、单技术。这一时期电话通信网占统治地位，电话业务也是网络运营商主要的业务和收入来源，因此整个通信网都是面向话音业务来优化设计的，其主要技术特点如下：

（1）交换技术。由于话音业务量相当稳定，且所需带宽不高，所以，网络采用控制技术相对简单的电路交换技术，为用户业务静态分配固定的带宽资源，虽然有带宽资源利用率不高的缺点，但相对于当时的业务需求其负面影响并不大。

（2）信令技术。网络采用模拟的随路信令系统。它的优点是信令设备简单，缺点是功能太弱，只支持简单的业务类型。

（3）传输技术。终端设备、交换设备和传输设备基本是模拟设备，传输系统采用 FDM 技术、铜线介质，网络上传输的是模拟信号。

（4）业务实现方式。网络通常只提供单一电话业务，并且业务逻辑和控制系统是在交换节点中用硬件逻辑电路实现的，网络几乎不提供任何新业务。

由于通信网主要由模拟设备组成，所以存在的主要问题是：成本高、可靠性差、远距离通信的服务质量差。另外，在这一时期，数据通信技术还未成熟，基本处于试验阶段。

第二阶段（1970—1994 年）：这是骨干通信网由模拟网向数字网转变的时期。该阶段数字技术和计算机技术在网络中被广泛使用，除传统公用电话网（PSTN）外，还出现了多种不同的业务网。网络的主要特征是数模混合、多业务多技术并存，这一阶段业界主要是利用计算机技术来解决话音、数据业务的服务质量问题。这一时期网络技术主要的变化有以下几方面：

（1）数字传输技术。基于 PCM 技术的数字传输设备逐步取代了模拟传输设备，彻底解决了长途信号传输质量差的问题，降低了传输成本。

（2）数字交换技术。数字交换设备取代了模拟交换设备，极大地提高了交换速度和可靠性。

（3）公共信道信令技术。公共信道信令系统取代了原来的随路信令系统，实现了话路系统与信令系统之间的分离，提高了整个网络控制的灵活性。

（4）业务实现方式。在数字交换设备中，业务逻辑采用软件方式来实现，使得在不改变交换设备硬件的前提下，提供新业务成为可能。

在这一时期，电话业务仍然是网络运营商主要的业务和收入来源，骨干通信网仍是面向话音业务来优化设计的，因此电路交换技术仍然占主导地位。另一方面，基于分组交换的数据通信网技术，如 TCP/IP 协议、X.25 网络、帧中继网等都在这期间出现并发展成熟，但数据业务量与话音业务量相比，所占份额还很小，因此实际运行的数据通信网大多是构建在电话网的基础设施之上的。另外，光纤技术、移动通信技术、IN 技术也是在此期间出现的，并且形成了以 PSTN 为基础，Internet、移动通信网等多种业务网络交叠并存的结构。这种结构主要的缺点是：对用户而言，要获得多种电信业务就需要多种接入手段，这增加了用户的成本和接入的复杂性；对网络运营商而言，不同的业务网都需要独立配置各自的网络管理和后台运营支撑系统，也增加了运营商的成本，同时由于不同业务网所采用的技术、标准和协议各不相同，使得网络之间的资源和业务很难共享和互通。因此，从 20 世纪 80 年代末开始，人们研究开发出了一些多业务、单技术的综合业务网，如 N-ISDN、B-ISDN 和 ATM 技术。

这一时期是现代通信网最重要的一个发展阶段，它几乎奠定了未来通信网的所有技术基础，比如数字技术、分组交换技术奠定了未来实现综合业务的基础；公共信道信令和计算机软硬件技术奠定了网络智能和业务智能的基础；光纤技术奠定了宽带网络的物理基础。

第三阶段（从 1995 年至今）：这是信息通信技术发展的黄金时期，是新技术、新业务产生最多的时期。在这一阶段，骨干通信网实现了全数字化，骨干传输网实现了光纤化，同时数据通信业务增长迅速，独立于业务网的传送网业已形成。由于电信政策的改变，电信市场已由垄断转向全面的开放和竞争。在技术方面，对网络结构产生重大影响的主要有以下三方面：

（1）计算机技术。在硬件方面，计算成本下降，计算能力大大提高；在软件方面，面向对象（OO，Object-Oriented）技术、分布处理技术、数据库技术已发展成熟，极大地提高了大型信息处理系统的处理能力，降低了开发成本。其影响是 PC 得以普及，智能网、电信管理网得以实现，这些为下一步的网络智能以及业务智能奠定了基础。另外，终端智能化使得许多原来由网络执行的控制和处理功能可以转移到终端完成，骨干网的功能可由此而简化，这有利于提高其稳定性和信息吞吐能力。

（2）光传输技术。大容量光传输技术的成熟和成本的下降，使得基于光纤的传输系统在骨干网中迅速普及并取代了铜线技术。实现宽带多媒体业务，在网络带宽上已不存在问题了。

（3）Internet。1995 年后，基于 IP 技术的 Internet 的发展和普及，使得数据业务的增长速率远远超过电话业务，成为运营商的主营业务和主要收入来源。这使得继续在以话音业务为主进行优化设计的电路交换网络上运行数据业务，不但效率低下、价格昂贵，而且严重影响了传统电话业务服务的稳定性。重组网络结构，实现综合业务网成为这一时期最迫切的问题。

然而，考察现有的各种技术，传统电路交换网是针对话音业务来优化设计的，利用传统的分组交换网技术如 X.25 网络、帧中继网等则又是针对数据业务来优化设计的，它们都不能满足现代网络通信向综合业务发展的需求，因此，目前在通信产业界，发展基于 IP 的宽带综合业务网已成为共识。其主流技术主要有 IP over ATM、IP over SDH、IP over WDM（波分复用）和 IP over DWDM（密集波分复用），它们的性能比较见表 9 - 3。

表 9 - 3　三种宽带 IP 网性能比较

综合业务	IP over ATM	IP over SDH	IP over WDM/ DWDM
结构	复杂	较简单	很简单
带宽	中	中	高
效率	低	中	高
价格	高	一般	较低
传输性能	好	一般	好
维护管理	复杂	较简单	简单

显然，IP over WDM/ DWDM 作为新一代光纤通信支撑技术是比较理想的，它代表着未来宽带 IP 主干网发展的方向，具有很强的生命力。

9.5　小资料——收音机的发明

1906 年，美国的费森登教授在一次无线电通信实验中，在世界上首次用调幅无线电波发送音乐和讲话，附近的许多无线电通信电台都接收到了他的信号。但是，要真正实现无线电广播，就要有一种普通公众都能拥有、专门用于收听声音信号的无线电接收机，即收音机。

1910 年，美国科学家邓伍迪和皮卡尔德利用某些矿石晶体进行试验，发现铅矿石具有检波作用，如果将其与几种简单的元件相连接，就可以接收到无线电台放送的广播节目，于是，矿石收音机诞生了，其电路图如图 9-10 所示。

矿石收音机靠天线接收电波，机内装有简单的调谐电路，可将接收到的电波按所需的波长选择出来输送给矿石检波器，从电波中分检出记载音频信号的电流，然后通过耳机将电流转换成声音。矿石收音机无需供电，结构简单，但它只能供一人收听，而且接收性能也比较差。

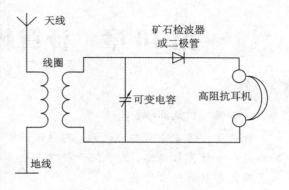

图 9-10　矿石收音机电路图

1912 年，费森登在改进原有接收机的研究中发明了外差式电路，为以后出现的超外差和边带接收法奠定了基础。

1913 年，美国工程师阿姆斯特朗发明了超外差电路。同年，法国人吕西安·莱维利用超外差电路制成了收音机，从而结束了以往收音机必须安装许多旋钮，调谐十分困难的历史，大大地简化了收音机调谐过程，为工业化生产提供了基础。1924 年，超外差式收音机首次投入市场。今天世界上 99% 的收音机、电视、卫星地面站等都是利用超外差电路进行工作的。

调频收音机也是阿姆斯特朗发明的。1925 年，他发明了使载波的瞬时频率随传播信号的变化而变化的调制方法，即调频方法。

早时期的收音机由于使用的是电子管，大多都体积大、耗电多和笨重。1955 年，首批晶体管收音机几乎同时在美国和日本问世。

思考题与习题

9-1　举出几种常见的通信业务，并说明是模拟、数字或数据通信业务。

9-2　什么是数据通信？什么是数字通信？简述数据通信与数字通信的关系。

9-3　串行通信和并行通信有何优缺点？

9-4　同步通信和异步通信的本质区别是什么？

9-5　数据通信系统由哪几部分组成？举例说明一个数据通信系统。

9-6　什么是通信网？通信网的体系结构有哪几层？

9-7　计算机网络和通信网有什么关系？

9-8　通信网有哪几种支撑技术？

9-9　简述各种常见网络拓扑的优缺点。

9-10　计算机网络的发展主要分哪几个阶段？

9-11　什么是"三网合一"？三网合一的基础是什么？

第10章 计算机网络体系结构

本章重点问题：

数据通信通常是需要协议的，其通信过程比模拟和数字通信都要复杂。对于数据通信的典范——计算机网络，为了便于研究和使用，需要对通信过程进行分层处理。那么，什么是层？分层有什么好处？

10.1 网络体系结构概述

在第9章中，为了更好地分析和研究通信网，我们在纵向上将其分为了应用层、业务网和传输网三个层次。计算机网络虽然以通信网为基础和核心，但它的任务决定了其体系结构比普通的通信网（比如 PSTN）更为细致和复杂。

早在 20 世纪 60 年代，计算系统设计者就提出了计算机网络体系结构的概念，即从整个计算机网络系统的角度研究网络的结构特征，具体就是研究网络的逻辑结构和功能的分配。其目的是为了使计算机网络系统能够在统一的原则下进行设计、建造、互连、使用和发展。它的研究并不是针对某个网络产品或部件，也不涉及某个具体的网络，以及具体技术上的实现细节，而仅仅从概念上和功能上抽象和概括计算机网络的结构框架。由于计算机网络体系结构从全局的观点研究计算机网络，所以对促进网络的合理化、标准化、通用化、高性能化产生了重要的影响和作用。

目前，常见的网络体系结构实例有 IBM 公司的 SNA（Systems Network Architecture），DEC 公司的 DNA（Digital Network Architecture），美国国防部的 TCP/IP 网络体系结构等，由于不同体系结构的网络互不兼容，使得各种结构的计算机网络不能互连，这给计算机网络的发展带来了很多困难。

这一问题受到了国际标准化组织（ISO，International Standard Organization）的重视，在 1977 年 3 月的第九次全会上决定成立一个新的技术委员分会 ISO/TC$_{97}$/SC$_{16}$ 专门研究此课题。1983 年 ISO/TC$_{97}$/SC$_{16}$ 提出了开放系统互连参考模型（OSI-RM，Open System Interconnect - Reference Mode），即著名的 ISO7498 国际标准。它采用了抽象化、虚拟化和分层化的方法研究计算机网络的各层功能、接口及协议。采用抽象化的方法，给出了 OSI 的参考模型、服务定义和协议规范；基于虚拟化的方法，提出了逻辑通道、虚拟电路、虚拟终端等高度概括与理想的产物，而并未具体到某一器件、装置、程序和组件，这为研究网络体系结构找到了目标和对象；用分层化的方法定义了 OSI 的七层模型，为进一步开发 OSI 标准提供了共同的框架。

狭义地讲，网络体系结构就是计算机网络的各层及其协议的集合，网络上的每一层功能都是由该层的协议和服务来实现的。具体地说，就是**为完成计算机之间的通信任务，把每个计算机互连的功能划分成定义明确的层次，规定出同等层进程间通信协议和相邻层之**

间的接口及服务，将这些分层模型、同等层进程通信协议规范和相邻层接口服务规范等的集合统称为计算网络体系结构。

需要强调的是，由于网络体系结构只是精确定义了计算机网络中的逻辑构成及所应完成的功能，至于这些功能究竟是用何种硬件或软件实现并未说明，这样做是为了促进网络互连技术的发展。所以，体系结构是抽象的，而实现则是具体的，是需要硬件和软件来完成的。

10.2　网络体系结构的几个重要概念

10.2.1　网络协议

在计算机网络中要完成计算机之间的信息传输，就必须遵循它们事先约定好的网络协议。

通常把在**计算机网络中为进行信息(数据)交换而建立的一系列规则、标准或约定称为网络协议。**

具体地讲，网络协议包括语法、语义和同步三要素。其中，语法约定了数据和控制信息的格式或结构、编码及信号电平等；语义是为协调完成某种动作或操作而规定的控制和应答信息；同步是对事件实现顺序的详细说明，指出事件发生的顺序以及匹配速度。

为了减少网络协议的复杂性，网络设计者并不是为所有形式的通信业务设计一个单一、巨大的协议，而是采用对协议分层的方法设计网络协议。所谓协议分层，就是按照信息的流动过程将网络通信的整体功能分解为一个个的子功能层，位于不同系统上的同等功能层之间按相同的协议进行通信，而同一系统中上下相邻的功能层之间通过接口进行信息传递。

从形式上看，两台计算机之间就是靠一根连接电缆(暂不考虑无线传输)进行信息传输的，而通信过程就是发送端发送电信号，接收端通过电缆接收电信号的过程。在这个过程中如何理解对等层之间的通信呢？

要搞明白这个问题，首先要清楚网络分层的方法或标准。我们知道，任何一个通信过程都需要若干步骤才能完成。比如，普通电话的通信双方都必须经过"声—电"("电—声")转换、电信号放大、电信号发送(接收)等步骤。由于这些功能或步骤大多是互逆的，且在通信双方往往成对出现，所以，为了便于研究(尤其是对数据通信过程)，人们把通信过程中比较重要的、在通信各方都会出现的若干步骤叫做"层"，并根据执行顺序(或信号流程)编上层号。这样就产生了通信功能的分层体系结构。

分层是一种结构化技术，以这种技术搭建的系统从逻辑上看是一些连续层次的组合。每一层的功能都建筑在其下层功能之上，是下层功能的增强或提高。层与层之间通过接口进行服务提供与服务调用。

将通信过程分层，可以把信息流的传递(也就是通信过程)理解为通信双方对等层之间的通信，尽管实际上并不存在这样的通信。

分层可以把一个复杂的问题分解成若干个比较简单的问题，从而有利于问题的研究与解决，这是我们的主要目的。分层的另一个目的就是保持层次之间的相对独立性，也就是说，上层不管下层的具体运行方法，只要保证提供相同的服务即可。比如，在你与家人打电话的通信过程中，只要双方可以进行语音交流(上层的功能)，你不会去追究语音信号在底层到底是通过电缆、光纤还是无线电波进行传输的。

现在回到我们开始的问题，两台计算机之间在物理上确实只是通过电缆进行电脉冲串的传输（即有形的、看得见的信号传输），但这些脉冲信号所表示的具体意义（即信息）却是在无形的层次之间的通信中完成的。

我们用一个实例来解释多层通信的概念。假设有两位相距千里的动物学家希望进行学术交流，因为语言不通且不会通信方法，他们分别雇用了翻译和秘书，通信过程如图10-1(a)所示。在这个通信过程中，双方的学者、翻译和秘书虽然不在一地，但他们的工作或功能是一样的，因此，把这个过程以传输介质为中心两边竖起来，就形成了图10-1(b)的分层示意图，使得动物学家、翻译和秘书三对通信"模块"能够被分别对待、考虑或设计。

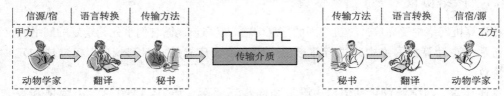

(a) 动物学家通信交流过程示意图

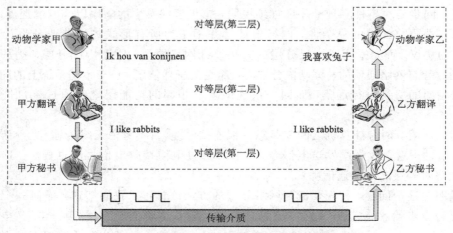

(b) 动物学家—翻译—秘书通信分层示意图

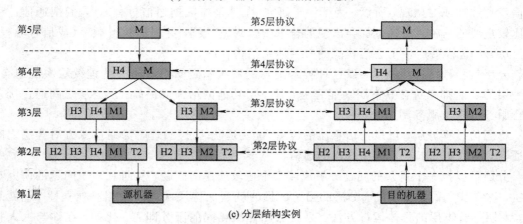

(c) 分层结构实例

图10-1 通信协议分层示意图

具体通信流程是这样的，两个动物学家（第 3 层中的对等进程）希望通话，一位说荷兰语，另一位说汉语。由于语言不通，每人都请了一位翻译进行交谈（第 2 层中的对等进程）。每个翻译又必须和一位秘书联系（第 1 层中的对等进程），由秘书负责具体通信手段。动物学家甲希望能向动物学家乙表达自己对兔子的感情，他把这一信息用荷兰语通过第 3 层与第 2 层之间的接口传给他的翻译："Ik hou van konijnen"，如图 10−1(a)所示。甲方翻译根据协议使用英语为中间语言，将该信息转换为"I like rabbits"（对语言的选择是第 2 层协议的事，与对等进程无关）。然后翻译把该信息交给秘书，秘书采用电报方式（第 1 层协议）将信息传递给乙方秘书。乙方秘书将收到的电脉冲还原成信息"I like rabbits"，并通过第 1 层与第 2 层的接口送给乙方翻译，翻译将英语译为汉语"我喜欢兔子"，并通过第 2 层与第 3 层之间的接口传达给动物学家乙，从而完成了整个通信过程。

　　在该例中，两个动物学家之间交流的内容范围要事先定义清楚（要有个"交流范围"的协议），否则就会失去通信的意义。两个翻译要有个"语言选择"协议，保证彼此能够听懂对方的语言。两个秘书则需要制定一个"通信手段"协议，保证彼此采用相同的手段进行通信，如利用传真机、E-mail 或电话等。

　　应注意到每层的协议与其他层的协议完全无关，只要接口保持不变就不影响通信。比如，只要两位翻译愿意，他们可以随意将英文换成德文或其他语种，完全不必改变他们和第 1 层或第 3 层之间的接口。同样，秘书把传真换成电子邮件也不会影响到其他层。

　　现在来考虑一个更有技术特点的例子：如何向图 10−1(b)中 5 层网络的顶层提供通信。

　　第 5 层运行的某应用程序进程产生了消息 M，并交给第 4 层进行传输。第 4 层在消息的前面加上一个报头（Header）以识别该消息，并把结果下传给第 3 层。报头包括控制信息，例如序号，以使目标机器上的第 4 层能在下层未保持信息顺序时按正确的顺序递交。在某些层里，报头还包括长度、时间和其他控制字段。

　　在许多网络中，对于第 4 层传输的消息长度没有限制，但在第 3 层却常常被限制。因此，第 3 层必须把上层来的消息分成较小的单元（分组），在每个分组前加上第 3 层报头。在本例中，M 被分成了两部分，M1 和 M2。

　　第 3 层决定使用哪一条输出线路，并把分组传递给第 2 层。第 2 层不仅给每段信息加上报头信息而且还加上尾部信息，然后把结果交给第 1 层进行实际传送。在接收方，报文向上传递 1 层，该层的报头就被剥掉。

　　在开放系统互连参考模型中，报头在第六、五、四、三、二层加入，报尾只在第二层加入。

　　理解图 10−1(b)的关键是要理解虚拟通信和实际通信之间的关系，以及协议和接口之间的区别。例如，第 4 层中的对等进程，概念上认为它们的通信是水平方向使用第 4 层协议。每一方都好像有一个叫做"发送到另一方去"和"从另一方接收"的过程调用，尽管这些调用实际上是跨过第 3 层与第 4 层间的接口与下层通信，而不是直接与另一方通信。

　　抽象出对等进程这一概念，对网络设计是至关重要的。有了这种技术，就可以把设计完整网络这种难以处理的问题划分为 n 个小的、易于处理的问题，即各层的设计。

　　显然，采用协议分层结构的突出特点是：

（1）层具有独立性和封装性。由于每一层都是相对独立的功能模块，所以只要相邻层间的接口所提供的服务不变，那么各层模块如何实现以及如何发生变化或修改，都不会影响其他各层。它不仅将整个系统设计的复杂程度降低了，而且给系统的维护和管理提供了方便，同时也为在硬件和软件方面适应新技术的发展和更新提供了灵活性。

（2）便于标准化。因为各层的功能都有精确定义和说明，所以，可规范设计与使用。

10.2.2　网络服务

由上述内容可知，网络的协议作用在不同系统中的同等层间，完成信息的横向传输。为了使同等层间具有通信的能力，在网络的每一层中至少要有一个实体。所谓实体泛指能够发送和接收信息的任何东西，它既可以是软件实体（如进程、程序等），也可以是硬件实体（如某一接口芯片）。不同系统上的同一层实体叫对等实体（或同等实体）。在网络协议的控制下，两个对等实体间的通信使得本层能够为相邻的上一层提供服务。因此，**网络服务是指彼此相邻的下层向上层提供通信能力或操作而屏蔽其细节的过程，该过程负责信息的纵向传输**。其中下层是服务提供者，上层是服务用户。网络分层结构中的单向依赖关系，使得网络的底层总是向它的上层提供服务，且每一层的服务又都是基于其下层及以下各层的服务能力。

服务的表现形式是服务原语（比如库函数或系统调用等），即上层是利用下层提供的服务原语通过层间接口的信息交换来使用下层的服务。服务原语共有请求、指示、响应、证实四种类型。其中，请求原语类型（Request）用以使服务用户能从服务提供者那里请求一定的服务，比如，建立连接、发送数据、释放连接、报告状态等；指示原语类型（Indication）用以使服务提供者能向服务用户提示某种状态，如连接指示、输入数据、释放连接指示等；响应原语类型（Response）用以使服务用户能响应先前的指示原语，如接受连接或释放等；证实原语类型（Confirmation）用以使服务提供者能报告先前请求原语请求成功与否。服务原语间的关系如图 10－2 所示。

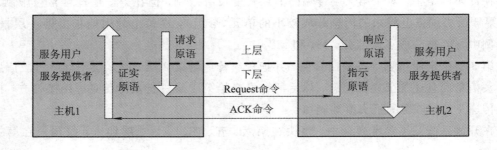

图 10－2　服务原语间的关系

值得注意的是，协议和服务在概念上是有很大区别的。首先，协议的实现保证了该层能够向它相邻的上一层提供服务，服务用户只能看见服务提供者提供的服务而看不见它的协议，即协议对服务用户是透明的，这就意味着，协议是服务存在的基础，而服务是协议实现的最终体现；其次，协议是"水平"的，而服务是"垂直"的，也可以说，对等层之间的通信是虚拟的，而相邻层之间的服务是具体的，即"横向虚"，"纵向实"。

在同一系统中，相邻层间的实体进行信息交换的地方通常称为服务访问点（SAP，Service Access Point）。SAP 实际上就是一个逻辑接口，更具体地说，就是为实现层间接口的通信所定义的数据结构，它有唯一的地址加以标识。

在网络分层体系结构中，同等层间或相邻层间的数据交换是按数据单元进行的，即约定同等层间按协议数据单元(PDU，Protocol data unit)进行通信；相邻层间按接口数据单元(IDU，Interface data unit)实施通信；服务数据单元(SDU，Serve data unit)是服务用户交给服务提供者所传递的数据单位，它只需在同等层的服务用户之间保持一致，而不管在传输过程中经过什么变化。数据单元间的关系如图 10-3 所示。

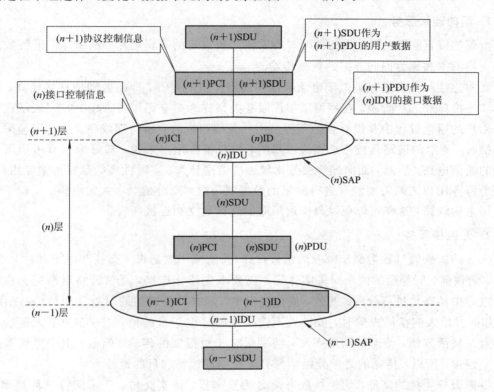

图 10-3　数据单元间的关系

从图 10-3 中可以看到，(n)层实体为了将服务用户的$(n+1)$SDU 传递到对等层——(n)层实体的服务用户中，首先给$(n+1)$SDU 外加一些协议控制信息，使之变换成$(n+1)$PDU，这是因为对等层实体是按协议数据单元通信的。由于实际数据的流向是穿过发送端系统的各层，并通过对接的传输介质传递到接收端系统中的底层(即物理层)，然后再由底层逐层传递，直到与发送端对接的同等层为止。所以，还必须在$(n+1)$PDU 上外加一些接口控制信息，使之变换成(n)IDU，以便通过相邻层间的接口 SAP 传递至(n)层。当数据传递到(n)层后，接口控制信息的作用已经完成。此时，(n)层最终接受的数据又作为$(n-1)$层的服务用户数据，即(n)SDU，并借助$(n-1)$层的网络服务将数据继续向下层传递(这一传递过程称为打包过程)，即按各同等层间的协议组装数据，直到网络的底层——物理层后，通过传输介质传送到接收端。接收端再按相反的方向由底层向上层逐层传递接收的数据(这一传递过程又称为解包过程)，即各同等层间按协议解释数据，直到与发方对接的同等层为止。至此完成了通信双方间的数据传递。

第二篇 数据通信原理

值得注意的是，由于各类数据单元的大小都是有一定限制的，所以，在各类数据单元之间转换的过程中，常常需要在发送端对数据进行分段或分块，而在接收端对数据进行合段或合块。图 10-3 仅给出了一对一的转换关系图。

10.2.3 面向连接服务与无连接服务

从通信的角度看，各层所提供的服务可分为面向连接服务和无连接服务两种。

1. 面向连接服务

所谓连接，是指在同等层的两个对等实体间所设定的逻辑通路。利用连接进行数据传送或交换的方式称为面向连接的数据传输。

面向连接服务的过程类似于电话通信中线路交换的过程，即需要经历连接建立、数据传输和连接释放三个阶段。在网络层中该服务类型称为虚电路服务。其中"虚"表示在两个服务用户的通信过程中并没有自始至终占用一条端到端的完整物理线路。这是因为采用分组交换时，通信的链路是按信道逐段占用的，但对服务用户来说，却好像一直占用了一条完整的通信电路。显然，面向连接服务比较适应数据量大、实时性高的数据传输应用场合。若两个服务用户之间需要经常进行频繁的数据通信时，则可建立永久虚电路。类似于建立的专用电话线路，这样可以免除每次通信时的连接建立和连接释放。

2. 无连接服务

无连接服务的过程类似于邮政的信件投递（典型应用就是报文交换和电子邮件），其特点是：通信前，同等层的两个对等实体间不需要事先建立连接，通信链路资源完全在数据传输过程中动态地进行分配。此外，通信过程中，双方并不需要同时处于激活（或工作）状态，如同发信人向信筒投信时，收件人不需要当时也位于目的地一样。显然，无连接服务的优点是灵活方便，信道的利用率高，特别适合于短报文的传输。但是，由于通信前事先未建立连接，所以，传递的每个分组信息必须标明源地址和目的地址。

根据服务质量的高低，无连接服务可分为数据报、证实交付、请求回答三种类型。其中，数据报是一种不可靠的服务，通信过程类似于一般平信的投递，其特点是不需要收信端做任何响应；证实交付是一种可靠的服务，它要求每个报文的传输都有一个证实应答给发信方的服务用户，但这个证实来自于收信方的服务提供者而不是服务用户，这就意味着这种证实只能保证报文已经发到目地站，而不能保证目地站的服务用户收到报文；请求应答也是一种可靠的服务，它要求收方的服务用户每收到一个报文就向发方的服务用户发送一个应答报文。

10.3 ISO/OSI 参考模型

ISO/OSI 作为计算机网络体系结构模型和开发协议标准的框架，将计算机网络划分为了七个层次（如图 10-4 所示）。它不仅是各种网络互连的统一体系结构，还是各大公司按 OSI 标准制造计算机网络设备的统一标准。虽然 ISO/OSI 的七层体系结构既复杂又不实用，但其概念清晰且具有指导意义。其各层次的主要功能简述如下。

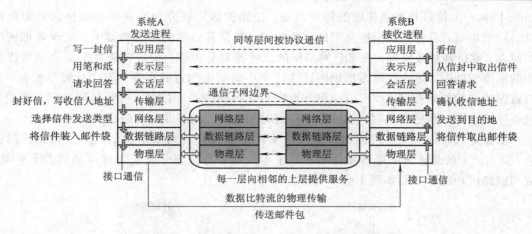

图 10 - 4　ISO/OSI 网络参考模型与邮件系统类比图

10.3.1　物理层

物理层(Physical Layer)处于 OSI 模型的最低层,它完成相邻节点之间原始比特流的传输,向它的上层——数据链路层提供物理连接建立和数据比特流的透明传输服务。其中,透明是对数据链路层而言的,意指数据比特流经过哪些实际电路传输,如何传输等过程细节,数据链路层是一概不知或看不见的。物理层功能示意图如图 10 - 5 所示。

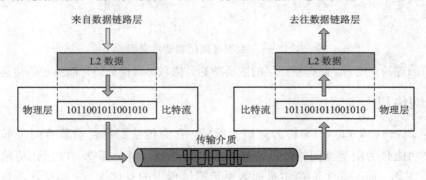

图 10 - 5　物理层功能示意图

物理层协议关心的典型问题是:使用什么样的物理信号来表示数据"1"和"0",一位码元的持续时间是多长,是否可同时在两个方向上进行数据传输,初始的物理连接如何建立以及完成通信后如何终止物理连接,物理层与传输介质的连接接口(插头和插座)有多少引脚以及各引脚的功能和动作时序等。物理层主要体现:设备与传输介质之间的机械、电气特性以及传输介质类型。因为物理层的数据是不做任何解释的比特流,所以,要定义编码类型(如何将比特流转化为信号;波特率和位同步;传输方式,即单工、半双工和全双工方式。

从通信原理的角度看,物理层的主要功能是为信号的传输提供合适的通道,保证其可靠传输。

10.3.2　数据链路层

链路是为信号传输提供的一条点到点的链条状信道或物理线路。数据链路层(Data

Link Layer)由信道和控制传输的协议组成。控制传输协议分为面向字符型协议和面向位（比特）型协议，后者是数据链路层的主要协议。数据链路层的主要功能有：实现数据链路的建立、维持和释放管理；将来自网络层的比特流划分为帧；控制发送数据速率与接收数据的速率相匹配，防止接收方出现因接收速率小而产生的过载现象，即实行流量控制；进行数据检错和纠错控制，即可以检测与重发损坏的帧和丢失的帧；进行访问控制。当多台设备连接在同一条链路上时，能够决定任意时刻由哪台设备获取对链路的控制权。

数据链路层把一条有可能出现差错的实际链路转变为网络层看似是一条无差错的链路。简言之，就是通过数据链路层协议，在不太可靠的物理介质上实现可靠的数据传输。数据链路层功能示意图如图 10-6 所示。

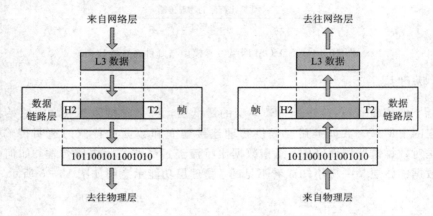

图 10-6　数据链路层功能示意图

从通信原理的角度看，数据链路层的主要功能是依靠协议保证信号能够正确传递和接收。

10.3.3　网络层

网络层（Network Layer）又称为通信子网层，它为传输层提供端节点间可靠的通信服务。其主要功能是为端节点间的数据传输寻找最佳路径，避免拥塞，以便让传输层可以专注于自己的工作，而不必关心两主机间数据传输过程中的具体细节。网络层功能示意图如图 10-7 所示。

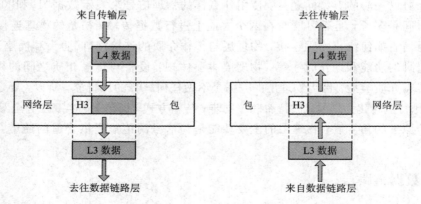

图 10-7　网络层功能示意图

由于在计算机网络中进行通信的两个计算机之间可能要经过许多个节点和链路，也可能要经过若干个通过路由器互连的不同通信子网，所以，网络层的控制传输协议规定了网络节点和信道间的标准接口，用于完成虚拟线路的建立、拆除和网络通信管理。

网络层一般给传输层提供两种类型的接口：虚电路和数据报。其中，虚电路提供的是面向连接服务，数据报提供的是面向无连接服务。

从通信原理的角度上看，网络层的主要功能是指引信号在网络中沿怎样的路径传输，保证信号在传输过程中的通畅、快捷、经济。

10.3.4 传输层

前面介绍的下三层(物理层、数据链路层、网络层)主要是负责数据通信的，也就是说，基于这三层协议构成的网络可以完成数据传输，因此，这种网络也被称为通信子网。

那么，如何在不同的通信子网间传输信息呢？答案是传输层负责完成这个任务。

传输层(Transport Layer)位于通信子网之上的主机之中，其主要功能是依据通信子网的特性最佳地利用网络资源，为两端主机的进程之间提供可靠、透明的报文传输服务。由于传输层为上层提供可靠、有效的网络连接和数据传输服务，并可屏蔽不同网络的性能差异，所以，使得上面的三个层次不再考虑数据传输问题，或者说，用户不需要了解网络传输细节。正因为如此，传输层就成为计算机网络体系结构中非常重要的一层，其功能示意图如图 10-8 所示。

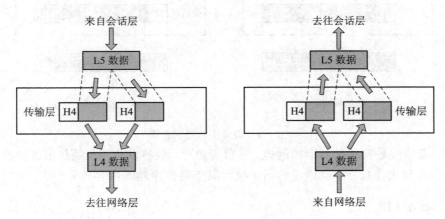

图 10-8 传输层功能示意图

传输层有以下主要功能：

(1) 服务点寻址。传输层数据的头部要包含服务点地址(端口地址)，这样，传输层就可把整个报文传输到指定计算机的指定进程中。

(2) 拆分和组装。发送端将大的报文拆分为可传输的片段，并给这些片段编上序号。接收端将这些小片段根据编号重新组装成一个大的报文。

(3) 实行端到端的流量控制。而数据链路层负责的是单条链路上的流量控制。

(4) 差错控制。如同流量控制，传输层的差错控制也是在端到端之间，而不是像数据链路层那样在单条链路上。通常，传输层采用检错重发方式进行差错控制。

从通信原理的角度看，这一层主要采用了复用/解复用和差错控制技术。

10.3.5　会话层

会话层(Session Layer)不再参与具体的数据传输控制，而是对数据传输进行管理，包括在两个端用户间建立、组织和协调一个连接或会话所必需的协议。会话层的连接建立在传输层连接的基础上，一个传输连接一次只为一个会话服务。如果传输连接由于一个网络故障而中断，会话层将请求另一个传输连接，从而使会话能够继续进行。

为了便于会话管理，会话层提出了令牌控制、会话同步和会话事务等方法。比如会话层通过交换数据令牌管理全双工和半双工的通信，只有获得数据令牌的用户才有权进行发送；在会话过程中，若发生了错误，会话层用户通过在数据流中定义主同步点和次同步点，使得会话实体可返回到一个定义的同步点处，从而避免大的损失；通过会话事务的引入，保证了一个会话的完整性和一致性。比如，甲方要传输一个 3000 页的文件给乙方，为保证每收到 100 页就独立地进行确认，在每 100 页后插入检查点。若传输到第 520 页时系统发生崩溃，则在 501 页处重传，已传输的 500 页不必再传。会话层的功能示意图如图 10-9 所示。

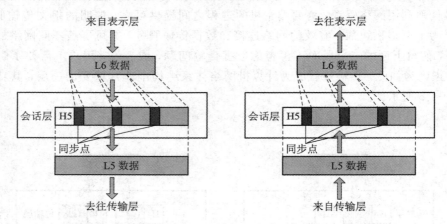

图 10-9　会话层功能示意图

总之，会话层是网络的对话控制器，它负责建立、维护以及同步通信系统的交互操作。从通信原理的角度看，会话层的同步技术属于通信原理的内容。

10.3.6　表示层

表示层(Presentation Layer)主要解决用户信息的语法表示(代码和格式)问题，消除网络内部各个实体间的语义差异。它将预交换的数据从适合于某一用户的抽象语法转换为适合于 OSI 系统内部使用的传送语法，为执行通用数据交换功能提供公共通信服务和标准应用接口，如终端格式转换(如行长、显示特性、字符集等)、数值计算的通解、正文压缩、数据的加密和解密等，以便使应用层不必关心信息的表示问题。总之，表示层的主要功能就是翻译、加密和压缩，其功能示意图如图 10-10 所示。

从通信原理的角度看，表示层的主要功能是对上一层(应用层)下达的信息进行编码，即信源编码，形成可以表示信息的数据格式，并完成格式的转换，以适应通信的另一方的要求。

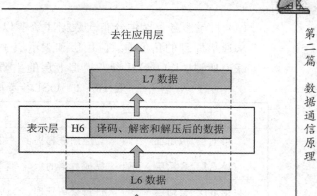

图 10 - 10 表示层功能示意图

10.3.7 应用层

应用层（Application Layer）是 OSI 参考模型的顶层，直接面向用户。它为用户访问 OSI 提供手段和服务。值得注意的是，应用层并不是要把各种应用进行标准化，它所标准化的是一些应用进程经常使用的功能，以及执行这些功能所要使用的协议。具体地说，它对应用进程进行了抽象，只保留应用层中与进程间交互有关的部分，为网络用户之间的通信提供了专用的服务，并建立起相关的一系列应用协议。应用层功能示意图如图 10 - 11 所示。

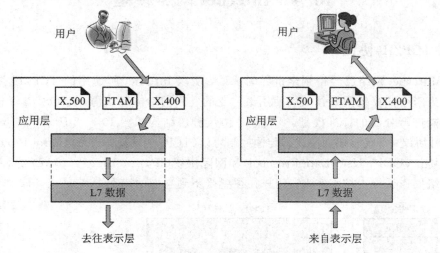

图 10 - 11 应用层功能图

应用层的主要功能如下：

（1）网络虚拟终端。是指物理终端的软件版本，允许用户登录到一台远端主机上。为此，应用程序在远端主机上创建一个由软件模拟的终端，用户计算机只与该软件终端对话。

（2）文件传输、访问和管理 FATM。该功能允许用户访问远端计算机上的文件并可修改和读取数据，以及检索、管理或控制远端计算机上的文件。

（3）邮件服务。提供邮件存储、转发的基础。

（4）目录服务。提供分布式数据库资源以及对不同对象和服务的全球访问。

从通信原理的角度看，应用层和表示层一起具有通信系统中的信源/信宿部分功能。

综上所述，ISO/OSI 参考模型七层的主要功能可归纳如表 10-1 所示。

表 10-1　OSI 参考模型七层的主要功能

层　　次	功　　能
（第七层）应用层	为应用进程提供网络应用的接口服务，如电子邮件、文件传输等
（第六层）表示层	完成数据的编码/译码、加密/解密、压缩/解压等任务
（第五层）会话层	进行会话管理、会话同步和错误的恢复
（第四层）传输层	为上层提供可靠透明的传输服务
（第三层）网络层	进行通信子网中的路由选择、拥塞控制、计费信息管理等
（第二层）数据链路层	完成成帧、流量控制和差错控制
（第一层）物理层	为比特流的传输提供机械特性、电气特性、规程特性和功能特性

为了帮助读者记忆，有人用一句英文："Please Do Not Touch Steve's Pet Alligator"，的 7 个首字母 PDNTSPA 表示七层模型。这句话的中文意思是：请不要碰斯蒂夫的宠物短吻鳄。

10.4　Internet 网络模型

10.4.1　TCP/IP 协议

由于 Internet 网络已经得到全世界的承认，所以 Internet 所使用的 TCP/IP 协议集自然也就成为当今计算机网络领域中使用最广泛的互联网络体系结构，而 OSI 参考模型成为对通信功能进行分类的标准模型。TCP/IP 协议分层结构如图 10-12 所示。在 Internet 所使用的各种协议中，最重要的协议是传输控制协议（TCP，Transmission Control Protocol）、用户数据报协议（UDP，User Data Protocol）和网际协议（IP，Internet Protocol）。这三种协议一般由网络操作系统内核来实现，用户往往感受不到它们的存在。

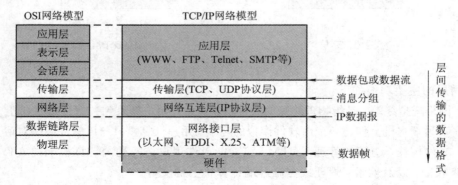

图 10-12　TCP/IP 网络体系结构

TCP/IP 协议分层与 OSI 协议分层的明显区别有两点，其一，无表示层和会话层，这是因为在实际应用中所涉及的表示层和会话层功能较弱，所以将其内容归并到应用层；其二，无数据链路层和物理层，但有网络接口层，这是因为 TCP/IP 模型建立的首要目标是实现异构网的互连，所以在该模型中并未涉及底层网络技术，而是通过网络接口层屏蔽底层网络之间的差异，向上层提供统一的 IP 报文格式，以支持不同物理网络之间的互连、互通。

10.4.2　网络接口层

　　网络接口层(Network Interface Layer)与 OSI 模型中的物理层、数据链路层以及网络层的部分功能相对应，负责接收从 IP 层传来的 IP 数据报，并将 IP 数据报通过底层网络(能够支持 TCP/IP 高层协议的物理网络，如以太网、高速局域网、FDDI、X.25 网、ATM 网等)发送出去，或者从低层物理网络上接收数据帧，抽出 IP 数据报，交给上层——网络互连层。

　　网络接口层所使用的协议为各通信子网本身固有的协议，如 802.3 协议、802.5 协议、X.25 协议以及 HDLC 协议等。

　　网络接口有两种类型：① 设备驱动程序，如局域网的网络接口；② 含自身数据链路协议的复杂子系统，如 X.25 网络中的网络接口。

10.4.3　网络互连层

　　网络互连层(Internet Layer)在 TCP/IP 参考模型中占有非常重要的地位。作为通信子网的最高层，它负责相邻节点之间分组数据报的传送，提供不可靠、面向无连接的传输服务。由于它的主要协议是无连接的 IP 协议，所以，网络互连层也称为 IP 协议层。

　　与 IP 协议配合使用的协议有 Internet 控制报文协议(ICMP，Internet Control Message Protocol)、地址解析协议(ARP，Address Resolution Protocol)、逆地址解析协议(RARP，Reverse Address Resolution Protocol)。网络互连层把传输层送来的消息封装成 IP 数据包，并使用路由算法来选择是直接把数据发送到目的地还是先交给中间路由器，然后交给下层(网络接口层)去发送；同样，该层对接收到的 IP 数据包也要进行类似的处理，包括检验其正确性，使用路由算法来决定对 IP 数据包是向下一站转发，还是交给本机的上层协议去处理。由于 IP 协议规定了一个统一的 IP 数据包的格式，以消除各通信子网的差异，这样即使采用不同物理技术的网络也能够在网络互连层上达到统一。

1. IP 协议

　　IP 协议层的不可靠性在于不能保证 IP 数据报能成功地传递到目的地。若发生某种错误时，如某个路由器暂时用完了缓冲区，IP 协议的一个简单的错误处理方法是丢弃该数据报，然后发送 ICMP 消息报告给信源。这里要求可靠的传输服务必须由上层即传输层来保证(如 TCP 协议)。面向无连接(Connectionless)意指 IP 协议层对每个数据报的处理是相互独立的，即为每个数据报独立地进行路由选择，这就意味着 IP 数据报的传输并不保证顺序。比如，如果某一信源向相同的信宿发送两个连续的数据报(先是 A，后是 B)，有可能 B 先于 A 到达目的地。但是这种服务方式也有显著的优点：灵活性和健壮性。它对互联网络的限制很少，可以动态选择路由和分配带宽，相对于面向连接的服务方式，它有效地解决了静态路由选择易产生冲突以及传输路由的失效易造成连接失败的问题。这种服务方式非常类似于电信部门的信件投递过程。图 10-13 给出了 IP 协议的分组数据报格式。

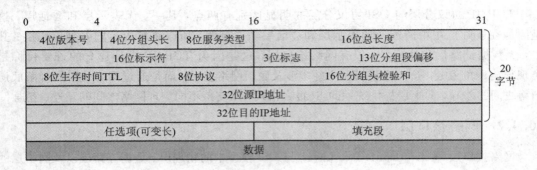

图 10-13 IP 数据报格式

在网络互连层及以上各层中，常采用五类 IP 地址标记主机，其地址及其范围如图 10-14 所示。其中，网络号标记该主机所在的网络，若网络号的二进制编码全为 0，则为本地网；主机号是区分各主机的编号，若网络号和主机号的二进制编码分别全为 0 和 1，则为本地网络内的广播地址。由于 IP 地址既对一个网络编码，也对该网络上的每一主机编码，所以它们不是确定单个主机，而是确定对一个网络的一个连接。主机号的二进制编码全为 0 的 IP 地址从不分配给单个主机，而是指网络本身。

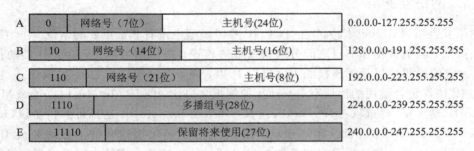

图 10-14 五类 IP 地址及其范围

D 类地址是多播地址，主要是留给 Internet 体系结构委员会（IAB，Internet Architecture Board）。E 类地址保留在今后使用。目前大量使用的 IP 地址仅 A 至 C 类三种。当某个单位向 IAB 申请到 IP 地址时，实际上只是获得一个网络号（Netid）。具体的各主机号（Hostid）则由自己分配，只要做到所管辖的范围内无重复的主机号即可。

对于多接口主机（如路由器），即一个主机同时连接到两个或两个以上网络时，就必须同时具有两个或两个以上的 IP 地址，其中每一个 IP 地址对应一个网卡。

2. ICMP 协议

ICMP 协议是一种差错报告机制，它将路由器和目标主机遇到的差错情况报告给信源主机。由于 IP 协议层提供不可靠的数据传输服务，即不能保证 IP 分组数据报成功地传递到达目的地，所以，当数据传输过程中发生了错误或意外（如某个路由器暂时用完了缓冲区）时，网络互连层就利用 ICMP 协议提供的差错报文通知信源主机或它的服务用户，以便对差错进行相应的处理。

与 IP 分组数据报一样，ICMP 也是不可靠传输。尽管 ICMP 报文是作为 IP 分组数据报的一部分向外发送的，但是并不能把它看做一种高层协议，仍然是 IP 的一部分。

ICMP 报文的类型很多，但主要可分为两种类型：ICMP 差错报文和 ICMP 询问报文。在 ICMP 差错报文中，重定向（或改变路由）报文用得最多。常用的 ICMP 询问报文主要有回显请求报文、时间戳请求报文、地址掩码请求报文。

3. ARP 协议

由于 IP 地址只是主机在网络层中的地址，故若要将网络层中传输的数据包交给目的主机，还需要传到数据链路层转变成 MAC 帧后才能发送到网络，而 MAC 帧使用的是信源主机和目的主机的物理地址（或硬件地址）。另外，用户更愿意使用易于记忆的主机名字而非 IP 地址。因此，就存在着 IP 地址与主机物理地址之间、IP 地址与主机名之间的转换。在 TCP/IP 体系中都有这两种转换的机制。

在大型网络中都提供装有域名系统（DNS，Domain Name System）的域名服务器，它在 IP 地址转换的映射表中分层次放有许多主机名字。源主机中的名字解析软件 Resolver 自动找到 DNS 的域名服务器来完成这种转换。域名系统 DNS 属于应用层软件。

从 IP 地址到物理地址的转换由地址解析协议 ARP 完成。它为 IP 地址到对应的物理地址之间提供动态映射。其转换过程为：

（1）ARP 进程在本地局域网上广播发送一个 ARP 请求数据分组，其上包含有目的主机的 IP 地址，其意思是"如果你是这个 IP 地址的拥有者，请回答你的硬件地址。"

（2）目的主机 ARP 层收到这份广播报文后，识别出这是发送端在寻问它的 IP 地址，于是发送一个 ARP 应答。这个 ARP 应答包含 IP 地址及对应的硬件地址。

（3）源主机收到目的主机的 ARP 响应分组后，就在其 ARP 高速缓存中写入目的主机的 IP 地址到硬件地址的映射。

为了减少网络上的通信量，当源主机在发送 ARP 请求数据分组时，就将自己的 IP 地址到硬件地址的映射写入 ARP 请求数据分组。这样，目的主机在收到源主机的 ARP 请求数据分组的同时，就将源主机的这一地址映射写入自己的 ARP 高速缓存中，为以后向源主机发送数据报时提供方便。

使用 ARP 的优点是不必预先知道主机或路由器的物理地址就能发送数据，同时能动态反映物理地址和 IP 地址的变化。

4. RARP 协议

在进行地址转换时，有时还要用到逆地址解析协议（RARP），即只知道自己硬件地址的主机能够知道其 IP 地址。RARP 协议被那些没有磁盘驱动器的系统（一般是无盘工作站或终端）使用。具有本地磁盘的系统在引导时，一般是从磁盘上的配置文件中读取 IP 地址。对于无盘系统，一般只要运行其 ROM 中的文件传送代码，就可用下载方法从局域网的其他主机上得到所需的操作系统和 TCP/IP 通信软件，但这些软件中并没有 IP 地址，这时要运行 ROM 中的 RARP 协议来获得其 IP 地址，实现过程大致如下：

（1）在局域网上至少有一个主机要充当 RARP 服务器，无盘系统从接口卡（或网卡）上读取唯一的硬件地址，然后发送一份 RARP 请求分组（一帧在网络上广播的数据），请求某个 RARP 服务器在 RARP 应答中响应该无盘系统的 IP 地址。

（2）RARP 服务器有一个事先做好的从无盘工作站的硬件地址到 IP 地址的映射表，当该服务器收到 RARP 请求分组后，就从这映射表查出该无盘工作站的 IP 地址，然后写入 RARP 响应分组，发回给无盘工作站。由此，无盘工作站获得自己的 IP 地址。

除此之外，网络互连层还提供了路由选择协议，即路由信息协议（RIP，Routing Information Protocol）、开放式最短路径优先（OSPF，Open Shortest Path First）、"网关—网关"协议（GGP，Gateway - Gateway Protocol）、内部网关协议（IGP，Interior Gateway Protocol）、外部网关协议（EGP，Exterior Gateway Protocol），以实现网络互连的路由选择功能。

10.4.4　传输层

在 TCP/IP 网络体系结构中，传输层（Transport Layer）的作用与 OSI 参考模型中传输层的是一样的，即在不可靠的互联网络上，实现可靠的端到端字节流的传输服务，以增强网络层提供的服务质量（Quality of Service）。它提供两个重要的传输协议：传输控制协议（TCP）和用户数据报协议（UDP）。

1. TCP 协议

TCP 协议是一个面向连接的数据传输协议，向服务用户（应用进程）提供可靠、全双工字节流的虚电路服务。该协议可自动纠正各种差错，支持许多高层协议。

TCP 协议是利用套接字（Socket）为服务用户提供面向连接的传输服务的。通过创建套接字可使一个应用进程主动发起与另一个应用进程之间的唯一传输连接。套接字是一个可以被命名和寻址的通信端点（服务访问点），使用中的每一个套接字都有一个与之相连的应用进程。它实际上实现了 IP 地址（在 IP 报头中）和应用端口（在 TCP 报头中）的连接。一旦通信双方的连接建立起来并且处于活动状态，TCP 协议就以它的协议数据单元（TPDU）或数据报文为传输实体来交换数据。当传输结束后，通信双方就终止各自的连接。

图 10-15 是 TCP 协议的报文格式。TCP 协议中的基本传输单元为段（Segment），故也将 TCP 报文称为 TCP 段。一个 TCP 段由段头和数据流两部分组成，TCP 数据流是无结构的字节流，流中数据是一个个由字节构成的序列，无任何可供解释的结构。因此，TCP 协议中的序号和确认号都是针对流中字节而不是针对段的。这一特征使得 TCP 段的长度是可变的。

D_0 D_1 D_2		...				D_{11} D_{12}			...			D_{29} D_{30} D_{31}
源端口号							目的端口号					
序列号												
确认序列号												
TCP头长 (4位)	保留 (6位)	U R G	A C K	P S H	R S T	S Y N	F I N	窗口大小				
检验和							紧急指针					
可选项(0或更多的32位字)												
数据(可选项)												

图 10-15　TCP 协议的报文格式

2. UDP 协议

UDP 协议是无连接的数据传输协议，向服务用户提供不可靠的数据路由服务。它将可靠性问题交给应用程序解决。由于 UDP 依赖于 IP 协议传送报文，所以，它所提供的服务可能会出现报文丢失、重复及失序等现象。但是 UDP 协议是一种简单的协议机制，通信开销小，效率比较高，因此比较适合于面向请求/应答式的交互型应用，也可应用于那些对可靠性要求不高，但要求网络的延迟较小的场合，如话音和视频数据的传送。

UDP 协议也是基于套接字向服务用户提供无连接的传输服务的。不过，利用 UDP 协议实现数据传输的过程比利用 TCP 协议要简单得多。图 10－16 给出了 UDP 协议的报文格式。

源端口号(16位)	目的端口号(16位)
UDP长度(16位)	UDP检验和(16位)(可选项)
数据(可选项)	

图 10－16　UDP 报文格式

值得注意的是：在 TCP 和 UDP 报文中，都涉及了端口的概念。按照 OSI 七层协议的描述，传输层与网络层在功能上的最大区别是传输层可提供进程间的通信能力。从这个意义上讲，网络通信的最终地址就不仅仅只有主机地址，还要包括可以描述进程的某种标识符。为此，TCP/IP 协议提出了协议端口（Protocol Port）的概念，用于标记通信的进程。它是操作系统可分配的一种资源。每个端口都用一个二进制 16 位整数来标记端口号，一共可区分 2^{16} 个端口。其中，256 以下的端口号被标准服务保留；取值大于 256 的为自由端口，它在端主机的进程间建立传输连接时，由本地用户进程动态分配得到。表 10－2 和表 10－3 分别给出了 TCP 协议和 UDP 协议提供的主要标准服务和对应的端口号。

表 10－2　TCP 协议端口表

端口号	服务名	服务说明
1	tcpmux	端口服务多路复用
5	remote job entry	远程作业入口
7	echo	回送
9	discard	弃掉
11	active users	活动用户
13	daytime	日时钟
17	qotd	发送每日格言
19	ttytst source	字符发生器
21	FTP	文件传输协议
23	telnet	终端连接
25	mail	简单邮件传输协议
37	time server	时间服务器
39	resource	资源定位协议
42	name	主机名字服务器
53	name server	区域名字服务器
57	private terminal access	专用终端访问

端口号	服务名	服务说明
69	TFTP	平凡文件传输协议
70	gopher	信息检索协议
77	netrjs	任何专用 RJE 服务
79	finger	指示器
80	http	超文本传输协议
87	ttylink	任何专用终端连接
95	supdup	SUPDUP 协议
101	hostname	NIC 主机名字服务器，通常来自 SRI – NIC
109	postoffice	邮政协议 2.0 版
111	sunrpc	Sun 远程过程调用
113	authentication	验证服务
115	sftp	初级文件传输协议
117	UUCP path service	UUCP 路径服务
119	readnews untp	USENET 新闻传输协议
123	NTP	网络时间协议

表 10 – 3　UDP 协议端口表

端口号	保留的对象	服务说明
5	remote job entry	远程作业入口
7	echo	回送
9	discard	弃掉
11	acive users	活动用户
13	daytime	日时钟
15	Netstat	Netstat 协议
19	chargen	字符发生器
37	time server	时间服务器
39	resource	资源定位协议
42	name	主机名字服务器
53	nameserver	区域名字服务器
67	bootps	引导协议服务器
68	bootpc	引导协议客户
69	tftp	普通文件传输协议
77	netrjs	任何专用 RJE 服务
79	finger	指示器
111	sunrpc	Sun 远程过程调用
123	NTP	网络时间协议
135	NCSLLBD	NCS local location broker daemon

10.4.5　应用层

　　由于应用层(Application Layer)是面向用户的协议层,根据不同的应用场合,对网络的需求也各有差异,所以,应用层中对应的协议是最为丰富和复杂的。早期的应用层有远程登录协议(Telnet)、文件传输协议(FTP,File Transfer Protocol)和简单邮件传输协议(SMTP,Simple Mail Transfer Protocol)等。远程登录协议允许用户登录到远程系统并访问其资源(包括程序、数据等),而且像远程机器的本地用户一样访问系统;文件传输协议为任意的两台机器之间提供有效的数据传送手段;简单邮件传输协议最初只是文件传输的一种类型,后来慢慢发展成为一种专为电子邮件传递服务的特定应用协议。新的应用层协议主要有:用于将网络中的主机名映射成 IP 网络地址的域名服务(DNS,Domain Name Service)协议,用于网络新闻的传输协议(NNTP,Network News Transfer Protocol),以及用于从 Internet 上读取页面信息的超文本传输协议(HTTP,Hyper Text Transfer Protocol)。

　　综上所述,TCP/IP 是一个协议簇,每一层都包含多个协议。为便于记忆,表 10-4 给出 TCP/IP 协议的主要协议。

表 10-4　TCP/IP 主要协议

所 在 层 次	主 要 协 议
(第四层)应用层	HTTP, SMTP, DNS, NFS, FTP, Telnet, Gopher, WAIS, ---
(第三层)传输层	TCP, UDP, DVP, ---
(第二层)网络互连层	IP, ICMP, AKP, ARP, RARP, IGMP, ---
(第一层)网络接口层	Enternet, Arpanet, PDN, --- 对于底层线路,只要能传输 IP 数据报,允许任何协议

10.5　ISO/OSI 模型与 TCP/IP 模型的比较

　　IP 协议层是 TCP/IP 协议实现异构网互连的关键层。为了包容各种物理网络技术,IP协议层为上层(主要是 TCP 层)提供统一的 IP 分组报文,使得各种网络的数据帧或格式的差异性对高层协议不复存在。这是 TCP/IP 互联网首先希望实现的目标。

　　IP 协议层支持点对点的通信,向上层提供无连接的分组数据报传输机制。IP 协议不能保证 IP 分组报文传递的可靠性。

　　在 TCP/IP 网络中,由于 IP 协议层采用面向无连接的分组数据报传输机制,即只管将报文尽力传送到目的主机,无论传输正确与否,不做验证,不发确认,也不保证数据传送的顺序,所以,数据传输的可靠性问题要交给传输层来解决。作为传输层的协议之一的TCP 协议可为上层提供面向连接的可靠服务。因为传输层支持端主机对端主机的通信,所以 TCP/IP 协议的可靠性被称为端到端的可靠性。

　　基于端到端的可靠性思想具有以下两个显著的优点:

　　(1) 由于 TCP/IP 网络只在传输层上提供面向连接的可靠服务,所以,与 ISO/OSI 协议相比，TCP/IP 协议显得简洁清晰。

（2）TCP/IP 网络可提供高效的传输效率，尤其当物理网络很可靠时，TCP/IP 网络的传输效率会更加可观。综上所述，TCP/IP 网络体系结构完全撇开了底层物理网络的特性，向用户和应用程序提供了通用的、统一的网络服务接口。尽管从物理上看，它是由不同的网络互联而成的，但在逻辑上它是一个独立、统一的互联虚拟网，这为该网络赋予了巨大的灵活性和通用性。

TCP/IP 模型和 ISO/OSI 模型都是对网络体系结构的描述，了解它们之间的异同点，对深入理解和掌握网络知识大有裨益。

相似之处：它们都包含了能提供可靠的端对端进程之间数据传输服务的传输层，而在传输层之上是面向用户应用的传输服务。

不同之处如下：

（1）在 ISO/OSI 参考模型中，有三个基本概念：服务、接口和协议。每一层都为其邻近的上层提供服务，如服务的概念描述了该层向上层所能提供的同等层间通信的能力，并不涉及服务的实现以及上层实体如何访问的问题，而在 TCP/IP 模型中并不十分清晰地区分服务、接口和协议这些概念。相比之下，ISO/OSI 模型中的协议具有更好的隐蔽性并更容易被替换。

（2）ISO/OSI 参考模型是在其协议被开发之前设计出来的，这意味着 ISO/OSI 模型并不是基于某个特定的协议集而设计的，因而它更具有通用性，但另一方面，也意味着 ISO/OSI 模型在协议实现方面存在某些不足；而 TCP/IP 模型正好相反，先有协议，后建模型，因而协议与模型非常吻合，但随之带来的问题是 TCP/IP 模型不支持其他协议集，因此，使得它不适应非 TCP/IP 网络的应用场合。

本章主要从通信的角度向读者介绍了计算机网络体系结构的基本概念和知识，有关更详细的内容可参看相关的计算机网络教材。

10.6　IPv6 协议

如前所述，IPv4 协议使用 32 位二进制位的地址，其地址空间是 $2^{32} = 4294967296$。由于早期对网络地址需求估计不足，导致美国很多大学和公司占用了大量的 IP 地址，而中国连一个 A 类地址都没有，总共申请到的 IPv4 地址才 900 多万个，远远比不上美国麻省理工学院所拥有的数量（1600 多万个）。

随着科技与经济的飞速发展，连接互联网的用户越来越多，由此产生了 IPv4 地址耗尽的问题。为了根本解决 IPv4 地址耗尽的问题，IPv6 应运而生。

IPv6 是 Internet Protocol Version 6 的缩写，是互联网工程任务组（IETF，Internet Engineering Task Force）设计的用于替代现行版本 IPv4 协议的下一代 IP 协议（IPng），号称可以为全世界的每一粒沙子编上一个网址。IPv6 的重要意义在于解决 IP 技术的瓶颈问题，推动整个信息产业的发展和非计算机互联网信息终端的普及。

IPv6 与 IPv4 相比，最大的变化在于两点：地址空间和格式表达。

1. 地址空间

IPv6 的地址长度为 128b，是 IPv4 的 4 倍，理论上具有 2^{128} 个（10^{38} 个）IP 地址。形象地

说，地球上每平方米只能分配到大约 4 个 IPv4 地址，但至少可分配到 10^{16} 个 IPv6 地址。

采用 IPv6 地址后，不仅每个人都可拥有一个 IP 地址，而且可能像会身份证一样伴随终生。甚至家里的每一个物品都会有一个 IP 地址。

与 IPv4 点分十进制格式表示法不同，IPv6 地址采用冒分十六进制表示法。格式为

$$X：X：X：X：X：X：X：X$$

其中每个 X 表示 16 位地址段，以十六进制表示，例如：

ABCD：EF01：2345：6789：ABCD：EF01：2345：6789

在这种表示法中，每个 X 的前导 0 是可以省略的，例如：

2001：0DB8：0000：0023：0008：0800：200C：417A → 2001：DB8：0：23：8：800：200C：417A

另外，IPv6 地址还可以用以下两种方式表达。

（1）0 位压缩表示法。在某些情况下，一个 IPv6 地址中可能包含很长的一段 0，可以把连续的一段 0 压缩为"：："。但为保证地址解析的唯一性，地址中"：："符号只能出现一次，例如：

FF01：0：0：0：0：0：0：1101 → FF01：：1101

0：0：0：0：0：0：0：1 → ：：1

0：0：0：0：0：0：0：0 → ：：

显然，这种方式简洁明了，不易出错。

（2）内嵌 IPv4 地址表示法。为了实现 IPv4 - IPv6 互通，IPv4 地址会嵌入 IPv6 地址中，此时地址可表示为：

$$X：X：X：X：X：X：d. d. d. d$$

前 96b 采用冒分十六进制表示，而最后 32b 地址则使用 IPv4 的点分十进制表示，例如：

：：192.168.0.1 与 ：：FFFF：192.168.0.1

这是两个典型的例子。注意在前 96b 中，压缩 0 位的方法依旧适用。

2. 报头格式

IPv6 报头格式分为基本报头和扩展报头两部分，拥有 0、1 个和多个扩展报头的 IPv6 数据报文格式如图 10 - 17 所示。基本报头是报文必选的头部，长度固定为 40B，包含该报文的基本信息；扩展报头是可选报头，可能存在 0 个、1 个或多个。IPv6 协议通过扩展报

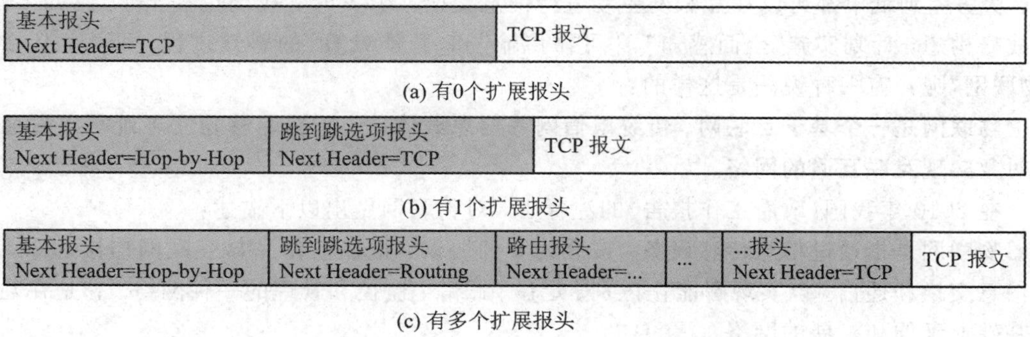

基本报头 Next Header=TCP	TCP 报文

(a) 有0个扩展报头

基本报头 Next Header=Hop-by-Hop	跳到跳选项报头 Next Header=TCP	TCP 报文

(b) 有1个扩展报头

基本报头 Next Header=Hop-by-Hop	跳到跳选项报头 Next Header=Routing	路由报头 Next Header=...	…	...报头 Next Header=TCP	TCP 报文

(c) 有多个扩展报头

图 10 - 17 拥有 0 个、1 个和多个扩展报头的 Ipv6 数据报文格式

头实现各种丰富的功能。IPv6 的报文头部结构说明见表 10－5。

表 10－5　IPv6 的报文头部结构

版本号	表示协议版本。4 位
传输类型	主要用于 QoS。8 位
数据流标签	用来标识同一个流里面的报文。20 位
有效载荷长度	表明该 IPv6 包头部后包含的字节数，包含扩展头部。16 位
下一报头	指明报头后接的报文头部类型，是 IPv6 各种功能的核心实现方法。8 位
跳数限制	该字段类似于 IPv4 中的 TTL。8 位
信源地址	标识该报文的来源地址。128 位
信宿地址	标识该报文的目的地址。128 位

就科技现状和发展而言，IPv6 技术不仅是下一代互联网的核心，更可能是物联网发展的基础和保证，这里建议读者给予足够的重视。

10.7　物　联　网

10.7.1　物联网的概念

物联网(IoT，Internet of Things)的概念最早可追溯到比尔盖茨于 1995 年所著的《未来之路》一书，他在书中提到了"物物相联"的概念。1998 年美国麻省理工学院（MIT）提出了 EPC 系统的物联网构想。而明确的物联网概念是美国 Auto－ID 中心于 1999 年提出的建立在物品编码、RFID 技术和互联网基础上的物物相联。2005 年 11 月 17 日，在突尼斯举行的"信息社会世界峰会"（WSIS）上，国际电信联盟发布了《ITU 互联网报告 2005：物联网》，报告中指出，无所不在的"物联网"通信时代即将来临，世界上所有物体从轮胎到牙刷、从房屋到纸巾都可以在互联网主动进行信息交换。2009 年，我国也提出了"感知中国"的战略构想，计划实施"全面感知"、"可靠传输"和"智能计算"的感知过程。那么，什么是"物联网"呢？有一种说法是这样的：

物联网是一个基于互联网、传统电信网等信息载体，让所有能够独立寻址得出普通物理对象实现互联互通的网络。

在 2010 年我国《政府工作报告》的注释中，对物联网做出以下描述：

物联网是指通过信息传感设备，按照约定的协议，把任何物品与互联网连接起来，进行信息交换和通信，以实现智能化识别、定位、跟踪、监控和管理的一种网络。它是在互联网基础上延伸和扩展的网络。

通俗地说，物联网是一种能够实现物物相联、人人相联和人物相联的通信网络。物联网与互联网的关系的示意图如图 10－18 所示。

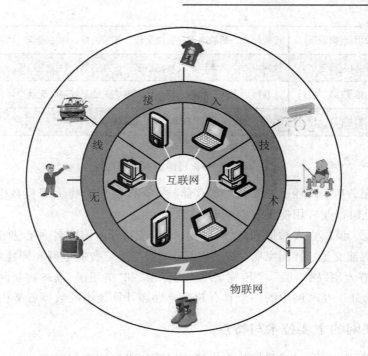

图 10 - 18　物联网与互联网关系示意图

物联网与互联网的主要异同点如下：

（1）功能或目的不同。互联网的主要功能为信息交互和资源共享，其主要目的是便于人们的隔空信息交流、管理与共享。而物联网的主要功能是让物品说话，实现物品与物品间的信息交流，其主要目的是通过物物相联、人人相联和人物相联，以达到人们能够随时随地了解和掌控物质世界，进而能够更好地生活和生产的理想境界。

（2）规模不同。从拓扑结构上看，物联网是覆盖在互联网上面的更大的数据通信网。站在通信的角度上看，互联网是物联网的内核，物联网是互联网的外延。

（3）主要技术不同。互联网侧重的是"数据通信"，而物联网则是以前端的信息感知、无线接入技术和后端的云计算、人工智能技术为特色。

作为物联网的主角，连接到物联网上的"物品"应该具有以下四个基本特征：

（1）地址标识。你是谁？你在哪儿？

（2）感知能力。你有感知周围情况的能力吗？

（3）通信能力。你能够将你了解的情况告诉我吗？

（4）可以控制。你能听从我的指示吗？

10.7.2　物联网的体系架构

物联网的体系架构可以分为四层。一种比较流行的物联网四层模型是感知识别层、网络构建层、管理服务层和综合应用层，如图 10 - 19 所示。

感知识别层。感知识别是物联网的核心技术，是物理世界和信息世界的桥梁和纽带。

网络构建层。该层负责把下层设备接入互联网，为上层提供数据服务。物联网的核心内容是互联网和下一代互联网，而处在边缘的各种无线网络则负责随时随地地提供接入服务。

综合应用层(第四层)	智能物流、智能电网、智能交通、智慧医疗、绿色建筑、环境检测等
管理服务层(第三层)	数据中心、搜索引擎、智能决策、信息安全、数据挖掘等
网络构建层(第二层)	互联网、无线广域网、无线城域网、无线局域网、无线个域网等
感知识别层(第一层)	GPS、智能设备、RFID、各种传感器等

图 10-19　一种流行的物联网四层模型

管理服务层。基于高性能计算和海量存储技术，该层负责将大规模数据高效、可靠地组织起来，为上层行业应用提供智能基础平台。

综合应用层。该层在大数据和云计算等技术的支撑下，实现各种行业应用。目前，主要应用领域是智能交通、智能家居、智慧医疗、智慧农业、智能电网和智能物流等。

注：① 也有人用"感知层"、"传输层"、"支撑层"和"应用层"描述物联网架构。② 所谓"云"，可理解为处于互联网中的一个具有超强存储和计算能力的数据服务中心。

10.7.3　物联网的主要技术与特点

根据物联网技术的现状，我们认为主要有以下技术应用于物联网：

（1）电子标签。负责物品自身信息（数据）的存储和主动或被动发出。

（2）无线通信。负责将电子标签内的信息（数据）发送到网络平台以及将用户命令传达给物品。

（3）网络存储，云计算，大数据。负责对海量数据的存储、计算、挖掘等处理工作，为用户提供相关的信息服务业务。

物联网主要有以下几个特点：

（1）网络终端规模化。因为要实现"物物相联"，所以，网络要连接的每一个物品都要具备通信功能，成为网络终端。有人预测到 2020 年左右，网络终端规模有望突破百亿大关。

（2）感知识别普适化。因为要实现"物物相联"，所以必须能够对各种物品的信息进行感知、采集和识别。无所不在的感知与识别技术将物理世界信息化，并将物理世界和信息世界高度融合。

（3）异构设备互联化。因为硬件、软件和标准的不同，所以目前存在多种基于不同网络的异构设备。在"物物相联"的宗旨下，需要利用"网关"进行互联互通，实现不同网络间的信息共享和融合。

（4）管理处理智能化。物联网可为人们提供海量数据。人们可采用运筹学、机器学习、数据挖掘、专家系统等人工智能理论与方法，对数据进行管理与处理，从而造福人类。

（5）应用服务链条化。因为物联网技术可以贯穿整个物流过程和产业链，所以，链条化是物联网技术应用的一个重要特征。

总之，物联网的特点是：感知无奇不有，传输无处不在，服务无微不至，应用无所不能。

10.8　小资料——电视的发明

电视是 20 世纪伟大的发明之一。电视原理的奠基人是俄裔德国科学家保尔·尼普可夫。

1860 年，保尔·尼普可夫出生于德国的劳恩堡。青少年时期的他受贝尔发明电话、爱迪生发明电灯等科技发明的影响。他想，既然声音可以用电来传送，那么图像为什么不能用电来传送呢？如果能把一幅图像分解为无数个小点，将这些小点的明暗变化转换成大小随之变化的电流传送出去，到对方后再还原成原来的图像，不就可以达到以电传送图像的目的了吗？

尼普可夫制作了一种实现分解图像的装置——著名的"尼普可夫圆盘"。这是一种光电机械扫描圆盘，它可以把图像分解成许多小点（像素），并将小点进行逐行传输，这样，在 A 地的物体通过传送就可在 B 地看到。因此，尼普可夫被看做电视原理的奠基人而载入史册。

而电视机的发明人是约翰·洛奇·贝尔德（John Logie Baird，1888—1946）。贝尔德生于英国苏格兰的赫林斯伯拉，曾在英国皇家技术学院、格拉斯哥大学学习。

贝尔德在英格兰西南部的黑斯廷斯建造了一个简陋的实验室。由于他没有实验经费，只好用一只盥洗盆做框架并和一只破茶叶箱相连，箱上安装了一只从废物堆里捡来的电动机，它可转动用马粪纸做成的四周戳有小洞的"扫描圆盘"，此外，还有装在旧饼干箱里的投影灯，几块透镜及从报废的军用设备上拆下来的部件等，这一切凌乱的东西被贝尔德用胶水、细绳及电线串接在一起，成了他发明电视机的实验装置。

贝尔德在实验室里经过 18 年的努力，在 1924 年春天，他成功地发射了一朵十字花。但发射的距离只有 3 m，图像也忽有忽无，只是一个轮廓。他怀疑图像不清晰的原因是电压不足，于是把好几百个干电池串联起来。他接通了电路，但不小心左手触到了一根裸露的电线，高达 2000 V 的电压立即把他击昏在地。贝尔德也因此事一时间成了英国的新闻人物。

1925 年 10 月 2 日清晨，终日陪伴他的木偶"比尔"的脸部特征被清晰地显现在接收机上了。"成功了！成功了！"贝尔德兴奋地喊叫着冲下楼，把店堂里的一个小伙子拽上楼，按在"比尔"的位置上。小伙子吓得直打哆嗦，但几秒钟后，他也吃惊地喊叫起来："真是奇迹，真是奇迹"。因为贝尔德的"魔镜"里映出了他的脸。

1928 年，贝尔德把伦敦传播室的人像传送到纽约的一部接收机上。1936 年秋，英国广播公司正式从伦敦播送电视节目。此时的贝尔德又开始埋头研究彩色电视。1941 年 12 月，贝尔德首次成功传送了完美的彩色图像。1946 年 6 月的一天，英国广播公司开始播送彩色电视节目，但劳累过度的贝尔德却在这一天病倒了。6 天后，他离开了人世，终年 58 岁。

现在，在英国南肯辛顿科学博物馆里，陈列着贝尔德发明的第一台电视机及陪伴他多年的木偶"比尔"。

思考题与习题

10-1　把复杂的系统划分为一些相关的功能层次，这种方法有什么好处？在计算机网络之外的其他学科中有哪些应用了类似的方法？试举几例说明。

10-2 有两位哲学家要进行谈话，一位在肯尼亚，说斯瓦希利语(Swahili)；另一位在印度尼西亚，说印尼语。由于他们没有共同语言，所以每人聘请了一个翻译。两个翻译之间的通信则要通过电信公司进行远程传送，试分析这个谈话过程，并回答下面的问题：

（1）这个通信系统至少可以划分为几个功能层次？

（2）邻层之间下层为上层提供哪些服务？对等层之间的协议是什么？

（3）两个翻译之间用英语或法语进行交谈，两个电信公司之间用电报、电话或电传进行通信是否会影响两个哲学家之间的谈话？

10-3 在调频(FM)无线电广播中，什么是 SAP 地址？在邮政系统、电话通信中什么是 SAP，什么是 SAP 地址？

10-4 如果(n)协议数据单元与(n)服务数据单元之间大小不一致怎么办？设想一种合段和分段的规则来处理这些特殊情况。

10-5 OSI 层间的服务是用什么定义的？有确认的服务和无确认的服务有何区别？请说出下面服务中哪些是有确认的服务，哪些是无确认的，哪些服务可以有确认也可以没有确认。

（1）建立连接。

（2）数据传输。

（3）连接释放。

10-6 面向连接的服务和无连接的服务之间最主要的区别是什么？通常人们通过电信网络通信时哪些通信是面向连接的，哪种通信是无连接的？试举例说明。

10-7 是否能说协议是服务的实现或服务是协议的实现？把服务和协议分开有何好处？

10-8 OSI 的第几层分别处理下面的问题？

（1）把比特流划分为帧。

（2）决策使用哪条路径到达目的端。

（3）提供同步信息。

10-9 网络互连有何实际意义？在进行网络互连时，有哪些共同的问题需要解决？

10-10 IP 地址分为几类？如何表示？IP 地址的主要特点是什么？

10-11 IP 地址方案与我国的电话号码体制的主要不同点是什么？

10-12 IPv6 地址与 IPv4 地址有何不同？其主要特点是什么？

10-13 举例说明物联网与互联网之间的关系。

10-14 物联网的体系结构和互联网的有无共同之处？举例说明。

10-15 你觉得在物联网中，最重要的技术是什么？

第11章　网络交换技术

本章重点问题：

在通信网中，如何高效、快捷地实现多用户间的两两互通？或者说，在通信网的一个节点上，如何将数据转发到正确的线路上去？

11.1　交换的概念

对于点到点的通信，只要在通信双方之间建立一个连接即可。而对于点到多点或多点到多点的通信，即具有多个通信终端的相互通信，最直接的方法就是让所有通信方两两相连，这样的连接方式称为全互连式，如图 11-1(a)所示。全互连式存在以下缺点：

（1）当存在 N 个终端时需要 $N(N-1)/2$ 条连线，连线数量随终端数的平方而增加，通常称为 N^2 问题。

（2）当 N 个终端分别位于相距很远的地方时，相互间的连接需要大量的长途线路。

（3）每个终端都有 $N-1$ 根连线与其他终端相接，即每个终端都需要 $N-1$ 个线路接口。

（4）增加第 $N+1$ 个终端时，必须增设 N 条线路。

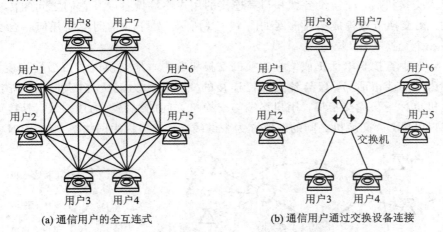

(a) 通信用户的全互连式　　　　　　　(b) 通信用户通过交换设备连接

图 11-1　通信终端连接方式示意图

显然，全互连式成本较高，连接复杂，仅适合于终端数目较少、地理位置相对集中且可靠性要求很高的场合。

对于终端用户数量较多，分布范围较广的情况，最好的连接方法是在用户分布密集的中心处安装一个设备，把每个用户终端设备（如电话机）分别用专用的线路（电话线）连接到这个设备上，通信用户通过交换设备连接，如图 11-1(b)所示。当任意两个用户之间要进行通信时，该设备就把连接这两个用户的开关接点合上，将它们的通信线路接通。当两个用户通信完毕，再把相应的开关接点断开，两个用户间的连线也就随之切断。这样，对 N 个用户只需要 N 对连线，即 N 条线路（一般一条线路由一对连线组成）就可以满足要求，线路的投资费用大大降低。这种**能够完成任意两个用户之间通信线路连接与断开作用的设备称为交换机。**

上述交换原理及交换机定义在概念上强调的是通信线路的物理交换，即能够看得见摸得着的线路连接和切断（人工电话交换机如图 11-2 所示）。而后面介绍的分组交换以及网络交换机除了有类似的物理交换概念之外，还有看不见摸不着的逻辑交换，如 ATM 中的 VC 交换。希望读者在学完本章后能够用心体会其中的奥秘。

图 11-2　人工电话交换机

在引入交换机后，交换设备就和与其连接的用户终端设备以及它们之间的传输线路构成通信网。由交换节点构成的通信网如图 11-3 所示。处于通信网中的任何一台交换机都可以称为一个交换节点。

图 11-3 中直接与电话机或终端连接的交换机称为本地交换机或市话交换机，相应的交换局称为端局或市话局；仅与各交换机连接的交换机称为汇接交换机。当距离很远时，汇接交换机也称为长途交换机。用户终端与交换机之间的线路称为用户线，其接口称为用户网络接口（UNI），交换机之间的线路称为中继线，其接口称为网络节点接口（NNI）。

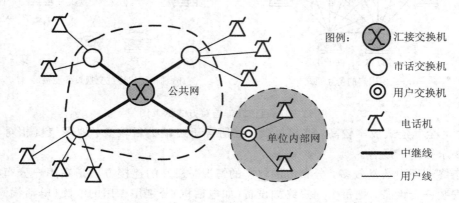

图 11-3　由交换节点构成的通信网

一个通信网(如一个计算机网络)由许多节点相互交叉连接而成,就像铁路交通网是由许多火车站连接起来的一样。信息在网络中从一点到另一点的传输也像火车在铁路上从一地到另一地的运行似地要经过若干个交换节点(车站)才能完成,这种节点对信息的转发方式(如车站引导火车的运行方式——扳道岔)就称为交换方式。

综上所述,所谓**交换就是指各通信终端之间(比如计算机之间、电话机之间、计算机与电话机之间等)为传输信息所采用的一种利用交换设备进行连接的工作方式。**

11.2　交换的基本功能

交换的基本功能就是在连接到交换设备上的任意入线和出线之间建立连接,或者说是将入线上的信息接到出线上去。这样,任何一个主叫用户(提出通信要求者)的消息,无论是话音、数据,还是文本、图像等,均可通过在通信网中的交换节点发送到所需的任何一个或多个被叫用户处。一个交换节点,至少应具备下述功能:

(1) 能正确接收和分析来自 UNI 或 NNI 的呼叫信令。

(2) 能正确接收和分析来自 UNI 或 NNI 的地址信令。

(3) 能按照目的地址正确地进行路由选择并通过 NNI 转发信号。

(4) 能控制连接的建立。

(5) 能按照要求拆除连接。

所谓信令,是指通信系统中的控制指令,它用于在指定的终端之间建立临时通信信道,并维护网络本身的正常运行。而信令传送时所遵循的规则就是信令协议和信令方式。

11.3　常用的交换技术

从一百多年前最早应用于电话网的线路交换开始,经过人们的不断努力,现在交换技术已经从单一方式发展为多种方式,如报文交换、分组交换、ATM 交换等。而这些交换技术大都是随着计算机网络的发展应运而生的。从前面的介绍中已经看到交换技术在通信网中的重要地位,因此,要想很好地掌握通信和网络知识,就必须了解和掌握各种交换技术。

11.3.1　线路交换

线路交换(Circuit Switching)电路交换,是指在发信端和收信端之间直接建立一条临时通路,供通信双方专用,直到双方通信完毕才能拆除的全过程。线路交换可分为以下三个阶段:

(1) 线路建立阶段。该阶段的任务是在欲通信的双方之间,各节点(电话局)通过线路交换设备,建立一条仅供通信双方使用的临时专用物理通路。

(2) 数据传输阶段。通信双方的具体通信过程(数据交换)在这个阶段进行。

(3) 线路拆除阶段。通信完毕后,必须拆除这个临时通道,以释放线路资源供其他通信方使用。

线路交换信道如图 11-4(a)所示,节点 B、D、E 为 A、F 两点提供一条直接通路。图 11-4(b)给出了线路交换的线路建立和数据传输过程。

第二篇 数据通信原理

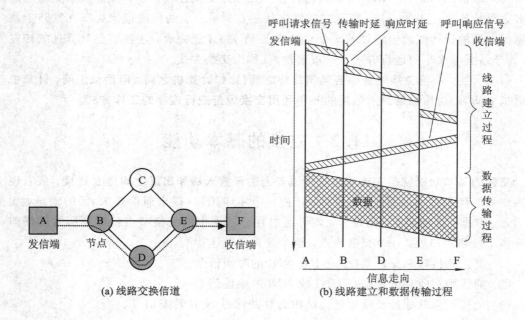

(a) 线路交换信道

(b) 线路建立和数据传输过程

图 11 - 4 线路交换过程示意图

线路交换主要有分别采用模拟式交换器的空分线路交换和数字式交换机的时分线路交换两种方式。

空分线路交换是传统的交换方式，交换机由开关阵列、译码器、收号器等组成。其交换过程是：主叫用户 A 呼叫(拨号)接收端 B，由接收器接收号码进行分析，根据译码结果去控制交换装置的执行机构(如电子开关、继电器等)，接通到被叫用户的一条物理通路，然后由接收端发回一个呼叫接收信号给主叫用户，或者交换装置确定被叫已接通，由交换装置给主叫用户发一个呼叫接收信号(一般为振铃信号)，这时，主叫 A 就可向被叫 B 发送数据直至结束，由交换机释放该通信号通路。

时分交换方式是利用存储器控制存取的原理，对 PCM 各话路时隙中数字信息进行交换。交换设备被称为时隙交换器(TSI, Time Slot Interchanger)，由存储器和控制器两部分组成。

线路交换的主要特点如下：

(1) 通信前建立连接，通信后拆除连接，通信期间，不管是否有信息传送，连接始终保持且对通信信息不作处理，也无差错控制措施。

(2) 连接为物理连接，没有其他用户干扰，没有非传播时延，只有电磁波传播时延。

(3) 实时交换，只要建立起连接，就可保证通信质量(全程延迟≤200 ms)。

线路交换的缺点是，通路的建立时间较长，线路利用率不高(长途电话费用高的原因)，灵活性差。

线路交换一般用于电话交换，但也可用于数据交换。用于数据交换时一般速率低于 9.6 kb/s。当节点采用电路交换技术时，可构成公用电话网(PSTN)、数字数据网(DDN)、移动通信网等。

11.3.2　报文交换

报文交换(Message Switching)不像线路交换那样需要建立专用通道。其原理是,信源将欲传输的消息组成一个称作报文的数据包,该报文上写有信宿的地址。这样的数据包送上网络后,每个接收到的节点都先将它存在该节点处,然后按信宿的地址,根据网络的具体传输情况,寻找合适的通路将报文转发到下一个节点。经过这样的多次"存储—转发",直至信宿,完成一次数据传输。**这种节点采用"存储—转发"数据的方式称为报文交换。**

"数据包"就是对一批或一组比较大的数据集合的形象表述,是一种数据传输的基本单位或单元,类似于邮政服务中的邮件包或铁路运输中的一列货车。

在图 11 - 5(a)中,从 A 到 F 有三条链路 A—B—C—E—F、A—B—E—F 和 A—B—D—E—F 可走,具体走哪一条由节点根据网络当时的情况决定,图 11 - 5(b)中给出了沿A—B—C—E—F 链路的数据传输过程示意图。

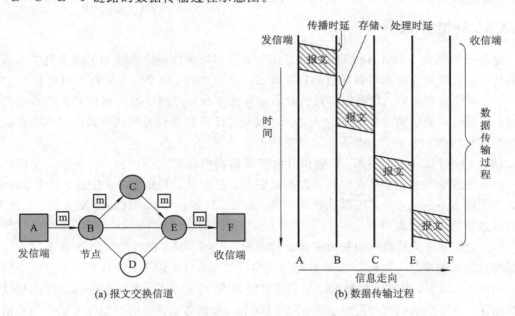

(a) 报文交换信道　　　　(b) 数据传输过程

图 11 - 5　报文交换过程示意图

报文交换与我们熟悉的邮政通信相似。我们把消息以文字的形式写入一封信(把消息组成数据包)投到信箱(送入网络),本地邮局收到信后,根据目的地址选择合适的路径,利用邮政网络将信件传送到目的地邮局,目的地邮局再将信件最后送到客户手中。

报文交换的主要优点如下:

(1) 报文以"存储—转发"方式通过交换机。因交换机输入和输出的信息速率、编码格式等可以不同,故很容易实现各种类型终端之间的相互通信。

(2) 在报文交换过程中不需要建立专用通路,没有电路持续过程(保持连通状态),来自不同用户的报文可以在一条线路上以报文为单位进行多路复用,线路可以以其最高的传输能力工作,大大地提高了线路的利用率。

(3) 用户不需要叫通对方就可以发送报文,并可以节省通信终端操作人员的时间。如果需要，同一报文可以由交换机转发到许多不同的收发地点，即实现广播功能。

报文交换的主要缺点如下：

（1）由于每个节点都要将来自各方的报文先排队，然后寻找到下一个节点，再转发出去，所以，信息通过节点交换（或路由）时产生的时延大，而且时延的变化也大。

（2）因为交换机（节点）需要存储报文，要有高速处理能力和大存储容量，一般要配备大容量磁盘和磁带存储器，所以，导致交换机的设备比较庞大，费用较高。

（3）报文交换不适合进行实时传输或交互式通信。

（4）报文交换一般只适用于公众电报和电子信箱业务。

（5）由于报文交换在本质上是一种主—从结构方式，所有的信息都流入、流出交换机，若交换机发生故障，整个网络都会瘫痪，所以许多系统大都需要备份交换机。同时，该系统的中心布局形式，造成所有信息流都要流经中心交换机，交换机本身就成了潜在的瓶颈，会造成响应时间加长、吞吐量下降等现象。

11.3.3　分组交换

随着计算机技术和计算机网络的飞速发展，数据通信在通信领域中占据了越来越重要的地位。尽管数据通信和话音通信都是以传送信息为目的，但是两者仍有不同之处。

（1）通信对象不同。数据通信完成的是计算机类设备之间以及人和计算机类设备之间的通信，而电话通信则是完成人与人之间的通信。计算机类设备之间的通信过程需要定义严格的通信协议和标准，而电话通信则简单得多。

（2）传输可靠性要求不同。数据信号由携带编码信息的比特流构成，即使一个码组中的一位在传输中发生错误，在接收端都可能引起信息混乱。尤其是对于银行、军事、医学、航天等关键事务的处理，其可靠性要求很高。通常，数据通信的误比特率要求在 10^{-8} 以下，而话音通信低于 10^{-3} 即可。

（3）通信的平均持续时间和通信建立请求响应时间不同。根据美国国防部对 27 000 个数据用户进行的统计，大约 25% 的数据通信持续时间在 1 s 以下，50% 的用户数据通信持续时间在 5 s 以下，90% 的用户数据通信持续时间在 50 s 以下。而相应电话通信的持续平均时间在 5 min 左右，统计资料显示 99.5% 以上的数据通信持续时间短于电话平均通话时间。由此决定数据通信的信道建立时间要求也要短，通常应该在 1.5 s 左右。而相应电话通信过程的建立一般在 15 s 左右。

（4）通信过程中信息业务量特性不同。统计资料表明，电话通信双方讲话的时间平均各占一半，信道中一般不会出现长时间没有信息传输的现象。而计算机通信的双方处于不同的工作状态，其传输速率可大不相同。例如系统进行远程遥测和遥控时，其通信速率一般不超过 30 b/s；用户以远程终端方式登录远端主机，信道上传输的数据是用户用键盘输入的，每秒钟的输入速率为 20~300 b/s，而相应的主机速率则在 600~10 000 b/s 左右；如果用户希望获取大量文件，则一般传输速率在 100 kb/s~1 Mb/s 之间就可令人满意。

由上述分析可见，必须选择合适的数据交换方式构建数据通信网络，以满足数据高速、可靠传输的要求。

线路交换难以实现不同类型数据终端设备之间的相互通信，报文交换信息传输时延又太长，无法满足许多数据通信系统的实时性要求，而分组交换（Packet Swiching）技术较好地解决了这些矛盾。

分组交换类似于报文交换，其主要差别在于：**分组交换是数据包较小的报文交换。**在报文交换中，我们对一个数据包的大小没有限制，比如我们要传输一篇文章，不管这篇文章有多长，它就是一个数据包，报文交换把它一次性传送出去（可见报文交换要求每个节点必须具有足够大的存储空间）。而在分组交换中，要限制一个数据包的大小，即要把一个大数据包分成若干个小数据包（俗称打包），每个小数据包的长度是固定的（典型值是一千位到几千位），然后再按报文交换的方式进行数据交换。为区分这两种交换方式，把小数据包（即分组交换中的数据传输单位）称为分组（Packet）。

数据分组在网络中有数据报（Datagram）和虚电路（Virtual Circuit）两种传输方式。

（1）数据报。该方式类似于报文交换，是一种无连接型服务。每个分组在网络中的传输路径与时间完全由网络的具体情况而随机确定。因此，会出现信宿收到的分组顺序与信源发送时不一样的情况，先发的可能后到，而后发的却有可能先到。这就要求信宿有对分组重新排序的能力，具有这种功能的设备叫分组拆装设备（PAD，Packet Assembly and Disassembly Device），通信双方各有一个。数据报要求每个数据分组都包含终点地址信息以便于分组交换机为各个数据分组独立寻找路径。

数据报的优点在于对网络故障的适应能力强，对短报文的传输效率高，适合于单向传输短消息。其主要不足是离散度较大，时延相对较长。

（2）虚电路。该方式类似于线路交换。在发送分组前，需要在通信双方建立一条逻辑连接，即要像线路交换那样建立一条直接通路，但这条通路不是实实在在的物理通路，而是虚的。其"虚"表现在分组并不像在线路交换中那样从信源沿着通路畅通无阻地到达信宿，而是分组的走向确实沿着逻辑通路走，但它们在通过节点时并不能直通，仍要像报文交换那样，存储、排队、复用、转发，即在节点处进行缓冲，不过它的时延要比数据报小得多。由于每个数据包（分组）都包含有这个逻辑链路（虚拟电路）的标识符，所以，在预先建立好的路径上的每个节点都知道把这些分组引到何处，无须对路径进行选择判断，各分组将沿同一路径在网中传送，到达次序和发送的次序相同。一旦用户不需要收发数据时，即可拆除这种连接。它与数据报的区别是各节点不需为分组选择路径，而是沿着已经建立的虚路径走。

虚电路是在共享介质上的非专用连接，但对高层用户却表现为从信源到信宿的专有、直接的连接。虚电路在物理链路上采用多路复用技术，从而使一条物理链路能被多路数据共享。而这一技术正是降低通信费用的主要因素。"虚拟"一词可以这样理解："如果你能感受并接触它，它是物理的（Physical）；如果你只能感受却不能接触它，它是虚拟的（Virtual）；如果你不能感受也不能接触它，它是失效的（Gone）。"

可用一个运输实例解释"虚电路"：一个集装箱车队要将一批水果从西安运到天津，那么可以选择多个路径。如果在众多路径中选择了"西安—郑州—北京—天津"这条路线，那么车队的所有车都会沿该路径到达目的地，并在途中"驿站"（节点）加油、休整，而在这条路径上同时还会有去其他地方的车辆，即该路径不为车队独占，这条路径就是"虚电路"。

在虚电路连接中，网络可以将线路的传输能力和交换机的处理能力进行动态分配，终端可以在任何时候发送数据，在暂时无数据发送时依然保持这种连接，但它并没有独占网络资源，网络可以将线路的传输能力和交换机的处理能力用作其他服务。

虚电路的优点如下：

（1）数据接收端无需对分组重新排序，时延小，实时性较好，故适合于交互式通信。

（2）一次通信具有呼叫建立、数据传输和呼叫清除三阶段。分组中不含终端地址，对数据量大的通信传输效率高。

（3）可为用户提供永久虚电路服务，在用户间建立永久性的虚连接，用户就可以像使用专线一样方便。

虚电路的不足之处在于，如果发生意外中断时，需要重呼叫建立新的连接。

数据采用固定的短分组传输，不但可减小各交换节点的存储缓冲区大小，同时也使数据传输的时延减少。另外，分组交换也意味着按分组纠错，接收端发现错误，只需让发送端重发出错的分组，而不需将所有数据重发，这样就提高了通信效率。

在图 11-6 中，A 点将信息数据打成 4 个包，包 1、包 2 沿 A—B—D—E—F 传输；包 3 沿 A—B—E—F 传输；包 4 沿 A—B—C—E—F 传输。4 个包沿不同的路径传输，在途中就可能产生不同的时延，致使到达 F 点时的顺序与 A 点发送时的顺序不同，比如，到达顺序可能是包 3—包 4—包 1—包 2，而 F 点的 PAD 就会根据各包上的信息将顺序调整过来。

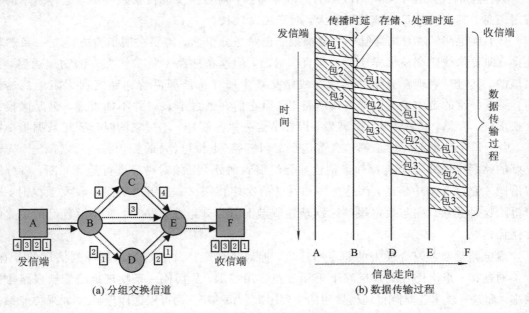

(a) 分组交换信道　　　　　　　　　(b) 数据传输过程

图 11-6　分组交换过程示意图

目前，广域网大都采用分组交换方式，同时，提供数据报和虚电路两种服务由用户选择，并按交换的分组数收费。

分组交换主要有以下特点：

（1）将需要传送的信息分成若干个分组，每个分组加上控制信息后分发出去，采用存储—转发方式，有差错控制措施。

（2）基于统计时分复用方式，可事先建立也可不建立连接，连接为逻辑连接（虚连接）。

（3）共享信道，资源利用率高。

（4）有时延，实时性差，不能保证通信质量。

（5）一般用于数据交换，也可用于分组话音业务。

（6）当节点使用分组交换技术时，可构成分组交换网。

分组交换是最适合于数据通信的交换技术，其典型应用是 X.25 协议。注意，图 11-6 中的（a）和（b）没有对应关系。图 11-6（a）表示了分组交换信道，而图 12-6（b）给出的是分组传输时的数据传输过程。

可见，分组交换是线路交换和报文交换相结合的一种交换方式。它综合了线路交换和报文交换的优点，并使其缺点最少。

我们可以将电路交换可类比为铁路运输中的扳道岔：火车（信号）可以不停顿地直接从一个线路转换到另一个线路上。而分组交换则类似于转运站：来自不同地方的车皮（分组）在车站重新编组后发往不同的目的地。流量控制与道路交通量控制类似，既要保证最大的交通量，又要畅通无阻。

11.3.4 异步转移模式

1. 异步转移模式（ATM）的概念

数据传输技术主要由多路复用和交换两大技术构成，它主要完成将大量信息流（数据流）汇集成一个高速信息流（多路复用），并为其寻找合适的路径（路由、交换）到达目的地两大任务。

传统的传输技术有电路传送和分组传送模式两种。

电路传送模式也叫同步转移（传输）模式（STM，Synchronous Transfer Mode）。STM 源于同步时分技术，以周期性重复出现的时隙作为信息载体，在收、发两端之间建立一条传输速率固定的信息通路。在通信过程中不论是否发送了消息，该通路（时隙）为某呼叫（一个通信业务）所独占。STM 采用固定的帧结构（参见 5.2 节），它根据时隙在帧内的相对位置来识别信道，由于要求时隙周期性出现，所以要用同步信号来定位。

STM 系统最适合传输像数字电话那样速率单一的数据信息，而用它处理从低速到高速的各种不同数据流很不经济的，它也不适合处理像计算机通信那样突发性很强的信息数据。

在分组传送模式下（比如，第一个面向连接的分组交换网络 X.25），并不对呼叫分配固定时隙，仅当发送信息时才送出分组。从原理上说，这种方式能够适应任意传输速率。但是为了进行流量控制、差错控制以及对分组序号进行状态管理，需要的协议十分复杂，只能以软件来执行 OSI 模型第 2、3 层的规程。即使采用多处理器的并行分布处理技术，其传输速率也很难满足高质量视频通信和高速 LAN 之间通信的需求。

随着时代的发展，信息已呈现出多元化特性，人们对信息的实时性、快速性、准确性、可靠性、多样性以及信息量的要求也越来越高。因此，在社会信息化的过程中，人们希望能有一种更符合人类信息交流自然属性特点，能把声音、数据、图片、活动影像等信息综合在一起，并以统一的接入方式在网络上传输的综合性通信业务服务。而从通信业务的自然特性来看，不同业务的信息从传输时间到传输速率都有很大差异(如表11-1所示)，不仅如此，各种业务的连续性和突发性也不相同，其突发度最高相差可达10倍。显然，上述的电路传输和分组传输两种信息传输技术难以实现人们想把各种不同速率不同形式的各种业务数据(从低速的监控报警数据到高清晰电视(HDTV)，甚至超高速的大容量数据传输)以统一的方式进行传输和交换以达到资源共享的美好愿望。

表 11-1　不同业务的速率表

业务名称	速率/(b/s)
报警、监控系统	4～16 k
声音	768 k
图像	2 M
彩色电视	34 M
高清晰电视(HDTV)	100 M
数字化电话编码	16～64 K
文件传输	8～32 M
超高清晰图像业务	512 M

非常幸运的是，人们经过不懈努力，终于在1985年发明了ATM技术，使网络特性可以与信道速率无关(即和业务的种类无关)。这样就使各种不同通信业务的数据在同一个网上传输的美梦成真(宽带综合业务数据网(ISDN)的主要支撑技术就是ATM)。

ATM(Asynchronous Transfer Mode)源于异步时分技术，它是以分组传送模式为基础并融合了电路传送模式高速化的优点发展而成。ATM克服了STM不能适应任意速率业务，难以导入未知新业务的缺点，简化了分组通信中的协议，并由硬件对简化的协议进行处理，交换节点不再对信息进行流控和差错控制，从而极大地提高了网络的传输处理能力。

ATM将话音、数据和图像等所有数字信息分解成长度一定的数据块，并在各数据块之前装配地址、丢失优先级等控制信息(Header，即信头)来构成信元(Cell)。因信息插入位置无周期性，故称这种传送方式为异步传送方式。

因为需要排队等待空信元到来时才能发送信息，所以ATM是以信元为基本单位进行存储和交换的。由于ATM信元非常小，传输和交换时的处理时延也非常小，所以可以很好地保证通信的实时性。而它的"异步"特点，允许数据收/发时钟不同步(异步)工作。通过插入或去掉空信元或未分配信元，可以很容易地解决收/发时钟有差异的问题。

STM在其125 μs的一帧内，靠时隙位置来识别通路(虚信道)。ATM则靠时隙中的"标记"来识别通路，并通过"标记"来进行交换，不需要同步信号来进行时隙定位。故也称为标记复用(Label Multiplexing)或统计复用。虽然X.25协议的分组交换也采用了标记复用，但其分组长度在上限范围内可变，因而一个分组插入到通信线路上的时间是任意的。

ATM 采用长度固定的信元，使信元像 STM 的时隙一样定时出现。因此可采用硬件对信头进行高速处理。可见，ATM 融合了电路传输模式与分组传输模式的特点。

ATM 是一种快速的数据分组交换技术，是一种基于信元、面向连接、全双工、点到点的传输协议。

从工程和技术的角度看，ATM 具有如下的优点：

（1）适应性强。以定长信元载送信息，使任意速率的数据均可在同一个网内传输和交换。

（2）有效利用资源。ATM 集线路交换和分组交换于一体，其按需分配带宽的交换型电路使网络的接入更加灵活。

（3）兼容能力强。ATM 能令现有的各种网络纳入基于 ATM 体制的新型网络中。

（4）能提供数十吉比特每秒的带宽和相同数量级的交换吞吐量。

（5）可借助硬件实现协议的通信和交换。

（6）星型拓扑结构，可构成网状结构。

（7）传输介质可以是光纤或双绞线。

（8）具有很强的扩充能力，易升级，易扩展。

（9）是一种 LAN 与 WAN 的综合技术，能够实现 LAN 与 WAN 无缝连接。

ATM 典型的运行速率是 155 Mb/s 和 622 Mb/s。选择 155 Mb/s 的原因是高清晰度电视的传输大概需要这么高的速率；而 622 Mb/s 的速率可以使 4 条 155 Mb/s 通道在其上传输。

2. ATM 的信元

ATM 不管消息的内容和形式，它把欲传输的消息数据都分割成长度相同的分组，即信元。这种分组操作称为"分割"。因此，我们将信元定义为：**信元是一种长度较小且固定的数据分组或数据帧的别称，目前只有 ATM 采用。**通常，一个数据帧可以是一个数据分组，而一个数据分组可以包含多个数据帧。

ATM 之所以把分组称为信元，主要是为了区分于 X. 25 协议中的分组。ATM 的信元具有固定长度的 53 个字节，其中 5 个字节为信头。信头中包含各种控制信息，主要是表示信元去向的逻辑地址、其他一些维护信息、优先级别以及信头的纠错码。剩下的 48 字节是信息段（Information Field），又称为净载荷或有效载荷（Payload）。信息段中包含来自各种不同业务的用户信息，比如数据、语音和图像等。

也许有人会问，ATM 信元的长度为什么定为 53 个字节？我们知道，信元长度的确定受许多因素的影响。其中最重要的是：

（1）传输效率。信元越长，时延越大；信元越小，额外开销（与信息相比）就越大。

（2）时延。信元会遇到不同类型的时延。例如，基本分组转接时延，在交换节点的排队时延以及抖动、分组装拆等。

（3）实现的复杂性。

除此之外，还有许多其他相关因素影响信元长度的选择。经过 ITU - U 委员会的长期争论，最后决定在 32 和 64 字节中选择。选择主要以时延特性、传输效率、实现复杂性为依据。欧洲趋向于 32 字节（由于考虑到话音的回波抵消器），而美国、日本考虑到传输效率，更倾向于 64 字节。因此 1989 年 6 月，在日内瓦 ITU - T 的 SGVIII 会议上形成了折中的 48 字节建议，再加上 5 个字节作信头。这样就形成了 ATM 的 53 个字节的信元长度。

ATM 信元有两种格式，一种是用于"用户-网络"接口的 UNI 格式（User – Network Interface），另一种是用于交换节点间的 NNI 格式（Network – Network Interface）。它们的区别在于信头的内容不太一样。图 11－7 为 ATM 信元的组成格式。信元各字段内容含义见表 11－2。

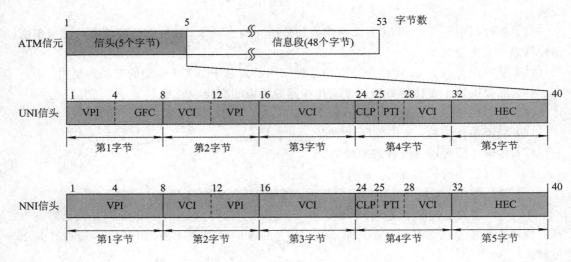

图 11－7　ATM 信元格式

表 11－2　ATM 信元含义

序　号	英文名称	中文名称	含　　义
1	VPI(Virtual Path Identifier)	虚通路标识	在 UNI 中为 8 bit，在 NNI 中为 12 bit
2	GFC(Generic Flow Control)	一般流量控制	4 bit，在 NNI 中没有 GFC
3	VCI(Virtual Channel Identifier)	虚信道标识	16 bit，VPI 和 VCI 都是路由信息
4	CLP(Cell Loss Priority)	信元丢弃优先权	当传送网络发生拥塞时，首先丢弃 CLP＝1 的信元。
5	PTI(Payload Type)	净荷类型	3 bit，可以指示 8 种净荷类型，其中 4 种为用户数据信息类型，3 种为网络管理信息，还有 1 种目前尚未定义
6	HEC(Header Error Control)	信头差错控制码	HEC 是一个多项式码，用来检验信头的错误

信元就像一节火车车皮或一个集装箱，是一种统一标准（尺寸）的装载工具（数据格式），其任务就是装载货物（数据），它不管车皮内（集装箱）具体装的是什么货物。

发信端对数据进行分割形成信元，那么，在收信端就必须对信元进行"分割"的逆处理，即"封装"，以还原原始数据。图 11－8 是 ATM 网分割、传输、封装示意图。

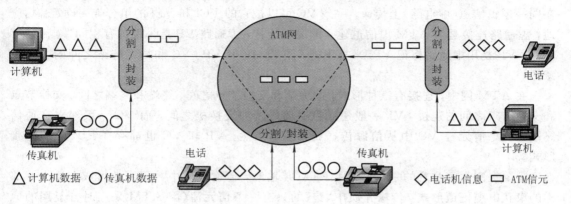

图 11－8　ATM 分割、传输和封装示意图

ATM 既有分组交换的灵活性又有线路交换的实时性，这种结合是将网络功能减少到最低程度而获得的。由于 ATM 信头只有 5 个字节，开销很少，所以其网络功能就相对较少。

表 11－3 给出了常见的三种分组交换网络的功能比较。从中我们可见，三个网络功能 ATM 都不具备，这正是 ATM 简化网络功能优点的体现，即简化信头就是为了简化网络的交换和处理操作。

表 11－3　网络功能比较

功　　能	X. 25 网络	帧中继网	ATM 网
分组重传	有	无	无
帧定界	有	有	无
差错校验	有	有	无

ATM 技术的核心就在于这种对数据进行"化整为零"或"大而化小"的处理。这种处理使得数据包具有"船小好掉头"，易于传输和交换的特点，从而给数据通信带来了革命性的变化，具有划时代的意义。与 ATM 小信元（分组）相对应，X. 25 网允许的最大分组是 128 字节，而帧中继网一个数据帧的数据段大小不超过 4000 字节。

3．ATM 的连接

ATM 由于采用面向连接的工作方式，所以工作时必须建立连接，但其连接为逻辑连接，即虚电路方式。ATM 虚电路包含虚信道连接 VCC 和虚通路连接 VPC 两种连接形式。

在一个物理信道中，可以包含一定数量的虚通路（VP，Virtual Path），其数量由信头中的（VPI，Virtual Path Identifier）值决定。而在一条虚通路中可以包含一定数量的虚信道（VC，Virtual Channel），虚信道数量由信头中的（VCI，Virtual Channel Identifier）值决定。可见，一条物理信道（传输介质）能够分为多条虚通路，而一条虚通路又可分为多条虚信道。

虚信道连接的作用是为 ATM 信元传输建立一条虚电路。ATM 虚信道是具有相同

VCI标记的一组ATM信元的逻辑集合。换句话说，ATM复用线上具有相同VCI的信元在同一逻辑信道（虚电路）上传递，一条VC可以被它的VCI和VPI的组合唯一确定。相应地，虚通路连接是为ATM虚信道建立的逻辑连接，虚通路VP是一束具有相同端点的VC链路。VP是用虚通路标记VPI来标识的。图11-9为VP、VC和物理链路之间的关系示意图。

在ATM网中，连接有三种形式，即终端和交换节点之间、终端和终端之间、交换节点和交换节点之间的连接。VP一般建立在通信终端和交换机之间，而VC一般建立在通信终端之间，信元在VC中从信源传送到信宿。当然，VP和VC也都存在其余两种连接形式。

需要提醒大家注意的是，在实际ATM传输时，传输介质中并不真的形成图11-9那样的束状电缆信道形式，传输介质中"跑"的只有一条信元流（因ATM采用时分复用的原为），就像一条铁路（传输介质）上行驶一列火车一样。而所谓VP/VC之分，完全体现在每个信元的VPI/VCI（火车车皮上的不同标签上）上。

另外，尽管**ATM采用面向连接的工作方式，但其本质仍然是分组交换，数据仍然采用"存储—转发"的方式传输，只不过它是一种"快速"分组交换技术。**

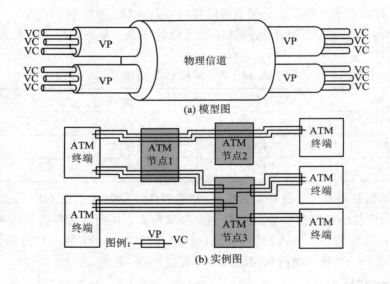

(a) 模型图

(b) 实例图

图11-9 VC、VP示意图

4. ATM的复用

ATM最突出的特征是采用标记复用（异步时分复用）方式，也叫统计复用（Statistic Multiplex），它把具有固定长度的信息块（信元包）装入具有长度相同的连续时隙之中，ATM统计时分复用原理如图11-10所示。来自不同信息源的信元汇集到一个缓冲器内排队，队列的输出是根据信息到达的快慢随机插入到ATM复用线上，因而具有很大的灵活性，使得各种业务按其实际信息量来占用网络带宽，并且不管业务源的性质，网络都按同样方式接入，从而实现各种不同业务的完全综合。比如，图中有三个不同的信息源A、B、C一起进入复用器，由于各路信元到达复用器的时间不一样，所以复用器将它们按到达的顺序排队，然后插入复用线，输出复用信元流。在这里我们看到，复用信元流上各个时段的信元不像普通复用那样是属于固定的某路信息源，各路信息源的各个信元在复用流上的位置是变化的，即各路信息源在复用时，没有分配固定的时隙。这正是统计复用的特征。

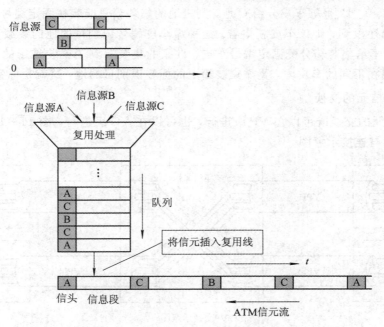

图 11 - 10　ATM 统计时分复用原理

也许有人会问，各路信元在复用流的位置是变化的，那么接收端如何将各路信元分别提取出来呢？显然，不能像普通时分复用那样按固定时隙区分各路信息。这里采用前面提到的"标记"信息来区分各路信道，也就是信头中的 VCI/VPI 值。VCI/VPI 值不仅是复用中各信道（虚信道）的识别标志，同时也是 ATM 交换和路由的根据。

ATM 的异步时分复用和同步时分复用技术相比，差异主要表现如下：

(1) 在同步时分复用中，为某个连接所占用的时隙在整个连接过程中自始至终位置编号不变；在 ATM 中，虚信道标记容许连接所占用的时隙可不出现在同一个位置，即任何位置编码的时隙都可被同一个连接所占用。"异步"的概念主要体现在这里。

(2) 在同步时分复用中，一旦建立连接，为某个连接所占用的某个位置的时隙就只能为该连接所占用，即使无信息内容，也不能为其他连接服务，连接中的空时隙无瞬时可用性。ATM 中就无此不足，它通过 VCI 可使空闲时隙具备可用性。

(3) 同步时分复用中，各位置上的时隙所传送的数据速率相同，用户所需的传输带宽为静态分配。ATM 中，不同的虚信道有不同的传输速率，通过虚信道标记可在不同的用户之间实现虚信道的动态分配。这表明传输速率是独立的且与网络无关。

(4) 由于信头功能简单，可实现高速信元处理，信元的交换（排队）时延大大降低。一般 ATM 交换机的交换时延在 $100 \sim 1000 \, \mu s$ 之间，与分组交换 20 ms 的交换时延相比，可以忽略不计。

(5) 信元的信息域相对较小，可降低交换节点的缓冲器容量，减少排队时延和时延抖动（一般为几百微秒），可用于实时性业务。

（6）ATM 取消了逐段链路的差错控制和流量控制，降低了它们给网络带来的复杂性。

比如，一列货车要在车站（复用器）以行进状态（复用线）装载到 A、B、C 三个地方的集装箱（信元）。将车皮编号，1、4、7、10 号等车皮分给 A 地集装箱，2、5、8、11 号等车皮分给 B 地，3、6、9、12 号等车皮分给 C 地，则三地的集装箱只能装在固定编号的车皮内。若某地的集装箱还没到，则该车皮就空着。这种靠车皮编号识别目的地的装载方式是同步复用的概念。而不给集装箱分配固定编号车皮，谁家的集装箱到了就装谁家的货，各家的集装箱随机装载在不同的车皮内，要靠集装箱上的标签识别目的地，这就是标签复用。

5．ATM 信元的交换

ATM 信元的交换既可以在 VP 级进行，也可以在 VC 级进行。图 11-11 为 ATM 中 VP、VC 交换与连接示意图。

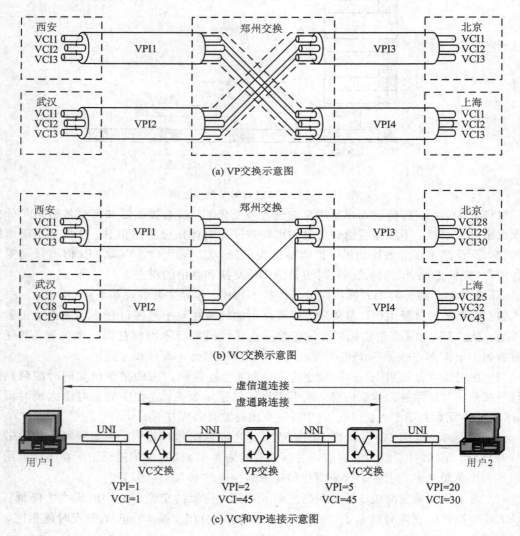

图 11-11　ATM 中 VP、VC 交换与连接示意图

从图 11-11 中可见，ATM 交换节点可分为两类：一类是只完成 VP 交换的 ATM 交

叉连接系统，当信元通过这种节点时，节点根据 VP 连接的目的地，将输入信元的 VPI 值改为接收端的 VPI 值并赋予该信元，然后输出该信元，如图 11-9(b)所示的节点 1 和节点 2 就是这种完成交叉连接的节点。另一类是能完成 VPI/VCI 交换(VC 交换)的 ATM 交换机。信元通过这种节点后，其 VPI 和 VCI 值都会发生改变，如图 11-9(b)所示的节点 3。信元在 ATM 网络中每到达一个交换节点(不管它是什么节点)，都要进行信头分析、信头翻译和排队，并完成相应的交换控制。

这里需要注意的是，在组成一个 VC 连接的各个 VC 链路上，ATM 信元的 VCI 值可以不同。同样，在组成一个 VP 连接的各个 VP 链路上，ATM 信元的 VPI 值也不必相同。

图 11-12 为 ATM 交换基本原理图示意图。图中交换节点有 n 条入线(I_1，I_2，…，I_n)，n 条出线(O_1，O_2，…，O_n)。每条入线和出线上传送的都是 ATM 信元流，而每个信元的信头值则表示该信元在线路上所处的逻辑信道。不同的入(出)线上可采用相同的逻辑信道号。ATM 交换的基本任务就是将任意入线上的任一逻辑信道中的信元交换到所要求的任一输出线上的任一逻辑信道上去。

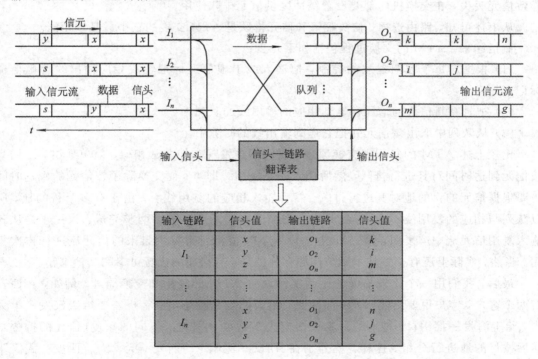

图 11-12　ATM 交换原理示意图

比如，入线 I_1 的逻辑信道 x 被交换到出线 O_1 的逻辑信道 k 上，入线 I_1 的逻辑信道 y 被交换到出线 O_n 的逻辑信道 m 上等。

这里，交换需要完成两项工作：一是空间"线路"交换，即将信元从一条输入线改换到另一条输出线上去，这一过程称为路由选择。二是空间"位置"交换，也就是逻辑信道的交换，即将信元从一个 VPI/VCI 改换到另一个 VPI/VCI 上。实际操作是将信元从一个时隙改换到另一个时隙。这里要注意的是该时隙是一个 53 字节信元所占的时间单位，和电路交换中所用的时隙不同。ATM 交换中的逻辑信道和时隙之间并无固定的对应关系，时隙周期性预分配的概念已经消失，逻辑信道号由信头值来标记。因此，它是通过对信头的翻译来完成的。靠信头标记识别 ATM 信元通路与 X.25 协议的分组标记中的标记复用/交换相同。但后者的分组长度可变，因而分组插入到线路中的位置是任意的，故位置控制十分复杂，需大量软件来实现，处理速度低，相反，ATM 的长度固定，可用高速的硬件电路来完成对信头的识别和处理。

上述两种交换是通过信头-链路翻译表来完成的。比如在图 11-12 中，I_1 的信头值被翻译成 O_1 上的 k 值。

由于输入和输出线上的信元均为异步复用，逻辑信道上信元的出现时随机的，这样就可能出现同一时刻多条输入线的信元都要求到同一输出线上的情况，即产生了"竞争"。例如 I_1 的逻辑信道 x 和 I_n 的逻辑信道 x 都要求交换到 O_1，前者使用 O_1 的逻辑信道 k，后者使用 O_1 的逻辑信道 n，虽然它们占用不同的 O_1 逻辑信道，但如果这两个信元同时到达 O_1，则在 O_1 上的当前时刻只能满足其中一个的要求，另一个必须丢弃。为防止这种情况的出现而导致信元丢失，在交换机内部要设置缓冲区供信元排队使用。

从上述可知，**路由选择、信头翻译和信元排队是 ATM 交换的三个最基本功能。**

概括起来，ATM 的交换过程包括如下几步：

（1）根据对每个呼叫建立的控制，把输入线上虚信道标记转成相应输出线上虚信道标记。

（2）把具有新信头的信元存储到相应的输出线的队列中。

（3）从队列中取出该信元并把它送到输出线的时隙中。

比较上述 ATM 的复用和交换原理，我们不难发现它们非常相似。简单地讲，复用只按信元到达时间对其进行排队，然后插入一条复用线即可；而交换除了按信元的到达时间更要根据信元的目的地对其进行排队，然后插入相应的复用线上。由于有多个目的地，所以队列与相应的复用线不止一条。因此，交换工作实际上可分为两步完成：第一步是从各输入复用信元流中解复用，第二步根据 VCI/VPI 值再对解复用出来的信元流进行再次复用。当然，实际上还有很多技术细节问题存在差异，有兴趣的读者可参阅其他书籍。

最后，我们用一个比较易懂的生活实例说明 ATM 的复用和交换原理。例如，在西安有两个客户，客户甲要给沈阳发一批苹果，给天津发一批彩电；客户乙要给武汉发一批大米，给上海发一批钢材。他们的货物在西安火车站被分别装入不同的车皮（信元的拆分），然后按目的地进行分组。这样，就分别在"西安—沈阳"、"西安—天津"、"西安—武汉"、"西安—上海"之间建立了 4 条"连接"，也就是虚信道连接 VCC。而西安到沈阳和天津都必须在北京转车，西安到武汉和上海都必须在郑州转车，因此，火车站就给所有车皮贴上两个标签，一个是目的地标签（类比 VCI），一个是中转站标签（类比 VPI），比如，到沈阳的车皮除了有"目的地沈阳"标签外，还有"中转站北京"的标签。然后，火车站将所有车皮随便排列（随机插入）组成一列火车从西安发出（多路复用，形成信元流）。这样，在西安和郑州之间的铁路上（传输介质）就有一列火车在跑（ATM 信元流）。而这列火车要给 4 个地方送货（类比 4 条 VC），要在 2 个地方转车（交换），因此可认为 1 个物理通道（铁路）有 2 个 VP，一个是西安到郑州，另一个是西安到北京，西安到郑州的 VP 包含西安到武汉和上海

2 条 VC，西安到北京的 VP 包含西安到沈阳和天津 2 条 VC。该列车到了郑州要转车（交换），郑州站（交换节点）把到北京的车皮（即到沈阳和天津的）分出来（解复用），与该站其他到北京方向的车皮重新组成一列由郑州到北京的火车并发出（排队并再次复用），这个过程就是 VP 交换；同时，将到武汉和上海的车皮分别挂到从郑州到上述两地的 2 个列车上，完成 VC 交换。从上述交换过程中可见，交换后，西安到北京的 VP 的 VPI 可能换了（也可能不变）；而西安到郑州的 VP 中的 2 条 VC 被分别纳入另外 2 个 VP 之中，即 VPI 发生了变化。复用、交换实例全部过程示意图如图 11 - 13 所示。

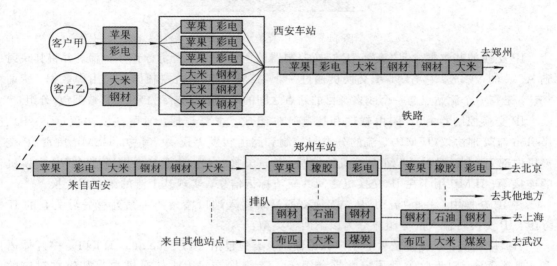

图 11 - 13　复用、交换实例全部过程示意图

11.3.5　IP 交换

ATM 技术是 20 世纪 90 年代初电信部门为宽带综合业务数据网（B - ISDN）开发的专利技术。它除了可以提供高速交换能力外，其综合业务和可靠的 QoS（服务质量）能力也很有竞争力。将 ATM 技术用于 Internet 既可以解决带宽问题，也可以利用其 QoS 能力满足各种实时业务的高性能要求。因此，IP over ATM 方案就成为构建宽带 IP 网的选择之一。

1. IP 交换机结构

IP over ATM 方案有重叠模式和集成模式两种。由于重叠模式不适用于构建宽带骨干 Internet，所以我们只介绍集成模式。

集成模式主要包括 IP 交换技术、标记交换技术和多协议标记交换（MPLS）技术。虽然 MPLS 技术是未来构建综合宽带 IP 骨干网的首选，但受篇幅所限，这里只介绍 IP 交换技术。

IP 交换（IP Switching）是 Ipsilon 公司提出的专门用于在 ATM 网上传送 IP 分组技术。它可以在 ATM 硬件基础上直接实现面向无连接的 IP 路由，大大提高 ATM 网的 IP 分组转发效率，它既有无连接 IP 的强壮性，还具备 ATM 交换的大容量、高速度的优点。

IP 交换机在逻辑上由 ATM 交换机硬件和 IP 交换控制器两部分组成，其结构图如图 11 - 14 所示。

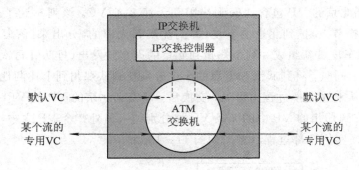

图 11-14　IP 交换机结构图

IP 交换的基本概念是"流"。IP 交换控制器的主要任务是负责标识一个流，并将其映射到 ATM 的 VC 上。它与 ATM 交换机通过一个 ATM 接口传送控制信号和用户数据。所谓"流"，是指一个源站点与一个或多个目的站点之间的一系列有先后关系的 IP 数据包(分组)。

IP 交换控制器由 IP 路由软件和控制软件组成，主要包括：通用交换协议(GSMP)、Ipsilon 流管理协议(IFMP)、流的分类与控制和路由转发等模块。其中，GSMP 负责 IP 交换机内部 IP 控制器对 ATM 交换机的控制，管理交换接口，建立和撤销通过 ATM 交换机的连接等；IFMP 用于在 IP 交换机之间共享流标记信息，实现基于流的第二层交换。

在 IP 交换中，一个"流"是从 ATM 交换模块输入端口输入的一系列有先后关系的 IP 分组，IP 交换将输入的分组流分为以下两种类型：

(1) 持续期长、业务量大的用户数据流。该类型包括 FTP、Telnet、HTTP、多媒体语音、视频流等。对于此类型用户数据分组流，IP 交换在 ATM 交换机中为其建立对应的 VC 连接；对于其中的多媒体语音、视频流，在 ATM 交换机中还可以利用 ATM 硬件的广播和多播发送能力进行交换。

(2) 持续期短、业务量小、呈突发分布的用户业务流。该类型包括 DNS 查询、SMTP、SNMP 等数据流。对于这类分组流，IP 交换通过 IP 交换控制器中的 IP 路由软件按照传统的路由器转发分组的方式，一跳接着一跳地进行转发，以节省 ATM VC 的建立开销。

2. IP 交换机原理

IP 交换同时支持传统的逐跳分组转发方式和基于流的 ATM 直接交换方式，其工作过程大致可分为三个阶段：

(1) 逐跳转发 IP 分组阶段。任意 IP 分组流最初都是在两个相邻 IP 交换机间的缺省 VC 上逐跳转发的，该缺省 VC 穿过 ATM 交换机并连接于两个 IP 交换控制器。在每一跳，ATM 信元先组装成 IP 分组送往 IP 交换控制器。IP 交换控制器则根据 IP 路由表决定下一跳，然后再将 IP 分组分拆为 ATM 信元进行转发。同时，IP 交换控制器基于接收到的 IP 分组特征，按照预定的策略进行流分类决策，以判断创建一个流是否有益。

(2) 使用 IFMP 将业务流从默认 VC 重定向到一个专用的 VC 上。如果分组适合于流交换，则 IP 交换控制器用 IFMP 协议发一个重定向信息给上游节点，要求它将该业务流放到一个新的 VC 上送(即 VC 既是上游节点的出口，同时又是下游节点的入口)。如果上游节点同意建立 VC，则后续分组在新的 VC 上转发，同时下游节点也进行流分类决策，并发送一个重定向信息到上游，请求为该业务流建立一条呼出 VC。新的 VC 一旦被建立，后续业务流将在新的 VC 上转发。

（3）在新的 VC 上对流进行第二层交换。ATM 交换机根据已经构造好的输入、输出 VC 的映射关系，将该流的所有后续业务量在第二层进行交换，而不会再涉及 IP 交换控制器。同时一旦建立了一个流，IP 分组就不需要在每一跳进行组装和分拆操作，从而大大提高了 IP 分组的转发效率，尤其是由长流组成的网络业务将受益最多。

3. IP 交换的缺点

（1）只支持 IP 协议，不能桥接或路由其他协议。

（2）分组转发效率依赖于具体用户的业务特性，对业务量大、持续期长的用户数据流，效率较高，对大多数持续期短、业务量小、呈突发分布的用户数据流效率不高。

11.3.6　软交换

随着电信技术的日益发展和向下一代网络（NGN）的逐步演进，软交换（Soft Switching）技术正扮演着重要的角色，成为电路交换和分组交换网络进行融合的技术纽带。

国际软交换协会（ISC）对软交换的定义是"软交换是提供呼叫控制功能的软件实体"。我国的工业与信息化部电信传输研究所对软交换的定义是："软交换是网络演进以及下一代分组网络的核心设备之一，它独立于传送网络，主要完成呼叫控制、资源分配、协议处理、路由、认证、计费等主要功能，同时可以向用户提供现有电路交换机所能提供的所有业务，并向第三方提供可编程能力。"

软交换的基本含义就是将呼叫控制功能从媒体网关（传输层）中分离出来，通过软件实现基本呼叫控制功能，包括呼叫选路、管理控制、连接控制（建立/拆除会话）和信令互通，从而实现呼叫传输与呼叫控制的分离，为控制、交换和软件可编程功能建立分离的层面。简言之，软交换的核心思想就是**呼叫与承载分离，业务与控制分离**。

软交换的技术定义可以描述为：

（1）它是一种提供了呼叫控制功能的软件实体。

（2）它支持所有现有的电话功能及新型会话式多媒体业务。

（3）它采用标准协议（如 SIP、H. 323、MGCP、MEGACO/H. 248、SIGTRAN 以及各种其他的数据及 ITU 协议）。

（4）它提供了不同厂商的设备之间的互操作能力。

软交换采用了一种与传统运营管理维护系统（OAM，Operations Administration and Maintenance）完全不同的、基于策略的实现方式来完成运行支持系统的功能，按照一定的策略对网络特性进行实时、智能、集中式的调整和干预，以保证整个系统的稳定性和可靠性。

软交换设备位于控制层，主要提供多种业务的连接控制、协议处理、路由、网络资源管理、计费、认证等功能。同时可以向用户提供现有电路交换机所能提供的所有业务，并向第三方提供可编程能力。软交换设备与各种媒体网关、终端、应用服务器、其他软交换设备间采用标准协议相互通信。

软交换有九大功能：

（1）呼叫控制功能。呼叫控制功能是整个网络的灵魂，它可以为基本业务或多媒体业务呼叫的建立、保持和释放提供控制功能，包括呼叫处理、连接控制、智能呼叫触发检出和资源控制等。支持基本的双方呼叫控制功能和多方呼叫控制功能，多方呼叫控制功能包括多方呼叫的特殊逻辑关系以及呼叫成员的加入、退出、隔离、旁听及混音功能等。

简单地说，软交换是实现传统程控交换机的"呼叫控制"功能的实体，但传统的"呼叫控制"功能是和业务结合在一起的，不同的业务所需要的呼叫控制功能不同，这要求软交换提供的呼叫控制功能是各种业务的基本呼叫控制。

（2）协议功能。软交换是一个开放的多协议功能实体，采用各种标准协议（如 H.248、H.323、SCTP、ISUP、TUP、SIP、SNMP 等）与各种媒体网关、网络和终端进行通信，最大限度地保护用户投资并充分发挥现有通信网络的作用。例如，PSTN 与 IP 网/ATM 网间的信令互通和不同网关间的互操作。

（3）业务提供功能。在网络从电路交换向分组交换的演进过程中，软交换技术必须能够实现 PSTN/ISDN 交换机所提供的全部业务，包括基本业务和补充业务，还应与现有的智能网配合提供智能网业务，也可以与第三方合作，提供多种增值业务和智能业务。

（4）互连互通功能。下一代网络并不是一个孤立的网络，尤其是在现有网络向下一代网络的发展中，不可避免地要实现与现有网络的协同工作、互连互通、平滑演进。例如，可以通过信令网关实现分组网与现有 7 号信令（SS7）网的互通；可以通过信令网关与现有智能网互通，为用户提供多种智能业务；可以采用 H.323 协议实现与现有 H.323 体系的 IP 电话网的互通；可以采用 SIP 协议实现与未来 SIP 网络体系的互通；可以采用 SIP 或 BICC 协议与其他软交换技术互联；还可以提供 IP 网内 H.248、SIP 和 MGCP 终端之间的互通。

（5）资源管理功能。软交换应提供资源管理功能，对系统中各种资源进行集中管理，如资源的分配、释放、配置和控制，资源状态的检测，资源使用情况统计，设置资源的使用门限等。

（6）计费功能。软交换应具有采集详细话单及复式计次功能，并能够按照运营商的需求将话单传送到相应的计费中心。

（7）认证与授权功能。软交换应支持本地认证功能，可以对所管辖区域内的用户、媒体网关进行认证与授权，以防止非法用户/设备的接入。同时，它应能够与认证中心连接，并可以将所管辖区域内的用户、媒体网关信息送往认证中心进行接入认证与授权，以防止非法用户/设备的接入。

（8）地址解析功能。软交换设备应可以完成 E.164 地址至 IP 地址、别名地址至 IP 地址的转换功能，同时也可以完成重定向的功能。对于号码分析和存储功能，要求软交换技术支持存储主叫号码 20 位，被叫号码 24 位，而且具有分析 10 位号码然后选取路由的能力，具有在任意位置增删号码的能力。

（9）话音处理功能。软交换设备应可以控制媒体网关是否采用语音信号压缩，并提供可以选择的话音压缩算法，算法应至少包括 G.729、G.723.1 算法，可选 G.726 算法。同时，可以控制媒体网关是否采用回声抵消技术，并可对话音包缓存区的大小进行设置，以减少抖动对话音质量带来的影响。

作为分组交换网络与公用电话网络（PSTN）融合的全新解决方案，软交换将 PSTN 的可靠性和数据网的灵活性很好地结合起来，是新兴运营商进入话音市场的新的技术手段，也是传统话音网络向分组话音演进的方式。目前在国际上，软交换作为下一代网络（NGN）

的核心组件，已经被越来越多的运营商所接受和采用。

总之，软交换是利用把呼叫控制功能与媒体网关分开的方法来实现 PSTN 网与 IP 电话互通的一种交换技术。其实质就是在媒体设备和媒体网关的配合下，通过计算机软件编程的方式来实现对各种媒体流进行协议转换，并基于分组交换网络（IP/ATM）的架构实现 IP 网、ATM 网、PSTN 等网络的互连，以提供和电路交换机具有相同功能并便于业务增值和灵活伸缩的技术和设备。为便于读者理解，图 11-15 给出线路交换与软交换的功能对比图。

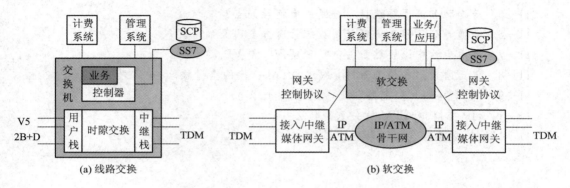

图 11-15　线路交换与软交换的功能对比图

本章主要从通信的角度上向读者介绍了有关数据交换中的基本概念和常用技术，比如交换的机理、采用的通信理论知识等。从深度方面讲，还有很多内容没有涉及，有的将在"计算机网络"课程中讨论，比如相关协议等。读者在本章的学习中，应着重从通信的角度理解和分析问题，深刻理会各种交换技术中所包含的通信原理理论以及如何将理论应用于实践的思想，为以后的深入研究打下坚实的基础。

11.4　小资料——自动电话交换机的发明

最早的自动电话交换机发明家——美国的阿曼·史瑞乔（Almon Strowger）本是"科盲"，一个偶然的机会促使他发愤造出了世界上第一部自动电话交换机，使其在电信界蜚声至今。

史瑞乔本是美国堪萨斯城一家殡仪馆的老板。因经营有方，他的殡仪馆常常丧客盈门。谁料兴隆的生意竟招同行的嫉妒，有位竞争对手设法用钱收买了当地交换机房里的女接线员——"电话小组"（有资料表明，该接线员正是那个竞争对手的妻子）。结果，凡请史瑞乔筹办丧事的电话都被这位"电话小姐"接到他的竞争对手那里，不到半年功夫，史瑞乔的生意一落千丈。当他弄清事情的缘由之后，一气之下，抛弃了旧业，决心研制出一种不要话务员接线的自动电话交换机。经过苦心钻研，历时三年，史瑞乔终于大功告成。

1891 年 3 月 10 日，史瑞乔获得了世界上第一台直拨电话自动交换机的专利权。随后，在美国印地安那州正式批量投产。消息传出，各国纷纷订购，史瑞乔的名字也随之名扬四海。100 多年来，世界上使用的电路交换设备还被称为"史瑞乔齿轮"。

思考题与习题

11-1　ATM 是不是一种分组交换方式？为什么？

11-2　ATM 如何保证通信的实时性？

11-3　分组交换和 ATM 有什么异同点？

11-4　长途电话的收费为什么比较高？

11-5　普通时分复用和统计时分复用有何异同点？

11-6　普通时分复用如何解复用？统计时分复用又如何？

11-7　试用生活中比较熟悉的例子理解 VC 和 VP。

11-8　以三路输出和输入为例，叙述 ATM 交换的全过程。

11-9　"虚电路"和"实电路"的本质区别是什么？

11-10　IP 交换和 ATM 的关系是什么？

11-11　软交换的技术特点是什么？

第12章　网络互连设备

本章重点问题：

计算机网络有不同类型，连接不同类型的网络需要不同的互连设备。那么，都有哪些常见的网络互连设备呢？

12.1　网络互连的基本概念

所谓网络互连就是利用互连设备及相关的技术和协议把两个或两个以上的计算机网络连接起来。 其目的是使一个网络上的用户能访问其他网络上的资源，使不同网络上的用户可以互相通信（交流信息），实现更大范围内的信息交流和资源共享。

根据网络结构的不同，常见的网络互连有四种基本形式：

LAN—LAN：局域网与局域网连接。

LAN—WAN：局域网与广域网连接。

WAN—WAN：广域网与广域网连接。

LAN—WAN—LAN：局域网通过广域网相互连接。

网络互连示意图如图 12-1 所示。显然，四种形式可以共存于一个互联网之中。

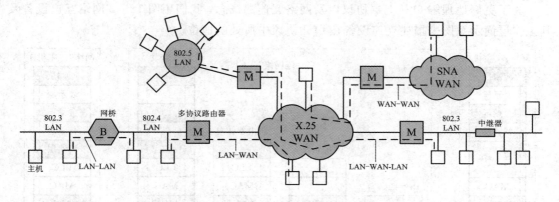

图 12-1　网络互连示意图

在图 12-1 中，SNA(System Network Architecture)是 IBM 公司的系统网络结构。

网络互连的本质就是使信息能够在不同的网络之间互通。但由于网络中的通信是数据通信，与我们熟知的广播、电视、电话（不包含移动电话）等模拟通信有很大的不同，因此，需要对其给予必要的介绍。

我们知道，模拟通信传输的是信号波形，系统主要靠放大器传送信号，完成了波形传送，也就实现了信息的传输；而数据通信传输的是携带信息编码的信号状态，系统主要靠存储—转发方式"再生"信号，收信端只收到正确的信号状态还不够，还必须经过译码才能获得信息，换句话说，数据通信的信息和信号可以分离。因此，数据通信网（计算机网络）必须在利用硬件完成信号状态传送的基础上，再依靠协议实现信息传送。

可见，**"存储-转发"的信号传输方式和"转换协议"的信息传输方式构成数据通信网的两大核心技术，网络互连就是这两项技术在数据通信中的具体应用。**

从通信的角度看，网络互连至少需要三类协议的支持。一类是数字信号的传输协议，比如信号电平高低、速率大小的设置，接口形式的定义等；一类是数据格式的转换协议，如帧长、帧格式的定义，差错控制等；最后一类是信息的编译码协议，如 ASCII 编码等。前两类协议用于保证网络实现数据信号的传输，第三类协议则负责完成信息的通信。

本章将基于通信原理知识，介绍网络互连设备的基本原理及相关协议的基本概念。

12.2 网络互连设备

由于计算机网络的种类较多，所以各种网络之间的互连不像在模拟通信中只进行传输介质的连接那么简单，不仅要考虑网络之间传输介质、信号种类、信号电平等"硬"因素的差异，更要注意彼此所采用通信协议、控制协议、访问协议等"软"环境的区别，这就形成了计算机网络互连的特点。

根据体系结构的不同，我们把各种类型的网络抽象为两种：类型相同的称为同类网（同构网），类型不同的叫做异类网（异构网）。网络互连不外乎同类网之间和异类网之间两种形式。

网络互连设备属于通信子网的范畴（网关除外），主要有中继器、交换机（集线器）、网桥、路由器和网关，它们的任务就是完成信号和信息在多个同类网或异类网之间的传送。

为了更好地理解 OSI 七层协议以及网络互连的概念，我们用图 12-2 网络互连设备及其工作层面示意图来描述互连设备在 OSI 协议中所处的地位。

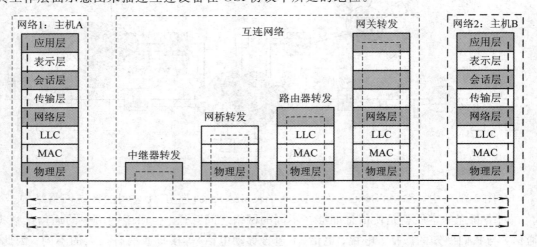

图 12-2 网络互连设备及其工作层面示意图

12.2.1 中继器

互连设备中最简单的是中继器（Repeater），其作用是放大和再生信号，使信号具有足够的能量在介质中进行长距离传输。

我们知道，任何一种传输介质对信号均有衰减、相移和干扰。因此，终端设备输出的基带信号在介质中的传输距离就会受到一定限制。要实现长距离的通信，必须将由终端设备输出的经过一段线路传输后产生了失真并叠加了干扰的基带数字信号通过中继器加以均衡、放大和再生处理，去除干扰，"恢复"信号（信息码）质量，再传送到下一个站。如此接力似地传输，即可延长通信距离。

中继器没有协议转换功能，其主要由均衡放大器、定时提取电路、信码的判决和再生电路等硬件构成，它的结构框图如图 12-3(a) 所示。其中，均衡放大器将经传输线衰耗而且失真的基带信号加以均衡放大，以补偿传输线带来的衰耗和频率失真。定时提取电路从输入的信码中提取时钟频率信息（时间指针），以产生用于判决和再生电路的定时脉冲（和发信端频率一致）。信码再生电路将已均衡放大后的信号用时间指针在固定的时刻进行判决，产生出再生的信息码，以继续传输。信码判决方式多取均衡波幅度最大值的 1/2 为判决电平，当判决时钟到来后，若其幅度大于 1/2 的最大值，则判决为"1"，反之为"0"。显然，均衡波的质量直接影响判决结果。

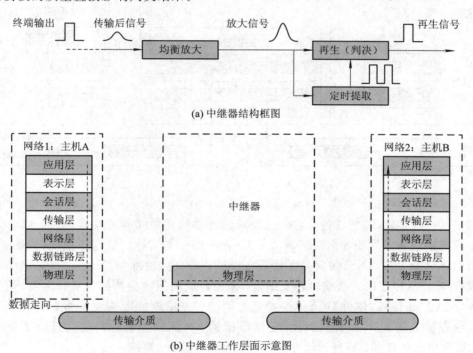

(a) 中继器结构框图

(b) 中继器工作层面示意图

图 12-3　中继器结构框图及其工作层面示意图

中继器工作在 OSI 模型的底层（物理层），其工作层面示意图如图 12-3(b) 所示。严格地讲，它不算是一种网络互连设备，只能用于一个 LAN 中多个网段之间的连接，起扩展 LAN 规模的作用。换句话说，中继器的作用只是"延长"了传输介质，除了对输入信号进行"再生"手术外，没有其他功能（比如检错、纠错、过滤等功能）。从通信的角度上看，中继器类似于模拟通信中的线路放大器，完成的是信号再生功能。这里"网段"是指不需要网络互连设备（指网桥、交换机、路由器和网关）就能彼此通信的计算机组。

集线器（HUB）可以看作是一种具有多个端口的中继器，主要用于连接双绞线介质或光纤介质的以太网系统。由于集线器所连接的所有计算机都属于同一个 LAN，所以它也不能算是一种网络互连设备。目前，集线器同网桥一样正被另一种产品——交换机所代替。

12.2.2　网桥

网桥（Bridge）是一种网络互连设备，由硬件及相应的软件组成，通常只有两个端口。网桥工作在 OSI 模型中的数据链路层，其工作层面示意图如图 12-4 所示。它的主要任务是实现不同网段（或相似类型局域网）之间的数据帧（Frame）的过滤和转发，在连接的网段（网络）间提供透明的通信。所谓"透明"是指从网桥一端的网络向另一端网络"看"过去，感觉不到网桥的存在，就好像两个网络之间只有一层透明的"玻璃"。

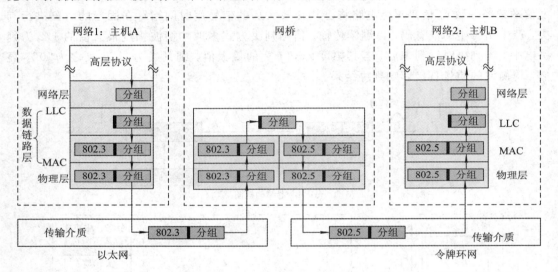

图 12-4　网桥工作层面示意图

网桥是一种存储-转发设备，它先把输入的数据帧完整接收并缓存起来，然后依据数据帧中的源地址和目的地址来判断该帧是否应该转发。若目标地址与源地址同属一个网段（网络）则将该帧丢弃，不予转发，这就是"过滤"；若目标地址与源地址不在一个网段（网络），则将该帧从相应的连接端口转发出去，从而完成网间数据帧的过滤和转发（帧中的地址称为"MAC"地址或"硬件"地址，一般就是网卡所带的地址）。从数据帧的走向上看，网桥通过物理层接收来自一个网段（网络）的数据帧，并送到数据链路层进行过滤和差错校验，然后回送至物理层，通过传输介质传送到另一个网段（网络）。

归纳起来，网桥主要有以下几个功能：

（1）帧的接收和发送。网桥从它所连接的 LAN 端口接收无差错帧，并根据帧中目标网地址判断该帧是丢弃还是转发。网桥相当于一个过滤器，仅把发往目标网的数据帧送出，从而有效减少了通往目标网的信息流量。

（2）缓冲管理。网桥中有两类缓冲区。一类是接收缓冲区，用于暂存从端口收到的、要发往另一个 LAN 的帧；另一类是发送缓冲区，用于暂存已经过协议转换等处理后要发送到相邻 LAN 的帧。缓冲区容量应足够大，否则将造成帧的丢失。

（3）协议转换。网桥的协议转换功能仅限于 MAC 子层和物理层。即将源 LAN 中的帧格式和物理层规程转换为目标 LAN 所采用的帧格式和物理层规程。

（4）差错控制。一是对所接收的帧进行差错检测（接收帧是否非法帧、CRC 校验码是否出错、帧长是否超长或小于最小长度等）；二是生成新 CRC 码（当把帧转发至与本网桥连接的另一个使用不同 MAC 规程的 LAN 时，要重新为所形成的 MAC 帧构成新 CRC 码，并填入到新 MAC 帧的 CRC 字段）。

由于网桥进行的是数据帧转发，所以，只能连接相同或相似的网络，如以太网之间、以太网与令牌环（Token Ring）之间的互连。对于不同类型的网络，如以太网与 X.25 网络之间，网桥就无能为力。更准确地说，网桥只用于连接在 MAC 子层之上协议相同的 LAN。网桥的互连实际上是将多个同类局域网（或近似同类）连成逻辑上单一的局域网。例如，两个办公室各有一个以太网，用网桥连接后，从物理结构上看仍是两个网，但它们对外共用一个 IP 地址。所谓逻辑网是指对外只有一个 IP 地址，但却由多个不同的局域网构成的网络。

这里需要注意和中继器的区别，由中继器连接起来的网络无论在物理上还是逻辑上都是一个网。从网络上传输的数据看，用中继器连接的网段上传输的数据完全相同，而在用网桥连接的网段上传输的数据不一定一样，只有数据的源地址和目的地址分属网桥两边时，网段上传输的数据才相同。

从通信的角度上看，网桥可以将两个以上 LAN 互连为一个逻辑网，以减少局域网上的通信量，提高整个网络系统的性能，同时可扩大网络的物理范围。另外，由于网桥能隔离一个物理网段的故障，所以网桥还能够提高网络的可靠性。

网桥与中继器相比，能在更大的地理范围内实现局域网互连。中继器只是简单地放大再生物理信号，没有任何过滤作用，它只负责传输信号，其职责就是保证把输入端的信号"原封不动"（忽略信号失真）地转到输出端，属于硬件功能。而网桥是中继器的升级和扩展，它除了具有信号传输的功能，还担负部分信息传输的职责。网桥能够完成数据链路层以上相同网络之间的信息传递。

有一种与网桥相似的设备叫交换机。它和网桥都工作在数据链路层，但比网桥转发速度快，因为它用硬件实现交换，而网桥则是用软件实现交换。有些交换机支持直通（Cut-through）交换，直通式交换机减少了网络的抖动与延迟，而网桥仅支持存储转发。交换机为每个网段提供专用带宽，能够减少碰撞，而且交换机还能提供更高的端口密度。由于交换机比网桥具有更好的性能，所以网桥将逐渐被交换机所取代。

12.2.3 路由器

1. 路由器（Router）的基本概念

中继器只能延长一个局域网的网段，网桥可以连接多个同类局域网，那么异类网之间靠什么连接呢？比如 LAN—WAN 或 LAN—WAN—LAN 的连接。这个重任要由一种叫作路由器的设备来完成。

路由是指找到一条从源节点到达目的节点路径的过程，并且该路径上至少要有一个中间节点。中间节点与终端节点是相对而言的，所谓终端节点，就是指在子网间没有数据转发能力的网络设备；而中间节点就是指在子网间有数据转发能力的网络设备。路由器就属于这样的设备，而我们前面提到的源节点和目标节点都属于终端节点。路径可以看做是从源节点到目标节点所经过的所有节点的连线，它表示信息在网上的传输途径。

路由器是一种典型的网络互连设备，它和网桥一样都可以进行数据转发，但它们在OSI七层参考模型中所处的位置不同，网桥处于第二层，而路由器处于第三层即网络层，路由器工作层面示意图如图 12-5 所示。

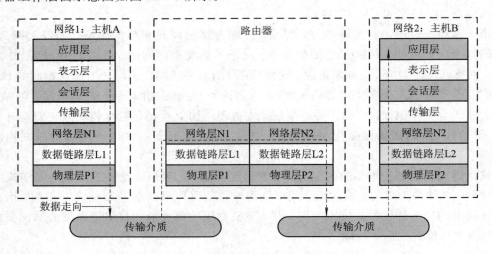

图 12-5　路由器工作层面示意图

网络层的工作需要处理数据分组、网络地址，决定数据分组的转发和网络中信息的完整路由等，处理层次较高，因此，相对于网桥而言，路由器具有更多和更高的网络互连功能。

另外，同网桥一样，路由器不必是个外部设备。诸如 Banyan VINES 和 Novell NetWare 等一些网络操作系统均能够在服务器上实现路由选择功能。它们与采用网桥一样，通过在服务器上安装两个或多个网络接口卡可实现路由选择，操作系统可去处理其余的事情。

2. 路由器的功能

从网络协议层次来看，工作在网络层上的路由器具有更复杂的软件和更丰富的功能，这是其他工作在较低层次上的网络互连设备所不能比拟的。

路由器除了路由选择和数据转发两大典型功能外，一般还具有流量控制、网络和用户管理等功能。下面简要介绍各功能。

（1）数据转发：在网络间完成数据分组（报文）的传送。

（2）路径选择：根据距离、成本、流量和拥塞等因素选择最佳传输路径引导通信。相对来说，数据转发比较简单，而路由选择就相当复杂。

路由器要按照某种路由通信协议查找路由表，路由表中列出整个互联网络中包含的各个节点，以及节点间的路径情况和与它们相联系的传输费用。如果到特定的节点有一条以上路径，则基于预先确定的准则选择最优（最经济）的路径。由于各种网络（网段）及其相互连接的情况可能会发生变化，因此路由情况的信息需要及时更新，这是由所使用的路由信息协议规定的定时更新或者按变化情况更新功能来完成的。网络中的每个路由器按照这一规则动态地更新它所保持的路由表，以便保持有效的路由信息。

当网络拓扑结构发生变化时，路由器还可以调整路由表使所选择的路由还是最佳的，这一功能可以很好地均衡网络中的信息流量，避免出现网络拥挤现象。

路由功能可以用一个交通现象来类比：在一个交通枢纽（比如一个十字口）有一个交通警察指挥交通，在看到每辆需要经过十字口的车辆（相当于数据包）上标明的目的地信息后，他就指挥车辆沿正确的方向行驶。从该十字口到某目的地可能有多个选择路线，交通警察根据自己掌握的路网信息可以按最近的路线、最好的路线或最快的路线指挥车辆行驶。正常情况下，按"快"和"省"的原则引路，但若发现某方向可能会发生拥堵，则必须指挥后续车辆改道绕远行驶，避免造成交通阻塞。在交通警察的脑海中存储的交通图就相当于路由表，当路网发生变化，他也必须更新信息。

（3）流量控制：路由器不仅有更多的缓冲，还能控制收发双方的数据流量，使两者更匹配。

（4）分段和重新组装功能：通过路由器互连的多个网络中，所采用的数据单元（分组）大小可能不同，如源站所用数据单元较大，而目标站所用数据单元较小，使目标站无法接收，此时路由器可将由源站发出的数据分组分成若干段后，分别封装成较小分组再发往目标站；反之，若路由器收到的分组较小，而在通往目标站的路由上所有各结点都能接收较大的分组，此时路由器可以把属于同一报文的多个小分组按序号装成大分组后传送，以提高传输效率。

（5）多协议路由器可以连接使用不同通信协议的网络段，作为不同通信协议网络段通信连接的平台。支持多种协议的路由选择不仅能连接同类型 LAN，还能连接 LAN 和 WAN。例如使用一个多协议路由器可以连接以太网、令牌环网、FDDI 网等。

（6）网络管理功能：路由器是连接多种网路的汇集点，网络之间的信息流都要通过路由器，利用路由器可监视网络中的信息流动和网络设备的工作状态。

因为大部分路由器可支持多种协议的传输（如多协议路由器），所以路由器连接的物理网络可以是同类网也可以是异类网，它能很容易地实现 LAN—LAN、LAN—WAN、WAN—WAN 和 LAN—WAN—LAN 等网络互连方式。

由于每种协议都有自己的规则，要在一个路由器中完成多种协议的转换，势必会降低路由器的性能，所以，支持多协议的路由器性能相对较低。

一般而言，对于异类网的互连、多个子网（逻辑网）的互连都应采用路由器来完成。路由器有以下优缺点：

优点：适用于大规模的网络；复杂的网络拓扑结构，负载共享和最优路径；能更好地处理多媒体；安全性高；隔离不需要的通信量；节省局域网的频宽；减少主机负担。

缺点：它不支持非路由协议；安装复杂；价格高。

3. 路由器的工作原理

根据 TCP/IP 协议，IP 地址由网络号和网络内的主机号两部分构成。Internet 网络采用子网掩码来确定 IP 地址中网络地址和主机地址。子网掩码与 IP 地址一样也是 32 bit，并且两者是一一对应的。规定子网掩码中数字为"1"所对应的 IP 地址中的部分为网络号，为"0"所对应的则为主机号。网络号和主机号合起来，才构成一个完整的 IP 地址。若一个网络中主机的 IP 地址网络号部分都相同，则该网络就是一个 IP 子网。通信只能在具有相同网络号的 IP 地址之间进行，要与其他 IP 子网的主机进行通信，必须经过同一网络上的某个路由器或网关（Gateway）才行。不同网络号的 IP 地址不能直接通信，即使它们接在一起，也不能通信。路由器配备有多个端口，用于连接多个 IP 子网。每个端口的 IP 地址的网络号要求与所连接的 IP 子网的网络号相同。不同的端口为不同的网络号，对应不同的 IP 子网，这样才能使各子网中的主机通过自己子网的 IP 地址把要求出去的 IP 分组送到路由器上。

依据 TCP/IP 的协议，路由器的数据包转发具体过程如下：

第一步，网络接口接收数据包，负责网络物理层处理，即把经编码调制后的数据信号还原为数据。不同的物理网络介质决定了不同的网络接口，比如，对应于 10 Base-T 以太网，路由器有 10 Base-T 以太网接口；对应于 SDH，路由器有 SDH 接口；对应于 DDN，路由器有 V.35 接口。

第二步，根据网络物理接口，路由器调用相应的数据链路层功能（网络七层协议中的第二层）模块以解释处理此数据包的链路层协议报头。其处理比较简单，主要是对数据完整性的验证，如 CRC 校验、帧长度检查。近年来，IP over something 的趋势非常明显，特别是光纤网络技术的迅速发展和 IP 成作为事实标准的确立，使得在 DWDM（密集波分复用）光纤上，IP（处于网络层——网络七层协议中的第三层）跳过数据链路层而被直接加载在物理层之上。

第三步，在数据链路层完成对数据帧的完整性验证后，路由器开始处理此数据帧的 IP 层。这一过程是路由器功能的核心。根据数据帧中 IP 数据包头的目的 IP 地址，路由器在路由表中查找下一跳的 IP 地址，IP 数据包头的 TTL（Time to Live）域开始减数，并计算新的校验和（Checksum）。如果接收数据帧的网络接口类型与转发数据帧的网络接口类型不同，则 IP 数据包还可能因为最大帧长度的规定而分段或重组。

第四步，根据在路由表中所查到的下一跳 IP 地址，IP 数据包送往相应的输出数据链路层，被封装上相应的链路层包头，最后经输出网络物理接口发送出去。

下面我们通过一个例子来说明路由器的工作过程。

【例题 12-1】简述工作站 A 向工作站 B 传送信息（并假定工作站 B 的 IP 地址为120.0.0.5）的路由过程。路由器的分布如图 12-6 所示。

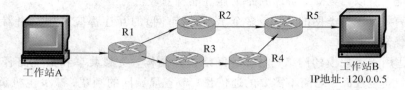

图 12-6　例题 12-1 路由示意图

解　工作过程如下：

（1）工作站 A 将站 B 的地址 120.0.0.5 连同数据信息以数据帧的形式发送给路由器 1。

（2）路由器 1 收到工作站 A 的数据帧后，先从报头中取出地址 120.0.0.5，并根据路径表计算出发往工作站 B 的最佳路径：R1→R2→R5→B；并将数据帧发往路由器 2。

（3）路由器 2 重复路由器 1 的工作，并将数据帧转发给路由器 5。

(4) 路由器 5 同样取出目的地址，发现 120.0.0.5 就在该路由器所连接的网段上，于是将该数据帧直接交给工作站 B。

(5) 工作站 B 收到工作站 A 的数据帧，一次通信过程宣告结束。

4．路由协议

路由协议（Routing Protocol）指通过指定的路由算法来实现路由功能的协议。

路由协议是路由计算和更新的依据，它随寻径范围的不同而不同，一般分为内部路由协议和外部路由协议两大类。如果在自治系统内部寻径，路由器使用内部路由协议；如果是在自治系统之间寻径，路由器使用外部路由协议。当然，自治系统边缘的路由器可能同时使用内部和外部路由协议。所谓自治系统（Autonomous System）是一系列网络的集合，这些网络有一个统一的管理者，并且使用相同的路由策略。有些书籍将自治系统称为自治域。

路由协议不是唯一的，而且一直在发展变化着。内部协议有路由信息协议（RIP，Routing Information Protocol）、开放式最短路径优先协议（OSPF，Open Shortest Path First）等。外部协议现在主要用边界网关协议（BGP，Border Gateway Protocol）。

路由的基本功能包括寻径和转发两项。寻径就是判定到达目的地的最佳路径，由路由选择算法来实现。由于涉及到不同的路由选择协议和路由选择算法，所以寻径要相对复杂一些。为了判定最佳路径，路由选择算法必须启动并维护包含路由信息的路由表，其中路由信息依赖于所用的路由选择算法而不尽相同。路由选择算法将收集到的不同信息填入路由表中，根据路由表可将目的网络与下一站的关系告诉路由器。路由器间互通信息进行路由更新，即更新维护路由表使之正确反映网络的拓扑变化，并由路由器根据量度来决定最佳路径。这就是路由选择协议（Routing Protocol），比如路由信息协议（RIP）、开放式最短路径优先协议（OSPF）和边界网关协议（BGP）等的主要内容。

转发就是沿寻径功能定好的最佳路径传送信息分组。路由器首先在路由表中查找、判明是否知道如何将分组发送到下一个站点（路由器或主机），如果路由器不知道如何发送分组，通常将该分组丢弃；否则就根据路由表的相应表项将分组发送到下一个站点，如果目的网络直接与路由器相连，路由器就把分组直接送到相应的端口上。这就是路由转发协议（Routed Protocol）的主要功能。路由转发协议也称为被路由的协议，指路由器所支持的网络层协议，如 DECnet、AppleTalk、IPX 和 IP 协议。

路由转发协议和路由选择协议是相互配合又相互独立的概念，前者使用后者维护的路由表，同时后者要利用前者提供的功能来发布路由协议数据分组。路由选择协议也称为路由协议。

典型的路由选择方式有两种：静态路由和动态路由。

静态路由（Static Routing）是在路由器中设置的固定的路由表。除非网络管理员干预，否则静态路由不会发生变化。由于静态路由不能对网络的改变做出反映，所以一般用于网络规模不大、拓扑结构固定的网络中。静态路由的优点是简单、高效、可靠。在所有的路由中，静态路由优先级最高。当动态路由与静态路由发生冲突时，以静态路由为准。

动态路由（Dynamic Routing）是网络中的路由器之间相互通信，传递路由信息，利用收到的路由信息更新路由器表的过程。它能实时地适应网络结构的变化。如果路由更新信息表明发生了网络变化，路由选择软件就会重新计算路由，并发出新的路由更新信息。这些信息通过各个网络，引起各路由器重新启动其路由算法，并更新各自的路由表以动态地反映网络拓扑变化。动态路由适用于网络规模大、网络拓扑复杂的网络。当然，各种动态路由协议会不同程度地占用网络带宽和 CPU 资源。

静态路由和动态路由有各自的特点和适用范围，因此在网络中动态路由通常作为静态路由的补充。当一个分组在路由器中进行寻径时，路由器首先查找静态路由，如果查到则根据相应的静态路由转发分组；否则再查找动态路由。

动态路由协议分为内部路由（网关）协议（IGP）和外部路由（网关）协议（EGP）。有关协议更多的具体内容，请参阅计算机网络方面的书籍。

12.2.4　网关

通常把能在传输层及其以上各层进行协议转换的互连设备称做**网关**（Gateway）或**协议转换器**。它属于应用系统级网络互连设备，而前面介绍的中继器、网桥和路由器都属于通信子网范畴的网络互连设备，它们与应用系统无关。

网关工作在 OSI 参考模型的第三到第七层，其工作层面示意图如图 12-7 所示。其主要功能是完成传输层以上的协议转换。通过对协议的处理，它能连接具有不同体系结构的网络（传输协议和物理网络都不同）。比如，一个网关能把一个微机网络互联到 IBM 的 SNA 主机上。因此，网关既是计算机之间互相通信的信道，又是各种协议之间的转换器。网关可以是一个专用设备也可以用计算机作为硬件平台，由软件实现协议的转换。

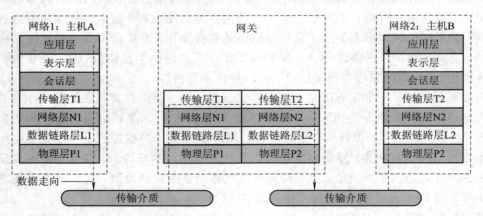

图 12-7　网关工作层面示意图

网关可分为传输网关和应用程序网关两种。传输网关是在传输层连接两个网络的网关，应用程序网关是在应用层连接两部分应用程序的网关。由于应用网关是应用系统之间的转换，所以网关一般只适合于某种特定的应用系统的协议转换。

网关连接异构网络，在网关中要进行网络层、数据链路层及物理层的协议转换。

网关主要有以下功能：

（1）异构型 LAN 的互连：网关可以将几种完全不同的 LAN 互连。

（2）LAN 与 WAN 的互连：LAN 与 WAN 比较，至少有三层（网络层、数据链路层、物理层）协议不同，它们属于异构型网络，要用网关互连。

（3）WAN 与 WAN 的互连：主要是不同 WAN 的互连。

（4）LAN 与主机的互连：在主机连接到 LAN 上时，由于主机的操作系统与网络操作系统不兼容，故也需进行网关互连。

网关连接应用在互联网网络层以上的高层，能实现差别更大的网络互连，如公用交换网络、卫星网络和综合数字业务网等的互连。网关通常由软件运行在相应的服务器或计算机上来实现，效率相对下降。

从通信的层面上看，网关和路由器很相似，它们都可实现异构网（异类网）之间的信息传输，但由于网关工作的层次比路由器高，所以它的异类网连接能力比路由器强，或者说，网关和路由器的信号传输功能差不多，但网关的信息传输能力比路由器强。

由于网关是针对应用的，而我们现在常提的网络互连设备主要指数据链路层和网络层，所以，现在很少将它作为一种网络互连设备使用了。

人们常常把路由器与网关名称混用，许多提到网关的地方，实际上应该是指路由器。

12.2.5　交换机

1．基本概念

交换机（Switch）也叫交换式集线器，是一种工作在 OSI 模型第二层（数据链路层）上的、基于 MAC 地址识别、能完成封装转发数据包功能的网络设备。它把接收的数据信号再生后，经过内部处理转发至指定端口，具备自动寻址能力和交换作用。

交换机上的所有端口均有独享的信道带宽，以保证每个端口上数据的快速有效传输。由于交换机根据所传递数据包的目的地址，将每一数据包独立地从源端口送至目的端口，而不会向所有端口发送，所以，交换机可以同时互不影响地传送多路数据包，并防止传输冲突，提高了网络的实际吞吐量。

交换机的传输方式主要是全双工。即交换机在发送数据的同时也能够接收数据。全双工的好处在于迟延小，速度快。

虽然以太网交换机厂商根据市场需求，推出了三层甚至更高层交换机。但其核心功能仍是二层的以太网数据包交换，只是带有了一定的处理 IP 层甚至更高层数据包的能力。因此，我们下面主要介绍二层交换机。

2．主要分类

（1）从应用领域看，交换机分为广域网交换机和局域网交换机。广域网交换机主要应用于电信领域，提供通信基础平台。而局域网交换机则应用于局域网络，用于连接终端设备，如计算机、网络打印机等。

（2）按照网络构成方式，网络交换机可分为接入层交换机、汇聚层交换机和核心层交换机。接入层交换机基本上是固定端口式交换机，以 10M/100M 端口为主，并且以固定端口或扩展槽方式提供 1000 Base - T 的上联端口；汇聚层 1000 Base - T 交换机有机箱式和固定端口式两种设计，可以提供多个 1000 Base - T 端口，一般也可以提供 1000 Base - X 等其他形式的端口。接入层和汇聚层交换机共同构成完整的中小型局域网解决方案。核心层交换机全部采用机箱式模块化设计，配备了 1000 Base - T 模块。

（3）从传输速度上看，局域网交换机可以分为以太网交换机、快速以太网交换机、千兆以太网交换机、FDDI 交换机、ATM 交换机和令牌环交换机等多种，这些交换机分别适用于以太网、快速以太网、FDDI网、ATM网和令牌环网等环境。

（4）从应用规模上看，又有企业级交换机、部门级交换机和工作组交换机等。一般来讲，企业级交换机都是机架式；部门级交换机可以是机架式，也可以是固定配置式；而工作组级交换机则一般为固定配置式，功能较为简单。另一方面，从应用的规模来看，作为骨干交换机时，支持500个信息点以上大型企业应用的交换机为企业级交换机，支持300个信息点以下中型企业的交换机为部门级交换机，而支持100个信息点以内的交换机为工作组级交换机。

（5）按照OSI网络模型，交换机可分为第二层、第三层一直到第七层。其中，基于MAC地址工作的第二层交换机最为常见，主要用于网络接入层和汇聚层。基于IP地址和协议进行交换的第三层交换机普遍应用于网络的核心层，少量应用于汇聚层。部分第三层交换机同时具有第四层交换功能。第四层以上的交换机称之为内容型交换机，主要用于互联网数据中心。

（6）按照交换机的可管理性，又可把交换机分为可管理型交换机和不可管理型交换机。它们的区别在于对SNMP、RMON等网管协议的支持。可管理型交换机便于网络监控、流量分析，但成本也相对较高。大中型网络在汇聚层应该选择可管理型交换机，在接入层视应用需要而定，核心层交换机则全部是可管理型交换机。

（7）按照交换机是否可堆叠，交换机又可分为可堆叠型交换机和不可堆叠型交换机两种。采用堆叠技术的一个主要目的是为了增加端口密度。

（8）局域网交换机可以分为桌面型交换机（Desktop Switch）、工作组型交换机（Workgroup Switch）和校园网交换机（Campus Switch）三类。

桌面型交换机是最常见的一种交换机，使用最广泛，尤其是在一般办公室、小型机房和业务受理较为集中的业务部门、多媒体制作中心、网站管理中心等部门。在传输速度上，现代桌面型交换机大都提供多个具有10/100M自适应能力的端口。工作组型交换机常用来作为扩充设备，在桌面型交换机不能满足需求时，大多直接考虑工作组型交换机。虽然工作组型交换机只有较少的端口数量，但却支持较多的MAC地址，并具有良好的扩充能力，端口的传输速度基本上为100M。校园网交换机的应用相对较少，仅应用于大型网络，且一般作为网络的骨干交换机，并具有快速数据交换能力和全双工能力，可具有容错等智能特性，还支持扩充选项及第三层交换中的虚拟局域网（VLAN）等多种功能。

3. 主要功能

交换机的主要功能包括物理编址、网络拓扑结构、错误校验、帧序列以及流控。目前交换机还具备了一些新的功能，如对VLAN（虚拟局域网）的支持、对链路汇聚的支持，甚至有的还具有防火墙的功能。

交换机除了能够连接同种类型的网络之外，还可以在不同类型的网络（如以太网和快速以太网）之间起到互连作用。许多交换机都能够提供支持快速以太网或FDDI等的高速连接端口，用于连接网络中的其他交换机或者为带宽占用量大的关键服务器提供附加带宽。

一般来说，交换机的每个端口都用来连接一个独立的网段，但是有时为了提供更快的接入速度，我们可以把一些重要的网络计算机直接连接到交换机的端口上。这样，网络的关键服务器和重要用户就拥有更快的接入速度，支持更大的信息流量。

交换机的基本功能可概括如下：

（1）交换机像集线器那样，提供了大量供线缆连接的端口，以便可以采用星型拓扑结构布线的方式。

（2）交换机像中继器、集线器和网桥那样，以"再生"方式转发脉冲信号。

（3）交换机像网桥那样，在每个端口上都使用相同的转发或过滤逻辑。

（4）交换机像网桥那样，将局域网分为多个冲突域，每个冲突域都具有独立宽带，因此大大提高了局域网的带宽。

（5）交换机除了具有网桥、集线器和中继器的功能以外，还提供了更先进的功能，如虚拟局域网（VLAN）功能。

类似传统的网桥，交换机提供了许多网络互联功能。交换机能经济地将网络分成小的冲突网域，为每个工作站提供更高的带宽。协议的透明性使得交换机在软件配置简单的情况下直接安装在多协议网络中；交换机使用现有的电缆、中继器、集线器和工作站的网卡，不必作高层的硬件升级；交换机对工作站是透明的，这样管理开销低廉，简化了网络节点的增加、移动和网络变化的操作。

交换机与网桥不同的是：交换机转发延迟很小，操作接近单个局域网性能，远远超过了普通桥接互联网络之间的转发性能。

交换机和集线器的本质区别在于：当 A 发消息给 B 时，如果通过集线器，则接入集线器的所有网络节点都会收到这条消息（也就是以广播形式发送），只是网卡在硬件层面就会过滤掉不是发给本机的消息；而如果通过交换机，除非 A 通知交换机广播，否则发给 B 的消息 C 绝不会收到。

4. 工作原理

二层交换机工作在数据链路层，拥有一条很高带宽的背部总线和内部交换矩阵。交换机的所有端口都挂接在这条背部总线上。其工作流程如下：

（1）控制电路收到数据包以后，处理端口会查找内存中的地址对照表以确定目的 MAC（网卡的硬件地址）地址的网卡挂接在哪个端口上，通过内部交换矩阵迅速将数据包传送到目的端口。目的 MAC 地址若不存在，则广播到所有端口。接收端口回应后交换机会"学习"新的地址，并把它添加入内部 MAC 地址表中。

（2）使用交换机也可以把网络"分段"，通过对照 MAC 地址表，交换机只允许必要的网络流量通过交换机。通过交换机的过滤和转发，可以有效地减少冲突域，但它不能划分网络层广播，即广播域。

（3）交换机在同一时刻可进行多个端口对之间的数据传输。每一端口都可视为独立的网段，连接在其上的网络设备独自享有全部带宽，无须同其他设备竞争使用。当节点 A 向节点 D 发送数据时，节点 B 可同时向节点 C 发送数据，而且这两个传输都享有网络的全部带宽，都有着自己的虚拟连接。假使这里使用的是 10 Mb/s 的以太网交换机，那么该交换机这时的总流通量就等于 2×10 Mb/s＝20 Mb/s，而使用 10 Mb/s 的共享式 HUB 时，一个 HUB 的总流通量也不会超出 10 Mb/s。

总之，交换机是一种基于 MAC 地址识别，能完成封装转发数据包功能的网络设备。交换机可以"学习"MAC 地址，并把其存放在内部地址表中，通过在数据帧的发送者和接收者之间建立临时的交换路径，使数据帧直接由源地址到达目的地址。

从二层交换机的工作原理可知：

（1）由于交换机可对多个端口的数据同时进行交换，这就要求具有很宽的交换总线带宽，如果二层交换机有 N 个端口，每个端口的带宽是 M，交换机总线带宽超过 $N \times M$，那么该交换机就可以实现线速交换；

（2）二层交换机一般都含有专门用于处理数据包转发的专用集成电路芯片（ASIC），因此，转发速度非常快。

5. 三层交换机

下面通过一个简单的例子来看看三层交换机的工作过程。

假定一个使用 IP 的设备 A，要通过三层交换机向一个使用 IP 的设备 B 发送数据。

已知目的 IP，那么 A 就用子网掩码取得网络地址，判断目的 IP 是否与自己在同一网段。如果在同一网段，但不知道转发数据所需的 MAC 地址，A 就发送一个 ARP 请求，B 返回其 MAC 地址，A 用此 MAC 封装数据包并发送给交换机，交换机起用二层交换模块，查找 MAC 地址表，将数据包转发到相应的端口。

如果目的 IP 地址显示不是同一网段的，那么 A 要实现和 B 的通信，在流缓存条目表中就没有对应的 MAC 地址条目，就将第一个正常数据包发送向一个缺省网关，这个缺省网关一般在操作系统中已经设好，对应第三层路由模块，因此，可见对于不是同一子网的数据，最先在 MAC 表中放的是缺省网关的 MAC 地址；然后就由三层模块接收此数据包，查询路由表以确定到达 B 的路由，并构造一个新的帧头，其中以缺省网关的 MAC 地址为源 MAC 地址，以主机 B 的 MAC 地址为目的 MAC 地址。通过一定的识别触发机制，确立主机 A 与 B 的 MAC 地址及转发端口的对应关系，并记录在流缓存条目表，以后的 A 到 B 的数据，就直接交由二层交换模块完成。这就通常所说的一次路由多次转发。

通过上述三层交换机工作过程，可以看出三层交换机的特点：

（1）由硬件结合实现数据的高速转发，不是简单的二层交换机和路由器的叠加。三层路由模块直接叠加在二层交换的高速背板总线上，突破了传统路由器的接口速率限制，速率可达几十吉比特每秒。

（2）简洁的路由软件使路由过程简化。大部分的数据转发，除了必要的路由选择交由路由软件处理，都是由二层模块高速转发，路由软件大多都是经过处理的高效优化软件，并不是简单照搬路由器中的软件。

（3）三层交换机的实质就是路由器，且基本上所有的处理都由硬件完成。

（4）因硬件性能所限，三层交换机并不能实现普通路由器的所有功能，比如，它不支持多协议。但它比基于软件的普通路由器更快、更便宜。

了解了二层和三层交换机的基本概念后，我们自然会问：实际工作中如何选择呢？

二层交换机用于小型局域网。在小型局域网中，广播包影响不大，二层交换机的快速交换功能、多个接入端口和低廉的价格为小型网络用户提供了完美的解决方案。

三层交换机的优点在于接口类型丰富，路由能力强大，适合用于大型网络间的路由。

三层交换机最重要的功能是加快大型局域网络内部数据的快速转发，加入路由功能也是为这个目的服务的。如果把大型网络按照部门，地域等因素划分成一个个小局域网，这将导致大量的网际互访，单纯地使用二层交换机不能实现网际互访；如果单纯地使用路由器，由于接口数量有限和路由转发速度慢，将限制网络的速度和网络规模，故采用具有路由和快速转发功能的三层交换机就成为首选。

6．交换机性能选用要点

（1）选用可信的技术指标。包括交换速度、交换容量、背板带宽、处理能力和吞吐量。

（2）设计正确的测试方案。要准备足够的测试端口才能准确评价交换机的真实性能。

（3）选择正确的产品模块配置。采用分布式交换处理结构，所有接口模块均具有本地自主交换能力，从而避免了集中式交换结构所存在的中心交换瓶颈问题。

（4）延时与延时抖动。业界领先的交换机其延时小于 $10\ \mu s$。

（5）支持组播。应同时支持常用的组播协议 PIM 和 DVMRP。

（6）有丰富的接口类型。应同时支持千兆以太网、POS 和 ATM 宽带接口。

（7）支持路由协议软件。

（8）支持 MPLS。

作为局域网的主要连接设备，以太网交换机成为应用普及最快的网络设备之一。随着交换技术的不断发展，以太网交换机的价格急剧下降，交换到桌面已是大势所趋。

不仅不同网络环境下交换机的作用各不相同，即使在同一网络环境下添加新的交换机和增加现有交换机的交换端口对网络的影响也不尽相同。充分了解和掌握网络的流量模式是能否发挥交换机作用的一个非常重要的因素。因为使用交换机的目的就是尽可能减少和过滤网络中的数据流量，所以如果网络中的某台交换机由于安装位置设置不当，几乎需要转发接收到的所有数据包，交换机就无法发挥其优化网络性能的作用，反而降低了数据的传输速度，增加了网络延迟。

除安装位置之外，如果在那些负载较小，信息量较低的网络中也盲目添加交换机，同样也可能起到负面影响。在这种情况下使用简单的 HUB 要比交换机更为理想。因此，我们不能一概认为交换机就比 HUB 有优势，尤其当用户的网络并不拥挤，尚有很大的可利用空间时，使用 HUB 更能够充分利用网络的现有资源。

为了让读者对网络互连设备有一个全面认识，图 12-8 给出了几种常见设备。

中继器　　　　无线路由器　　　　　路由器　　　　　千兆交换机

图 12-8　常见互连设备

12.3　几种"信道"概念的解释

我们已经介绍了不少有关"信道"的概念，它们是：信道、广义信道、狭义信道、物理信道、逻辑信道、数字信道、模拟信道、传输介质、通路、链路、虚电路、虚信道、虚通路。这些概念很容易混淆，需要用心体会其中的差异。

大家知道，通信就是信息的传递，但在实际通信中，信息由各种信号所承载，通信系统直接传送的是电信号（或光信号）。对于模拟通信，信号波形直接携带信息，传送信号也就是传送信息；而在数据通信（包括数字通信）中，信息是通过各种编码方式搭载在数字信号之上，仅以传送信号为目的的通信系统（比如模拟系统）虽然可以完成信号的传输，但不一定能够完成信息的传递。

通信任务的实施，必须在通信双方（或多方）之间实现信号的传输，而信道就是指信号传输的途径。传输介质是具体完成信号传输的物理通路（如各种导线、光纤、无线电波等），显然传输介质是一种信道。在一个通信系统中，连接信源和信宿除了传输介质之外，还有各种通信设备，它们同样为信号提供了传输路径，因此也是一种信道。为了区分这两种信道，我们定义传输介质为狭义信道，通信设备与传输介质一起被称为广义信道。

信道是一种抽象概念，而"通路"是信道的一种表现形式，指信道的一种"直通"状态，一般应用于模拟通信中，比如打电话就是在通信双方之间建立一条通路。

物理信道强调的是信道的存在形式，看得见摸得着，如一条电缆、一对电话线、一根光纤等。而逻辑信道主要指在一个物理信道之中，通过复用技术而产生的看不见摸不着的信号传输途径。比如通过频分复用，有线电视在一条同轴电缆（物理信道）上可以产生多条逻辑信道传输多路电视信号。

上述几个"信道"概念多用在模拟通信中，而链路、虚电路、虚信道、虚通路则主要出现在数据通信中。

数字信道一般指数字信号经过的途径，模拟信道指模拟信号经过的途径，他们都包括传输介质和传输设备。主要区别是：数字信道一般有编、解码设备和信号再生设备（如编码器、译码器、中继器等），信号主要以抽样-判决-再生的方式传送；而模拟信道没有编、解码设备，在传输信号过程中靠放大器延长传输距离。

"链路"和"通路"都有"连通"的线路之意，通路和链路示意图如图 12－9 所示。但"链路"强调"连通"的形式是像链条似地将线路一段一段地连接起来。而"通路"强调"连通"是一种畅通无阻的"直通"。因此，对于普通的电话连接，我们常以通路表示，以强调通信的实时性。而在数据通信中，由于数据大都以"包"的形式出现，以存储-转发的方式传输，所以多用链路表示数据传输的路径。信号在通路中传输不需要协议，但在链路中通常需要协议。

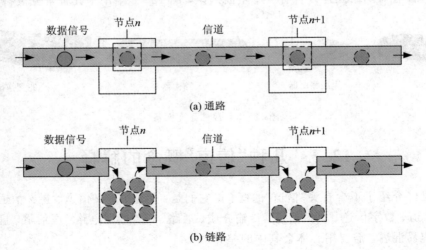

(a) 通路

(b) 链路

图 12－9　通路和链路示意图

在解释"虚电路"之前，我们了解一下"实电路"是很有必要的。我们以打电话为例，通话的双方在通话前必须建立一条信号通路，而且这条通路是实实在在由传输介质和通信设备组成的"实电路"，信号沿着这条物理信道从信源畅通无阻地"跑"到信宿，并且独占"跑道"，不允许其他信号共享。"虚电路"具有和"实电路"一样的连通功能，允许信号在其上传输，但它对信号的传输不是像实电路那样从信源不停脚地跑到信宿，而需要在节点处先"停"下来，即在节点储存起来，再经过复用等处理，然后与其他信号一起再向下一个节点"跑去"。从宏观上看，"虚电路"和"实电路"是一条"道"，但传输信号的方式不一样，"实电路"类似一条完整的传输管道，在每个节点上是"直通"的；而"虚电路"的传输管道是分段的，在每个节点上信号一般不能"直通"，必须"停"一下接受相关处理（比如，复用），然后再被转发到下一个节点。

"虚电路"与"实电路"的主要区别有：一是在信号在"虚电路"中传输通常需要协议，而"实电路"不需要；二是"虚电路"通常为共享信道，而"实电路"则为独占。

而虚信道 VC、虚通路 VP 应该是逻辑信道的成员，它们专指 ATM 技术中利用统计时分复用为信元传输所开辟的专用时隙。

综上所述，这些"信道"概念从本质上看都是指为信号传输的途径，但它们的侧重点或强调的内容不太一样，有的从存在形式上区分，有的从传输特性上区分，有的从连通状态上区分等。对于同样的一条连接，可以用不同的"信道"概念加以描述，比如，两个电话之间的电话线，可以称为传输介质，也可以叫通路、信道、物理信道、狭义信道等。因此，不管网络互连采用什么设备，也不管设备之间的连接称做什么，只要把握住"信号传输"的要旨，就不会混淆各种"信道"术语和概念。

12.4　小资料——万维网

万维网（WWW，World Wide Web）的字面直译是"环球信息网"，简称 Web 网。其发明人是英图籍软件工程师蒂姆·伯纳斯·李（Tim Berners Lee）。他认为万维网的根本目标是将人们"更好地联系在一起——联结成一个更好的状况"。万维网的中心思想就是将超文本嫁接到因特网上，从而使所有的网络资源可以用一个统一的界面来搜索和使用。

1980 年，伯纳斯·李在当时的欧洲量子物理实验中心做软件咨询工作期间，遇到了志同道合的罗伯特·卡雷欧（Robert Cailliau）。卡雷欧是软件工程师，他被伯纳斯·李的"全球超文本"的想法吸引，两人一起合作构建了万维网的原型"查询万有"，这个系统展示了我们现在在使用的万维网的核心思想。

1989 年，伯纳斯·李向实验中心正式提交了一份后来被称为"万维网蓝图"的报告——《关于信息化管理的建议》。在这份报告中，他根据他们在 9 年前构建的万维网的原型，正式提出了万维网的运行机制和实施方案。1990 年 11 月，伯纳斯·李在他使用的工作站上制作出了第一个万维网浏览器（同时也是编辑器）和第一个网络服务器，并编写了第一个网页，该网页提供了执行万维网项目的细节。

1993 年，万维网技术有了突破性的进展，伊利诺伊州立大学香槟分校超级计算中心的一个学生和一个程序员，合作编写了第一个能够传输多媒体的万维网浏览器，很好地解决了远程信息服务中的文字显示、数据连接以及图像传递的问题，使得万维网用户可以通过图形界面，很方便地查询到以前要通过好几种不同程序查询的信息。万维网顿时成为了互联网上最为流行的信息传播方式。

作为万维网的创始人，伯纳斯·李却没有因此而发财，因为他没有为这项技术申请专利。他对万维网情有独钟，追求它的尽善尽美是伯纳斯·李如此热情工作的唯一目的。"事实上，我已经对以何方式度过自己的一生作出了一些相当清醒的决定……我所受教育的核心是这样一种价值体系，即把金钱的得益放在恰当的位置，放在诸如去做我真正想做的事情的后面。"这就是一个真正科学家的价值观。

思考题与习题

12-1　常见的网络互连设备有哪几种？网络互连有几种基本形式？

12-2　从通信协议的角度来看，网络互连可分为哪些层次？

12-3　网络互连设备主要有哪些区别？

12-4　网桥有哪几个功能？

12-5　路由器和网桥连接起来的网络，其本质的区别是什么？

12-6　路由器具有哪些功能？

12-7　从通信的角度上简述中继器、网桥和路由器的区别。

12-8　二层和三层交换机的区别是什么？

12-9　三层交换机的实质是什么？它与普通路由器的最大区别是什么？

第三篇

现代通信技术

第13章　光纤通信技术

本章重点问题：

通信网在功能上类似交通网。如果说高速公路是交通网的终极传输手段或技术，那么，通信网的终极传输手段或技术是什么？

13.1　光纤通信概述

13.1.1　光纤通信的概念

人们对通信系统的要求之一就是尽可能地提高通信容量。对于载波通信而言，载波频率越高，可用于通信的频带就越宽，通信容量就越大。有线通信从明线发展到电缆，无线通信从长波发展到微波，一个主要目的就是通过提高载波频率来扩大通信容量，而20世纪60年代后出现的光纤通信技术将大容量通信技术提高到一个新阶段。

光纤通信就是以光波为载波，以光纤为传输介质的信息传输过程或方式。光纤通信可以为人们提供大容量和高质量的通信服务。

光纤通信的基本原理是，信源首先将欲传送的电话、电报、图像或数据等信号进行电/光转换，即把电信号先变成光信号，再经由光纤传输到信宿，信宿再将接收到的光信号做光/电转换，还原成电信号，从而完成一次光纤通信的全过程。可见，光纤通信与我们熟悉的电缆通信主要有两点不同：一是传输信号为光信号而不是电信号，二是传输介质是光纤而非电缆。另外，在光纤通信中，由于作为载波的光波频率比电波频率高得多，所以其通信容量就比无线电通信大得多，同时因为作为传输介质的光纤又比铜轴电缆或波导管（一种传输微波信号的介质）的损耗低得多，所以，相对电缆通信或微波通信，光纤通信具有许多优势。光纤通信技术将是信息社会中各种通信网的主要传输手段。

13.1.2　光纤通信使用的波长

光是一种电磁波，通常将红外线、可见光、紫外线都归入光波范围。可见光的波长范围是$0.39 \sim 0.76\ \mu m$，大于$0.76\ \mu m$部分是红外光，小于$0.39\ \mu m$部分是紫外光。除可见光外，所有的电磁波人眼都看不见。

光纤通信使用的波长分布在近红外区的$0.8 \sim 1.8\ \mu m$范围内，其中，$0.8 \sim 0.9\ \mu m$范围被称为短波波段，$1.2 \sim 1.6\ \mu m$范围被称为长波波段。常用的工作波长主要为短波波段的$0.85\ \mu m$，长波波段的$1.31\ \mu m$和$1.55\ \mu m$。

光在光纤中传输，也会因"阻力"而变得微弱，经过研究发现，光以$0.85\ \mu m$、$1.31\ \mu m$和$1.55\ \mu m$三种波长通过光纤时，所受的"阻力"要比以其他波长小得多。

需要提醒大家注意的是，如果有机会接触光纤，千万不要用眼睛对着光纤的断面看，因为光纤在传输信号时，光的能量很集中，稍有不慎就会灼伤眼睛。

13.1.3 光纤通信的特点

光纤通信之所以能够飞速发展，成为未来通信的发展方向，是由于它具有如下优点：

1. 传输频带宽，通信容量大

对光纤通信而言，载波为光波，频率为光频。通常使用的光波频率在 $10^{14} \sim 10^{15}$ Hz 数量级，比常用微波频率高 $10^3 \sim 10^4$ 倍，因此理论上其通信容量增加 $10^3 \sim 10^4$ 倍。虽然在实际应用中由于受到了光电器件特性的限制，传输带宽比理论上要窄得多，但已投入运营的光纤通信系统中，一对光纤仍可传输 3 万路电话，是目前通信容量最大的一种通信方式。与电缆一样，也可将几对甚至上百对光纤组成一根光缆，传输容量就更大了。

2. 损耗低、中继距离远

由于光纤的损耗低(波长为 1.55 μm 的光纤损耗已达 0.2 dB/km，甚至更低)，所以中继距离可以很长，在通信线路中可减少中继站数量，降低成本并提高通信质量。例如，对于 400 Mb/s 速率的信号，光纤通信系统可实现 100 km 以上的无中继传输距离，而同样速率的同轴电缆通信系统，无中继传输距离仅为 1.6 km 左右。如果再使用光纤放大器，则可以直通上万千米，而不需要再生中继，这一点对于海底光缆通信等长途干线业务具有重大意义。

3. 抗干扰能力强，保密性好

由于光纤是由纯度较高的玻璃(二氧化硅)材料制成，不导电，无电感，不怕雷电和高压，所以它不受电磁干扰，另外，因为各种干扰的频率一般相对比较低，所以它们不能干扰频率比其高得多的光波信号。有实验表明，在核爆炸发生时，地球上所有的电通信均受严重干扰，而唯独光通信不受影响。光在光纤中传播时，几乎不向外辐射，在同一光缆中，数根光纤之间不会相互干扰，也难以窃听，所以，光纤通信比其他通信方式有更好的保密性。

4. 重量轻，体积小

通信设备的体积和重量对于许多领域尤其是航空航天以及军事领域来说，具有非常重要的意义。相同话路的光缆要比电缆轻 90% ~ 95%，而直径不到电缆的 1/5。比如，通 21 000 个话路的 900 对双绞线，其直径为 3 in，质量为 8 t/km；而通信量为其 10 倍的光缆，直径仅为 0.5 英寸，质量仅为 203 kg/km。这样在长途干线或市内干线上使用，不仅空间利用率高，而且便于铺设。

5. 资源丰富，成本低

现有的通信线路是由储藏量有限的铜、铝、铅等金属材料制成的。光纤的原材料是石英(主要成分为二氧化硅)，即随处可见的砂子，在地球上资源丰富。用 1 kg 的高纯度石英玻璃可以拉制上万米的光纤，相比之下制造 1 km 长的 18 管同轴电缆要耗 120 kg 的铜或 500 kg 的铅，造价昂贵。

光纤通信的上述的优点使之成为当今世界的主要通信手段之一。当然，光纤本身也有缺点，如质地脆弱、机械强度低，它要求较高的切断、连接技术，它的分路、耦合比较麻烦等，但这些问题随着技术的不断发展，都在逐步得到克服。

13.2　光纤通信原理

根据第 1 篇基础理论可知，若要实现光纤通信，首先必须在信源对作为信息载体的光信号进行调制，也就是说必须让光信号的某个参量随电信号的变化而变化。调制后的光波经过光纤信道传送到信宿，由相关设备鉴别出它的变化并还原成电信号，然后再现出原始信息。

根据调制与光源的关系，光调制可分为直接调制和间接调制两大类。直接调制方法仅适用于半导体光源（激光 LD 和发光二极管 LED），这种方法是把要传送的信息转变为电流信号注入 LD 或 LED，从而获得相应的光信号。直接调制后的光波电场振幅的平方与调制信号成比例，是一种光强度调制（IM）的方法。

间接调制是利用晶体的电光效应、磁光效应、声光效应等性质来实现对激光辐射的调制，这种调制方式既适应于半导体激光器，也适应于其他类型的激光器。间接调制最常用的是外调制的方法，即在激光形成以后加载调制信号。其具体方法是在激光器谐振腔外的光路上放置调制器，在调制器上加调制电压，使调制器的某些物理特性发生相应的变化，当激光通过它时得到调制。对某些类型的激光器，间接调制也可采用内调制的方法，即用集成光学的方法把激光器和调制器集成在一起，用调制信号控制调制元件的物理性质，从而改变激光输出特性以实现其调制。

13.3　光纤通信系统的组成

通过上述原理的描述，我们可以认为一个基本光纤通信系统必须包括信源端的光发射机（光调制设备）、信宿端的光接收机（光解调设备）和连接它们的光纤介质。如果进行远距离传输，则必须在通信线路中间插入放大器或中继器。实用的光纤通信系统一般都是双向的，因此其系统的组成包含了正、反两个方向的基本系统，并且每一端的发送机和接收机做在一起，称为光端机，同样，中继器也有正反两个方向。光纤通信系统示意图如图 13 - 1所示。

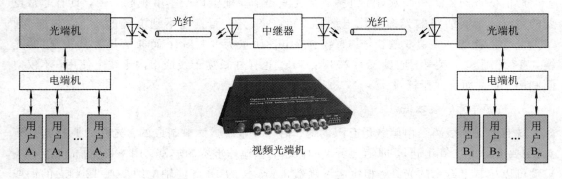

图 13 - 1　光纤通信系统示意图

在发信端，用户的电报、电话、传真、图表文字、图像电视、可视电话、数据等各种信息以电信号的形式送到电端机，电端机将所有用户的信息进行复用再送到光端机，光端机再将电信号变成光信号，并将光信号送往传输介质光纤。

在收信端，光端机将光信号解调出来变成电信号，经过放大整形后再送到电端机，电端机再将电信号进行解复用，同时将信号进行变换，使其正确无误地送给指定用户。

中继器是将经过一段距离传输衰减并失真的光信号进行放大整形，然后再进行传输，中继方式有"光－电－光"方式和"光－光"方式。

光纤通信系统可归结为"电－光－电"的简单模型，即发信端把需要传输的信号先变成电信号，然后再转换成光信号在光纤内传输，收信端又将光信号还原成电信号。在整个过程中，光纤部分只起传输作用，信号的生成和处理仍由电系统来完成。

与电通信类似，光纤通信也可分为模拟通信和数字通信两种。模拟光通信中的光信号强度随电信号的变化而线性变化，通俗地讲，就是光线有"明"和"暗"之分。而数字光通信中的光信号与数字电信号相似，只有"亮"和"灭"两种状态。

图 13－1 所示的系统示意图对模拟或数字信号都适用。对模拟信号而言，要使信号不失真，就要求光源有良好的线性幅度特性。但是常用的光源，尤其是半导体激光器的非线性比较严重，因此，模拟光通信常用在非线性失真要求不太严格的地方。对数字光纤通信系统而言，由于信号为脉冲形状，所以光源的非线性对系统性能影响不大。数字光纤通信系统也具有数字电通信系统的一切优点。在现已建成的系统中，除少数专用光纤通信系统外，几乎所有公用及大多数专用光纤系统使用的都是数字式。

13.3.1 光端机

为了实现双向传输，光端机包含光发射机和光接收机两部分。

1. 光发射机

光发射机的作用是将电端机输出的电信号转换成适合光纤传输的光信号并将其发送出去。它主要由光源、光源驱动与调制以及信道编码电路三部分组成，光发射机原理框图如图 13－2 所示。

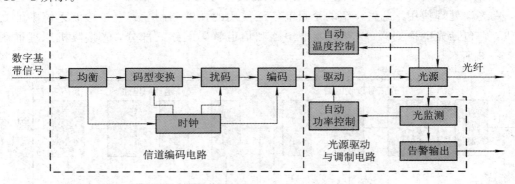

图 13－2 光发射机原理框图

（1）信道编码电路。

信道编码电路用于对基带信号的波形和码型进行变换，使其适合作为光源的控制信号。它主要完成以下功能：

均衡：由 PCM 电端机送来的 HDB_3 或 CMI 码流，首先需要经过均衡器均衡，用于补偿由电缆传输产生的衰减和畸变，以便正确译码。

码型变换：由均衡器输出的 HDB₃ 或 CMI 码变换成为二进制单极性不归零码（NRZ），以便数字电路处理。

扰码：若信号码流中出现长连"0"或长连"1"的情况，将会给时钟信号的提取带来困难。为了避免出现这种情况，加上扰码电路，它可有规律地破坏长连"0"或长连"1"的码流，使得 0、1 等概率出现。

时钟提取：提取时钟信号，供给码型变换、扰码电路和编码电路使用。

编码：对经过扰码以后的信码流进行信道编码，变为适合光纤线路传送的线路码型。

（2）光源驱动与调制电路。

光源驱动与调制电路主要包含下面几个电路：

光源驱动：它用经过编码后的数字信号调制发光器件的发光强度，完成电/光变换任务。

APC（自动光输出功率控制电路）：由于温度变化和工作时间加长，光源输出的光功率会发生变化，所以为保证输出光功率的稳定，必须加自动光功率控制电路。

ATC（自动温度控制电路）：半导体光源的输出特性受温度影响很大，特别是长波长半导体激光器对温度更加敏感，为保证输出的稳定，对激光器进行温度控制是十分必要的。

光监测：监测光电二极管用于检测激光器发出的光功率，经放大器放大后控制激光器的偏置电流，使其输出的平均功率保持恒定。

（3）光源。

光发送部分的核心是产生激光或荧光的光源，它是组成光纤通信系统的重要器件。目前，用于光纤通信的光源主要是半导体激光器 LD 和半导体发光二极管 LED，它们都属于半导体器件，特点是体积小、重量轻、耗电量小。

此外，还有一些辅助电路，如告警电路。当光发送机出现故障、输入信号中断或激光器失效时，这时告警电路发出告警提示。

2. 光接收机

光接收机的作用是接收经光纤传输衰减后的十分微弱的光信号，放大并检出传送的信息，供终端处理使用。这里介绍的是目前广泛使用的强度调制——直接检波系统中的光接收机，它包括光电检测器、光信号接收电路和信道解码电路三部分，光接收机原理框图如图 13-3 所示。

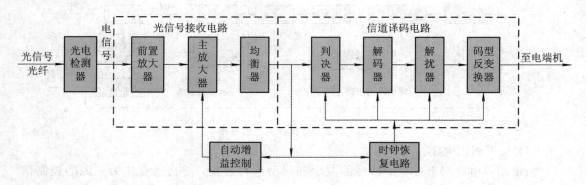

图 13-3 光接收机原理框图

（1）光电检测器。光电检测器把光纤传送过来的光信号转为电信号，其输出的电信号的大小与输入光的强弱变化一致。在光纤通信中广泛使用的光电检波管是半导体光电二极管,其主要原理是利用光电效应来实现光电转换。

(2)光信号接收电路。前置放大器将光电检测器输出的微弱电信号进行放大,在对其进行放大时首先必须考虑的是抑制放大器的内部噪声。

主放大器将前置放大器输出的信号放大到几伏的数量级,使后面的判决电路能正常工作。

均衡器对经光纤传输、光/电转换和放大后产生畸变的电信号进行补偿,以利于判决。

自动增益控制电路根据输入光功率的大小(即根据经光监测和放大后的电信号大小)产生相应的控制电压,控制主放增益做相应调整。

(3)信道译码电路。时钟恢复电路从信号码流中提取与发送一样的时钟信号。

判决器逐个对码元波形进行取样判决,以得到原发送的码流。

译码、解扰、码型反变换是与发送端完全对应的电路。首先,译码电路将光线路码型恢复为发送端编码前的码型,然后经过解扰电路将发送端"扰乱"的码恢复为被扰前的状况,最后由码型反变换器将解扰后的码变换为原来适于在电端机系统中传输的 HDB_3 码或 CMI 码。

此外,光接收机中还有一些辅助电路,如钳位电路、温度补偿电路和告警电路。

13.3.2　中继器

在远距离光纤通信系统中,由于受发送光功率、光接收机灵敏度、光纤的损耗和色散的影响,光脉冲信号的幅度会衰落,波形会失真,其在光纤中的传输距离也会受限。为了延长通信距离,需在光波信号传输过一定距离以后,进行光中继处理。

光中继器的功能是放大衰减的信号,再生光脉冲信号。目前常用的是"光—电—光"的转换方式,即先用光电检测器接收光纤中已衰减的光信号,经放大和再生,恢复原来的数字电信号,再对光源进行驱动,产生光信号送入光纤。光中继器原理框图如图 13-4 所示。

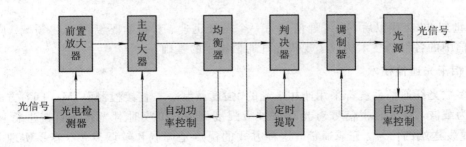

图 13-4　光中继器原理框图

13.3.3　监控系统

在光纤通信系统中,为保证信号的可靠传输,必须有监控系统。监控系统的作用是监测光纤通信系统的运行情况,并用各种告警或显示方式向值班人员报告,如果有备用设备(或备用系统),还可以进行主备倒换。对光纤通信进行监测的主要内容如下:

(1)误码率是否满足指标要求。

(2)各个中继器是否有故障。

（3）接收光功率是否满足指标要求。

（4）光源的寿命。

（5）电源是否有故障。

（6）环境的温度、湿度是否在要求的范围内，包括火灾告警等。

对光纤通信进行控制的主要内容如下：

（1）自动地对通信线路的传输质量和各个组成设备的工作状态进行监测，当光纤通信系统中的主用系统出现故障时，监控系统即由主控站发出自动倒换指令，遥控装置就将备用系统接入，将主用系统退出工作。当经过维护值守人员维修，主用系统恢复正常后，监控系统会再发出指令，将系统从备用倒换回主用系统。

（2）当供电中断后，监控系统还要发出启动发电机发电的指令。而当中继站温度过高，则发出启动风扇或空调的指令。同样，还可根据需要设置其他控制内容。

监控系统中监控信号的传输有两种方式：一种是在光缆中加金属导线来传输监控信号；另一种是由光纤来传输监控信号。

在实际应用中，第一种方法主信号和监控信号可以完全分开，互不影响，光系统的设备相对简单。然而，光缆中加设金属导线，也将带来许多缺点：如由于金属线要受雷电和其他强电、磁场的干扰，影响所传输的监控信号，使监控的可靠性要求难以满足，而且距离越长，干扰越严重，使监控距离也受到限制。鉴于上述原因，在光缆中加金属线来传输监控信号已逐渐淘汰，而采用光纤来传输监控信号的方法会越来越普及。

利用光纤通信线路本身传送监控信息的方法也有两种：一种叫时分复用法，又称插入比特法，它是利用插入比特信息把监控信息按时分复用方式插入主信号码流中进行传输；另一种是频分复用法，由于光纤通信的主信号速率很高，而监控、公务等辅助信号的速率低得多，两者在频谱上是分开的，所以可以利用频分复用进行传输。

13.4　几种光纤通信新技术

20 世纪 90 年代以后，光纤通信成为一个发展迅速、新技术不断涌现的领域。应用于光纤通信中的各种新技术构成了现代光纤通信技术的基础。

1. 相干光通信技术

大多数光纤通信系统都采用非相干光的"强度调制——直接检测"（IM - DD）方式，即把光作为载波，发送时主信号对光载波进行强度调制，接收时对光载波直接进行包络检波，恢复发送端的信号，完成通信。这种方式的优点是调制和解调简单、容易实现、成本低，但这种方式没有充分发挥光纤通信本身的优越性，没有利用光载波的频率和相位信息，限制了系统性能的进一步提高。

随着光纤通信技术的发展，人们提出采用单一频率的相干光作为光源（载波），利用无线电技术中的外差接收方式，再配以幅移键控 ASK，频移键控 FSK，相移键控 PSK 等调制方式的一种新型的光纤通信方式，称为外差或相干光纤通信系统。这种外差方式与原IM - DD 方式相比，主要差别是在光接收机中增加了外差接收需要的本机振荡光源和光混频器。本振光源与光信号在混频器混合，经光检波后产生电中频信号，再经电解调就可得到发送的原数字信息。相干检测可以提高接收灵敏度 20 dB，相当于在相同发射功率下，光纤损耗为 0.2 dB/km，则传输距离增加 100 km。同时，采用相干检测还可以充分利用光纤带宽。

2. 光波分复用技术

光波分复用技术（WDM）是把具有不同波长的几个或几十个光路信号复用到一根光纤中进行传送的方法或过程。 其基本原理是在发送端将不同波长的信号组合起来（复用），送入到光缆线路上的同一根光纤中进行传输，在接收端又将组合波长的光信号分开（解复用），并作进一步处理，恢复出原信号后送入不同的终端。因此将此项技术称为光波分割复用，简称光波分复用技术。它类似于电通信中的频分复用。采用这种技术可以扩大光纤通信的容量，实现大容量的信息传输。

在长距离光纤通信中，波分复用具有很高的经济性。因为线路的投资很大，占总投资的 70%～80%，采用波分复用，相当于成倍地增加光纤线路的传输总量，提高了线路的利用率。

波分复用的带宽一般为几十个纳米。若用户较多，可以使用工作波长小于 1 nm 的波分复用系统，这种系统中光载波的间距小而密集，称之为高密度波分复用（HDWDM）。

图 13-5(a)所示的就是在一根光纤上单向传输 N 个光波波长的波分复用系统框图。图 13-5(b)用棱镜给出了一个波分复用的实例。

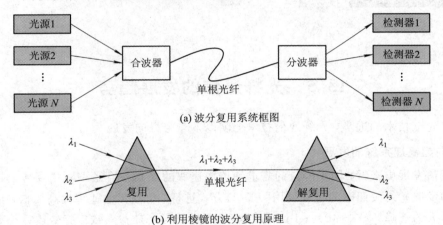

(a) 波分复用系统框图

(b) 利用棱镜的波分复用原理

图 13-5 波分复用示意图

系统在发送端有 N 台光发射机（即有 N 个不同波长的光源）。这 N 个光信号通过复用器——合波器，将来自 N 台光发射机的光信号合并起来，耦合进入同一根光纤中传输。当这些被合并的光波传到接收端后，又通过一个复用器——分波器，将合并的信号分开，再分别送到各自相应的光电检波器通道中，从而实现在一根光纤上传输多个光源光信号的目的。当然，每个光源本身又能传输成百上千路信号，如传输五次群（7680 路）信号。于是，通过这样的复用方式，可使一根光纤中的实际传输量得到成倍地增加，从而极大地提高了光纤通信系统的有效性和经济效益。

3. 全光网络技术

全光网络技术是指用户与用户之间的信号传输与交换全部采用光波技术的先进网络，它包括光传输、光放大、光再生、光交换、光存储、光信息处理、光信号多路复用/分插、进网/出网等许多先进的全光网络技术。

全光网络是光纤通信技术发展的最高阶段,实现透明、具有高度生存性的全光通信网是宽带通信网未来的发展目标。全光网络的建立将在干线网的交叉节点上引入光交叉连接(OXC)和光波长变换,从而形成端到端之间的"虚波长"通路,实现用户端到端的全光网络连接,这将使电路之间的调配和转接变得简单和方便。从发展趋势看,形成一个真正的以WDM技术及光交换技术为基础的光网络层,建立纯粹的"全光网络",消除光/电转换的瓶颈已成为光通信发展的必然趋势。

为了让大家对光纤及全光网络有一个更深刻的认识,图 13-6 给出了几种光纤连接器。

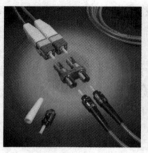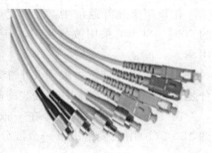

图 13-6　光纤连接器

13.5　光纤通信的发展趋势

随着光电技术的进步,光纤通信技术会朝以下几个方向发展。

1. 向超高速系统的发展

从电信发展史来看,网络容量的需求和传输速率的提高一直是一对主要矛盾。传统光纤通信的发展始终按照电的时分复用(TDM)方式进行,每当传输速率提高 4 倍,传输每比特的成本大约下降 30%～40%;因而高比特率系统的经济效益大致按指数规律增长,这就是为什么光纤通信系统的传输速率在过去 20 多年来一直在持续增加的根本原因。目前商用系统已从 45 Mb/s 增加到 10 Gb/s,其速率在 20 年的时间里增加了 2000 倍,比同期微电子技术的集成度增加速度更快。高速系统的出现不仅增加了业务传输容量,而且也为各种各样的新业务,特别是宽带业务和多媒体提供了实现的可能。

2. 向超大容量 WDM 系统的演进

采用波分复用系统的主要好处有:可以充分利用光纤的巨大带宽资源,使容量可以迅速扩大几倍至上百倍;在大容量长途传输时可以节约大量光纤和再生器,从而大大降低了传输成本;与信号速率及电调制方式无关,是引入宽带新业务的方便手段;利用 WDM 网络实现网络交换和恢复,可望实现未来透明的、具有高度生存性的光联网,鉴于上述应用的巨大好处及近几年来技术上的重大突破和市场的驱动,波分复用系统发展十分迅速。预计不久实用化系统的容量即可达到 1 Tb/s 的水平。我们可以认为超大容量密集波分复用系统的发展是光纤通信发展史上的又一里程碑，它不仅彻底开发了无穷无尽的光传输链路的容量，而且也成为 IP 业务爆炸式发展的催化剂和下一代光传送网灵活光节点的基础。

3. 实现光联网——战略大方向

实用化的波分复用系统尽管具有巨大的传输容量，但基本上是以点到点通信为主的系统，其灵活性和可靠性还不够理想。如果在光路上也能实现类似 SDH 在电路上的分插功能和交叉连接功能，其通信容量的提高将是非常可观的。实现光联网的基本目的是实现超大容量光网络；实现网络的扩展性，允许网络的节点数和业务量的不断增长；实现网络的可重构性，达到灵活重组网络的目的；实现网络的透明性，允许互连任何系统和不同制式的信号；实现网络的快速恢复，恢复时间可达 100 ms。

鉴于光联网具有上述潜在的巨大优势，发达国家投入了大量的人力、物力和财力进行预研，光联网已经成为继 SDH 电联网以后的又一新的光通信发展方向。

4. 新一代光纤

随着 IP 业务量的爆炸式增长，传统的 G.652 单模光纤已不适应超高速、长距离传送网络的发展需要，开发新型光纤将为下一代网络提供基础支撑。目前，已出现了两种新型光纤，即非零色散光纤（G.655 光纤）和无水吸收峰光纤（全波光纤）。

5. 基于光路的 IP 网结构

以 IP 业务为主的数据业务是当前世界信息业发展的主要推动力，因而能否有效地支持 IP 业务已成为新技术能否有长远技术寿命的标志。从长远看，当 IP 业务量逐渐增加，需要高于 2.4 Gb/s 的链路容量时，则有可能最终会省掉中间的 SDH 层，IP 直接在光路上传输，形成十分简单统一的 IP 网结构（IP over Optical）。这是一种最简单直接的体系结构，省掉了中间 ATM 层与 SDH 层，简化了层次、减少了网络设备和功能重叠、减轻了网管的复杂性，特别是网络配置的复杂性；这使得额外开销最低，传输效率最高；通过业务量工程设计，可以与 IP 的不对称业务量特性相匹配。这种结构还可利用光纤环路的保护光纤吸收突发业务，尽量避免缓存，减少延时。由于省掉了昂贵的 ATM 交换机和大量普通 SDH 复用设备，简化了网管，又采用了波分复用技术，所以其总成本可望比传统电路交换网降低一至二个数量级。特别是随着 IP 业务逐渐成为网络的主导业务后，这种对 IP 业务最理想的传送技术将会成为未来网络特别是骨干网的主导传送技术。

6. 解决全网瓶颈的手段——光接入网

网络的核心部分将成为全数字化的、软件主宰和控制的、高度集成和智能化的网络。而现存的接入网仍然是被双绞线、铜线主宰的（90％以上）原始落后的模拟系统。两者在技术上的巨大反差说明接入网已确实成为制约全网进一步发展的瓶颈。唯一能够根本上彻底解决这一瓶颈问题的技术手段是光接入网。

采用光接入网的主要目的是：减少维护管理费用和故障率；开发新设备，增加新收入；配合本地网络结构的调整，减少节点，扩大覆盖；充分利用光纤化所带来的一系列好处；建设透明光网络，迎接多媒体时代。

综上所述，光纤通信技术的演变和发展结果将在很大程度上决定电信网和信息产业的未来大格局，也将对未来的社会经济发展产生巨大影响。

13.6 小资料——"光纤之父"高锟

　　高锟教授 1933 年生于上海，1948 年举家移居香港，高中毕业后到英国深造，1957 年加入国际电话电报公司（ITT），在英国的标准电信研究实验室当研究员，1965 年取得伦敦大学电子工程的博士学位。同一时期，他提出用光纤传送资讯，并且对此进行研究。1966 年，他发表了一篇名为《光频率的介质纤维表面波导》的论文。正是这篇论文开创性地指出，可以用玻璃去做光学纤维传送信号，从此揭开了光纤通信的帷幕。

　　历史上第一项属于光通信的专利，是由贝尔在 1880 年以"光话机"取得的。但直到高锟关于光纤的论文发表之前，人类想出的各种传输光的方式，都还不足以使之成为有效的通信手段。在 20 世纪 60 年代，即使是最好的导体，光波在其中传输 20 m，能量就只剩下原来的 1％，更何谈"通信"二字。而高锟提出的光纤，是用高纯度的玻璃纤维制成，光进入到其中，就像进入了一个周围全是镜子的管线，在全反射的作用下，再也跑不掉，只有从另一端出来。光纤具有低损失、宽频带、尺寸小、重量轻的优点，给人类通信带来了一场革命，这种与头发差不多粗细的导体，把人类带入了信息无限丰富的时代。

　　高锟的研究成果荣获 29 项专利，并获得 20 多个国际奖项，其中包括电机工程界"诺贝尔奖"之称的马可尼国际奖、日本国际奖和代表美国国家工程学院最高荣誉的查理·斯塔克·德雷珀奖。1987 年，高锟还就任了香港中文大学第三任校长，在其后的 9 年的时间里，他锐意改革，使这所大学得以跻身国际名校行列。英国科学博物馆里摆置着他的照片和科学成就，以表扬他对人类科学界所做的贡献。中国科学院紫金山天文台将一颗小行星命名为"高锟星"。

思考题与习题

13－1　光纤通信与电缆通信的主要区别是什么？

13－2　光纤通信的主要优点是什么？

13－3　什么是电端机？什么是光端机？

13－4　简述光纤通信的工作原理。

13－5　光纤通信的新技术都有哪些？

13－6　找出几个光纤通信中包含的通信原理知识点。

第 14 章　卫星通信技术

本章重点问题：

光纤技术解决了通信的大容量问题。那么，通信的远距离和跨障碍问题如何解决呢？

从各种历史小说、文史资料中，经常可以看到古人对远程通信的热切渴望和丰富想象，"千里眼"、"顺风耳"等充满幻想的"特异功能"成为众多文人笔下的神赐之功和非凡的法力。1945 年 10 月，英国空军军官克拉克在《无线电杂志》上发表了一篇题为《地球外的中继站》的文章，该文向人们描述了一种全球通信方式——以地球同步轨道上的卫星构成的中继站来进行通信，第一次敲响了远程通信的"神秘之门"。1957 年 10 月，苏联成功地发射了世界上第一颗人造地球卫星，使克拉克的幻想变为现实。1965 年 4 月美国发射成功的实用地球同步卫星首先在大西洋地区开始进行商用国际通信业务，成为第一代国际卫星通信开始的标志。

卫星通信使人们足不出户就可了解世界各地发生的奇闻趣事、重大事件坐在舒适的沙发上，通过电视或手机就能领略和欣赏全球的秀美山川、人文古迹和异域风情。

卫星通信主要解决了长期困扰人们的长距离、大范围通信问题，是现代科学赐予人类的神奇"翅膀"。

14.1　微波及微波通信

卫星通信是基于微波的一种通信技术，因此，这里首先介绍微波通信的基本概念。

微波主要指频率在 300 MHz～300 GHz 范围内的电磁波（无线电波），包括分米波、厘米波和毫米波。目前，常见的微波通信技术主要有卫星通信、电视广播、蓝牙、ZigBee、移动通信、基于 802.11 协议簇的各种通信业务，比如 Wi-Fi 等。曾经的主要技术"微波中继"已经很少大规模的应用了。

利用微波进行的无线通信主要有以下特点：

（1）直线（视距）传播。

（2）占用微波频带宽，通信容量大。微波频段占用的频带约 300 GHz，而全部长波、中波和短波频段占有的频带总和不足 30 MHz。占用的频带越宽，可容纳同时工作的无线电设备就越多，通信容量也就越大。一套短波通信设备只能容纳几条话路同时工作，而一套微波通信设备可以容纳几千甚至上万条话路同时工作，并可传输电视图像等宽频带信号。

（3）抗干扰性好，工作稳定可靠。当通信频率高于 100 MHz 时，工业干扰、天电干扰及太阳黑子的活动对微波频段通信的影响小，但它们严重影响短波以下频段的通信。

（4）天线尺寸小，方向性强。

14.2　卫星通信概述

14.2.1　卫星通信的概念

　　卫星通信是指利用人造地球卫星作为中继站转发无线电信号，在两个或多个地面站之间进行的通信过程或方式。这里的地面站（也称地球站）是指设在地球表面（包括地面、海洋和大气中）的无线电通信站，而用于实现通信目的的人造地球卫星称做通信卫星。

　　卫星通信属于宇宙无线电通信的一种形式，它是在地面微波中继通信和空间技术的基础上发展起来的。微波中继通信是一种"视距"接力通信，而通信卫星的作用就相当于离地面很高的微波中继站。由于作为中继的卫星离地面很高，所以经过一次中继转接之后即可实现长距离的通信。图 14-1 是一种简单的卫星通信系统示意图，它由一颗通信卫星和多个地面站组成。

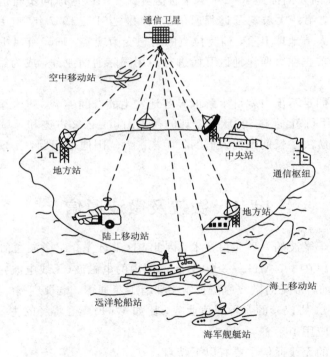

图 14-1　卫星通信系统示意图

14.2.2　卫星通信的工作频段

　　由于卫星处于电离层之外的空间，所以地面上发射的电磁波必须穿透电离层才能到达卫星。同样，从卫星发回地面的电磁波也必须穿透电离层。而在无线电频段中只有微波频段恰好具备这一条件。因此，卫星通信必须使用微波频段。

　　卫星通信的工作频段常用上行（线）/下行（线）频段来表示。如 6 GHz/4 GHz 频段，表示该卫星（或转发器）的上行频率为 6 GHz 频段，下行频率为 4 GHz 频段。其中上行线是指地面站至卫星的通信线路，其工作频段简称为上行频率；下行线是指卫星至地球的通信线，其工作频段简称为下行频率。因一个卫星要同时进行收发工作，必须把收发无线电波分开，使其工作在两个不同的频段，所以，上行频率与下行频率是不同的。

目前大多数卫星通信系统选择在下列频段工作：

(1) UHF 波段(400 MHz/200 MHz)。

(2) L 波段(1.6 MHz/1.5 GHz)。

(3) C 波段(6.0 GHz/4.0 GHz)。

(4) X 波段(8.0 GHz/7.0 GHz)。

(5) K 波段(14.0 GHz/12.0 GHz、14.0 GHz/11.0 GHz、30 GHz/20 GHz)。

14.2.3　卫星通信的特点

与其他通信系统相比较，卫星通信有如下特点：

(1) 覆盖区域大，通信距离远。一颗同步通信卫星可以覆盖地球表面 1/3 的区域，因而利用三颗同步卫星即可实现全球通信，完成远距离越洋通信和电视转播。从远距离通信上看，卫星通信的建站费用和运行费用不因通信站之间的距离远近、两站之间地面上的自然条件恶劣程度的不同而变化，比地面微波中继、电缆、光缆、短波通信等具有明显优势。另外，除了国际通信外，在国内或区域通信中，尤其对边远、交通及经济不发达地区，卫星通信是极有效的通信手段。

(2) 具有多址连接能力。地面微波中继的通信区域基本上是一条线路，而卫星通信可使通信卫星所覆盖区域内的地面站都能利用这一卫星进行相互间的通信。我们称卫星通信的这种能同时实现多方向、多个地面站之间的相互联系的特性为多址连接。

(3) 频带宽，通信容量大。卫星通信采用微波频段，占有近 275 GHz 的频宽(而地面微波中继仅占 39 GHz)，可提供宽带的综合业务信息传输服务。卫星通信系统的传输容量取决于卫星转发器的带宽和发射功率，而一颗卫星可设置多个转发器，例如国际电信卫星集团的 IS-Ⅶ号卫星有 46 个转发器，其通信容量为 120 000 路电话和 3 路彩色电视，其通信容量仅次于光纤通信。

(4) 通信质量好，可靠性高。卫星通信的电波主要在大气层以外的宇宙空间传输，而宇宙空间几乎处于理想的真空状态，传输电波十分稳定，不易受天气、季节或人为干扰的影响，通信质量好，通信可靠性可达 99.8% 以上。

(5) 通信电路灵活，机动性好。卫星通信可以实现地面微波通信无法完成的高空和海洋上的通信，具有较大的灵活性。同时卫星通信不仅能作为大型地面站之间的远距离通信干线，而且可以为车载、船载、地面小型机动终端以及个人终端提供通信，能够根据需要迅速建立同各个方向的通信联络，能在短时间内将通信网延伸至新的区域，或者使设施遭到破坏的地域迅速恢复通信。

此外，卫星通信也存在不足之处，比如通信传输延迟大，由于卫星通信传输距离很长，其单程距离(地面站 A—卫星转发—地面站 B)长约 80 000 km，传输延时约 270 ms，所以，在通过卫星打电话时，通信双方会感到很不习惯。同时，卫星还存在使用寿命短、发射与控制比较复杂、日凌中断通信等。

14.3 卫星通信系统

14.3.1 卫星通信系统的分类

目前世界上已建成了数以百计的卫星通信系统,归结起来有如下分类:

(1) 按卫星制式可分为静止卫星通信系统、随机轨道卫星通信系统和低轨道卫星(移动)通信系统。

(2) 按通信覆盖区域的范围可分为国际卫星通信系统、国内卫星通信系统和区域卫星通信系统。

(3) 按用户性质可分为公用(商用)卫星通信系统、专用卫星通信系统和军用卫星通信系统。

(4) 按业务范围可分为固定业务卫星通信系统、移动业务卫星通信系统、广播业务卫星通信系统和科学实验卫星通信系统。

(5) 按基带信号体制可分为模拟制卫星通信系统和数字制卫星通信系统。

(6) 按多址方式可分为频分多址(FDMA)卫星通信系统、时分多址(TDMA)卫星通信系统、空分多址(SDMA)和卫星通信系统码分多址(CDMA)卫星通信系统。

(7) 按运行方式可分为同步卫星通信系统和非同步卫星通信系统。目前国际和国内的卫星通信系统大都采用同步卫星通信系统。

14.3.2 卫星通信系统的组成

卫星通信系统主要由空间部分的通信卫星和地面部分的地面站、测控系统、监控管理系统组成。通信卫星和地面站是直接用来进行通信的,测控系统和监控管理系统是为保证系统正常运行而设置的。卫星通信系统的基本组成如图 14-2 所示。

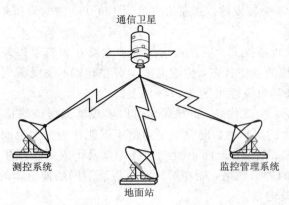

图 14-2 卫星通信系统的基本组成

测控系统的任务是在卫星发射过程中对卫星进行跟踪并控制卫星准确地进入轨道上的定点位置。在卫星正常运行过程中,测控系统用来接收卫星发来的信标和各种数据,然后经过分析处理,再向卫星发出指令去控制卫星的轨道、位置和姿态,对卫星的轨道、位置和姿态进行监视、校正和位置保持，保证通信卫星各部分工作正常进行。

现代卫星测控系统通常由指挥控制中心、测控数据交换中心、分布在各地的测控站以及测量船组成，并通过统一时间，使通信系统有机地联系在一起。

监控管理系统的任务是在通信开通之前，对通信系统的参数进行测试和鉴定。在通信过程中，对卫星和地面站的各项通信参数进行监视和管理，如对转发器的增益或地面站的发射功率大小、稳定性等进行监视和管理。这种管理监测功能通常由系统的网控中心来承担。

地面的测控系统和监控管理系统并不直接用于通信，而是用来保障通信的正常进行。由若干颗卫星和它们所覆盖的许多个地面站组成的卫星通信系统的网络结构可以是星型结构、网状结构或星型与网状的混合结构。在星型结构中，各外围站与中心站可直接通信，而各外围站之间不能直接经通信卫星直接通信，只有经中心站转接才能通信。在网状结构中，所有各站都可经通信卫星直接通信。

14.3.3 卫星通信系统的工作过程

卫星通信系统可以传输电话、电报、传真、数据和电视等信号，根据系统所传基带信号是模拟的还是数字的，相应地将卫星通信系统分为模拟系统与数字系统。基带信号不同，相应的发射、接收设备的调制与解调方式也不同，但它们的工作过程从总体上来说是类似的。下面以传送多路电话为例，说明卫星通信系统的工作过程。

一般情况下，一个卫星通信系统由发端地面站、上行线路、卫星转发器、下行线路和收端地面站组成，其示意图如图 14 - 3 所示。

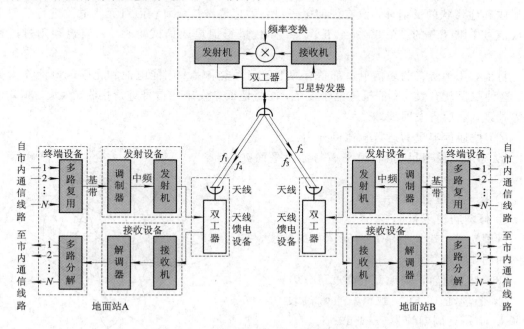

图 14 - 3 卫星通信系统示意图

当 A 地的 N 个用户要与 B 地的 N 个用户通话时，A 地用户的电话信号先经 A 地市内通信线路送到地面站 A 的终端设备进行多路复用，复用后所得的基带信号再送到调制器对中频（如 70 MHz）副载波进行调制，然后再将中频信号经上变频变为 f_1（如 6 GHz）的微波信号，最后经功率放大后送往天线发射到卫星。信号经上行线路到达卫星时，要穿过大气层和自由空间，因此会受到衰减和噪声等干扰的影响。卫星中的转发器对收到的信号进行放大、变频等处理后，以频率 f_2（如 4 GHz）的微波信号进行功放、发射，经下行线路传送到地面站 B。

由于卫星转发器的功率、天线增益等均有限，同时信号经下行线路到 B 站时也要经过自由空间并穿过大气层，使得到达 B 站的信号功率很微弱。信号经地面站 B 高增益天线和低噪声接收机的接收、放大后，进入下变频器变成中频信号再进一步放大，然后送到解调器，解调器输出的基带信号经多路分解设备分解成各路话音信号，最后通过 B 地市内通信线路送到相应用户。

B 地向 A 地送话音信号的过程与上述一样，但上行频率为 f_3，下行频率用 f_4，为避免干扰，取 $f_3 \neq f_1$，$f_4 \neq f_2$。我们需要注意的是，这里的多址方式设为频分多址的方式，即各地面站均以不同的射频频率与卫星连接。

14.4 通 信 卫 星

14.4.1 通信卫星的分类

通信卫星的种类繁多，按不同的标准有不同的分类。

（1）按卫星的结构可分为无源卫星和有源卫星两类。无源卫星是运行在特定轨道上的球形或其他形状的反射体，没有任何电子设备，它是靠其金属表面对无线电波进行反射来完成信号中继任务的。在 20 世纪五、六十年代进行卫星通信试验时，人们曾利用过这种卫星。

目前，几乎所有的通信卫星都是有源卫星，大多采用太阳能电池和化学能电池作为能源。这种卫星装有收、发信机等电子设备，能将地面站发来的信号进行接收、放大、频率变换等处理，然后再发回地球。

（2）按通信卫星的运行轨道可分为：

① 赤道轨道卫星（指轨道平面与赤道平面夹角 $i=0°$）。

② 极地轨道卫星（$i=90°$）。

③ 倾斜轨道卫星（$0°<i<90°$）。

所谓轨道，就是卫星在空间运行的路线，其示意图如图 14-4 所示。

（3）按卫星轨道离地面的高度可分为：

① 低轨道（LEO）卫星，通常高度为 500～2000 km，运行周期约为 2～4 h。

② 中轨道（MEO）卫星，通常高度为 2000～20 000 km，运行周期 5～6 h（对约 10 000 km 高度而言）。

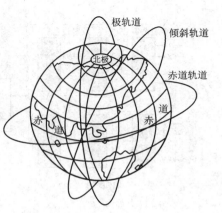

图 14-4　卫星轨道示意图

282

③ 高轨道（HEO）卫星，通常高度大于 20 000 km，运行周期大于 12 h。

（4）按卫星运转周期与地球自转是否相同，可分为同步卫星和非同步卫星。

同步卫星是指在赤道上空约 35 860.6 km 的圆形轨道上与地球自转同向运行的卫星。 由于其运行方向和周期与地球自转方向和周期均相同，从地面上任何一点看上去，卫星都是"静止"不动的，所以把这种对地球相对静止的卫星简称为同步（静止）卫星，其运行轨道称为同步轨道。

非同步卫星的运行周期不等于（通常小于）地球自转周期，其轨道倾角、轨道高度、轨道形状（圆形或椭圆形）可因需要而不同。从地球上看，这种卫星以一定的速度在运动，故又称为移动卫星或运动卫星。

不同类型的卫星有不同的特点和用途，其中同步卫星使用得最为广泛。

14.4.2　同步卫星中继的通信范围

利用卫星作为中继站的通信范围接近于卫星天线的波束覆盖范围，即被卫星所照射的地球上的区域，也称之为卫星视区。

对同步卫星来说，一颗卫星的覆盖区可达地球表面总面积的 42.4%。但在该覆盖区的边缘，地面站天线对准卫星的仰角接近 0°，这在卫星通信中是不允许的。因为仰角过低时，由于地形、地物及地面噪声的影响，不能进行有效的通信。为此，一般规定地面站天线工作仰角不得小于 5°。仰角≥5°的地面区域称做静止卫星的可通信区。它比上述覆盖区的面积减少约 4.4%，只达到全地球的 38%。尽管如此，也只需将三颗同步卫星适当配置，就可建立除两极地区（南极和北极）以外的全球性通信。同步卫星配置的几何关系如图 14-5 所示。

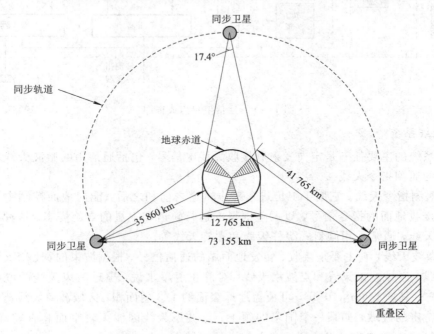

图 14-5　同步卫星配置的几何关系

在图 14-5 中，每两颗相邻卫星都有一定的重叠覆盖区，但南、北两极地区则为盲区。

目前正在使用的国际通信卫星系统就是按这个原理建立的，其卫星分别位于大西洋、印度洋和太平洋上空。其中，印度洋卫星能覆盖我国的全部领土，太平洋卫星覆盖我国的东部地区，即我国东部地区处在印度洋卫星和太平洋卫星的重叠覆盖区中。

14.4.3　通信卫星的组成

在卫星通信系统中，通信卫星就是一个高空转发站，因此，**一个通信卫星主要由天线系统、通信系统、遥测指令系统、控制系统和电源系统五大部分组成**，其组成示意图如图14-6所示。

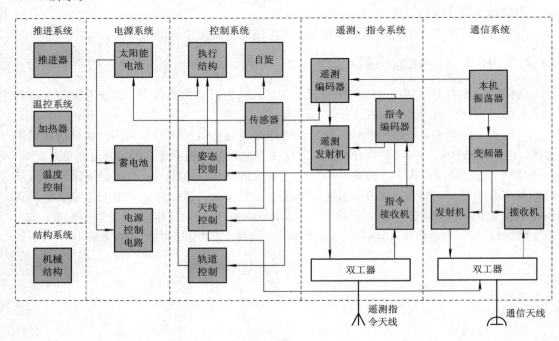

图14-6　通信卫星组成框图

1. 天线系统

天线系统的主要任务是定向发射和接收无线电信号，包括通信用的微波天线和遥测遥控系统用的遥测指令天线。

（1）遥测指令天线。它用于卫星进入静止轨道之前和之后，能向地面控制中心发射遥测信号和接收地面的指令信号，以调整卫星的运行轨道和卫星的自旋姿态。这种天线为甚高频全向天线，通常采用倾斜式绕杆天线和螺旋天线等。

（2）微波天线，它主要是接收、转发地面站的通信信号，根据波束的宽、窄又可分为覆球波束天线、区域波束天线和点波束天线。对静止卫星来说，覆球波束天线的波束宽度约为 $17°\sim19°$，其增益可达 19 dB，可覆盖地球表面约 1/3 的面积；区域波束天线覆盖地球表面的某一特定的区域，如某一个国家的领土；点波束天线因波束较窄而具有较高的增益，用来把辐射的电磁波功率集中到地球上较小的区域内。

2. 通信系统

静止卫星的通信系统又称为通信中继机，通常由多个(可达 24 个或更多)信道转发器互相连接而成。其任务是把接收的信号放大，并利用变频器变换成下行频率后再发射出去。它实质上是一组宽频带收、发信机。

卫星转发器是通信卫星中最重要的组成部分，它起到通信中继站的作用，其性能直接影响到卫星通信系统的工作质量。对卫星转发器的基本要求是附加噪声和失真小，要有足够的工作频带和输出功率来为各地面站有效而可靠地转发无线电信号。

卫星转发器通常分为透明转发器和处理转发器两大类。

（1）透明转发器。这类转发器接收到地面站发来的信号后，除进行低噪声放大、变频、功率放大外，不作任何处理，只是单纯地完成转发任务。也就是说，它对工作频带内的任何信号都是"透明"的通路。其示意图如图 14-7 所示。

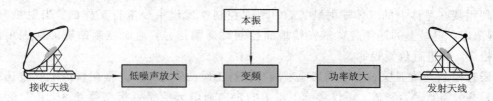

图 14-7　透明转发器组成示意图

（2）处理转发器。它是指除了信号转发外，还具有信号处理功能的转发器。它的主要功能包括对数字信号再生，使噪声不会积累，对不同的卫星天线波束之间进行信号交换，对更高级的信号进行变换、处理（如上行 FDMA 变为下行的 TDMA）、识别等。其示意图如图 14-8 所示。

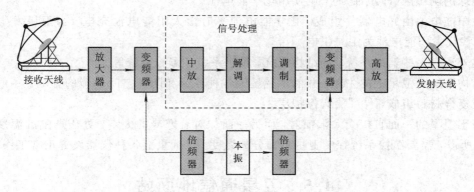

图 14-8　处理转发器示意图

在微波频段，每个通信卫星的工作频带约 500 MHz。为便于放大、发射及减少互调干扰，一般在卫星上设置若干个转发器。每个转发器的工作带宽为 36 MHz 或 40 MHz。不同的卫星，转发器的数量也不相同，如亚洲四号卫星就有 28 个 C 波段转发器和 20 个 Ku 波段转发器。

3. 遥测指令系统

遥测指令系统包括遥测部分和指令系统两个部分。

遥测部分是用各种传感器和敏感元件等器件不断测量有关卫星姿态及星内各部分工作状态等数据，如电流、电压、温度等，将其通过遥测指令天线发给地面的遥测指令系统。地面遥测指令系统收到并检测出卫星发来的遥测信号，转送给卫星监控处理中心进行分析和处理，然后再由地面遥测指令系统发出有关姿态和位置校正、星体内温度调节、主备用部件切换、转发器发送增益换挡等控制指令信号。

指令系统专门用来接收地面的遥测指令系统发给卫星的指令，进行解调和译码后储存起来，并经遥测设备发回地面进行校对，在核实无误后发出指令执行信号，指令设备收到后，再将储存的各种指令发给控制分系统，再由各执行机构正确地完成控制动作。

4. 控制系统

控制系统包括位置控制系统和姿态控制系统两部分。

位置控制系统用来消除"摄动"影响，以便使卫星与地球的相对位置固定。位置控制系统是利用装在星体上的气体喷射装置，由地面控制站发出指令进行工作的。当卫星有"摄动"现象时，卫星上的遥测装置就发给地面控制站遥测信号，地面控制站随即向卫星发出遥控指令，以进行位置控制。

姿态控制是使卫星对地球或其他基准物保持正确的姿态，即卫星在轨道上立着还是躺着的。卫星姿态是否正确，不仅影响卫星上的定向通信天线是否指向覆盖区，还会影响太阳能电池帆板是否朝向太阳。

5. 电源系统

电源系统用来给卫星上的各种电子设备提供电能。通信卫星的电源要求体积小、重量轻、寿命长。常用的电源有太阳能电池和化学能电池。平时主要使用太阳能电池，当卫星进入地球的阴影区（即星蚀）时，则使用化学能电池。

太阳能电池由光电器件组成。化学能电池平时由太阳能电池充电，当卫星发生星蚀时，它替代太阳能电池为卫星供电。

此外还有一些辅助系统，如结构系统、推进系统和温控系统等。

结构系统是卫星上的主体，并能承受星上各种载荷和防护空间环境的影响，一般由轻合金或复合材料组成，外部涂有保护层。

由于卫星的一面直接受太阳辐射，而另一面却对着寒冷的太空，处于严酷的温度条件之中，所以，需要温控系统控制卫星各部分的温度，保证星上各种仪器设置正常工作。

14.5　卫星通信地面站

14.5.1　卫星通信地面站的分类

地面站是卫星通信系统中的一个重要组成部分，其基本作用是向卫星发射信号，同时接收由其他地面站经卫星转发来的信号。

对地面站可按不同的标准来分类。

（1）按站址特征分类。地面站可分为固定站、移动站（如舰载站、机载站和车载站等）、可拆卸站（短时间能拆卸转移地点的站）。在固定站中，根据规模大小可分为大型、中型和小型站。

（2）按 G/T 值分类。地面站性能指数 G/T 值是反映地面站接收系统性能的一项重要技术性能指标。其中，G 为接收天线增益；T 表示接收系统噪声性能的等效噪声温度。G/T 值越大，说明地面站接收系统的性能越好。国际上把 $G/T \geqslant 35$ dB/K 的地面站定为 A 型标准站，把 $G/T \geqslant 31.7$ dB/K 的站定为 B 型标准站，而把 $G/T < 31.7$ dB/K 的站定为非标准站。

（3）按用途分类。可分为民用、军用、广播、航海、实验等类型。

（4）按天线口径分类。分为 1 米站、5 米站、10 米站以及 30 米站等。

（5）按传输信号的特征分类。地面站可分为模拟通信站和数字通信站。

此外，还可按工作频段、通信卫星类型、多址方式等不同进行分类，而且随着科学技术的迅猛发展和社会需求的日益增大，新的地面站种类会不断涌现，地面站的分类也将会随之而变。

14.5.2 卫星通信地面站的组成

对不同的通信体制，其地面站的组成也不相同，但是从地面站设备的基本组成和工作过程来看，**一个典型的双工地面站一般包括天线系统、发射系统、接收系统、信道终端系统、监控系统、电源系统、伺服跟踪系统、地面接口及传输系统等。**地面站设备组成示意图如图 14-9 所示。

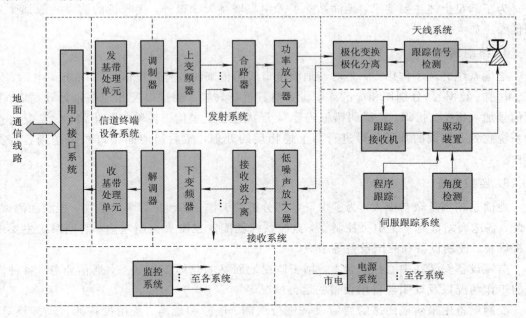

图 14-9 地面站设备组成示意图

1. 天线系统

天线系统包括天线、馈线和跟踪设备三部分，是地面站的重要设备之一，其性能优劣直接影响到卫星通信质量的优劣和系统通信容量的大小。天线系统设备的价格约占地面站设备总价格的 1/3。地面站天线系统完成发送信号、接收信号和跟踪卫星的任务，即将发射系统送来的大功率微波信号对准卫星辐射出去，同时把接收到的卫星转发来的微波信号送到接收系统。

2. 发射系统

发射系统的主要作用是将终端系统送来的基带信号调制成载波为中频的（如载波为70 MHz）的频带信号，然后对该中频载波进行上变频，使之成为射频信号（如 C 波段地面站上变频到 6 GHz），并把这一信号的功率放大到一定值后输送给天线系统向卫星发射。

对地面站发射系统的主要要求有：发射功率大，频带宽度 500 MHz 以上，增益稳定以及功率放大器的线性度高。发射系统中起主导作用的是功率放大器，业务量大的大型地面站采用速调管功率放大器，输出功率可达 3000 W。中型地面站常采用行波管功率放大器，功率等级为 100～400 W。功率放大器可以是单载波工作，也可以是多载波工作。

3. 接收系统

地面站接收系统是将天线系统送来的卫星射频信号进行低噪声放大、分离、下变频为中频信号（载波一般为 70 MHz），再解调成基带信号，然后输送给终端分系统。

由于卫星转发器的发射功率一般只有几瓦到几十瓦，且卫星天线的增益也小，所以卫星转发器有效全向辐射功率较小。卫星转发下来的信号经下行线路约 40 000 km 远距离传输后，要衰减 200 dB 左右，其功率到达地面站时就变得极其微弱，一般只有 $10^{-19} \sim 10^{-17}$ W 的数量级。因此，地面站接收系统的灵敏度必须很高，噪声必须很低才能正常接收。

为了满足上述主要要求，地面站除了采用高增益天线以外，接收机的前级一般都要采用低噪声放大器。

4. 终端系统

终端系统有两个作用：一是对经地面接口线路传来的各种用户信号（如电报、电话、传真、电视、数据等）分别用相应的终端设备对其进行转换、编排以及其他基带处理（如对上行信号加入报头、扰码、信道纠错编码等），形成适合卫星信道传输的基带信号；二是将接收系统收到并解调的基带信号进行与上述相反的处理，然后经地面接口线路送到各有关用户。

5. 监控系统

地面站相当复杂与庞大，为了保证各部分正常工作，必须进行集中监视、控制和测试。为此，各地面站都有一个中央控制室，监控系统就配置在中央控制室内。监控系统主要由监视设备、控制设备和测试设备等组成。

监视设备安装在中心控制台上，用于监视地面站的总体工作状态、通信业务、各种设备的工作情况以及现用与备用设备的运行情况等。

控制设备用来对地面站的通信设备进行遥测、遥控和现用、备用设备的自动转换等。控制设备由发射控制设备和接收控制设备两部分组成。

测试设备用来对各部分电路进行测试。

6. 电源系统

地面站电源系统要供应地面站内全部设备所需的电能，因此电源系统性能优劣会影响卫星通信的质量及设备的可靠性。

为了满足地面站的供电要求，通常应设有两种电源设备，即应急电源设备和交流不间断电源设备。

7. 伺服跟踪系统

地面站伺服跟踪设备的基本作用是保证地面站的天线能够稳定可靠地对准通信卫星，从而使通信系统保持正常工作。由于地面站有固定站和移动站（如车载站、船载站和机载站）之分，所以相应的伺服跟踪设备的复杂程序也有所不同。地面站天线跟踪卫星的方法有手动跟踪、程序跟踪和自动跟踪三种。

14.6　卫星通信的多址技术

多址连接是指在卫星的覆盖区内，各地面站通过同一个卫星，同时分别建立相互之间的通信线路而实现的各地面站之间通信的一种方式。对于多址方式来说，关键是每个地面站都能迅速准确地从卫星转发下来的总信号中分出发给自己的信号。实现多址连接的技术基础是信号分割，也就是在发端对信号进行适当的设计，使系统中各地面站所发射的信号各有差别，同时各地面站具有信号识别能力，能从卫星转发的总信号中只接收本站所需要的信号。常用的多址方式有频分多址（FDMA）、时分多址（TDMA）、码分多址（CDMA）和空分多址（SDMA）。

1. 频分多址

卫星通信系统使用的频分多址是将通信卫星使用的频带分割成若干互不重叠的部分，再将它们分别分配给各个地面站。各个地面站按所分配的频带发送信号，接收端的地面站根据频带识别发信站，并从接收到的信号中提取发给本站的信号。

图 14-10 为频分多址方式示意图。图中 f_1、f_2、f_3 为分配给各个地面站的发射载波频率，用不同的灰度的方框代表分配给各个地面站的频带，各个地面站按所分配的频带发送信号，这些信号通过卫星转发器变频，发给相应的各接收地面站。

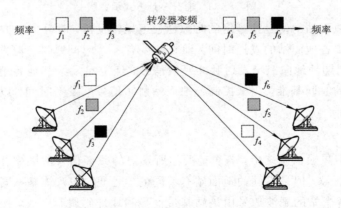

图 14-10　频分多址方式示意图

由于频分多址方式可以直接利用地面微波中继通信的成熟技术和设备，也便于与地面微波系统直接连接，所以频分多址方式是国际卫星通信和一些国家的国内卫星通信较多采用的一种多址方式。它的主要缺点是存在互调干扰，这是因为当卫星转发器同时放大多个不同频率信号时，由于输入、输出特性和调幅/调相转换特性的非线性，使输出信号出现各种组合频率成分，所以当这些组合频率成分进入工作频带内，就会形成干扰。

2. 时分多址

卫星通信系统的时分多址是把卫星转发器的工作时间周期性地分割成互不重叠的时间间隔，即时隙 ΔT_k 分配给各地面站使用。各地面站可以使用相同的载波频率在所分配的时隙内发送信号，接收端地面站根据接收信号的时隙位置提取发给本站的信号。在这种方式中由于分配给每个地面站的不再是一个特定的载波，而是一个指定的时隙，这样能有效地利用卫星频带而又不使各站信号相互干扰。通常把所有地面站的时隙叫分帧，各地面站的分帧可以一样长也可不一样，根据业务量而定。

图 14－11 为时分多址方式示意图，图中 ΔT_1、ΔT_2、$\cdots$、ΔT_k 是各地面站在卫星转发器中所占的时隙。由于各地面站只在自己所占时隙内向卫星发射信号，所以各载波不是同时进入卫星的，也就是说在任一时刻卫星转发器放大的只有一个载波，这就允许各地面站采用相同的载波频率，从而从根本上克服了频分多址互调干扰的问题。

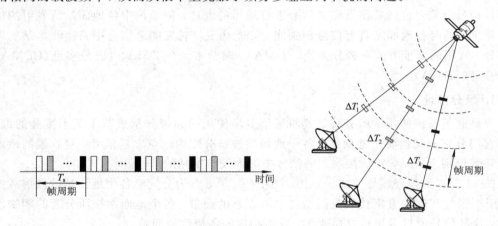

图 14－11　时分多址方式示意图

为了实现各地面站的信号按指定的时隙通过卫星转发器，时分多址方式要解决的一个关键问题是要同步各地面站的发送时间，即必须要有一个时间基准。通常，安排某个地面站作为基准站，周期性地向卫星发射脉冲射频信号，经卫星发给其他各地面站，作为系统内各地面站共同的时间基准，用来控制各地面站射频信号的发射时间，以便在分配的时隙通过卫星转发器。

3. 码分多址

在码分多址卫星通信系统中，各个地面站所发射的载频信号的频率相同，并且各个地面站可同时发射信号。但是不同的地面站有不同的地址码，该系统靠不同的地址码来区分不同的地面站。各个站的载波信号由该站基带信号和地址码调制而成，接收站只有使用发射站的地址码才能解调出发射站的信号，其他接收站解调时由于采用的地址码不同，因而不能解调出该发射站的信号。

由于码分多址卫星通信系统在原发送信号中叠加了类似噪声的伪随机码（PN），伪随机码的码元宽度比数字基带信号的码元宽度窄得多，也就是说，伪随机码的频谱宽度比数字基带信号的频谱宽度宽得多，所以数字基带信号与伪随机码进行扩频调制后使其信号频谱大大展宽。码分多址方式由于采用了扩频技术，所以抗干扰能力强，有一定的保密能力，改变地址比较灵活。它的缺点是要占用很宽的频带，频带利用率一般较低，接收时对地址码的捕获与同步需有一定的时间。它特别适用于军事卫星通信系统及要求保密性强的卫星通信系统。码分多址有多种方式，目前应用较多的是直接序列扩频码分多址（DS/CDMA）方式（其示意图如图 14－12 所示）和跳频码分多址（FH/CDMA）方式两种。

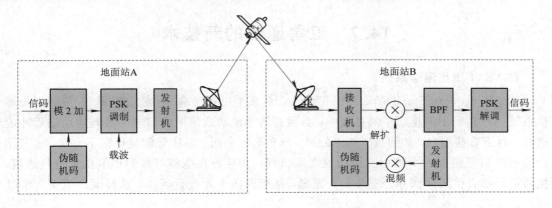

图 14－12　直接序列码分多址方式示意图

4. 空分多址

空分多址（SDMA）方式是利用安装在卫星上的多个点波束天线（点波束天线的覆盖面积小，一般为圆形，其波束半功率宽度只有几度或更小，因此也称为窄波束天线）波束在空间指向的差异来区分不同地面站的一种多址方式。由于其波束较窄，天线增益高，地面站所接收到的信号强，所以地面站可采用小口径天线和低功率的发射机。

卫星上装有转换开关设备，该设备是一个空中交换机，由这个交换机中的微波开关矩阵网络可根据控制信号的指示，把该转换的信号转换到发往相应波束区用的放大器和天线，并转发给相应波束区的指定地面站。如果有几个地面站都在同一天线波束覆盖区，则它们之间的站址识别还要借助频分多址方式或时分多址方式。图 14－13 为空分多址方式示意图。

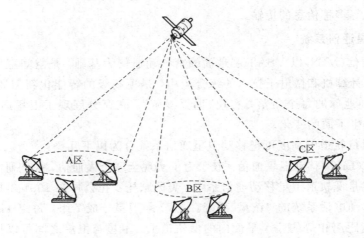

图 14－13　空分多址方式示意图

SDMA 的主要特点是卫星天线增益高，卫星功率可得到合理有效利用；不同区域地面站所发信号在空间互不重叠，即使在同一时间用相同频率，也不会相互干扰，因而可实现频率重复使用，系统容量得到扩大；卫星对其他地面通信系统的干扰小。但空分多址方式要求天线波束的指向非常准确，对卫星的稳定及姿态控制要求很高，且天线及控制装置都较庞大和复杂。

14.7 卫星通信的新技术

1. VSAT 卫星通信系统

VSAT 是 Very Small Aperture Terminals(甚小口径终端)的英文缩写。一般的卫星通信系统用户在利用卫星通信的过程中，必须要通过地面通信网将信号汇接到地面站后才能进行。对于有些用户，如银行、航空公司、汽车运输公司、饭店等就显得很不方便，这些用户希望能自己组成一个更为灵活的卫星通信网，并且各自能够直接利用卫星来进行通信，把通信终端直接延伸到办公室和私人家庭，甚至面向个人进行通信，这样就产生了 VSAT 系统。

VSAT 系统代表了卫星通信发展的一个重要方向，它的产生和发展奠定了卫星通信设备向多功能化、智能化、小型化方向发展的基础。

VSAT 系统是由一个主站和若干个 VSAT 终端组成的卫星通信系统。主站也称为中心站或枢纽站，它是一个较大的地面站，具有全网的出、入站信息传输、交换和控制功能。VSAT 系统终端，通常指天线尺寸小于 2.4 m，由主站应用管理软件高度监测和控制的小型地面站。

VSAT 系统主要用于 2 Mb/s 以下低速率数据的双向通信。VSAT 系统中的用户小站对环境条件要求不高，可直接安装在用户屋顶上，不必进行汇接中转。它可由用户直接控制，安装组网方便、灵活。

VSAT 系统工作在 14 GHz/11 GHz 的 Ku 频段以及 C 频段。系统中综合了分组信息传输与交换、多址协议、频谱扩展等多种先进技术。它可以进行数据、语言、视频图像、传真、计算机信息等多种信息的传输。

2. 移动卫星通信系统

移动卫星通信(MSS)以 VSAT 和地面蜂窝移动通信为基础，是空间卫星多波束技术、星载处理技术、计算机和微电子技术的综合运用，是更高级的智能化新型通信网。它能将通信终端延伸到地球的每个角落，实现"世界漫游"。它充分展现了卫星通信的优势和特点，使电信网发生了质的变化。

根据卫星运行轨道的高度可把移动卫星通信系统分为以下几类：

(1) 低轨道(LEO)移动卫星通信系统。为了实现全球个人通信，人们研究了很多方法，其中一个方案就是低轨道卫星移动通信系统。美国摩托罗拉公司在 1991 年提出了用 77 颗卫星覆盖全球移动电话系统的"铱星"系统。这 77 颗卫星分成 7 组，每组 11 颗，分别围绕在地球上空经度距离相等的 7 个平面内的低轨道上。卫星与卫星之间可以接力传输信号，从而使卫星天线的波束覆盖全球表面。这样在地面的任何地点、时间，总有一颗卫星在视线范围内，以此来实现全球个人通信。

这种系统中的卫星离地面高度较低，约为 765 km，因此被称为低轨道卫星。由于卫星离地球表面较近，每颗卫星能够覆盖的地球表面就比静止卫星小得多，但仍比地面上移动通信的基站覆盖的面积大得多，从而使系统中卫星的覆盖区域能布满整个地球表面。同时卫星与移动通信用户之间的最大通信距离不超过 2315 km，在这样的距离内，可以使用小天线、小功率、重量轻的移动通信电话机通过卫星直接通话。

目前除了"铱星"外，还有全球星（Global – star）系统、白羊（Aries）系统、柯斯卡（Coscon）系统和卫星通信网络（Teledesic）系统等低轨道卫星移动通信系统。

（2）中轨道（MEO）移动卫星通信系统。LEO 移动卫星通信系统虽然易于实现手持机个人通信，但由于卫星数量多、寿命短，运行期间要及时补充替代卫星，使得这种系统投资较高。所以，许多中轨道移动卫星通信系统的设计方案便应运而生。有代表性的 MEO 移动卫星通信系统主要有 Inmarsat – P（ICO，中高度圆形轨道）、TRW 公司提出的 Odyssey（奥德赛）系统、欧洲宇航局开发的 MAGSS – 14 系统等。

（3）静止轨道（GEO）移动卫星通信系统。静止轨道移动卫星通信系统与低轨道移动卫星通信系统的区别之处在于它是利用静止卫星进行移动通信的，用户可以使用便携式移动终端，通过同步通信卫星和地面站，并经由通信网中转，进行全球范围的电话、传真和数据通信业务。

目前，海事卫星（Inmarsat）系统为全世界海、陆、空中的移动体提供静止卫星通信服务。其卫星分布在大西洋、印度洋和太平洋上空，形成全球性的通信网。目前它提供的业务有电话、电报、利用电话电路的数据传输、遇难安全通信、高速数据和群呼等。

图 14 – 14 是几种特殊卫星示意图。

(a) 嫦娥1号探月卫星　　　　(b) 间谍卫星　　　　(c) 北斗导航卫星

图 14 – 14　特殊卫星示意图

14.8　GPS 系统

14.8.1　GPS 概述

GPS 是英文 Navigation Satellite Timing and Ranging/Global Positioning System 的缩写，是 NAVSTAR/GPS 的简称，它的意思是利用导航卫星进行测时和测距，从而构成全球定位系统。GPS 系统在本质上属于一种通信系统。现在国际上已经公认将这一系统简称为"全球定位系统"。

GPS 是美国为满足陆海空三军和民用部门对导航越来越高的要求而提出的一个技术解决方案。该方案是由分布在 6 个互成 60°轨道平面上的 24 颗卫星组成的，每个轨道平均分布 4 颗卫星。其中 21 颗为工作卫星，另外 3 颗作为备用星。这样的卫星布置基本上可以保证在地球上的任何一个位置都能同时观测到 4 颗卫星。其工作卫星分布示意图如图 14 - 15 所示。

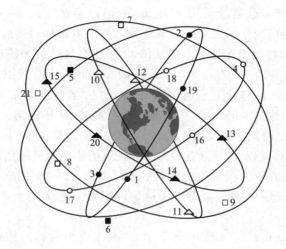

图 14 - 15　GPS 工作卫星分布示意图

14.8.2　GPS 系统组成

GPS 系统由三大部分组成，即 GPS 卫星、地面控制系统和用户 GPS 接收机。

GPS 卫星由洛克韦尔国际公司空间部研制，重 774 kg，主体呈柱形，直径 1.5 m，底部装有多波束定向天线，能发射 L_1 和 L_2 波段的信号，其波束方向图基本上能覆盖半个地球。卫星轨道长半轴为 26 609 km，偏心率为 0.01，倾角为 55°，卫星高度 20 200 km，运行周期为 12 h，设计寿命 7 年。

利用卫星定位和导航，首先必须知道卫星的位置。地面控制系统测量和计算每颗卫星的星历，编辑成电文发送给卫星，然后再由卫星实时地播放给用户，也就是所谓的广播星历。GPS 系统的地面控制系统由 1 个主控站、3 个注入站和 5 个监测站组成。

主控站主要完成如下功能：

（1）采集数据：采集各监测站所测得的伪距和有关数据以及监测站自身状态数据和海军水面兵器中心发来的参考星历。

（2）编辑生成导航电文：根据采集到的全部数据计算出每颗卫星的星历、时钟改正数、状态数据以及大气改正数，并按一定的格式编辑生成为导航电文后传送到注入站。

（3）系统诊断：对整个地面控制系统的工作状态、卫星的健康情况进行诊断，将结果编码后告知用户。

（4）调整卫星：根据测得的卫星参数及时将卫星调整到预定轨道使其正常工作，同时还可进行卫星调度，用备份卫星替代失效的卫星。

3 个注入站将主控站送来的数据定时注入各个卫星，然后由卫星发给广大用户。

上述两大组成部分和具体的用户关系不大，是由专门机构投资、建设和维护运行的，是一种共享型的信息资源。

每个 GPS 用户至少必须拥有一台 GPS 接收机，来接收卫星发出的有关定位信息。根据不同的标准，接收机的各种分类如下：

（1）按编码形式可分为有码接收机和无码接收机。

（2）按通道方式可分为时序接收机、多路复用接收机和多通道接收机。

（3）按所用器件可分为模拟接收机、数字接收机和混合式接收机。

（4）按性能高低可分为 X 型接收机、Y 型接收机和 Z 型接收机。

（5）按用途不同可分为军用、民用、导航、测时、测地等类型的接收机。

尽管接收机种类繁多，但 GPS 接收机的电路结构基本上一样，主要分为天线单元和接收单元两部分，其示意图如图 14-16 所示。

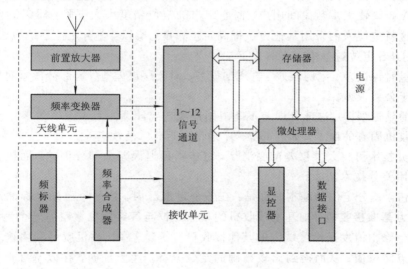

图 14-16　GPS 接收机示意图

14.8.3　GPS 定位原理

对于一个 GPS 接收机来说，要想确定它的三维坐标，必须能同时接收 4 颗 GPS 卫星的定位信号。每个卫星以广播形式向地面发送有关定位信号，接收机收到该信号并计算出信号从卫星上发出到它接收到所用的时间，然后乘以光速就可得到该卫星到接收机之间的距离。因为受到各种误差的影响，这个距离不是真正的实际距离，所以被称为伪距。以这个距离为半径，以卫星为圆心，就形成了一个球面。当接收机同时知道与 3 颗导航卫星的距离时，就可形成 3 个球面，3 个球面的交点就是接收机的位置。为了修正卫星和接收机的时间误差，还需要同时使用第 4 颗卫星。

GPS 信号主要包含三个部分：载波、测距码和数据码。

载波有两种载频：

（1）L_1 载波：载频 $f_{L1}=154 \times f_0 = 1575.42$ MHz，波长 $\lambda_1 = 19.03$ cm。

（2）L_2 载波：载频 $f_{L2}=120 \times f_0 = 1227.6$ MHz，波长 $\lambda_2 = 24.42$ cm。

式中，f_0 是时钟频率，$f_0 = 10.23$ MHz。

在 L_1 载波上将数据码和两种测距码进行 PSK 调制。在 L_2 载波上只将测距精码进行 PSK 调制。

测距码是两种伪随机码。美国政府在 GPS 系统中提供两种服务:一种是标准定位服务 SPS,采用一种称为粗码(C/A 码,Coarse/Acquisition)的测距码进行定位,精度约为 100 m,主要供民用;另一种是精密定位服务 PPS,采用一种称为精码(P 码,Precise)的测距码进行定位,精度达到 10 m,主要是军方和经过特许的民间用户使用。在实际使用中发现两种码的定位精度远远高于设计值,粗码精度可达 14 m,精码达到 3 m。为此,美国政府决定采用所谓的选择使用政策(SA,Selective Availability),人为地把误差引入卫星定位数据中,故意降低定位精度,以防未经许可的用户将 GPS 用于军事目的。采用 SA 政策后,粗码的精度降为 100 m 左右。

对于数据码,由于内容较多,在此不作介绍,有兴趣的读者可参阅有关书籍。

由于 SA 政策使大多数民间用户、商业用户的定位精度大大下降,难以满足这部分用户的要求,这就迫使人们采用其他方法提高定位精度,所以,差分定位系统应运而生。

在单点 GPS 定位过程中存在着以下三种误差:

(1)卫星时钟误差、星历误差、电离层误差、对流层误差等。这部分误差对所有接收机都存在,属于公共误差。

(2)传播延迟误差。这部分误差不能由用户测量或计算。

(3)接收机固有的误差,如内部噪声、通道延迟、多径效应等。

利用差分技术可将公共误差彻底消除,将传播延迟误差大部分消除,而接收机固有的误差无法利用差分技术消除。

简单地讲,差分定位的基本原理是:在一个定位区内,找一个已知坐标的点位安放一部接收机作为基准接收机,则基准接收机的单点定位与其实际位置就有一个差值,把这一差值作为一个修正值发送给区域内的其他接收机,那么这些接收机就可利用这一修正值修改它们的单点定位值,从而得到比较精确的定位坐标。实验证明,在以基准点为圆心,半径 500 km 的范围内,差分定位技术是可行的。差分 GPS 定位示意图如图 14 - 17 所示。

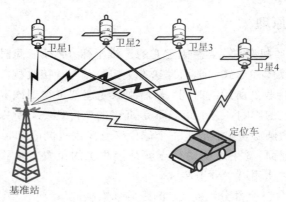

图 14 - 17　差分 GPS 定位示意图

除了上述 GPS 系统方面的基本技术之外,GPS 系统还采用了其他通信技术,如扩频通信技术、相关接收技术、最小频移键控技术、纠错编码技术等,限于篇幅本书不作介绍。

14.9　北斗卫星导航系统

中国北斗卫星导航系统（BDS，Bei Dou Navigation Satellite System）是中国自行研制的全球卫星导航系统。它是继美国全球定位系统（GPS）和俄罗斯格洛纳斯卫星导航系统（GLONASS）之后第三个成熟的卫星导航系统。

北斗卫星导航系统由空间段、地面段和用户段三部分组成， 可在全球范围内全天候、全天时为各类用户提供高精度及高可靠定位、导航、授时服务，并具有短报文通信能力，已经初步具备区域导航、定位和授时能力，定位精度 10 m，测速精度 0.2 m/s，授时精度 10 ns。

北斗卫星导航系统空间段计划由 35 颗卫星组成，包括 5 颗静止轨道卫星、27 颗中地球轨道卫星、3 颗倾斜同步轨道卫星。5 颗静止轨道卫星定点位置为东经 58.75°、80°、110.5°、140°、160°，中地球轨道卫星运行在 3 个轨道面上，轨道面之间为相隔 120°均匀分布。至 2012 年底北斗亚太区域导航正式开通时，已为正式系统在西昌卫星发射中心发射了 16 颗卫星，其中 14 颗组网并提供服务，分别为 5 颗静止轨道卫星、5 颗倾斜地球同步轨道卫星（均在倾角 55°的轨道面上），4 颗中地球轨道卫星（均在倾角 55°的轨道面上）。

北斗卫星导航系统是覆盖中国本土的区域导航系统，覆盖范围为东经约 70°～140°，北纬 5°～55°。目前已经对东南亚实现全覆盖。

35 颗卫星在离地面 2 万多千米的高空上，以固定的周期环绕地球运行，使得在任意时刻，在地面上的任意一点都可以同时观测到 4 颗以上的卫星。

由于卫星的位置精确可知，在接收机对卫星观测中，可得到卫星到接收机的距离，利用三维坐标中的距离公式，利用 3 颗卫星，就可以组成 3 个方程式，解出观测点的位置（X，Y，Z）。考虑到卫星的时钟与接收机时钟之间的误差，实际上有 4 个未知数，X、Y、Z 和钟差，因而需要引入第 4 颗卫星，形成 4 个方程式进行求解，从而得到观测点的经纬度和高程。

事实上，接收机往往可以锁住 4 颗以上的卫星，这时，接收机可按卫星的星座分布，分成若干组，每组 4 颗，然后通过算法挑选出误差最小的一组用作定位，从而提高精度。

卫星定位采用的是"到达时间差"（时延）的概念：卫星在空中连续发送带有时间和位置信息的无线电信号，供接收机接收。由于传输距离的影响，接收机接收到信号的时刻要比卫星发送信号的时刻晚，即有时延，所以，可以通过时延来确定距离。其原理是卫星和接收机同时产生同样的伪随机码，一旦两个码实现时间同步，接收机便能测定时延；将时延乘上光速，便能得到距离。

北斗系统的主要功能如下：

（1）短报文通信：北斗系统用户终端具有双向报文通信功能，用户可以一次传送具有 40～60 个汉字的短报文信息。该功能在远洋航行中有重要的应用价值。

（2）精密授时：北斗系统具有精密授时功能，可向用户提供 20～100 ns 时间同步精度。

（3）精确定位：精度 10 m，利用辅助手段可达 0.1 m（类似差分方式）。

（4）工作频率：2491.75 MHz。

（5）系统容纳的最大用户数：540 000 户/小时。

（6）"北斗"系统的军事功能与 GPS 类似，如运动目标的定位导航、武器载具发射位置的快速定位、人员搜救、水上排雷的定位等。

14.10　小资料——人造卫星史话

1957 年 10 月 4 日，苏联拜科努力航天中心天气晴朗，人造卫星发射塔上竖立着一枚大型火箭，火箭头部装着一颗圆球形的有 4 根折叠杆式天线的人造卫星"斯普特尼克 1 号"。随着火箭发动机的一声巨响，火箭升空，在不到 2 分钟的时间里消失得无影无踪，世界上第一颗人造卫星发射成功了。消息迅速传遍全球，各国为之震惊。这颗"小星"在天空虽然只停留了 92 天，但它却"推动"了整个地球，加快了各国发展空间技术的步伐。

1958 年 1 月 31 日，美国第一颗人造地球卫星"探险者 1 号"升空。1961 年 7 月 10 日，美国又成功地发射了第一颗商业通信卫星"电星 1 号"。

中国是继苏、美、法、日后第五个能独立发射卫星的国家。1970 年 4 月 24 日，我国用自制"长征 1 号"运载火箭，在酒泉卫星发射中心成功发射了第一颗人造地球卫星——"东方红 1 号"，它标志着我国在征服太空的道路上迈出了巨大的一步，并跻身于世界航天先进国家之林。

思考题与习题

14-1　什么是卫星通信？卫星通信系统有哪几种？

14-2　同步卫星的特点是什么？

14-3　一个卫星通信系统通常由哪几部分组成？

14-4　简述空分多址的含义。

14-5　为什么通信卫星要工作于微波波段？

14-6　卫星通信能否实现移动通信？若能，则有哪几种方式？

14-7　试列举几个卫星通信技术中包含的通信原理。

14-8　GPS 系统的主要功能是什么？

14-9　为什么要采用差分 GPS 系统？简述差分定位原理。

14-10　北斗系统与 GPS 系统的主要异同点是什么？

第15章　移动通信技术

本章重点问题：

随着经济和技术的发展，人们对交流方式提出了更高的要求，需要任何人、在任何地方、任何时间与任何人进行任何业务的交流。那么，如何实现呢？

电话的应用与普及极大地改变了人们的生活方式，为人际间的沟通和交流架起了方便快捷之桥。随着科学技术的进步和社会的发展，人类进入了信息时代，生活节奏不断加快，生活领域不断扩大，人们热切希望能够实现任何人（Whoever）在任何地方（Wherever）、任何时间（Whenever）与任何人（Whomever）进行任何业务（Whatever）的通信与交流，即"5W目标"。

显然，只有移动通信才能满足现代人类信息交流的高标准需求。移动通信几乎集中了有线和无线通信领域中所有最新的技术成就，不仅可以传送话音信息，还能够传送数据、图片甚至视频，使用户能够随时随地快速而可靠地进行多种信息的交换，成为一种全时空通信。因此，21世纪的主要通信方式是移动通信。移动通信是人们追求通信便利性的直接产物。

15.1　移动通信概述

15.1.1　移动通信的概念及特点

所谓**移动通信**，是指通信双方或至少一方是在运动中实现信息双向传输的过程或方式。人们已经习惯将移动通信与利用蜂窝技术的无线电话通信相提并论了。因此，本章介绍的移动通信主要指利用蜂窝无线通信网进行的话音及数据通信技术。

由于采用无线方式，并且是在运动中进行通信，因此移动通信系统具有许多特点：

（1）移动通信传输信道必然是无线信道。

（2）具有复杂的电波传播环境。由于电波受到城市高大建筑物的阻挡而产生折射和反射现象，所以移动台接收到的是多径信号。这种信号的幅度会发生快速和剧烈衰落现象，而移动台又处于高速运动时，就会加快衰落现象。另外，因为移动通信是在运动过程中进行的，移动台之间会出现近处移动台干扰远处移动台的远近效应现象。所以，一般要求移动台的发射功率具有自动调整的能力，同时，移动台的接收机需要具有自动增益控制的能力。

（3）在强干扰下工作。移动台通信环境变化是很大的，经常处于强干扰区。如移动台附近的发射机可能对正在通信的移动台形成强干扰。又如汽车在公路上行驶，本车和其他车辆的噪声所形成的干扰也相当严重。因此，要求移动通信具备很强的抗干扰能力。

（4）多普勒效应。运动中的移动台所接收的信号频率随运动速度而变化，并会产生不同的频移(称为多普勒效应),从而造成接收点的信号强度不断变化,其变化范围可达20~30 dB。

(5) 环境条件差,对设备要求高。移动台长期处于运动中,尘土、震动、日晒雨淋的情况时常遇到,这就要求它必须有防震、防尘、防潮、抗冲击等能力。另外,由于移动台由用户直接操作,所以要求移动台体积小、重量轻、成本低,操作使用简便安全。

(6) 用户数量大,频率有限。有限的频率资源决定了有限的信道数目,这和日益增长的用户数量形成一对矛盾。为了解决这个矛盾,除了开辟新的频段,缩小频道间隔之外,研究各种有效利用频率的技术和新的体制是移动通信面临的重要课题。

15.1.2 移动通信系统的分类

随着移动通信应用范围的不断扩大,移动通信系统的类型越来越多,其分类方法也多种多样,主要分类方式如下:

1. 按服务对象分类

移动通信系统有公用移动通信和专用移动通信两种类型。在公用移动通信中,目前我国有中国移动、中国联通和中国电信三家经营移动电话业务。因为它是面向社会大众的,所以称为公用网。专用移动通信是为保证某些特殊部门的通信所建立的通信系统,如公安、消防、急救、防汛、交通管理、机场调度等。

2. 按传输信号分类

移动通信系统可分为模拟移动通信系统和数字移动通信系统。

3. 按系统组成结构分类

(1) 蜂窝移动电话系统。蜂窝状移动电话是移动通信的主体,它是具有全球性且用户容量最大的移动电话网。

(2) 集群调度移动电话。它可将各个部门所需的调度业务进行统一规划建设,集中管理,每个部门都可建立自己的调度中心台。其特点是共享频率资源、通信设施、通信业务,共同分担费用。

(3) 无中心个人无线电话系统。它没有中心控制设备,这是与蜂窝网和集群网的主要区别。它将中心集中控制转化为电台分散控制。由于不设置中心控制,故可以节约建网投资,并且频率利用率最高。系统采用数字选呼方式和共用信道传送信令,接续速度快。由于建网简易、投资低、性价比最高,所以它适用于个人业务和小企业的单区组网分散小系统。

(4) 公用无绳电话系统。在公共场所(如商场、机场、火车站)使用,通过无绳电话的手机可以呼入市话网,也可以实现双向呼叫。它的特点是不适用于乘车使用,只适用于步行。

(5) 移动卫星通信系统。把卫星作为中心转发台,各移动台通过卫星转发通信。

15.1.3 移动通信系统的组成

移动通信系统一般由移动台(MS, Mobile Set)、基站(BS, Base Station)、移动业务交换中心(MSC, Mobile Switch Center)等组成,其示意图如图15-1所示。

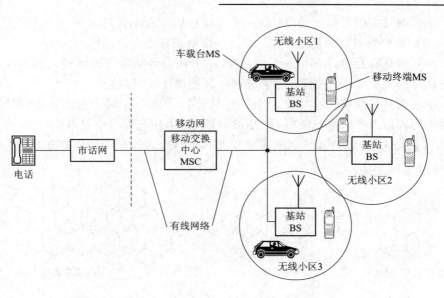

图 15-1 移动通信系统示意图

1. 移动台

移动台是移动通信系统用户使用的入网设备，主要有车载台、便捷台和手持机三种形式，它们都有收发信机和天线。每个移动台分为终端设备和用户身份卡两部分。每个移动台终端设备由一个独特的国际移动设备识别码（IMEI）来区别。当一个移动台被一用户使用时，它还有一个国际用户识别码（IMSI），可做到一个用户识别身份卡（SIM）中。

2. 基站

基站是无线小区组织管理的核心，设有收、发信机和天线等设备，它能与该小区内所有的移动台进行通信。

每个基站都有一个可靠通信的服务范围，称为无线小区（通信服务区）。无线小区的大小，主要由发射功率和基站天线的高度决定。根据服务面积的大小可将移动通信网分为大区制、中区制和小区制三种。

大区制是指一个通信服务区（如一个城市）由一个无线区覆盖，此时基站发射功率很大（50 W 或 100 W 以上，对手机的要求一般为 5 W 以下），无线覆盖半径可达 25 km 以上。其基本特点是只有一个基站，覆盖面积大，信道数有限，一般只能容纳数百到数千个用户。其主要缺点是系统容量不大。如果要克服这一限制，适合更大范围（大城市）、更多用户的服务，就必须采用小区制。

小区制一般是指覆盖半径为 2～10 km 的多个无线区链接合成而形成一个大服务区的制式，此时的基站发射功率很小（8～20 W）。由于通常将小区绘制成六角形（实际小区覆盖地域并非六角形），多个小区结合后看起来很像蜂窝，所以称这种组网为蜂窝网。用这种组网方式可以构成大区域大容量的移动通信系统，进而形成全省、全国或更大区域的系统。

小区制有以下四个特点：

（1）基站只提供信道，其交换、控制功能都集中在移动电话交换中心（MSC）。而大区制的信道传输、交换、控制等功能都集中在基站完成。

第
三
篇

现
代
通
信
技
术

（2）小区制具有越区切换功能。即一个移动台从一个小区进入另一个小区时，要从原基站的信道切换到新基站的信道上来，而且不影响正在进行的通话。

（3）小区制具有漫游（Roaming）功能。即一个移动台从本管理区进入到另一个管理区时，其电话号码不能变，仍然像在原管理区一样能够被呼叫到。

（4）小区制具有频率再用功能。所谓频率再用，是指一个频率可以在不同的小区重复使用。由于同频信道可以重复使用，再用的信道越多，用户数也就越多，所以，小区制可以提供比大区制更大的通信容量。几种频率的小区组网方式（频率再用）如图 15-2 所示。

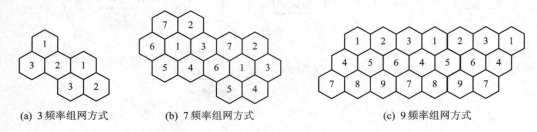

(a) 3 频率组网方式   (b) 7 频率组网方式   (c) 9 频率组网方式

图 15-2   几种频率小区组网图案（频率再用）

中区制则是介于大区制和小区制之间的一种过渡制式。

3. 移动交换中心

移动交换中心是连接各个基站与市话网的纽带，主要用来处理信息的交换和整个移动通信系统的集中控制和管理。

15.1.4   移动通信中的多址技术

在蜂窝式移动通信系统中，有许多用户台要同时通过一个基站和其他用户台进行通信，因而必须对不同用户台和基站发出的信号赋予不同的特征，使基站能从众多用户台的信号中区分出是哪一个用户台发出来的信号，而各用户台又能识别出基站发出的信号中哪一个是发给自己的。解决这个问题的方法称为多址技术。

无线多址通信是指在一个通信网内各个通信台、站共用一个指定的射频频道，进行相互间的多边通信，即通信网为各用户提供的多元连接。

有差别才能鉴别，能鉴别才可选择。 多址技术的基础是信号特征上的差异。通常，信号的差异可以表现在某些参数上，如信号的工作频率、出现时间以及信号具有的特定波形等，并要求各信号的特征彼此独立、正交，即任意两个信号波形之间的互相关函数等于 0 或接近 0。

目前在移动通信系统中应用的多址方式与卫星通信多址方式相似，即频分多址（FDMA）、时分多址（TDMA）和码分多址（CDMA）以及它们的混合应用方式。

模拟信号和数字信号都可以采用 FDMA 方式传输，而 TDMA 和 CDMA 则只能传送数字消息。 如第一代移动通信系统 TACS 系统采用 FDMA 方式；第二代移动通信系统 GSM 系统采用 TDMA/FDMA 混合方式，窄带 CDMA 系统采用 CDMA/FDMA 混合方式；第三代移动通信系统采用 TDMA 方式及 CDMA 方式。第三、四代移动通信系统主要采用 CDMA 方式。

15.2　第一代移动通信系统

第一代移动通信的主要特征为模拟技术，可分为蜂窝、无绳、寻呼和集群等多类系统，每类系统又有互不兼容的技术体制。它的发展可分为以下三个主要阶段：

（1）初级阶段：1946 年到 60 年代中期，这一阶段移动通信的主要特点是容量小，用户少，人工切换，设备都采用电子管，体积大、耗电多。

（2）中级阶段：20 世纪 60 年代中期到 70 年代中期，在这一阶段模拟移动通信系统有了较大的发展，如美国的改进型汽车电话系统。这一阶段的特点是实现了用户全自动拨号，采用了晶体管使设备体积变小、功耗降低，频段由原来的 30 MHz、80 MHz 发展到 150 MHz 和 450 MHz，公安、消防、列车、新闻等行业出现了大量的专用移动通信系统。

（3）大规模发展阶段：20 世纪 70 年代中期到 80 年代末出现了"蜂窝"系统，提高了系统容量和频率利用率。大规模集成电路和微机、微处理器的大量应用使系统功能更强，移动台更加小型化，功耗更低，话音质量大幅度提高；频段从 450 MHz 发展到 900 MHz，频带间隔减小，提高了信道利用率。

20 世纪 70 年代末，电子工业协会（EIA，Electronic Industry Association）建立了美国 AMPS 协议。1985 年英国推出了 TACS 系统，同时还推出了其他几个蜂窝系统，如北欧的 NMT、联邦德国的 C450 和日本的 NTT 等。

由于模拟移动电话系统存在的系统体制混杂、不能实现国际漫游、话音不安全保密、号码容易被盗、业务种类单一、不能提供 ISDN 业务、系统设备价格高和体积大、电池充电后有效工作时间短、系统容量有限、扩容困难等缺点，所以，为满足移动通信网发展的需要，北美、欧洲和日本等国自 20 世纪 80 年代起相继开发出了数字移动电话系统，即第二代移动通信系统，其原则是高容量、低功耗、全球漫游和具有切换能力。

15.3　第二代数字移动通信系统

第二代数字移动通信系统（简称 2G）的主要特征是采用了数字技术，它提供了比第一代移动通信系统更高的频谱效率、更好的数据业务以及更先进的漫游功能。

第二代数字移动通信系统主要包括数字蜂窝移动系统（由 GSM、DAMPS、CDMA 三种系统构成），数字无绳电话系统（由 DECT、PHS 等几种系统构成）和高速寻呼系统（由 FLEX、APCO、ERMES 三种系统构成）。目前第一、二代移动通信系统已在许多地区被淘汰。

15.3.1　GSM 移动通信系统

20 世纪 80 年代初期，当模拟移动通信系统刚投放市场时，欧洲的电信运营部门就发现他们的汽车电话远不如他们的高速公路那样畅通。五六种系统将整个欧洲的蜂窝网割得四分五裂，根本不能形成规模效益。面对这一状况，欧洲电信运营部门于 1982 年成立了一个移动特别小组（GSM，Group Special Mobile），开始制定一种泛欧洲数字移动通信系统的技术规范。经过 6 年的研究、实验和比较，于 1988 年确定了包括采用 TDMA 技术在内的主要技术规范并且制定出实施计划。从 1991 年开始，该规范在德国、英国和北欧许多国家投入试运行，吸引了全世界的广泛注意，使 GSM 向着全球移动通信系统的宏伟目标迈出了一大步。需要说明的是，"GSM"还有另一种解释，即全球移动通信系统（Global System for Mobile Communication）。

在 GSM 系统中既采用了 TDMA 技术，也采用了 FDMA 技术。具体地说，在 GSM 的 25 MHz 带宽内，总共分为 125 个频道，一个频道（即一个载波）可同时传送 8 个话路，而一个频道占用 200 kHz 带宽，即频道间隔为 200 kHz。这样，总共可容纳 1000 个用户。

我国参照 GSM 标准制定了自己的技术要求，主要内容有：使用 900 MHz 频段，即 890～9l5 MHz（移动台—基站）和 935～960 MHz（基站—移动台），收发间隔 45 MHz，载频间隔 200 kHz，每载波信道数 8 个，基站最大功率 300 W，小区半径 0.5～35 km，调制类型 GM－SK，传输速率 270 kb/s，手机的发射功率约为 0.6 W。

1. GSM 系统的组成

GSM 系统由若干个功能实体组成，每个实体完成特定的功能。其组成示意图如图 15－3 所示。这些实体有移动台、基站收发信机、基站控制器、移动交换中心、外来用户位置寄存器、本地用户位置寄存器、鉴别中心、设备识别寄存器和操作维护中心等。

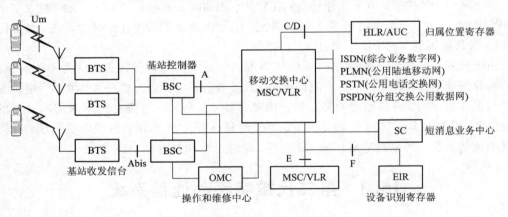

图 15－3　GSM 通信系统组成示意图

（1）移动台（MS）。移动台由用户设备构成，用户使用这些设备可接入蜂窝网中，得到所需要的通信服务。每个移动台都包括一个移动终端。根据通信业务的需要，移动台还可包括各种终端设备及终端适配器等。移动台分为车载台、便携台和手持机三种形式。

移动台有若干识别号码。作为一个完整的设备，移动台用国际移动设备识别码（IMEI）来独立识别。用户使用时，被分配一个国际移动用户识别码（IMS），并通过用户识别卡（SIM 卡）实现对用户的识别。

（2）基站子系统（BSS）。BSS 可分为基站控制器（BSC）和基站收发信机设备（BTS）。BTS 包括无线传输所需的各种硬件和软件，如发射机、接收机、天线、接口电路及检测和控制装置。BSC 是 BTS 与 MSC 之间的连接点，为 BTS 与 MSC 之间交换信息提供接口。BSC 主要功能是进行无线信道管理，实施呼叫和通信链路的建立和拆除，并为本控制区内移动台的越区切换进行控制。

（3）移动交换中心（MSC）。它是蜂窝通信网络的核心。在它所覆盖的区域中对 MS 进行控制，是交换的功能实体，也是移动通信系统与其他公用通信网之间的接口。它除了完成固定网中交换中心所要完成的呼叫控制等功能外，为了建立移动台的呼叫路由，每个 MSC 还应完成入口 MSC（GMSC）的功能，即查询位置信息的功能。

（4）访问用户位置寄存器（VLR）。它是 MSC 为了处理所管辖区域中 MS 的来话呼叫，所需检索信息的数据库，VLR 存储与呼叫处理有关的一些数据，如用户的号码、处理过程中的识别、向用户提供本地用户的服务等参数。

（5）归属用户位置寄存器（HLR）。它是管理部门用于移动用户管理的数据库。每个移动用户都应在某个位置寄存器注册登记。HLR 主要存储两类信息：一是有关用户的参数，二是有关用户当前位置的信息，以便建立至移动台的呼叫路由，如移动台的漫游号码、VLR 地址等。

（6）设备识别寄存器（EIR）。EIR 是存储有关移动台设备参数的数据库，实现对移动设备的识别、监视与闭锁等功能。只有登记过设备识别号（即有权用户）才能得到通话服务。

（7）鉴别中心（AUC）。AUC 负责认证移动用户的身份和密码，产生相应认证参数，有随机号码（RAND）、签字响应（SREC）、密钥（KC）等。AUC 对任何试图入网的移动用户进行身份认证，只有合法用户才能接入网中并得到服务。

（8）操作维护中心（OMC）。OMC 是网络操作者对全网进行监控和操作的功能实体。如系统的自检、报警与备用设备的激活、系统的故障诊断与处理、话务量的统计、计费数据的记录与传递，以及各种资料的收集、分析与显示等。

通常，HLR、EIR 和 AUC 合置于一个物理实体中，VLR、MSC 合置于一个物理实体中。MSC、VLR、HLR、AUC、EIR 也可都设置在一个物理实体中。

2. GSM 系统中的接口

接口代表两个相邻实体间的连接点，而协议是说明连接点上交换信息需要遵守的规则。为保证不同厂商提供的 GSM 系统设备能够互通、组网，GSM 系统技术规范对其子系统之间及各功能实体之间的接口和协议作了较详细的定义。GSM 系统遵守 OSI 协议，各层都有各自的协议规约。为便于实现国际漫游功能和开放 ISDN 数据通信业务，GSM 系统引入了 7 号信令系统和信令网络。

（1）A 接口。它定义为网络子系统（NSS）与基站子系统（BSS）之间的通信接口，从系统的功能实体来说，就是 MSC 与 BSC 之间的接口，它通过 2.048 Mb/s PCM 数字链路链接，传递包括移动台管理、基站管理、移动性管理，接续管理等信息。

A 接口的物理层是数字传输 2.048 Mb/s 的 E1 线路，数据链路层是基于 7 号信令系统 MTP2；网络层为 MTP3 和 SCCP 共同组成，提示使用 SCCP 的识别，负责识别高层消息。网络层以上的高层协议为 BSSMAP（BSS 管理应用部分）和 DTAP（直接传送应用部分）。

（2）Abis 接口。它定义为 BSS 中两个功能实体 BSC 和 BTS 之间的通信接口，用于 BTS 与 BTS 之间的远端互连方式，通过标准的 2.048 Mb/s 或 64 kb/s PCM 数字链路实现物理链接。

（3）Um 接口。它又称空中接口，定义为 MS 与 BTS 之间的通信接口。用于移动台与 GSM 系统的固定部分之间的互通，通过无线链路实现。此接口传递无线资源管理、移动性管理和接续管理等信息。

(4) B 接口。它定义为访问用户位置寄存器(VLR)与移动业务交换中心(MSC)之间的内部接口,用于 MSC 向 VLR 询问有关 MS 当前位置信息或者通知 VLR 有关 MS 的位置更新等信息。由于在实际运营中,MSC 和 VLR 是集成在一起的,所以外部一般看不到 B 接口。

(5) C 接口。C 接口定义为归属用户位置寄存器(HLR)与移动业务交换中心(MSC)之间的接口,用于传递路由选择和管理信息。如果采用 HLR 作为计费中心,呼叫结束后建立或接收此呼叫的 MS 所在的 MSC 应把计费信息传送给该移动用户当前归属的 HLR。一旦要建立一个至移动用户的呼叫时,入口移动业务交换中心(GMSC)应向被叫用户所属的 HLR 询问被叫移动台的漫游号码。C 接口的物理链接方式与 D 接口相同。

(6) D 接口。它定义为归属用户位置寄存器(HLR)与访问用户位置寄存器(VLR)之间的接口,用于交换有关移动台位置和用户管理的信息,为移动用户提供的主要服务是保证移动台在整个服务区内能建立和接收呼叫。实用化的 GSM 系统结构一般把 VLR 综合于 MSC,而把 HLR 与鉴权中心(AUC)综合在同一个物理实体内,因此 D 接口的物理链接是通过 MSC 与 HLR 之间的标准 2.048 Mb/s 的 PCM 数字传输链路实现的。

(7) E 接口。它定义为控制相邻区域的不同移动业务交换中心(MSC)之间的接口。当移动台(MS)在一个呼叫进行过程中,从一个 MSC 控制的区域移动到相邻的另一个 MSC 控制的区域时,为不中断通信,需完成越区信道切换过程。此接口用于切换过程中交换有关切换信息以启动和完成切换。E 接口的物理链接方式是通过 MSC 之间的标准 2.048 Mb/s PCM 数字传输链路实现的。

(8) F 接口。它定义为移动业务交换中心(MSC)与移动设备识别寄存器(EIR)之间的接口,用于交换相关的国际移动设备识别码管理信息。F 接口的物理链接方式是通过 MSC 与 EIR 之间的标准 2.048 Mb/s 的 PCM 数字传输链路实现的。

(9) G 接口。它定义为访问用户位置寄存器(VLR)之间的接口。当采用临时移动用户识别码(TM-SI)时,此接口用于向分配临时移动用户识别码(TMSI)的 VLR 询问此移动用户的国际移动用户识别码(IMSI)的信息。G 接口的物理链接方式与 E 接口相同。

(10) GSM 与其他公用电信网的接口。其他公用电信网主要是指公用电话网(PSTN),综合业务数字网(ISDN),分组交换公用数据网(PSPDN)和电路交换公用数据网(CSPDN)。GSM 系统通过 GMSC 与 ISDN、PSPDN 和 CSPDN 互连,其接口须满足 CCITT 的有关接口和信令标准及各国邮电运营部门制定的与这些电信网有关的接口和信令标准。

根据我国现有公用电话网(PSTN)的发展现状和综合业务数字网(1SDN)的发展前景,GSM 系统与 PSTN 和 ISDN 网的互连方式采用 7 号信令系统接口,其物理链接方式是通过 GMSC 与 PSTN 或 ISDN 交换机之间标准的 2.048 Mb/s 的 PCM 数字传输实现。HLR 与 ISDN 网之间建立的直接信令接口,使 ISDN 交换机可以通过移动用户的 ISDN 号码直接向 HLR 询问移动台的位置信息,以建立至移动台当前所登记的 MSC 之间的呼叫路由。

3. GSM 系统的接续流程

(1) 开机进入空闲模式。移动台开启电源,搜寻最强的广播控制信道(BCCH)载频,接收到频率校正信道(FCCH)信息后(该信道负责给用户传送校正 MS 频率的信息),移动台便锁定到一个正确的载频频率上。

读取同步信道(SCH)信道信息为基站识别码(BSIC)和帧同步信息(超高帧 TDMA帧号)。

移动台扫描一个"BCCH 载频存储器"表,测出各载频信号强度,列出由 6 个最强载频组成的邻近小区场强分布表,并报告给 BSS,以备切换小区选择。

(2)位置登记。移动台开机后,接收广播信息 LAI(位置区域识别码),更新位置存储器内容;接着向被访服务区 MSC/VLR 发送位置登记报文,MSC/VLR 接收并存储该移动台的位置信息。这时,MSC/VLR 认为此 MS 被激活,其 IMSI 号码做"IMSI 附着"标记。

(3)周期性登记。当 MS 发关机使"IMSI 分离"的消息时,往往 MSC/VLR 收不到而仍认为"IMSI 附着"。为此,系统采用强迫登记方式,例如要求移动台每 30 s 周期性登记一次,若系统收不到周期登记信息,MSC/VLR 就给移动台标以"IMSI 分离"。

(4)进入空闲模式。移动台完成位置登记以后,进入空闲模式,监听公共控制信道,可以随时发出主呼或接收被呼。

(5)移动台主呼。图 15-4 表示移动台主呼的接续过程。MS 在随机接入信道(RACH)发出呼叫请求①后,BSS 中的 BSC 通过允许接入信道(AGCH)为 MS 分配一个独立专用控制信道(SDCCH)②,MSC/VLR 与 MS 经 SDCCH 建立信令连接,如鉴权、确立加密模式、TMSI 再分配等③。然后,分配业务信道④,建立与确立 PSTN/ISDN 的连接信道⑤。最后,被叫用户摘机,进入通话状态⑥。

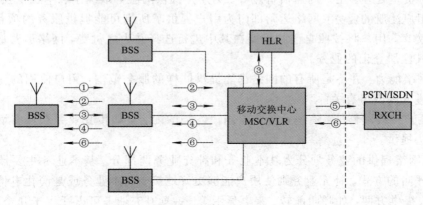

图 15-4　移动台主呼的接续过程

(6)移动台被呼。移动台被呼的接续过程如图 15-5 所示。通过 7 号信令用户部分ISUP/TUP,从 ISDN/PSTN①来的呼叫通过固定的途径送到最近的入口局 MSC(GMSC)。GMSC 是与固定网络相连接的 MSC。GMSC 询问 HLR②、③,得到用户漫游所在区域的MSC 地址。HLR 询问当前为移动用户服务的 VLR⑩,请求被访问 VLR 获得被访问的MSC 地址。GMSC 从 HLR 获得被访问的 MSC 地址后,就可重新寻找路由建立至拜访MSC 的呼叫④。该 MSC 咨询 VLR 以接收用户数据。由于准确的位置是未知的,故 MSC通过属于该 MSC 的一个或多个 BSS⑥、⑦进行寻呼。得到⑧、⑨回答以后,则进行鉴权与加密。最后将呼叫连至 MS,MS 振铃,向主叫用户回送呼叫接通证实信号。移动用户摘机应答,向固定网发送应答信息,最后进入通话阶段。

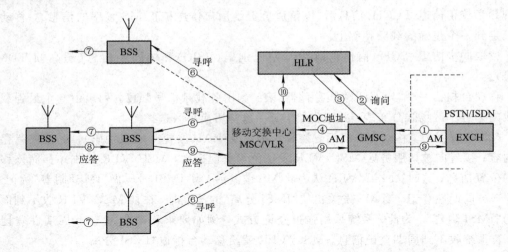

图 15 - 5 移动台被呼的接续过程

4. GSM 业务

GSM 是一种多业务系统，通常，可分为话音业务和数据业务两类。在话音业务中，信息是话音，而数据业务传送包括电文、图像、传真及计算机文件等在内的其他信息。除了这些传统业务外，GSM 还提供一些非传统的业务，如短消息业务。

一般来说，电信业务的定义不仅取决于所传信息的特征，还涉及通信的其他特性，如传输结构、资费处理、用户的通信特点等。为用户提供的服务取决于以下三个独立因素：

（1）用户注册的业务：网络运营部门为用户提供了所有可能提供服务的项目，同时确定相应的费率，用户将按照自己的需要在其中进行选择并为之付费，网络运营部门也只为用户提供其注册登记的业务。

（2）网络能力：并不是所有的网络都能提供同样的服务范围，用户使用的业务可能会与其漫游进入的网络有关。

（3）用户的终端性能：有些业务需要用户终端的配合，如传真业务在只有话音业务的终端就无法提供。

GSM 网络提供的业务划分为基本业务和补充业务两部分。基本业务主要涉及传输媒介和建立呼叫的方式。补充业务则使用户能够更好地接受基本业务或是简化电信的日常使用，为用户提供方便，如呼叫前转、来电显示等。一项补充业务可以适用于几个基本业务，补充业务不能单独向用户提供，必须附加在基本业务之上。

GSM 网络基本业务主要有：

（1）话音业务：它是 GSM 提供的最重要、最基本的业务，可以为 GSM 用户和其他所有与之联网的用户之间提供双向通话。紧急呼叫是由话音业务派生出的一种特殊业务。它允许用户通过一个简单的固定步骤使电话接入紧急服务部门，如警察局或消防队，接入过程简单而统一。另一项从话音业务中派生出的业务是话音信箱业务。当电话无法接通（如无电关机、在盲区或在通话中）或是主叫用户直接接入话音信箱时，这种业务可以实现将话音存储起来，事后再由被叫的移动用户提取的功能。

（2）数据业务：GSM 的数据业务既可以在 GSM 网内的用户间进行，也可以与公用电话网、综合业务数字网的用户进行。目前 GSM 网中开通的数据业务为低速数据业务包括三类传真、智能用户电报、可视图文、计算机数据、短消息业务。

（3）承载业务：它依据底层（OSI 结构第一到第三层）的协议完成信息的传递、接入、互通。

GSM 还提供了如下补充业务：

（1）号码识别类补充业务：为用户提供有关呼叫号码识别的功能选择，具体包括主叫号码显示（CLIP）、主叫号码拒绝显示（CLIR）、恶意呼叫识别（MCI）等。

（2）呼叫提供类补充业务：为用户处理来话呼叫提供了功能选择，使用户可以根据需要处理来话，具体包括呼叫前转（CFU）、遇忙前转（CFB）、无应答前转（CFNRY）和不可及前转（CFNRC）等。

（3）呼叫完成类补充业务：为已经建立了呼叫的用户提供呼叫中对通话进行处理的选择，主要包括呼叫等待（CW）、呼叫保持（HOLD）等。

（4）多方通信类补充业务：这类业务支持用户同时与多个用户进行通信，主要有三方通话（3PTY）和会议电话（CONF）两种。

（5）集团类补充业务：这类业务的代表是闭合用户群（CUG），它可以将一些用户定义为用户群，实现对用户群内部通信和对外通信的区别对待。

（6）计费类补充业务：此类业务包括计费通知（AOC）、对方付费（REVC）等。

（7）呼叫限制类补充业务：此类业务为用户实现呼叫限制提供了多种选择。具体包括限制所有出局呼叫（BAOC）、限制所有入局呼叫（BAIC）、限制拨叫国际长途（BOIC）和漫游时限制所有入局呼叫（BAIC - ROAM）等。此类业务在使用时一般都有密码控制。

5. GPRS

GPRS 是"General Packet Radio Service"的英文缩写，称为通用无线分组业务。它是一种基于 GSM 系统的无线分组交换技术。GPRS 主要是在移动用户和远端的数据网络之间提供一种连接，从而给移动用户提供高速的、端到端的、广域的无线 IP 和无线 X.25 协议的业务。

GPRS 突破了 GSM 只能提供电路交换的思维方式，通过增加相应的功能实体和对现有基站系统进行部分改造来实现分组交换。这种改造的投入相对来说并不大，但得到的用户数据速率却相当可观，GPRS 手机的传输速度一般可达 115 kb/s，并且支持计算机和移动用户的持续连接，给 GSM 用户提供移动环境下的高速数据业务，还可以提供收发 E-mail、Internet 浏览等功能。另外 GSM 系统是按连接时间计费的，而 GPRS 只需要按数据流量计费，GPRS 对于网络资源的利用率相对远远高于 GSM。

要实现 GPRS 网络，需要在传统的 GSM 网络中引入新的网络接口和通信协议。移动台则必须是 GPRS 移动台或 GPRS/GSM 双模移动台。

GPRS 网络是基于现有的 GSM 网络来实现的。在现有的 GSM 网络中需要增加一些节点如网关 GPRS 支持节点（GGSN，Gateway GPRS Supporting Node）和服务 GPRS 支持节点（SGSN，Serving GPRS Supporting Node）。GPRS 基本结构如图 15 - 6 所示。

SGSN 的主要作用是记录移动台的当前位置信息，对移动台进行鉴权和移动运行管理，建立移动台到 GGSN 的传输通道，接收基站子系统传送来的移动台的分组数据，即在移动台和 GGSN 之间完成移动分组数据的发送和接收，并且进行计费和业务统计。

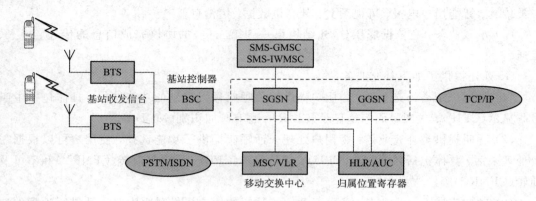

图 15-6　GPRS 基本结构

　　GGSN 主要是起网关作用，它可以和多种不同的数据网络连接，如 ISDN、PSPDN 和 LAN 等。实际上，GGSN 就是 GPRS 路由器。GGSN 可以把 GSM 网中的 GPRS 分组数据包进行协议转换，从而可以把这些分组数据包传送到远端的 TCP/IP 或 X.25 网络。

　　GPRS 分组数据是从基站发送到 SGSN，而不像话音信号通过 MSC 连接到电话网中。SGSN 和 GGSN 进行通信时，GGSN 首先对分组数据进行相应的处理，后将其发送到目的网络，如 Internet。在连接端收到是来自 Internet 带有移动台地址的 IP 包，IP 包首先由GGSN 接收，然后被转送到 SGSN，并由 SGSN 传送到指定的移动台上。

　　通过 GPRS 可以在 GSM 系统上实现一系列新的应用，主要由于其能够以可变比特率提供数据连接，并且具有较高的带宽效率。另外通过使用同一分组传输技术，GGSN 可为与 GPRS 相连的其他公众数据网关提供一个网关，从而实现不同网络间的互连。

　　GPRS 系统的主要特点如下：

　　(1) 资源利用率高。在 GSM 网络中，GPRS 首先引入了分组交换的传输模式，使得原来采用电路交换模式的 GSM 传输数据方式发生了根本性的变化，这在无线资源稀缺的情况下显得尤为重要。按电路交换模式来说，在整个连接期内，用户无论是否传送数据都将独自占有无线信道。在会话期间，许多应用往往有不少的空闲时段，如在 Internet 上浏览、收/发电子邮件等。对于分组交换模式，用户只有在发送或接收数据期间才占用资源，这意味着多个用户可高效率地共享同一无线信道，从而提高了资源的利用率。GPRS 用户的计费以通信的数据量为主要依据，体现了"得到多少、支付多少"的原则。实际上，GPRS 用户的连接时间可能长达数小时，却只需支付相对低廉的连接费用。

　　(2) 传输速率高。GPRS 可提供 115 kb/s 的传输速率(最高值为 171.2 kb/s)。

　　(3) 接入时间短。分组交换接入时间缩短为少于 1 s，能提供快速即时的连接，可大幅度提高一些事务(如信用卡核对、远程监控等)的效率，并可使已有的 Internet 应用(如E-mail、网页浏览等)操作更加便捷、流畅。

　　(4) 支持 IP 协议和 X.25 协议。GPRS 支持 Internet 上应用最广泛的 IP 协议和 X.25协议。GPRS 核心网络采用 IP 技术，可以方便地实现与 Internet 网的无缝连接。由于存在大量的分组数据网(PDN)，所以支持 X.25 协议可使已存在的 X.25 终端能够在 GSM 网络上继续使用，而且由于 GSM 网络覆盖面广，也使得 GPRS 能够提供 Internet 与其他分组网络的全球性无线接入。

15.3.2　CDMA 移动通信系统

1995 年香港和记电讯公司开通全球第一个 CDMA 数字移动通信网络，在经过 1996 和 1997 两年的商用化之后，CDMA 技术在全球范围得到广泛应用。

因 CDMA 与 GSM 均为第二代移动通信系统，其系统组成、系统接口、接续流程和业务方面与 GSM 比较相似，所以，这里主要介绍一下 CDMA 与 GSM 的不同之处。

1. CDMA 系统工作原理

CDMA(Code Division Multiple Address)是一种以扩频通信为基础的调制和多址连接技术。其基本原理是将欲传输的具有一定带宽的信息数据（信号），用一个带宽远远大于该信号带宽的高速伪随机码进行调制（相乘），使原数据信号的带宽被扩展（扩频），再经载波调制发射出去；在收信端，用相同的伪随机序列与接收信号相乘，进行相关运算，将扩频信号解扩，即还原成原始的窄带数据信号，从而完成通信任务。扩频通信具有隐蔽性、保密性、抗干扰等优点。CDMA 扩频通信系统原理如图 15 - 7 所示。

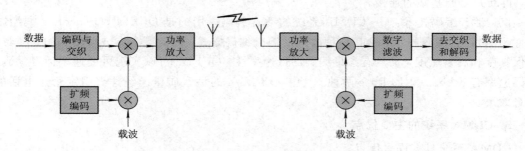

图 15 - 7　CDMA 扩频通信系统原理

在扩频通信中用的伪随机码常采用 m 序列，这是因为它具有容易产生和自相关特性优良的优点，所以，只有在收发端伪随机序列相位相同时才能恢复发送信号。码分多址技术就是利用了这一特点，采用不同相位的相同 m 序列作为多址通信的地址码。

2. CDMA 系统中采用的关键技术

(1) PN(Pseudo - Noise)码技术：扩频通信关键是找到足够多的地址码，地址码必须有自相关特性，还有处处为 0 的互相关特性，同时还要有尽可能大的复杂度，以免被窃取。但要同时满足这些特征的码是任何一种编码序列都难以实现的。通过研究发现：用伪随机或伪噪声 PN 码序列可以达到地址码的要求。产生 PN 码组的序列有多种，IS - 95ACDMA 系统使用的是 m 序列。

(2) 功率控制技术：在 CDMA 数字蜂窝系统中，由于信道地址码的互相关作用，将产生两方面的影响：一是任何一个信道将受到其他不同地址码信道的干扰，即多址干扰；二是距离接收机近的信道将严重干扰距离接收机远的信道，使近端强信号掩盖远端弱信号，这就是远近效应。CDMA 系统是自干扰系统，它的系统只取决于系统所受的干扰大小，各种干扰积累都将减损系统的容量和质量。功率控制的目的是使系统既能维持高质量通信，又不对同频道的其他码分信道产生干扰。

CDMA 系统的功率控制分为反向功率控制和正向功率控制，而反向功率控制又分为反向开环功率控制和反向闭环功率控制。

在正向功率控制中，基站通过移动台对正向误帧率的报告决定是增加发射功率还是减少发射功率。

反向开环功率控制是移动台根据接收功率的变化，估计由基站到移动台的传输损耗，迅速调节移动台发射功率。

反向闭环功率控制与开环功率控制有所不同，它是根据基站接收信噪比（或误码率）迅速调整移动台发送功率，以保证基站收到的信号足够强，同时对其他信道干扰最小。

（3）RAKE 接收技术：移动通信系统存在多径传播问题，多径传播容易引起多径衰落和时延扩展，严重影响接收信号的质量。RAKE 技术是一种针对宽带系统的较为完善的多径接收方法。它不是把多径信号看作干扰信号，而是利用多径信号分辨出几路最强的信号，合并接收，从而进一步改善系统性能。RAKE 接收机使用多个并行相关器跟踪和接收多径信号。

（4）软切换技术：在 CDMA 系统中，其相邻小区工作频率采用同一频率，这样用户越区切换不需要更换频道，而只需要改变地址码，使得移动台可以先和新基站建立起连接后，再断开与原基站的连接。

（5）话音编码技术：Q-CDMA 系统的话音编码采用的是 QCELP（Qualcomm 码激励线性预测）话音编码技术，这是一种改进的混合编码方式，因此既具有波形编码的高质量、高保真度和高自然度，又具有参量编码的低速率性。QCELP 可以实现可变速率话音编码，编码速率有 8 kb/s 和 13 kb/s 两种。其中，13 kb/s 的话音质量已经达到固定长途电话的话音效果。

3. CDMA 系统的主要优点

CDMA 系统具有许多优点。

（1）大容量。根据理论计算以及现场试验表明，CDMA 系统的信道容量是模拟系统的 10～20 倍，是 TDMA 系统的 4 倍。CDMA 系统具有高容量的一个主要因素是它的频率复用系数远远超过其他制式的蜂窝系统，另外一个主要因素是它使用了话音激活和扇区化等技术。

（2）软容量。在 FDMA、TDMA 系统中，当小区服务的用户数达到最大信道数时，满载的系统绝对无法再增添一个信号；此时若有新的呼叫，该用户只能听到忙音。而在 CDMA 系统中，用户数目和服务质量之间可以相互折中，灵活确定。例如系统经营者可在话务量高峰期将误帧率稍微提高，从而增加可用信道数。

体现软容量的另一个因素是小区呼吸功能。所谓小区呼吸功能，就是指各个小区的覆盖大小是动态的，当相邻两个小区负荷一轻一重时，负荷重的小区通过减小导频发射功率，使本小区的边缘用户由于导频强度不够，切换到相邻小区，使负荷分担，即相当于增加了容量。这项功能对切换也特别有用，避免信道紧缺而导致呼叫中断。CDMA 系统还可提供多级服务。如果用户支付较高费用，则可获得更高档次的服务。

（3）软切换。所谓软切换，是指当移动台需要切换时，先与新的基站连通，再与原基站切断联系，而不是先切断与原基站的联系再与新的基站连通。软切换只能在同一频率的信道间进行，因此，模拟系统、TDMA 系统不具有这种功能。软切换可以有效地提高切换的可靠性，大大减少切换造成的掉话。同时，软切换可以提供分集，从而保证通信的质量。

（4）高话音质量和低发射功率。我们从第 1 章的香农公式可知，在信道容量一定的情况下，信道带宽和信噪比可以互换，若加大信道带宽，则可适当地减小信号功率。CDMA

所采用的扩频通信原理正是基于这一点，它将信号带宽扩展（信道带宽当然也要加大）从而降低了对信号功率的要求。GSM 手机的功率一般可以控制在 600 mW 以下，而 CDMA 系统的发射功率最高只有 200 mW，正常通话功率可控制在零点几毫瓦。另外，由于 CDMA 系统中采用有效的功率控制技术，强纠错能力的信道编码，以及多种形式的分集技术，故可使基站和移动台以非常节约的功率发射信号，延长手机电池使用时间，同时获得优良的话音质量，也使手机享有"绿色"手机的美誉。

（5）话音激活。统计表明，人们在通话过程中，只有 35％ 的时间在讲话，其余时间处于听对方讲话、停顿或其他等待状态。在 CDMA 系统中，所有用户共享同一个无线频道，当某一个用户没有讲话时，该用户的发射机不发或减小发射功率，其他用户所受到的干扰就相应地减少，为此，在 CDMA 系统中，采用相应的编码技术，使用户的发射机所发射的功率随着用户话音编码的需求来做调整，这就是话音激活技术，在蜂窝移动通信系统中采用话音激技术可以使各用户之间的干扰平均减少 65％。

（6）保密性好。CDMA 系统的体制本身就决定了它有良好的保密能力，首先，在 CDMA 系统中必须采用扩频技术，发射信号的频谱被扩展，从而发射信号完全隐蔽在噪声、干扰之中，不易被发现和接收；其次，在通信过程中，各移动用户所使用的地址码各不相同，在接收关只有与之完全相同（包括码型和相位）的用户才能接收到相应的数据，对非相关的用户来说是一种噪声。因此，CDMA 系统可以防止窃取，具有很好的保密性能。同时，CDMA 系统的数字话音信道还可以将数据加密标准或其他标准的加密技术直接引入。

15.4　第三代移动通信系统

第二代移动通信提供的业务主要是话音业务、短消息和传真等数据业务。随着信息技术的迅猛发展，特别是通信技术与计算机技术的相互融合，人们对移动通信提出了更高的要求，主要有以下几点：

（1）要求移动通信也能提供综合化的信息业务，如话音、图像、数据等具有多媒体特征的移动通信业务。

（2）要求移动通信与 Internet 网结合起来，实现无线宽带化，使用户随时随地接入 Internet 网，如手机上网等。

（3）解决系统容量飞速膨胀与频率资源有限的矛盾。

（4）随着经济全球化，人们活动范围越来越大，跨国界通信越来越多，这也要求移动通信必须实现全球无缝覆盖和漫游。

为满足上述要求，第三代移动通信系统（3G）应运而生。第三代移动通信系统是指国际电信联盟 ITU 在 1985 年提出的未来公用陆地移动通信系统（FPLMTS），1996 年更名为 IMT - 2000，意为工作在 2000 MHz 频段，在 2000 年之后投入商用的全球移动通信系统。

第三代移动通信系统能够提供只有固定接入才能实现的更先进的业务、更高的数据速率以及一系列新业务。此外，第三代移动通信系统将"全球漫游"作为一项关键要求，从而可为全球移动用户开创更广泛的市场，挖掘更大的设备使用潜力，并提高经济效益。

目前，世界各国提出了多种第三代移动通信标准的方案，比较成熟的方案有 TD - SCDMA、W - CDMA 和 CDMA2000。

其中，TD-SCDMA 系统是我国向国际电信联盟提交并被接纳的标准。采用时分双工（TDD）、时分多址/码分多址（TDMA/CDMA）方式工作，基于同步 CDMA、智能天线、多用户检测（JD）、正交可变扩频系数、Turbo 编码技术等新技术。该系统基于 GSM 系统，并可以由 GSM 系统平滑过渡到 TD-SCDMA。

W-CDMA 系统是由日本和欧洲方案融合而成的标准。其技术特点是频分双工（FDD），采用直接序列码分多址（DS-CDMA）方式，码片速率为 3.84 Mb/s，载波带宽为 5 MHz。该系统也是基于 GSM 系统。GSM 系统可以通过引入 GPRS 系统最终平滑过渡到 W-CDMA 系统。

CDMA2000 是由美国提出的基于窄带 CDMA（1S-95 N-CDMA）的第三代移动通信系统。主要可以保护窄带 CDMA 的投入，最大限度地利用了成熟的 CDMA 技术，相对来说，技术复杂程度较低、风险小，系统平滑过渡升级的成本较小。

我国的中国移动通信公司采用的是 TD-SCDMA 系统；中国联通通信公司采用的是 W-CDMA 系统；中国电信通信公司则采用的是 CDMA2000 系统。

15.4.1 第三代移动通信系统的特点

第三代移动通信系统是结合了多种业务的宽带移动通信系统，与第一代和第二代移动通信系统相比，其主要特点如下：

1. 具有支持多媒体业务的能力

现有移动通信系统主要以提供话音业务为主，随着技术发展，一般也仅能提供 $100\sim200$ kb/s 的数据业务，GSM 演进到最高阶段的速率为 384 kb/s。而第三代移动通信的业务能力将比第二代有明显改进，它能支持从话音到分组数据再到多媒体业务，并能提供更高的带宽。

在 ITU 规定的第三代移动通信无线传输技术的最低要求中，必须满足在以下三种要求：

（1）快速移动环境，最高速率达 144 kb/s；

（2）室外到室内或步行环境，最高速率达 384 kb/s；

（3）室内环境，最高速率达 2 Mb/s。

传输速率能按需分配，并且上下行链路传输速率适合于对称及不对称业务的需求。

2. 全球普及与全球无缝漫游

第三代移动通信系统是一个在全球范围内覆盖和使用的系统。它使用共同的频段（包括 $1885\sim2025$ MHz 和 $2110\sim2200$ MHz。在 WRC-2000 会议上，ITU 又扩展使用频段分为 $806\sim960$ MHz、$1710\sim1885$ MHz 和 $2500\sim2690$ MHz）。网络的灵活性及无缝覆盖能力，是具有全球漫游功能的袖珍终端随时接入系统并得到服务的质量保证。

3. 便于过渡、演进

由于第三代移动通信系统引入时，第二代网络已具有相当规模，2G 系统已实现全球覆盖和漫游，所以第三代网络一定要能在第二代网络的基础上逐渐灵活演进而成，并应与固定网络兼容，对于保护广大运营商和用户的利益、充分利用现有网络资源有重要意义。

4. 高频谱效率

第三代移动通信系统频谱效率是指在 30 MHz 带宽内的话音业务容量及信息容量。对于具有多种业务功能的系统，频率资源非常宝贵，当前频率资源紧张已成为制约移动通信发展的瓶颈，因此要求 3G 系统必须具有较高的频谱利用率和网络效率，以支持今后用户量增加和提供各种业务。同时，应尽可能降低设备成本，减少网络投资费用。

5. 高服务质量

服务质量是衡量系统性能的重要指标。它通常用传输时延、误码率/误帧率来评价。在传输误码率（BER）方面，移动话音和视频图像业务要求 $BER < 10^{-3}$；数据业务要求无线接入系统的 $BER < 10^{-6}$；无线传输系统的误码率性能比固定通信网络差一些，因此要求移动通信的话音编码器和数据适配器应能适应高误码率，以保证必要的服务质量。

6. 适应各种无线运营环境

无线运营环境主要包括自然环境和移动环境。自然环境（小区结构）主要包括通信容量极高的室内微微蜂窝小区、城市中心人口密集地带的微蜂窝小区以及农村和边远地区的宏蜂窝小区，以后还能直接与卫星连接，实现全球覆盖的更大范围通信。移动通信的移动环境是指通信终端处于静止、移动和在汽车、火车、飞机等移动载体上的通信。对于一个适应性良好的移动通信系统，要求在所有无线和移动通信可能存在的环境中，都能保持比较高的频谱利用率、网络效率、通信质量和业务容量。

15.4.2　第三代移动通信系统提供的业务

根据 ITU 建议，IMT - 2000 提供的业务类型分为五种：

（1）话音业务：它是典型的话音对称业务，其上/下行链路数据速率为 16 kb/s，属电路交换业务。

（2）简单消息：它是对应于短消息（SMS）的业务，速率为 14 kb/s，属于分组交换。

（3）交换数据：它属于电路交换业务，其上/下行链路的数据速率均为 64 kb/s。

（4）非对称多媒体业务：它属于分组交换业务，特点是下行链路业务量较大，上行链路业务量较小，具体业务包括文件下载、Internet 浏览和非交互式电子医疗等。按传输速率它又可分为中速多媒体业务（上行链路为 64 kb/s，下行链路为 384 kb/s）和高速多媒体业务（上行链路为 128 kb/s，下行链路为 2 Mb/s）。

（5）交互式多媒体业务：它属于电路交换业务，是一种对称的多媒体业务，即上/下行链路的业务量相等，应用于高保真音响、可视会议和双向图像传输等。

另外，手机还可提供 PoC（Pushto Talk over Cellular）业务，即"移动一键通"或"手机对讲"。这是一种基于公众蜂窝移动通信网络的"即按即说业务"，基于 2.5G 或 3G 网络，通过半双工 VoIP 技术来实现通信，类似集群通话。使用 PoC 业务时，用户只需像使用对讲机那样按一个键而无须进行拨号就可以快捷、直接地与任何地方的多个用户进行"点对多点"的即时语音通信。

15.4.3　第三代移动通信系统的关键技术

1. 高效信道编译码技术

在第三代移动通信系统中采用了卷积码和 Turbo 码两种纠错编码。在高速率、对译码时延要求不高的数据链路中，使用 Turbo 码有利于提高纠错性能。考虑到 Turbo 码译码的复杂度、时延等原因，在话音、低速率数据和对时延要求比较苛刻的数据链路中多使用卷积码。

2．软件无线电技术

软件无线电技术的基本思想是模/数和数/模转换的处理尽可能靠近天线，所有基带信号处理都用软件方式替代硬件实施。第三代移动通信系统具有多模、多频段、多用户的特点，采用软件无线电技术对于在移动通信网络上实现多模、多频率、不间断业务能力方面将发挥重大作用，如基站可以承载不同的软件来适应不同的标准，而不用对硬件平台改动；基站间可以由软件算法协调，动态地分配信道；移动台可以自动检测接入的信号，以接入不同的网络。

3．智能天线技术

采用智能天线技术是基于自适应天线阵列原理，利用天线阵列的波束合成和指向，产生多个独立的波束，自适应地调整其方向图以跟踪信号的变化。其特点在于以较低的代价换来无线覆盖范围、系统容量、业务质量和掉话率等性能的显著提高。

4．多用户检测技术

多用户检测的基本思想是把所有用户的信号都当作有用信号，而不是当作干扰信号。在小区通信中，每个移动用户与一个基站通信，移动用户只需接收所需信号，而基站必须检测所有的用户信号。

15.5   第四代移动通信系统

15.5.1   4G 的概念

4G 技术又称 IMT – Advanced 技术，其标准依赖于 3G 标准组织已发展的多项新定标准及其延伸，如 IP 核心网、开放业务架构及 IPv6。同时，其规划又必须满足整体系统架构能够由 3G 系统演进到 4G 架构的需求。

2012 年 1 月 18 日，国际电信联盟在 2012 年无线电通信全会全体会议上，正式审议通过将 LTE – Advanced 和 Wireless MAN – Advanced(802.16m)技术规范确立为 IMT – Advanced (俗称"4G")国际标准，我国主导制定的 TD – LTE – Advanced 也同时成为 IMT – Advanced 国际标准。

4G 技术集 3G 和 WLAN 技术于一体，能够传输与高清电视不相上下的高质量图像。4G 系统具有 100 Mb/s 的下载速率，比 ADSL 快 200 倍，比普通的 3G 快 50 倍，上传速率也可达 20 Mb/s，能够满足几乎所有用户对无线数据服务的要求。

15.5.2   4G 的核心技术

4G 系统主要有以下几个核心技术。

1．正交频分复用技术

正交频分复用(OFDM)技术是一种无线高速传输技术。其主要思想就是在频域内将给定信道分成许多正交子信道，在每个子信道上使用一个子载波进行调制，各子载波并行传输。尽管总的信道是非平坦的，即具有频率选择性，但是每个子信道是相对平坦的，在每个子信道上进行的是窄带传输，信号带宽小于信道的相应带宽。

正交频分复用的优点是可以消除或减小信号波形间的干扰，它对多径衰落和多普勒频移不敏感，可提高频谱利用率，实现低成本的单波段接收机。

2. 软件无线电

软件无线电的基本思想是把尽可能多的无线及个人通信功能通过软件编程实现，使其成为一种多工作频段、多工作模式、多信号传输与处理的无线电系统。也可以说，软件无线电是一种用软件来实现物理层连接的无线通信方式。

3. 智能天线技术

智能天线技术是未来移动通信的关键技术。它具有抑制信号干扰、自动跟踪以及数字波束调节等智能功能。智能天线应用数字信号处理技术，产生空间定向波束，使天线主波束对准用户信号到达方向，旁瓣或零陷对准干扰信号到达方向，达到充分利用移动用户信号并消除或抑制干扰信号的目的。这种技术既能改善信号质量又能增加传输容量。

4. 多输入多输出技术

多输入多输出（MIMO）技术是指利用多发射、多接收天线进行空间分集的技术。它采用的是分立式多天线，能够有效地将通信链路分解成为许多并行的子信道，从而大大提高通信容量。信息论已经证明，当不同的接收天线和不同的发射天线之间互不相关时，该系统能够很好地提高系统的抗衰落和噪声性能，从而获得巨大的容量。在功率带宽受限的无线信道中，该技术可实现高数据速率、高系统容量、高传输质量的通信业务。

5. 基于 IP 的核心网

4G 移动通信系统的核心网 CN（Center Network）是一个基于全 IP 的网络，可以实现不同网络间的无缝互连。核心网独立于各种具体的无线接入方案，提供端到端的 IP 业务，能同已有的核心网和 PSTN 兼容。核心网具有开放的结构，它允许各种空中接口接入核心网，同时还能把业务、控制和传输等分开。采用 IP 后，无线接入方式和协议与核心网络协议、链路层是分离独立的。IP 与多种无线接入协议相兼容，因此在设计核心网络时具有很大的灵活性，不需要考虑无线接入究竟采用何种方式和协议。

综上所述，移动通信在经历了 1G、2G、3G 技术之后，已全面进入了 4G 时代，为人类的生产和生活提供了前所未有的便捷和体验。让我们拭目以待，相信在不远的将来，移动通信还会有新的发展。

15.6　小资料——手机的发明

1973 年 4 月的一天，一名男子站在纽约街头，掏出一个约有两块砖头大的无线电话，打了一通电话，引得过路人纷纷驻足侧目。这个人就是手机的发明者马·库帕。

马·库帕是摩托罗拉公司的技术人员。这世界上第一通移动电话是打给他在贝尔实验室工作的一位对手，对方当时也在研制移动电话，但尚未成功。

其实，手机的概念早在上个世纪 40 年代就出现了。1946 年，贝尔实验室就造出了第一部所谓的移动电话。但是，由于体积大，研究人员只能把它放在实验室的架子上，慢慢地人们就淡忘了。

直到了 60 年代末期，AT&T 公司出租一种体积很大的移动无线电话，客户可以把这种电话安装在大卡车上。AT&T 的设想是，将来能研制一种移动电话，功率是 10 W，就利用卡车上的无线电设备进行通信。库帕认为，这种电话太重，根本无法让人带着走。于是，摩托罗拉就向美国联邦通讯委员会提出申请，要求规定移动通讯设备的功率只应该是 1 W，最大也不能超过 3 W。事实上，今天大多数手机的无线电功率，最大只有 500 mW。

从 1973 年手机注册专利，一直到 1985 年才诞生出第一台现代意义上的、真正可以移动的电话。它把电源和天线放置在一个盒子中，重量达 3 kg，非常重且不方便，使用者要像背包那样背着它行走，因此就被叫作"肩背电话"。

与现在形状接近的手机诞生于 1987 年。虽然与肩背电话相比，它显得轻巧得多，而且便于携带，但其重量仍有大约 750 g，与今天仅重 60 g 的手机相比，像一块大砖头。

除了质量和体积越来越小外，现代的手机已经越来越像一把多功能的瑞士军刀了。在最基本的通话功能之外，新型的手机还可以用来收/发邮件和短消息，可以上网、玩游戏、拍照、录像，甚至可以看电影，这是最初的手机发明者所始料不及的。

思考题与习题

15-1　什么是移动通信？与固定通信相比移动通信有什么特点？

15-2　移动通信系统中，采用大区制和小区制有什么不同？为什么采用小区制比大区制有更高的通信容量？

15-3　在 GSM 网络通常由哪几部分组成？

15-4　在 GSM 网络通常提供的基本业务有哪些？补充业务有哪些？

15-5　在 CDMA 通信系统中，接收机是如何选择所要接收的信号的？

15-6　第三代移动通信系统目前比较成熟的方案有哪些？

15-7　4G 系统的主要特点是什么？

15-8　4G 系统主要有哪些通信原理涉及的技术？

第 16 章　接入网技术

本章重点问题：

　　高速公路不能建到家门口，人们需要一个连接家门与高速公路的"接入"路网。在通信网中也存在类似的概念，即在骨干网与用户之间需要一个接入网。那么，什么是接入网？

　　在计算机网络领域中，在我们通常讨论的广域网、局域网、城域网等网络之外，还有一种类型的通信网虽然没有明确列入计算机网络家族，却与计算机网络有着密切的关系，这就是接入网。我们知道，广域网，尤其是 Internet 主要是利用现有的各种电信网（即通信网）作为内核进行信息交流和资源共享的，而接入网是电信网中的一个重要组成部分，也可看成是广域网不可或缺的一部分。因此，接入网不管在通信网还是计算机网络中都扮演着非常重要的角色。

　　另外，由于接入网涉及基带通信、调制通信、微波通信和光纤通信等技术，所以，其技术含量比较高，内容也比较复杂，需要专门介绍。

16.1　接入网的概念

　　传统电信网从设备构成上看，主要由用户终端设备、用户线传输设备、交换设备及局间中继传输设备等几部分组成。按通信功能的不同，传统电信网又可以分为传送网、交换网和接入网三部分，如图 16-1 所示。

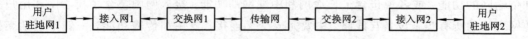

图 16-1　传统电信网示意图

　　接入网是由传统的用户环路发展而来的，是用户环路的升级，是通信网演变过程中的一个新概念。

　　所谓用户环路是指从电话端局交换机到用户终端设备之间的连接线路，典型用户环路示意图如图 16-2 所示。用户环路自电话机发明以来就一直存在，由于用户终端设备主要是电话机，且电信网以传送话音信号为主，所以，从用户终端到交换设备之间的传输技术相对局间的中继传输技术来说比较简单，用铜导线传输（300～3400 Hz 的音频信号）就可满足通信要求。因此，用户环路的基本配置形式在大约一百年的时间里并没有发生重大变化。各个线缆段由不同规格的铜线电缆组成，其中馈线电缆（主干电缆）一般为 3～5 km，配线电缆一般为数百米，引入线则只有数十米左右。

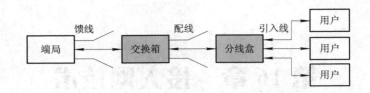

图 16-2　典型用户环路示意图

　　20 世纪 90 年代后，随着通信与计算机的"联姻"，尤其是 Internet 和通信技术的发展，数字化、宽带化和智能化已经成为通信发展的方向，人们对电信业务从质量到业务种类都提出了更高的要求。用户对业务的需求由单一的模拟话音业务逐步转向包括数据、图像和视频在内的多媒体综合数据业务。由于受传输损耗、带宽和噪声等的影响，这种由传统铜线组成的简单用户环路结构已不能适应网络的发展和用户业务的需要，而且用户环路所采用的模拟窄带传输手段也逐渐成为制约通信发展的瓶颈，所以在这种形势下，各种以接入综合业务为目标的新技术、新思路不断涌现。这些技术的引入增强了传统用户环路的功能，也使之变得更加复杂，用户环路渐渐失去了原来点到点的线路特征，开始表现出交叉连接、复用、传输和管理等网络特征。

　　基于电信网的这种发展演变趋势，英国电信（BT）于 1975 年提出了接入网（AN，Access Network）的概念。20 世纪 80 年代初原 CCITT 提出 V1～V4 数字接口建议，直到80 年代后期，ITU-T 着手制订标准化 V5.x 数字接口规范，并对 AN 作出较为科学的界定，AN 技术才真正进入电信业务应用领域。

　　AN 是一种适用于各种业务和技术，有严格规定并从较高的功能角度描述的网络概念，其结构、功能、接入类型和管理功能等在 G.902 建议中有详细阐述。图 16-3 给出了目前国际上流行的一种对电信网的划分形式，其中用户驻地网（CPN）指用户终端到用户网络接口（UNI）之间所包含的机线设备，是属于用户自己的网络，在规模、终端数量和业务需求方面差异很大。CPN 的规模可以大至公司、企业或大学校园，由局域网络的所有设备组成，也可以小至普通居民住宅，仅由一部话机和一对双绞线组成。核心网包含了交换网和传输网的功能，或者说包含了长途网和中继网的功能。接入网则包含了核心网和用户驻地网之间的所有实施设备与线路，主要完成交叉连接、复用和传输功能，一般不包括交换功能。图中 TMN 是电信管理网，Q3 是电信管理网与电信网各部分相连的标准接口。

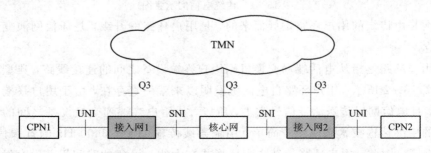

图 16-3　电信网组成示意图

　　从以上描述可以看出，接入网已经从功能和概念上替代了传统的用户环路结构，成为电信网中的重要组成部分。

至此，我们可以给接入网下一个定义：接入网(AN)是由业务节点接口(SNI)和相关用户网络接口(UNI)之间的一系列传送实体(如线路设施和传输设施)组成的为传送电信业务提供所需传送承载能力的实施系统，可经由 Q3 接口进行配置和管理。通常，接入网对用户信令是透明的，不作解释和处理。换句话说，接入网就是介于网络侧和用户侧之间的所有机线设施的总和。其主要功能是交叉连接、复用和传输功能，一般不包括交换功能，而且应独立于交换机。

通俗地讲，接入网就是指本地交换机(或远端模块局)和用户终端设备之间所有设备和传输介质构成的传输系统。接入网的物理参考模型如图 16-4 所示。

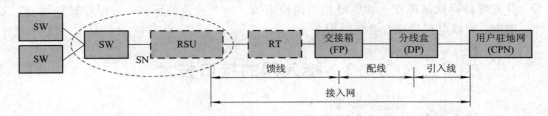

图 16-4　接入网物理参考模型

从图 16-3 可以看出，接入网处于整个电信网的网络边缘，用户的各种业务通过接入网进入核心网。由于在电信网中的位置和功能不同，所以接入网与核心网有着明显的差别。接入网的主要特点是：

(1) 具备复用、交叉连接和传输功能，一般不含交换功能。接入网提供开放的 V5 标准接口，可实现与任何种类的交换设备的连接。

(2) 接入业务种类多，业务量密度低。接入网除接入交换业务外，还可接入数据业务、视频业务以及租用业务等，但是与核心网相比，其业务量密度很低，线路占用率低，经济效益差。据统计数据显示核心网中继电路的占用率通常达 50% 以上，而住宅用户电路的占用率在 1% 以下。

(3) 网径大小不一，成本与用户有关。由于覆盖的各用户所在位置不同，造成接入网的网径大小不一。例如市区的住宅用户可能只需 1～2 km 长的接入线，而偏远地区的用户可能需要十几千米的接入线，成本相差很大。

(4) 线路施工难度大，设备运行环境恶劣。接入网的网络结构与用户所处的实际地形有关，一般敷设线路时，经常需要在街道上挖掘管道，施工难度较大。另外接入网的设备通常放置于室外，要经受自然环境甚至人为的破坏，这对设备提出了更高的要求。据美国贝尔通信研究中心估计，由于电子元器件和光元器件的性能变化随温度按指数规律而变化，所以接入网设备中的元器件性能恶化的速度比一般设备快 10 倍，这就对元器件的性能和极限工作温度提出了相当高的要求。

(5) 网络拓扑结构多样，组网能力强大。接入网的网络拓扑结构具有总线型、环型、单星型、双星型、链型、树型等多种形式，可以根据实际情况进行灵活多样的组网配置。其中环型结构可带分支，并具有自愈功能，优点较为突出。

因为接入网的特殊性，它还具备如下特征：

(1) 综合性强。接入网是迄今为止综合技术种类最多的一种网络。例如，传送部分就综合了 SDH、PON、ATM、DLC、HFC 和各种无线传送技术等。

（2）直接面向用户。接入网是一种直接面向用户的敏感性很强的网络。其他网络发生问题时，有时用户还感觉不到，但接入网发生问题，用户肯定会感觉到。

（3）接入网是和其他业务网关系最为密切的网络，是本地电信网的一部分。

（4）接入网是一个快速变化发展的网络，一些可用于接入网的新技术将不断出现，而且很难预料会出现什么样的新技术（特别是宽带方面的技术）。

（5）接入网是一个对适应性要求较高的网络。对比其他网络，接入网对各方面适应性的要求都要高，如容量的范围、接入带宽的范围、地理覆盖的范围、接入业务的种类、电源和环境的要求等。因此，接入网被称为电信网的"最后一千米"，成为电信网的重要组成部分。其发展目标就是建立一种标准化的接口方式，以可监控的形式，为用户提供话音、文本、图像、有线电视等综合业务的服务。

16.2 接入网的接口技术

16.2.1 接入网的界定与功能模型

从图 16-3 中我们可见，接入网主要有三种接口，即用户网络接口（UNI），业务网络接口（SNI）和 Q3 管理接口。接入网依赖于各种接口将各类业务从不同用户端接入电信网，不同配置用不同的接口类型，配置和管理通过 Q3 接口进行。

原则上对实现接入网的 UNI 和 SNI 的类型和数目没有限制，接入网不解释（用户）信令，具有业务独立性和传输透明性的特点。

为与其他交换和传送技术的发展相适应，充分利用网络资源，既能经济地将现有各种类型的用户业务综合地接入到业务节点，又能对未来接入类型提供灵活性，国际电信联盟（ITU-T）提出了功能性接入网概貌的框架建议（G.902）。图 16-5 所示为接入网的功能模型，由业务节点接口（SNI）和用户网络接口（UNI）之间一系列的传送实体组成，它有五个基本功能，即用户接口功能、业务接口功能、核心功能、传送功能及管理功能。

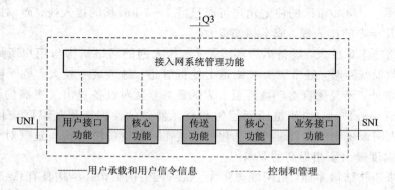

图 16-5 接入网功能模型

可见，接入网是由业务节点接口（SNI）与相关用户网络接口（UNI）之间的一系列传送实体（如线路设施、传输设施等）组成的为传送电信业务而提供所需承载能力的系统。它含有复用、交叉和传输功能，可灵活支持各种类型和业务，并且支持多种传输介质。

16.2.2　V5 接口

V5 接口是业务接点接口(SNI)的一种,是目前一种较成熟的用户信令和用户接口。ITU-T 开发的本地交换机支持接入网的开放的 V5 接口(SNI),已通过支持窄带业务(≤2 Mb/s)的 V5.1 和 V5.2 接口建议(G.964 和 G.965),并制定了支持宽带业务(传输速率>2 Mb/s)的 VB5 接口技术规范。我国以 ITU-T 建议 G.964 和 G.965 为主要根据,编制了《本地数字交换机和接入网之间的 V5.1 接口技术规范》和《本地数字交换机和接入网之间的 V5.2 接口技术规范》。

V5 接口协议结构共分三层:第一层为电气和物理特性的物理层 V5.1 接口;第二层为封装功能子层(LAPV5-EF)和数据链路子层(LAPV5-DL);第三层是面向消息的协议,它定义了 PSTN 协议、控制协议、链路控制协议、BBC 协议和保护协议(后三个协议仅用于 V5.2 接口)。

V5 接口用统一的标准实现了数字用户的接入。该接口能支持公用电话网、ISDN(窄带)、帧中继、分组交换、DDN 等业务,这样可使交换机省去模拟用户线接口(0.3~3.4 kHz)。V5.3 接口支持 SDH 速率接入交换机,V5.B 接口协议支持 ATM 形式,这样可使宽带交换机接入的标准统一。用户接口侧的接口速率有 155.52 Mb/s 和 622.08 Mb/s,并适用于光纤传输系统(即 FTTH 系统和金属传输线的速率为 1.5 Mb/s、2 Mb/s、51.84 Mb/s 系统,同时支持窄带 ISDN 的基本的用户——网络接口为 2B+D 方式且接口速率为 192 kb/s 的系统。

V5 接口具有以下优点:

(1) V5 接口是一个综合化的数字用户接口,符合通信网数字化、综合化的趋势。

(2) V5 接口是一个开放的接口,可以选择多个交换机和接入设备供应商,通过竞争,可降低成本,优化网络,提高服务质量。

(3) 通过开放的 V5 接口,交换机可以收纳各种接入设备,同一 AN 的多个 V5 接口既可连到一个交换机也可连到多个交换机,同一用户的不同用户端口既可指配给一个 V5 接口也可指配给多个 V5 接口,不仅组网方式灵活,使网络向有线/无线相结合的方向发展,而且提高了网络的安全性、可靠性。

16.3　接入网的分类

接入网主要分为有线接入网和无线接入网。有线接入网包括铜线接入网、光纤接入网和混合光纤/同轴电缆接入网;无线接入网包括固定无线接入网和移动接入网。各种接入方式的具体实现技术多种多样,各有千秋。

有线接入的主要措施有:一是在原有铜质导线的基础上通过采用先进的数字信号处理技术来提高双绞铜线对的传输容量,从而提供多种业务的接入;二是以光纤为主,实现光纤到路边、光纤到大楼和光纤到家庭等多种形式的接入;三是在原有有线电视(CATV)的基础上,以光纤为主干传输、经同轴电缆分配给用户的光纤/同轴混接入。

无线接入技术主要采取固定接入和移动接入两种形式,涉及微波一点多址、蜂窝和卫星等多种技术。另外,有线和无线相结合的综合接入方式也在研究之列。表 16-1 列出了接入网技术。

表 16-1 接入网技术分类表

接入网	有线接入网	铜线接入网	数字线对增容(DPG)
			高比特率数字用户线(HDSL)
			非对称数字用户线(ADSL)
			甚高速率数字用户线(VDSL)
		光纤接入网	光纤到路边(FITC)
			光纤到大楼(FFIB)
			光纤到家(F1TH)
		混合光纤/同轴电缆接入网	
	无线接入网	固定无线接入网	微波一点多址(DRMA)
			固定蜂窝、固定无绳
			直播卫星(DBS)
			多点多路分配业务(MMDS)
			本地多点分配业务(LMDS)
			甚小型天线地球站(VSAT)
		移动接入网	蜂窝移动通信
			无绳通信
			卫星移动通信
			无线寻呼
			集群调度
	综合接入网	FTTC＋HFC	
		有线＋无线	

16.4　接　入　技　术

16.4.1　铜线接入技术

　　1987 年，Bellcore(贝尔通信研究中心)首先提出铜线接入技术(xDSL)的概念(x 是指该位是一个变量，具有不同的取值，如 x 可取 A、H 等)。1989 年，Bellcore 进一步提出了非对称高速用户环路(ADSL)技术概念，并由 AT＆T Paradyne 公司首先开发了 CAP(无载波调幅调相)ADSL。1993 年 3 月美国交换载波协会(ECSIE)的 T1/E1-4 工作组推荐离散多音调制(DMT)作为 ADSL 的优选线路信号编码技术。

　　利用电话网铜线实现宽带传输的技术被称为数字用户线技术(DSL, Digital Subscriber Line)，而 xDSL 就是这些传输技术的组合，包括高比特率数字线(HDSL)、甚高速数字用户线(VDSL)、非对称数字用户线(ADSL)、速率自适应数字用户线(RADSL)等。它们的差别主要体现在信号的传输速率、传输距离、上行速率和下行速率对称性等方面,如表16-2所示。

表 16-2　xDSL 技术比较

技术方式	ADSL	HDSL	SDSL	VDSL	RADSL
下行速率	1.5～8 Mb/s	1.5～2 Mb/s	768 kb/s	13～52 Mb/s	1.5～7 Mb/s
上行速率	640 kb/s～1.0 Mb/s	1.5～2 Mb/s	768 kb/s	1.5～2.3 Mb/s	16～640 kb/s
传输距离	3.6 km	3～5 km	3 km	0.3～1.5 km	3.61 km

相比其他接入方式,DSL 技术的优势在于:一是充分利用现有的巨大双绞线铜缆网,无需对现有电信接入系统进行改造,就可以方便地开通宽带业务;二是 DSL 已经有一些标准,并被众多厂商支持和使用;三是新的衍生技术大大降低了 DSL 的推广成本。

1. 非对称数字用户线(ADSL,Asymmetrical DSL)

从表16-2中可知,ADSL 在 xDSL 中性能较好,发展很快,是当前 Internet 接入网的热点技术之一,已在我国各大中城市获得广泛应用。它最大的优点就是不需要太多的改造,就可为用户提供高速的多媒体信息服务,而且不影响正常的电话通信或话带 Modem 通信,方便可靠,经济实用。

ADSL 是在无中继的用户环路网上使用负载电话线提供高速数字接入的传输技术。"非对称"是指非双向平均传输高速信号,即上行信息传输速率和下行速率不一样。ADSL 将用户的双绞线频谱分成低频部分、上行信道和下行信道三部分其频谱划分如图16-6所示,采用 FDM(频分复用)与 DMT(离散多音频技术)传送电话和数据业务。其中,低频部分提供普通电话业务(POTS)信道,通过无源滤波器使其与数字信道分开;数字信道分为一个 640 kb/s～1 Mb/s 的中速上行数字传输通道(占据 10～50 kHz 的频带,主要用于传送控制信息,如 VOD 中的节目选择、快进和快退等)和一个速率为 1.5～9 Mb/s 的高速下行数字传输通道(占据 50 kHz 以上的频带)。由于采用 FDM,所以这三个信息通道可同时工作于一对电话线上。

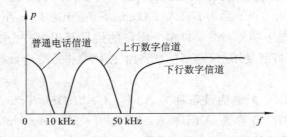

图 16-6　ADSL 频谱划分

传统的 Modem 也是使用电话线传输的,但它使用的是 0～4 kHz 的低频段,而电话铜线在理论上最大带宽接近 2 MHz。ADSL 通过相位调制(CAP)、正交幅度调制(QAM)和离散多频(DMT)三种先进的调制解调技术,在 26 kHz 以上的高频段实现了较高的速度。

DMT 在 6 Mb/s 及以上高速率时,性能较 QAM 好,因此,被 ANSI 标准化小组 T1E1-4

制订为国际标准。它将频带 0~1.104 MHz 分割为 256 个由频率指示的正交子信道，每个子信道占用 4 kHz 带宽，输入信号经过比特分配和缓存，将输入数据划分为比特块，经 TCM 编码后再进行 512 点离散傅立叶反变换 IDFT，将信号变换到时域，这时比特块将转换成 256 个 QAM 子字符。随后对每个比特块加上循环前缀消除码间干扰，经数模变换和发送滤波器将信号送上信道。接收端则按相反的次序进行接收解码。另外，由于美国的 ADSL 国家标准 T1.413 也推荐使用 DMT 技术，所以很多公司生产的 ADSL 调制解调器均采用 DMT 技术。

　　ADSL 高速数据不占用电话交换机的任何资源，因此，增加用户不会对传统交换机造成任何附加负荷，从而解决了散居用户的宽带业务需要。同时不需要改造现有用户的铜线环路，有效地为用户提供 Internet 接入、局域网 LAN 接入等服务，实现 Internet、Web 浏览、IP 电话、远程教育、家庭办公、可视电话、电话和视频点播（VOD）等业务，每个 6 Mb/s 带宽的 ADSL 可传送 2~3 套 MPEG‑II 或 4 套 MPEG‑I 数字图像信号。

　　ADSL 可以采用现有的双绞线从中心局连到用户端，也可以经过光缆到路边再采用 ADSL 设备经配电缆连接到用户。

　　ADSL 接入网按照传输的数据格式可以分为基于分组的接入网和基于 ATM 的接入网。ADSL 接入网的一般结构如图 16‑7 所示。

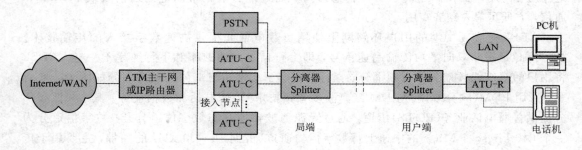

图 16‑7　ADSL 接入网一般结构示意图

　　如果是基于分组的方式，接入节点（Access Node）连接 IP 路由器；如果是基于 ATM 的方式，则接入节点连接 ATM 主干网交换机，这种传输方式被称为"ATM over ADSL"。

　　在 ADSL 局端，接入节点又称为 DSLAM（Digital Subscriber Line Access Multiplexer），它在上行方向完成复用/集中功能，将来自多个用户的信号复用为一个更高速的数据流送到主干网，在下行方向完成解复用/寻路功能，将由主干网来的高速数据流解复用并送到正确的用户端。

　　在图 16‑7 中，ADSL 局端的设备称为 ATU‑C、（ADSL Transceiver Unit，Central Office End），用户端的设备称为 ATU‑R（ADSL Transceiver Unit，Remote Terminal End）。ATU‑R 与计算机的接方式主要有内置式和外置式。内置式就是将 ADSL 卡直接插在计算机的 PCI 槽中。支持 ATM 方式时，基于 ATM 信元的分段重装（SAR）等 ATM 适配层（AAL）的功能也在卡中完成。外置式又可分为两种情况：一种将 ATU‑R 通过 10Base‑T 铜缆与计算机内的以太网卡相连；另一种将 ATU‑R 与计算机内的 ATM 25M 接口卡相连（支持 ATM 方式）。另外，在用户端，一个 ATU‑R 可只为一台计算机服务，也可接在以太网上为多台计算机服务。

2. 高比特率数字用户线(HDSL,High-bit-rate DSL)

HDSL 技术是在两对或多对铜线上实现 E1 速率(2.048 Mb/s)全双工通信的技术。HDSL 全双工结构如图 16-8 所示。HDSL 技术主要采用线对上等效频率,2B1Q 或 CAP 传输码型和回波抵消等技术提高传输速率和延长通信距离,无中继传输距离可达 3～5 km,且对线对的要求没有传统传输技术严格。因此,它安装方便、快捷,一般不用中继器,可广泛用于无线寻呼中继、数字数据网(DDN)、综合业务数字网(ISDN)、基站接入设备、帧中继网、移动通信基站中继设备和计算机 LAN 的互联等业务。

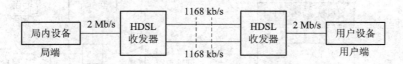

图 16-8　HDSL 全双工结构图

HDSL2 是 HDSL 的技术升级,它可单线提供 160 kb/s 到 2.3 Mb/s 的 4 km 对称传输。若用 2 对双绞线,传输速率可翻一番,距离也提高了 30%。

3. 甚高速数字用户线(VDSL,Very high-bit-rate DSL)

VDSL 以 ADSL 为基础,靠缩短双绞铜线长度,可传送比 ADSL 更高速的数据。其最大下行速率为 51～55 Mb/s,传输距离不超过 300 m,当传输速率在 13 Mb/s 以下时,传输距离可达到 1.5 km,上行速率则为 1.6 Mb/s 以上。VDSL 系统中的上、下信道频谱是利用频分复用技术分开,一般采用 CAP、DMT 和 DNMT 三种编码方式。和 ADSL 相比,VDSL 传输带宽更高。由于距离缩短,所以码间干扰小,处理技术简单,成本较低。它和光纤到路边(FTTC)相互结合,可以作为 PON 的补充,以实现宽带综合接入。

4. 单线路数字用户线(SDSL,Single-line DSL)

SDSL 是对称的 DSL 技术,与 HDSL 的区别在于只使用一对铜线。SDSL 可以支持各种要求上、下行通信速率相同的应用。该技术在双线电路中运行良好。

5. 速率自适应数字用户线(RADSL,Rate Adaptive DSL)

RADSL 提供的速率范围与 ADSL 基本相同,也是一种提供高速下行、低速上行并且保留原语音服务的数字用户线。它与 ADSL 的区别在于:RADSL 的速率可以根据传输距离动态自适应。当距离增大时,速率降低,这样就可以提供用户传输服务的灵活选择。

16.4.2　混合光纤/同轴电缆接入网

混合光纤/同轴电缆接入网(HFC,Hybria Fiber Coaxial)的概念最初是由贝尔实验室提出的,其思想是:光纤至馈线(FTTF)采用振幅调制(AM)的光纤链路,用以代替 CATV 中的电缆干线及放大器,因而光纤网呈星型结构,视频信号从 CATV 前端(Headend)通过星型光纤网通向每一个光节点(Node),在节点处,将光信号转变为 CATV 中的射频(RF)信号,通过总线型同轴电缆网送给用户。HFC 网络结构如图 16-9 所示。HDT(主机数字终端)在 PSTN 与用户接入网之间提供接口,通常每一个光节点为 500 个用户服务。

由于 HFC 是建立在有线电视网的基础上的,所以它以模拟传输方式为主,综合接入多种业务信息。HFC 的主干系统使用光纤,采取频分复用方式传输多种信息,配线部分使

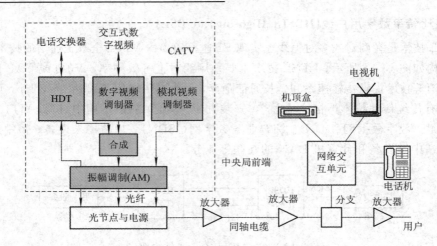

图 16-9　HFC 网络结构示意图

用树状拓扑结构的同轴电缆系统传输和分配用户信息。在连接上采用 Cable Modem 技术，它从技术上可以分为动态分配带宽速率(适用于 Internet 接入、公共信息查询等)和固定带宽速率(适用于普通电话、可视电话、数据专线等)两类，而从传输方式又可以分为对称型与非对称型业务两种。在 HFC 上传输数字语音和数字图像信息时，必须经过宽带调制器(如 64QAM)，将数字信号调制到模拟信道中传输。

HFC 在传输频谱中专门划出两部分用于话音和数据的通信，其中 5～30 MHz 为上行频谱，即信号由用户传送至中心局；700～750 MHz 为下行频谱，即信号由中心局传送至各用户。5～30 MHz 通常称为 HFC 的反向通道，它是区别于原有有线电视网的一个重要标志，也是 HFC 实现交互式业务的关键所在。

HFC 的同轴电缆部分是一点到多点的树形结构，反相通道的噪声是各支路放大器的级联噪声和各支路间噪声的叠加。这种叠加的现象称为噪声的漏斗效应。由于反相通道的带宽有限，再加上噪声的漏斗效应，所以各节点的用户数不能太多，一般为 500～1500 户较合适。

16.4.3　无线接入网技术

无线接入网技术是指在终端用户和交换局端之间的接入网全部或部分采用无线传输方式，为用户提供固定或移动的接入服务技术。它以其特有的无须敷设线路、建设速度快、初期投资小、受环境制约不大、安装灵活、维护方便等特点将成为接入网领域的主力军。下面简要介绍几种常见的无线接入技术。

1. 无线本地环路(WLL，Wireless Local Loop)

WLL 又称为固定无线接入(FWA)，可实现固定用户以无线方式接入到固定电话网交换机的功能。其网络侧有标准的有线接入 2 线模拟接口或 2 Mb/s 的数字接口，可直接与公用电话网的本地交换机连接，用户侧与电话机相连，可代替有线接入系统，提供同等质量的电话业务。固定无线接入系统可分为微波一点多址系统、卫星直播系统、本地多点分布业务系统和多点多路分布业务系统等。

WLL 是目前应用广泛的一种无线接入技术，为用户提供与有线接入网相同的业务种

328

类和更广阔的服务范围。WLL 包括 DECT、PHS、CDMA、FDMA、SCDMA 等技术，它因部署灵活、建网速度快、适应环境能力强、网络配置简单而颇受青睐。WCDMA 技术是其中的热点，它在宽频带内优化高速分组数据传输，可以满足无线 Internet 接入的高速率要求。

图 16-10 所示为无线用户环路示意图。来自本地交换网 V 接口的信号通过无线分配单元(RDU)后馈送到无线基站控制器(RBC)，由此再馈送给无线基站(RBS)，通过无线基站中的天线发送给各个用户。用户可以是移动电话、模拟电话机或 ISDN 用户，也可是有宽带业务要求的用户。

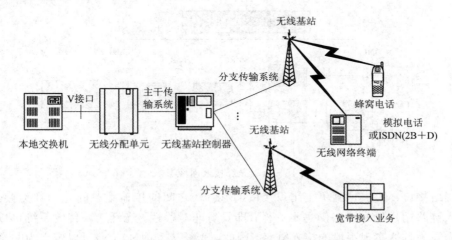

图 16-10　无线用户环路示意图

2. 本地多路分配业务接入(LMDS，Local Multipoint Distribution Services)

LMDS 是利用地面转接站而不是卫星转发数据，通过 RF 频带最多可提供 10 Mb/s 的数据流量。它采用蜂窝单元，工作在毫米波 28 GHz 频段，以 1.3 GHz 左右的带宽向用户传送 VOD、广播、会议电视、视频等宽带业务。LMDS 接入系统主要由带扇形天线的收发信机组成，其典型蜂窝半径为 4~10 km。LMDS 的主要不足是容易受到来自其他小区的同信道干扰和覆盖区的限制，开发成本高、技术难度大。

3. 数字直播卫星接入(DBS，Direct Broadcast Satellite)

DBS 利用同步通信卫星将高速广播数据送到用户的接收天线。其特点是：通信距离远，费用与距离无关；覆盖面积大且无地理条件限制；频带宽容量大，适用于多业务传输；可为全球用户提供大跨度、大范围、远距离的漫游和机动灵活的移动通信服务等。

在 DBS 系统中，大量数据通过频分或时分复用后，利用卫星主站的高速上行通道和卫星转发器进行广播，用户通过天线和 Modem 接收数据。接收天线直径一般为 18 in 或21 in。由于数字卫星系统具有高可靠性，它不像 PSTN 网络的模拟电话双绞线需要较多的信号纠错，所以可使 DBS 系统的下载速率为 400 kb/s。而实际的 DBS 广播速率可达 12 Mb/s。

宽带无线技术还包括多点多路分配业务系统(MMDS)，甚小口径卫星终端(VSAT)，综合光纤无线混合系统(HFW)以及实现无缝全球通信的 PCS 个人通信系统等。

无线宽带接入系统主要用于敷设有线本地环路工程量大、造价高、用户密度低的广大农村地区和新建矿山、油田、水库等地区。

16.4.4　光纤接入网

　　光纤传输系统具有传输信息容量大、传输损耗小、抗电磁干扰能力强等特点，是宽带业务最佳的通信方式。我们把利用光纤传输宽带信号的接入网叫作光纤接入网（OAN，Optical Access Network）。ITU-T 的 G.982 标准提出的一个业务和应用无关的光纤接入网功能参考配置如图 16-11 所示。

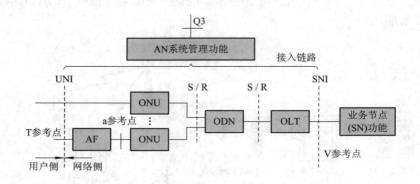

图 16-11　光纤接入网参考配置

　　从网络接口（V 接口）到单个用户接口（T 接口）之间的传输手段的总和称为接入链路。通常接入链路用户侧和网络侧是不一样，即具有非对称性。光纤接入传输系统可以看作是一种以光缆为具体实现手段的接入链路。因此，光纤接入网（OAN）可以定义为共享同样网络侧接口且由光纤接入传输系统支持的一系列接入链路，由一个光线路终端（OLT）、一个以上的光配线网（ODN）、一个以上的光网络单元（ONU）以及适配设施（AF）组成。

　　OLT 的作用是为光纤接入网提供网络侧与本地交换机之间的接口，并经一个或多个 ODN 与用户侧的 ONU 通信，OLT 和 ONU 为主从通信关系。

　　ODN 为 OLT 和 ONU 之间提供光传输手段，主要完成光信号的功率分配任务。由无源光元件组成的纯无源光配线网呈树形分支结构。

　　ONU 为光接入网提供直接的或远端的用户侧接口，处于 ODN 的用户侧。其网络侧是光接口，用户侧是电接口，有光/电和电/光转换、对语音处理的数/模和模/数转换、复用、信令处理和维护管理的等功能。

　　AF 为 ONU 和用户提供适配功能，物理上可独立，也可以包含在 ONU 内。

　　综上所述，光纤接入技术就是一种在接入网中全部或部分采用光纤传输介质，构成光纤用户环路或光纤接入网（OAN），通过光网络终端（OLT）连接到各光网络单元（ONU），实现用户高性能宽带接入方案的一种。光纤接入网处在本地交换局和用户之间，可传输宽带双向交互式通信业务并兼容窄带通信业务。

　　FTTC 的工作结构如图 16-12 所示，从端局光缆线路终端（OLT）接出的光纤经过各种线路设备（如光耦合器、光分支器）后，到达用户群的路边设备上的光网络单元（ONU），经过光电转换后，由铜线或同轴电缆分别把电话、数据等窄带信号或宽带图像信号接至用户。

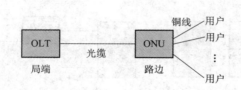

图 16-12　FTTC 的工作结构

FTTC 有无源接入网(PON)和有源接入网(AON)两种。OAN 依(ONU, Optical Network Unit 光网络单元)设置的位置(反映光纤深入用户群的程度)、不同应用类型和投资情况分为光纤到路边(FTTC, Fiber To The Curb)、光纤到小区(FTTZ, Fiber To The Zone)、光纤到办公楼(FTTB, Fiber To The Building)、光纤到户(FTTH, Fiber To The Home)、光纤到办公室(FTTO, Fiber To The Office)、光纤到远端模块(FTTR, Fiber To The Remote module)等。

FTTC 用光纤代替主干铜线电缆(包括部分配线电缆),将 ONU 放置在靠近用户的路旁,用户可以用双绞线或同轴电缆与路边的光纤网络单元连接。这种光纤和铜缆的混合结构方式成本较低,适合应用于居住密度较高的地方。

FTTZ 是将路边光纤接到靠近交接箱的 ONU,再用铜缆或双绞线向用户延伸,适用于比较分散的居民区。

FTTB 适用于一些智能化大楼,提供高速数据电子商务和视频会议等综合性业务,它与楼群的 5 类线自动化布线系统相结合,能够较好地提供多媒体交互式宽带业务。

FTTH 是将 ONU 安装在住家用户或企业用户处,以光纤为传输介质,为家庭和小型商业机构等终端用户提供接入到电信端局的一种服务。FTTH 是一种全光纤网络结构,这种结构方式是完全透明的,对传输制式和带宽都没有严格的限制,是 OAN 一种最理想的最终解决方案。

FTTO 是利用光纤传输媒质连接通信局端和公司或办公室用户的接入方式。引入光纤由单个公司或办公室用户独享,ONU/ONT 之后的设备或网络由用户管理。

FTTR 是将用户模块设置在用户密集区,利用光纤与交换机端局相连,使光纤更靠近用户,形成新的组网方式。

图 16-13 给出了 FTTC、FTTB、FTTH 三种连接示意图。

上述各种方式中的光分支器可以是无源结构,即为无源光分配单元(PODU),也可以是有源的星型结构(AS)。

无源光分配单元或无源光网络(PON)通过使用特殊的点对多点多址协议,使众多 ONU 共享 OLT,降低了初建成本。PON 采用波分复用和光源光功率分离技术,网络的设备共享,业务透明。它有良好的网络管理系统功能,使用方便,费用较低,可以综合多种业务的特点。基于 ATM 的 PON 称为 APON,它提供的业务范围和业务质量远优于 PON。其优势在于它结合了 ATM 多业务比特率支持能力和透明宽带传送能力,业务的接入灵活,可提供从具有交互性的视频分配业务到数据传送、局域网互连等业务。以 ATM 信元为基础的方式,在所需存储空间、实现的复杂性和成本方面具有综合优势。通过利用 ATM 的集中和统计复用,再结合无源分路器对光纤和光线路终端的共享作用,APON 的成本可望比传统的以电路交换为基础的 PDH/SDH 接入系统低 20%~40%。

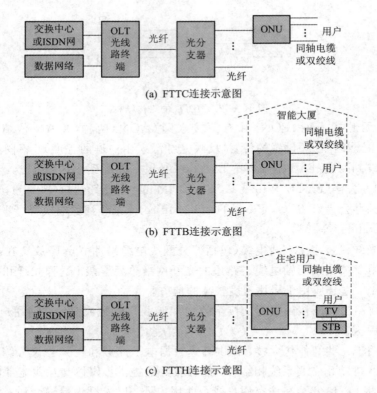

图 16 - 13 FTTC、FTTB、FTTH 三种连接示意图

有源星型结构可以是一个复接器或光同步数字系列(SDH)环,SDH 光纤环用户接入网的典型结构如图 16 - 14 所示。

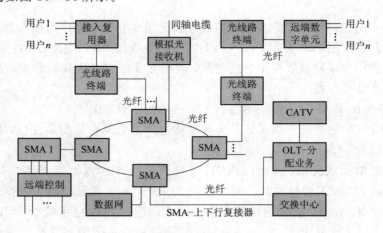

图 16 - 14 SDH 光纤环用户接入网

最后,给出一个综合业务接入系统实例(图 16 - 15),以加深大家对接入网的理解。光线路终端(OLT)与远端光网络单元(ONU)之间通过 SDH、PON、84MSPDH 光纤传输系统,无源光网络 PON 或 ATM 宽带传输系统连接。一个 OLT 能连接多个 ONU 并可根据用户需要组成点对点、链形网和环形网等各种组网方式,且每个 ONU 具有分叉功能。

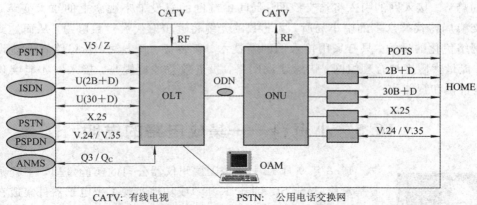

CATV: 有线电视   PSTN: 公用电话交换网
ISDN: 综合业务   PSPDN: 公用分组数据网
DDN: 公用数字数据网   ANMS: 接入网管理系统
POTS: 普通电话业务   OLT: 光线路终端
ODN: 光分配网   ONU: 光网络单元

(a) 系统接入功能示意图

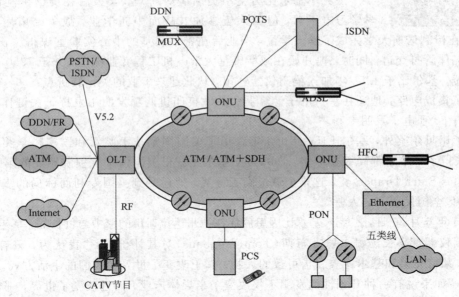

(b) 综合业务接入网系统

图 16 - 15 一种综合业务接入网系统实例示意图

　　OLT 是接入网的网络侧设备，采用有限个标准接口与多种业务节点相连，并汇集接入网系统的操作维护信息与接入网网管系统接口，还具有集线、复用和交叉连接功能。OLT 从各种网络中引入的多种业务，经过光纤传输系统的透明传输，提供到 ONU 侧给用户使用，实现光纤到小区和光纤到路边。

　　ONU 端提供各种用户接口，支持多种用户终端（如普通电话 POTS、ISDN 的 2B＋D 和 30B＋D、DDN、CATV 等），并可与 HFC、ADSL 以及无线接入系统有机结合，构筑多元化业务平台。

　　接入网的发展建设是网络优化和发展的需要。网络简化、集中、高效，是现代电信网发展的趋势。接入网的引入将给交换网、局间中继网的建设带来观念上的重大变革。大容量的交换局将代替众多的中小局所，大芯数的光缆将逐步取代大对数电缆，从而达到将本地网网络优化的目的。只有采用接入网的新技术、新装备、新方法、新思路发展建设本地网，才能最大限度地合理组网，快速建设网络，投资效益才能提高，接入网才能实现数字化、宽带化和智能化。

16.5　小资料——集成电路的发明

1958 年 9 月 12 日，美国德州仪器公司的实验室里，工程师杰克·基尔比(Jack St. Clair Kilby)成功地实现了把电子器件集成在一块半导体材料上的构想。这一天，被视为集成电路的诞生日，而这枚小小的芯片开创了电子技术历史的新纪元。

因发明集成电路，杰克·基尔比于 2000 年获得诺贝尔物理学奖。

杰克·基尔比出生于美国堪萨斯州。长大后在美国伊利诺斯大学学习电子学，但因入伍参加二战而中断学业。战争结束后，他于 1947 年在伊利诺斯大学完成了学士学位，毕业后在密尔沃基的中心实验室谋得一份工作，开始和晶体管打交道。同时，他开始在威斯康星大学电机工程专业深造，并于 1950 年获得硕士学位。基尔比于 1958 年加入德州仪器公司，从此迎来事业的关键转折点。

除了集成电路，他还在手持电子计算器和热敏打印机两项发明中发挥了关键作用。他一共持有 60 项电子发明专利。

除了诺贝尔奖外，基尔比还在 1993 年获得了美国国家技术奖章和国家科学奖章。同年，他获得了日本京都高级技术奖。1989 年，基尔比获得美国国家工程院颁发的第一届国际"Charles Stark Draper"奖，这是全球最高工程奖。他还受到美国专利商标局的表彰，并跻身美国"全国发明家名人堂"。

2005 年 6 月 20 日，杰克·基尔比因患癌症在德州达拉斯市的家中与世长辞，享年81岁。

德州仪器董事长汤姆·恩吉布斯(Tom Engibous)对其评价道："我认为，只有福特、爱迪生、莱特兄弟和基尔比等屈指可数的人物，真正改变了世界和我们的生活方式。"他接着指出："如果说有一种开创性的发明不仅改变了半导体产业，而且改变了世界，那就是杰克·基尔比发明的第一块集成电路。"

思考题与习题

16－1　简述接入网的含义并画出接入网示意图。

16－2　铜线接入技术有哪几类？

16－3　ADSL 有什么优点？适用于什么应用环境？

16－4　光纤接入网技术有哪些？

16－5　接入网有哪些特点？

16－6　什么是波分复用？它与频分复用有何区别？

16－7　与有线接入网相比，无线接入网有什么特点？

第 17 章 无线个人区域网络技术

本章重点问题:

当卫星通信满足了人们在生活和工作中的远程交流需求后,越来越多的近距离无线个人通信业务就成为人们关注的热点。那么,有哪些个人无线通信技术呢?

17.1 无线个人区域网络概述

随着通信、微电子、计算机、网络等技术的飞速发展,近距离无线通信网络渐渐走进了人们的日常生活。

根据覆盖面积的不同,无线通信组网技术大致可归纳为四类:

(1) 通信距离 10 m 左右的无线个人区域网络(WPAN)。

(2) 通信距离 100 m 左右的无线区域网络(WLAN)。

(3) 通信距离大于 100 m 的无线社区区域网络(WMAN)。

(4) 通信距离大于 1000 m 的无线广域网络(WWAN)。

无线个人区域网络(简称无线个域网)通信距离一般不超过 10 m。无线个人区域网络主要用于取代实体传输线,让不同的系统能够近距离进行联系。接入网作为电信网的"最后一千米",个人区域网则更关注最后 10 m 的接入。

1998 年成立的 IEEE802.15 工作组,根据数据速率、功耗以及对服务质量(QoS)要求的不同,定义了三种不同类型的无线个域网(WPAN)标准,分别是传输速率高于 20 Mb/s 的高速无线个域网(HR - WPAN)、传输速率 1 Mb/s 的中速无线个域网(MR - WPAN)和传输速率比较低的低速无线个域网(LR - WPAN)。IEEE 802.15.2 工作组还成立了专门的任务组分别对它们进行标准化。

IEEE 802.15.1 是 IEEE 提出的第一个取代有线连接的无线个域网技术标准,它以蓝牙技术为基础,属于中速短程无线通信网络。

IEEE 802.15.2 于 1999 年成立,主要目标是为 IEEE 802.15 无线个人网络的发展推荐应用。它可以与基于开放频率波段的其他无线设备(如 IEEE 802.11 设备)共存,并为其他 802.15 标准提出修改意见,以提高与其他在开放频率波段工作的无线设备的共存性能。

IEEE 802.15.3 是为低功率、低成本的短程通信制定的高速率 WPAN 标准,且与蓝牙标准兼容。

对于一些只需要简单的无线连接、对数据速率要求不高但对功耗要求严格的应用领域,如工业控制和家庭网络,IEEE 802.15.4 工作组应运而生,主要负责制订物理层及 MAC 层的协议,其余协议主要参照现有标准。

因为无线个域网的终端设备大都小巧,且工作频率在微波频段,所以,相关通信技术也就属于微波通信范畴。

本章主要介绍蓝牙、ZigBee、NFC 和 UWB 四种无线个域网技术。

17.2　蓝 牙 技 术

17.2.1　"蓝牙"名称的由来

公元 10 世纪的北欧正值动荡年代，各国之间战争频发。丹麦国王哈拉德二世经过不懈努力，终于使四分五裂的挪威和丹麦通过谈判得以统一。关于这位国王的名字有两种说法：一种是其全名为 Harald Blatand，而 Blatand 在英语中意思为"蓝牙"（Bluetooth）；另一种是这位英雄酷爱吃蓝梅，以致于牙齿都被染成了蓝色，因此"蓝牙"成了他的绰号。

瑞典的爱立信公司于 1994 年成立了一个专项科研小组，对移动电话及其附件的低能耗、低费用无线连接的可能性进行研究，他们的最初目的在于建立无线电话与电脑声卡、耳机及桌面设备等产品的连接。但是随着研究的深入，科研人员越来越感到这项技术所独具的特点和巨大的商业潜力，同时也意识到凭借一家企业的实力根本无法继续研究，于是爱立信公司将其公之于世，并极力说服其他企业加入到这项技术的研究中来。他们共同的目标是建立一个全球性的小范围无线通信技术，并将此技术命名为"蓝牙"。

17.2.2　蓝牙技术概述

蓝牙技术是一个开放性的无线通信标准，设计者的初衷是用隐形的天线代替线缆，其目标是：保持联系，不靠电缆，拒绝插头。它通过统一的短程无线链路，在各通信设备之间实现可以穿过墙壁和公文包，实现方便快捷、灵活安全、低成本小功耗的话音和数据通信。它扩大了无线通信的应用范围，使网络中的各种数据和语音设备能够互连互通，比如：移动电话、便携式电脑以及各种便携式通信设备的主机之间的近距离通信，从而实现个人区域内快速灵活的数据和语音通信。

蓝牙技术以低成本的近距离无线连接为基础，为固定与移动设备通信之间建立一个特别连接，完成数据的短程无线传输。其实质是要建立通用的无线电空中接口（Radio Air Interface）及其控制软件的公开标准，使通信和计算机进一步结合，让不同厂家生产的便携式设备通过无线传输，能够在近距离范围内具有互用、互操作性能（Interoperability）。具体地说，蓝牙技术的作用就是简化小型网络设备（如移动 PC、掌上电脑、手机等）之间以及这些设备与 Internet 之间的通信，免除在这些设备之间以及局域网之间加装电线、电缆和连接器等。此外，蓝牙技术还为已存在的数字网络和外设提供通用接口以组建一个脱离固定网络的个人特别连接设备群。

蓝牙技术使用全球通行的、无需申请即可使用的 2.45 GHz ISM（Industry、Science、Medicine）即工业、科学和医学频段。若以 2.45 GHz 为中心频率，在这个频段上最多可设立 79 个带宽为 1 MHz 的信道。其收发信机采用跳频扩谱（Frequency Hopping Spread Spectrum）技术，在 2.45 GHz ISM 频段上以 1600 次/秒的跳频速率进行跳频通信。在发射带宽为 1 MHz 时，其有效数据速率为 721 kb/s，最高数据速度可达 1 Mb/s。由于采用低功率时分复用方式工作（发射），故其有效传输距离大约为 10 m，加上功率放大器时，传输距离可扩大到 100 m。

　　蓝牙数据包在某个载频上的某个时隙内传递，不同类型的数据（包括链路管理和控制消息）占用不同信道，并通过查询（Inquiry）和寻呼（Paging）过程来同步跳频频率和不同蓝牙设备的时钟。除采用跳频扩谱的低功率传输外，蓝牙还采用鉴权和加密等措施来提高通信的安全性。

　　蓝牙支持点到点和点到多点的连接，可采用无线方式将若干个蓝牙设备连成一个微微网（Piconet），多个微微网又可互连成特殊分散网，形成灵活的多重微微网拓扑结构，从而实现各类设备之间的快速通信。它能一个微微网可连接 8 个设备，其中 1 个为主设备，7 个为从设备。

　　蓝牙是一种低功耗的无线技术，当通信距离小于 10 m 时，接受设备可动态调节功率。当业务量减小或停止时，蓝牙设备可进入低功率工作模式，以降低功耗。

　　蓝牙标志及模块如图 17-1 所示，其模块结构简单、成本低廉，容易实现和推广，有很强的可移植性，可随时随地应用于多种通信场合，如移动电话、笔记本电脑、打印机、PDA、传真机、键盘、照相机、游戏操纵杆等数字设备。

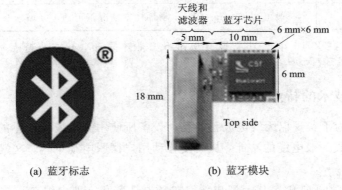

(a) 蓝牙标志　　　　　　　(b) 蓝牙模块

图 17-1　蓝牙标志及模块

　　蓝牙以无线 LANs 的 IEEE 802.11 标准技术为基础，应用了"Plonk and Play"技术，即任一蓝牙设备一旦搜寻到另一个蓝牙设备，马上就可以建立联系，而无须用户进行任何设置，因此可以理解为"即连即用"。

　　蓝牙技术主要以满足美国联邦通信委员会（FCC，Federal Communications Commission）的要求为目标。在其他国家的应用，需要做一些适应性调整，如发射功率和频带。Bluetooth 1.0 规范已公布的主要技术指标和系统参数如表 17-1 所示。

表 17-1　Bluetooth 1.0 技术指标和系统参数

工作频段	ISM 频段，2.402～2.480 GHz
双工方式	全双工，TDD 时分双工
业务类型	支持电路交换和分组交换业务
数据速率	1 Mp/s
非同步信道速率	非对称连接 721 kb/s/57.6 kb/s，对称连接 432.6 kb/s

续表

同步信道速率	64 kb/s
功率	美国 FCC 要求<0 dbm(1 mW)，其他国家可扩展到 100 mW
跳频频率数	79 个频点/1 MHz
跳频速率	1600 次/秒
工作模式	PARK/HOLD/SNIFF
数据连接方式	面向连接业务 SCO，无连接业务 ACL
纠错方式	1/3FEC，2/3 FEC，ARQ
鉴权	采用反映逻辑算术
信道加密	采用 0 位、40 位、60 位密钥
语音编码方式	连续可变斜率调制 CVSD
发射距离	一般可达 10 cm～10 m，增加功率情况下可达 100 m

这里需要注意：2016 年 12 月，蓝牙标准 5.0 版本发布，其主要特点是速率更高、距离更长。

17.2.3　蓝牙技术的特点

蓝牙技术是为了实现以无线电波替换移动设备所使用的电缆而产生的。它试图以相同成本和安全性完成一般电缆的功能，从而使移动用户摆脱电缆束缚，这就决定了它具备以下技术特性。

（1）成本低。为了能够替代一般电缆，它必须具备和一般电缆差不多的价格，这样才能被广大普通消费者所接受，也才能使这项技术普及开来。

（2）功耗低、体积小。蓝牙技术本来就是用于互连小型移动设备及外设，它的市场目标是移动笔记本、移动电话、PDA 以及它们的外设，因此蓝牙芯片必须具有功耗低、体积小的特点。蓝牙产品的输出功率一般只有 1 mW。

（3）近距离通信。蓝牙技术通信距离为 10 m，如果需要的话，还可以选用放大器使其扩展到 100 m。这已经满足在办公室内任意摆放外围设备的需求，而不用再担心电缆长度是否够用。

（4）安全性强。同其他无线信号一样，蓝牙信号很容易被截取，因此蓝牙协议提供了认证和加密工能，以保证链路级的安全。蓝牙系统认证与加密服务由物理层提供，采用流密码加密技术，适合于硬件实现，密钥由高层软件管理。除此之外，跳频技术的保密性和蓝牙有限的传输范围也使窃听变得困难。

另外，为了满足不同的安全需求，蓝牙协议定义了三种安全模式。模式 1 不提供安全保障，模式 2 提供业务级安全，模式 3 则提供链路级安全。

17.2.4　蓝牙系统组成

蓝牙系统一般由天线单元、链路控制(硬件)单元、链路管理(软件)单元和软件(协议栈)单元四个功能单元组成。

1. 天线单元

蓝牙要求其天线部分体积小、重量轻,因此,蓝牙采用微带天线。蓝牙空中接口是建立在天线电平为 0 dB 的基础上的。空中接口遵循 FCC 有关电平为 0 dB 的 ISM 频段的标准。

2. 链路控制(硬件)单元

在目前的蓝牙产品中,人们使用了 3 个 IC 分别作为基带链路控制器、基带处理器以及射频传输/接收器,此外还使用了 30~50 个单独调谐元件。

基带链路控制器负责处理基带协议和其他一些低层常规协议。它有三种纠错方案:1/3 比例前向纠错(FEC)码、2/3 比例前向纠错码和数据的自动请求重发(ARQ)方案。采用 FEC 方案的目的是为了减少数据重发的次数,降低数据传输负载。但是,要实现数据的无差错传输,FEC 就必然要生成一些不必要的开销比特而降低数据的传送效率。这是因为数据包对于是否使用 FEC 是弹性定义的。报头总是占 1/3 比例的 FEC 码起保护作用,其中包含了有用的链路信息。

3. 链路管理(软件)单元

链路管理(LM)软件模块携带了链路的数据设置、鉴权、链路硬件配置和其他协议。LM 能够发现其他远端的 LM 单元并通过 LMP(链路管理协议)与之通信。其主要服务有:发送和接收数据、请求名称、链路地址查询、建立连接、鉴权、链路模式协商和建立、决定帧的类型。此外,LM 还控制设备的工作状态即呼吸(Sniff)、保持(Hold)和休眠(Park)三种模式。

将设备设为呼吸模式,Master(主机)只能有规律地在特定的时隙发送数据,Slave 降低了从 Pioconet"收听"消息的速率,"呼吸"间隔可以依应用要求做适当调整。将设备设为 Hold 模式,Master 可把 Slave 置为 Hold 模式,在这种模式下,只有一个内部计数器在工作。Slave 也可主动要求置为 Hold 模式。一旦处于 Hold 模式的单元被激活,则数据传递也立即重新开始。Hold 模式一般被用于连接好几个 Piconet 的情况下或者耗能低的设备,如温度传感器。在 Park 模式下,设备依然与 Piconet 同步但没有数据传送。工作在 Park 模式下的设备放弃了 MAC 地址,偶尔收听 Master 的消息并恢复同步、检查广播消息。

连接类型定义了哪种类型的数据包能在特别连接中使用。蓝牙基带技术支持两种连接类型:同步定向连接(SCO, Synchronous Connection Oriented)类型,主要用于传送话音;异步无连接(ACL, Asynchronous Connectionless)类型,主要用于传送数据包。

蓝牙基带部分在物理层为用户提供保护和信息保密机制。鉴权基于"请求—响应"运算法则。它允许用户为个人的蓝牙设备建立一个信任域,比如只允许主人自己的笔记本电脑通过主人自己的移动电话通信。加密被用来保护连接的个人信息。密钥由程序的高层来管理。网络传送协议和应用程序可以为用户提供一个较强的安全机制。

4. 软件(协议栈)单元

蓝牙的软件(协议栈)单元是一个独立的操作系统,不与任何操作系统捆绑。它必须符合已经制定好的蓝牙规范。

蓝牙规范是为个人区域内的无线通信而制定的协议,包括两部分:第一部分为核心(Core)部分,用以规定诸如射频、基带、连接管理、业务搜寻(Service Discovery)、传输层以及与不同通信协议间的互用、互操作性等组件;第二部分为协议子集(Profile)部分,用以规定不同蓝牙应用(也称使用模式)所需的协议和过程。

蓝牙规范的协议栈采用分层结构,分别完成数据流的过滤和传输、跳频和数据帧传输、连接的建立和释放、链路的控制、数据的拆装、业务质量(QoS)、协议的复用和分用等功能。在设计协议栈特别是高层协议时的原则就是最大限度地重用现存的协议,而且其高层应用协议都使用公共的数据链路和物理层协议。

蓝牙协议可分为四层,即核心协议层、电缆替代协议层、电话控制协议层和采纳的其他协议层。

在蓝牙协议栈中,还有一个主机控制接口(HCI)和音频(Audio)接口。HCI 是到基带控制器、链路管理器以及访问硬件状态和控制寄存器的命令接口。利用音频接口,可以在一个或多个蓝牙设备之间传递音频数据,该接口与基带直接相连。

17.2.5 蓝牙技术的应用

蓝牙最普通的应用是替代 PC 机与打印机、鼠标、扫描仪、投影仪等外设的连接电缆,以及无线互连 PDA、移动电话以及 PC 机等。尤其是笔记本电脑与移动电话利用蓝牙技术的互相连接,大大扩展了各自的应用领域。

蓝牙特殊利益集团(SIG)规范了蓝牙的各种应用模式,每一种应用模式对应一个"Profile",规范了相应模式功能和使用的协议。不同厂商产品只要遵循同样的"Profile",相互之间就能够互通。根据 SIG 的规范,蓝牙主要应用模式如下:

(1) 对讲机。采用蓝牙技术的移动电话是"三合一",即集移动电话、无绳电话、对讲机三种功能于一身。两个蓝牙设备之间在近距离内可以建立直接语音通路,比如两个蜂窝电话用户之间,通过蓝牙连接可以直接进行对话,这样移动电话就可以当对讲机用。

(2) 无绳电话。内置蓝牙芯片的移动电话,在室内可以用做无绳电话,通过无绳电话基站接入 PSTN 进行语音传输,从而不必支付昂贵的移动通话费用,当然在室外或途中仍可作为移动电话使用。

(3) 头戴式耳机。采用蓝牙技术的头戴式耳机作为移动电话、个人计算机等的语音输入、输出接口的连接设备,能够在保持私人通话的同时,使用户摆脱电缆束缚而有更大活动自由。这种耳机能够发送 AT 命令并能够接收相应编码信号,使用户不用动手就能完成摘、挂机等操作。

(4) 拨号网络。采用蓝牙技术的移动电话、Modem 等设备,能够用做"Internet 网桥"。例如,这种移动电话可作为无线 Modem 供计算机访问拨号网络服务器使用,或者计算机通过这种移动电话或 Modem 接收数据。此时,移动电话与 Modem 充当网关角色,提供到公共网络的接入功能，而台式机或笔记本电脑则作为数据终端，使用网关所提供的服务。

（5）传真。采用蓝牙无线技术的移动电话或 Modem，可以用做计算机传真 Modem，以发送和接收传真信息，此时它们被称为"广域网数据接入点"。

（6）局域网接入。在这种应用模式下，多个数据终端使用同一个局域网接入点（LAP），以无线接入方式访问局域网，一旦连接成功，数据终端将能够访问局域网所提供的一切服务，就好像是通过拨号网络连接到该局域网一样。两个蓝牙设备之间也可以直接通信。

（7）文件传输。蓝牙设备之间可以传送数据对象，这些设备可以是个人计算机、智能电话或者是 PDA，数据对象可以是各种文件，比如 Excel 文件、PowerPoint 文件、声音文件、图像文件等。用户可以浏览远端设备上文件夹的内容，可以新建或删除文件夹。整个文件夹、目录或流媒体格式的文件都可以在设备间传送。

（8）目标上传。使用目标上传功能的设备主要是笔记本电脑、PDA 和移动电话。一个蓝牙设备可以将目标上传至另一个蓝牙设备收件箱，其中"目标"可以是商业卡或者是某种委任（Appointment）等，同样，一个蓝牙设备也可以从另一个蓝牙设备下载商业卡。两个蓝牙设备之间可以相互交换商业卡，此时往往先进行上传再进行下载。

（9）数据同步。蓝牙设备非常巧妙的一种功能，是发送信息到关闭的或者工作在休眠模式下的另一个蓝牙设备。比如，当蜂窝电话接收到一条消息时，它可以把这条消息发送到笔记本电脑，即使后者被放在包中且没有开机。当然，蓝牙技术可以进行不同设备间数据同步，以保证用户在任何时间、选择任何设备都能得到最新的信息。

使用此功能的设备也主要是笔记本电脑、PDA 和移动电话。使用蓝牙技术，不同设备之间可以保持 PIM（Personal Information Management）信息同步。这些信息通常包括电话本、日历、消息以及备忘录等，它们使用共同的协议和格式进行传送。此外，当移动电话或者 PDA 靠近笔记本电脑时，将自动与笔记本电脑进行同步。

另外，在 2017 年兴起的共享单车应用中，蓝牙技术可用于辅助开锁。

总之，蓝牙技术的应用非常广泛且极具潜力。可以说，蓝牙技术是推动移动信息时代发展的关键技术之一。

17.2.6　蓝牙技术与无线局域网

IEEE 802.11 标准主要用于办公室局域网和校园网中用户与用户终端的无线数据存储与接入业务，其最高速率为 2 Mb/s。为了满足人们对传输距离和速率的要求，IEEE 小组又推出了 IEEE 802.11a 和 IEEE 802.11b 两个标准。三者之间的主要差别在于 MAC 子层和物理层。

从形式上看，蓝牙和采用 IEEE 802.11 的无线局域网络很相似，它们的共同之处如下：

（1）工作在 2.4 GHz 频段上。

（2）支持移动联网，用户可以灵活地移动计算设备的位置，保持持续的网络连接。

（3）不需要使用物理线路，安装非常简便。

（4）因为无线网络所使用的高频率无线电波可以穿透墙壁或玻璃窗，所以网络设备可以在有效范围内任意放置。

（5）多层安全防护措施可以充分确保用户隐私。

（6）改动网络结构或布局时，不需要对网络进行重新设置。

它们之间的区别主要表现在以下几点：

（1）蓝牙的覆盖范围小，性能相对较低，通过应用通信协议与其他设备相连；无线局域网络的 IEEE 802.11b 标准的传输速率最高为 11 Mb/s，范围 50 m，可涵盖整层楼和整个办公室，它通过一个底层传输协议来连接设备。

（2）与 IEEE 802.11 模块相比，蓝牙模块耗电低，成本低，通信时操作也简单。一个蓝牙设备搜索出位于半径 10 m 内的另外一台蓝牙设备后，双方相互认证后就可通信。一台蓝牙设备可与七台蓝牙设备同时通信。与无线 LAN 不同，对方可为手机、数码相机等多种设备。蓝牙技术也为已有的数字网络和外设提供通用接口，以组建一个远离固定网络的个人特别连接设备群。

（3）蓝牙设备使用 ISM 频段实时进行数据和语音传输。这意味着在办公室、家庭和旅途中，无需布设专用线缆和连接器，通过一个蓝牙遥控装置就可形成一点到多点的连接，即在该装置周围组成一个"微网"，网内任何蓝牙设备都可与该装置互通且无需复杂的软件支持。

（4）蓝牙技术有一整套协议，可以应用于更多场合。蓝牙跳频更快、更稳定，同时还具有功耗更低和更灵活等特点。但 IEEE 802.11 只规定了开放式系统互联参考模型（OSI/RM）的物理层和 MAC 层，提供比蓝牙更高的传输速率且 WLAN 只支持数据通信。

蓝牙协会于 1999 年 7 月推出 Bluetooth 1.0 标准，其规范完全开放。蓝牙 IEEE 802.15 是一项新标准，对于 IEEE 802.11 来说，它的出现不是为了竞争而是相互补充。蓝牙比 IEEE 802.11 更具移动性，而且成本低、体积小，可用于更多的设备，如 IEEE 802.11 限制在办公室和校园内，而蓝牙能把一个设备连接到 LAN 和 WAN，甚至支持全球漫游。

总之，IEEE 802.11 比较适合于办公室中的企业无线网络，而蓝牙技术则可以应用于任何可以用无线方式替代线缆的场合。目前这些技术还处于并存状态，从长远看，随着产品与市场的不断发展，它们或许会走向融合。

这里需要注意的是 2017 年 7 月，SIG 正式宣布蓝牙技术开始全面支持 Mesh 网状网络，即支持多对多连接。理论上 Mesh 网络可支持超过 32 000 个节点，具有良好的可扩展性。该技术为物联网的发展提供了更多的可能性和巨大的支持。它与下面的 ZigBee 技术在功能上有不少相同之处，可能会出现竞争局面。

17.3　ZigBee 技术

17.3.1　ZigBee 技术概述

ZigBee，中文称为"紫蜂"，是一种短距离、结构简单、低功耗、低速率、低成本和高可靠性的双向无线网络通信技术。

ZigBee 联盟（类似于蓝牙特殊兴趣小组）成立于 2001 年 8 月。ZigBee 联盟采用了 IEEE 802.15.4 作为物理层和媒体接入层规范，并在此基础上制定了数据链路层（DLL）、网络层（NWK）和应用编程接口（API）规范，最后，形成了被称作 IEEE 802.15.4（ZigBee）的技术标准。

ZigBee 的功能示意图如图 17-2 所示。控制器通过收发器完成数据的无线发送和接收。ZigBee 工作在免授权的频段上，包括 2.4 GHz（全球）、915 MHz（美国）和 868 MHz（欧洲），分别提供 250 kb/s（2.4 GHz）、40 kb/s（915 MHz）和 20 kb/s（868 MHz）的原始数据吞吐率，其传输范围介于 10～100 m 之间。

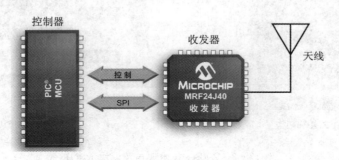

图 17-2　ZigBee 功能示意图

ZigBee 技术的主要优点如下：

（1）低功耗。ZigBee 技术可以确保两节五号电池支持长达 6 个月到 2 年左右的使用时间。

（2）成本低。ZigBee 技术的成本是同类产品的几分之一甚至十分之一。

（3）低复杂度。

（4）高可靠性。ZigBee 技术采用了碰撞避免机制，同时为需要固定带宽的通信业务预留了专用时隙，避免了发送数据时的竞争和冲突。

（5）时延短。通信时延和从休眠状态激活的时延都非常短。

（6）组网简单、灵活。

（7）网络容量大。ZigBee 技术可支持达 65 000 个节点。

（8）安全性高。提供数据完整性检查和鉴权功能。

通常符合以下条件之一的应用，就可以考虑采用 ZigBee 技术：

（1）设备成本很低，传输的数据量很小。

（2）设备体积很小，不便放置较大的充电电池或者电源模块。

（3）没有充足的电力支持，只能使用一次性电池。

（4）频繁地更换电池或者反复地充电无法做到或者很困难。

（5）需要较大范围的通信覆盖，网络中的设备非常多，但仅仅用于监测或控制。

17.3.2　ZigBee 系统组成

ZigBee 技术架构及模块示意图如图 17-3 所示。ZigBee 定义了两种类型的设备：全功能设备（FFD，Full Functional Device）和简化功能设备（RFD，Reduced Function Device）。网络拓扑结构为星型、树状、网状及其共同组成的复合网结构。其网络为主从结构，一个网络由一个网络协调者（Coordinator）和最多可达 65 535 个从属设备组成。网络协调者必须是 FFD，它负责管理和维护网络，包括路由、安全性、节点的附着与离开等。一个网络只需要一个网络协调者，其他终端设备可以是 RFD，也可以是 FFD。RFD 的价格要比 FFD 便宜得多，其占用系统资源仅约为 4 Kb，因此网络的整体成本比较低。ZigBee 非常适合有大量终端设备的网络，如传感网络、楼宇自动化等。

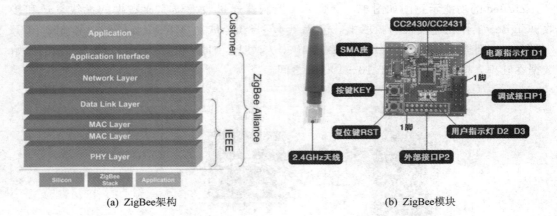

(a) ZigBee架构   (b) ZigBee模块

图 17-3　ZigBee技术架构及模块示意图

ZigBee 有三个工作频段：2.402～2.480 GHz、868～868.6 MHz、902～928 MHz，共27 个信道。信道接入方式采用带有冲突避免的载波侦听多路访问协议（CSMA-CA，Carrier Sense Multiple Access with Collision Avoidance），能有效减少帧冲突。

为了抗干扰，ZigBee 在物理层采用直接序列扩频（DSSS）和频率捷变（FA）技术。在网络层，ZigBee 支持网状网，存在冗余路由，保证了网络的健壮性。

ZigBee 的 MAC 信道接入机制有两种：无信标（Beacon）模式和有信标模式。无信标模式就是标准的 ALOHA CSMA-CA 信道接入机制，终端节点只在有数据要收发的时候才和网络会话，其余时间都处于休眠模式，使得平均功耗非常低。在有信标模式下，终端设备可以只在信标被广播时醒来，并侦听地址，如果它没有侦听到自身的地址，则又转入休眠状态。

17.3.3　ZigBee 的应用

由于 ZigBee 具有功耗极低、系统简单、成本低、短等待时间（Latency Time）和低数据传输速率的特性，所以非常适合有大量终端设备的低速网络。

ZigBee 主要适用于自动控制领域以及组建短距离低速无线个人区域网（LR-WPAN）。比如，楼宇自动化、工业监视及控制、计算机外设、互动玩具、医疗设备、消费性电子产品、家庭无线网络、无传感器网络、无线门控系统和无线停车场计费系统等。

17.3.4　ZigBee 和蓝牙性能参数比较

ZigBee 的系统复杂度要远小于蓝牙系统，为更直观地比较 ZigBee 和蓝牙，我们将它们的主要技术及性能参数进行比较，如表 17-2 所示。

表 17-2　ZigBee 和蓝牙的主要技术及性能参数表

主要技术及性能参数	ZigBee	蓝　牙
使用频段	2.4 GHz/915 MHz/868 MHz	2.4 GHz
扩频方式	DSSS	FHSS
调制方式	BPSK/O-QPSK	GFSK

续表

主要技术及性能参数	ZigBee	蓝　牙
数据传输速率	2.4 GHz：250 kb/s 915 MHz：40 kb/s 868 MHz：20 kb/s	标称速率 1 Mb/s 非对称链接 723.2 kb/s 57.6 kb/s 对称链接 433.9 kb/s 同步信道速率 64 kb/s
安全机制	MAC 和 NWK，分级安全控制，AES	链路级，认证基于共享密钥，询问/响应机制，反应逻辑算术鉴权，AES
纠错方式	CRC，ARQ	1/3FEC，2/3FEC，CRC，ARQ
信道数	1+10+16＝27 个	79 个
传输距离	10～75 m	10 m(加发射功放可达 100 m)
新从属设备入网时间	约 30 ms	≥3 s
休眠设备激活时间	约 15 ms	约 3 s
活跃设备信道接入时间	约 15 ms	约 2 ms
运行所需系统资源	约 28 kB	约 250 kB
网络拓扑结构	星型/树形/网状网	微微网/散射网
单个网络的设备数量	256 个，最多可达 65 536 个	8 个，最多可达 8+255(休眠)个
链路状态模式	活跃/休眠	活跃/呼吸/保持/休眠
功率消耗	极小	中等
业务类型	分组交换	电路交换/分组交换

17.4　NFC 技术

17.4.1　NFC 技术概述

　　NFC(Near Field Communication)是一种非常短距离的无线通信技术，通信距离小于 10 cm，适合于各种装置之间不需使用者事先设定的一种简便与安全的通信方式。

　　NFC 技术是由 Philips 公司发起，现在由 Philips、Nokia 和 Sony 等公司联合主推的一项无线通信技术。NFC 技术采用了双向连接和识别，工作频率为 13.56 MHz。

　　NFC 技术的标准是一个开放的标准，由 ISO 18092 和 ECMA 340 来定义，同时与应用广泛的 ISO 14441A 标准的非接触式智能卡基础架构兼容。NFC 技术能自动地建立无线连接，其短距离交互特性大大简化了认证识别过程。例如，通过 NFC 技术，计算机、数码相机、手机、PDA 等多个设备之间可以方便快捷地进行无线连接，进而实现数据交换和服务。

　　NFC 技术能在有源和无源操作模式下，以 106 kb/s、212 kb/s 和 424 kb/s 的传输速率实现超短距离数据链接。

NFC 在应用上可分为三种类型：

（1）设备连接。NFC 可以为无线局域网（WLAN）或蓝牙等设备简化无线连接。可将两个具有 NFC 芯片的装置相连接，以进行点对点的数据传输，比如下载音乐、交换影像与同步通讯录等。

（2）实时预定。这类应用如门禁管制或车票及门票等，使用者只需利用含有 NFC 芯片的装置靠近读取装置即可，它还应用于资料的撷取，方便实时地获取各种信息，必要的话还可以联机应用信用卡各项功能。

（3）移动商务。NFC 技术主要用于大型的交通管理系统和金融机构，例如 Visa 卡，非接触智能卡或 NFC 手机等，这是 NFC 的主要应用领域。

17.4.2　NFC 原理和组成

NFC 通过一个芯片、一根天线和一些软件的组合，能够实现各种设备在几厘米范围内的通信。其基本原理基于无线射频识别技术（RFID，Radio Frequency Identification）。图 17-4 给出了一个 NFC 硬件构成框图。

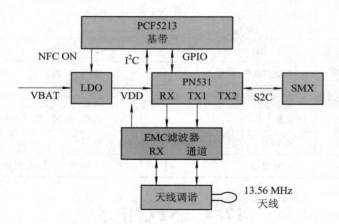

图 17-4　NFC 硬件框图

无线射频识别技术是一种非接触的自动识别技术，其基本原理是利用射频信号和空间耦合（电感或电磁耦合）或雷达反射的传输特性，实现对被识别物体的自动识别。

电感耦合方式一般适合于中、低频工作的近距离射频识别系统。典型的工作频率有 125 kHz、225 kHz 和 13.56 MHz。识别作用距离小于 1 m，典型值为 10～20 cm。

电磁反向散射耦合方式一般适合于高频、微波工作的远距离射频识别系统。典型的工作频率有 433 MHz，915 MHz，2.45 GHz，5.8 GHz。识别作用距离大于 1 m，典型值为 3～10 m。

RFID 系统至少包含电子标签和阅读器两部分，电子标签与阅读器之间通过耦合元件实现射频信号的空间耦合。在耦合通道内，根据时序关系，实现能量传递和数据的交换。

电子标签又称为射频标签、应答器，是射频识别系统的数据载体，由标签天线和标签专用芯片组成。RFID 标签具有持久性好，信息接收传播穿透性强，存储信息容量大、种类多等特点。有些 RFID 标签支持读写功能，目标物体的信息能随时被更新。

依据电子标签供电方式的不同，电子标签可以分为有源电子标签(Active Tag)、无源电子标签(Passive Tag)和半无源电子标签(Semi-passive Tag)。有源电子标签内装有电池，无源射频标签没有内装电池，半无源电子标签部分依靠电池工作。

电子标签依据频率的不同可分为低频电子标签、高频电子标签、超高频电子标签和微波电子标签，依据封装形式的不同可分为信用卡标签、线形标签、纸状标签、玻璃管标签、圆形标签及特殊用途的异形标签等。

低频近距离 RFID 系统主要集中在 125 kHz 和 13.56 MHz 系统；高频远距离 RFID 系统主要集中在 UHF 频段(902～928 MHz)的 915 MHz、2.45 GHz、5.8 GHz。UHF 频段的远距离 RFID 系统在北美得到很好的发展，欧洲则多以有源 2.45 GHz 系统的应用为主。5.8 GHz 有源 RFID 系统在日本和欧洲均有较为成熟的市场。

依据射频工作方式，电子标签分为被动、半主动和主动射频系统。

在被动系统中，阅读器也称为 NFC 发起设备(主设备)，由它发出射频激活标签。而被动系统需要较强的射频信号。因此当阅读器和标签距离较近时才能发挥作用。它可以选择 106 kb/s、212 kb/s 或 424 kb/s 其中一种传输速度，将数据发送到另一台设备。

半主动系统使用内部能量监测周围环境，但也需要阅读器发出射频激活标签发出信号。半主动和被动的区别是半自动系统中有内部能量，标签能够发挥其他作用，例如监测周围环境的温度、振荡情况等，也可以扩展射频活动范围。

主动射频系统利用标签中的内置电源在标签周围形成有效活动区，标签能够主动获得位置很低或高处以及距离较远的射频信号，并传送到阅读器中。在主动模式下，每台设备要向另一台设备发送数据时，发起设备和目标设备都要产生自己的射频场，以便进行通信。这是对等网络通信的标准模式，可以获得非常快速的连接设定。

在一个应用会话过程中，NFC 设备可以在发起设备和目标设备之间切换自己的角色。利用这项功能，电池电量较低的设备可要求以被动模式充当目标设备，而非发起设备。

最常见的是被动射频系统。当解读器遇见 RFID 标签时，发出电磁波，周围形成电磁场，标签从电磁场中获得能量激活标签中的微芯片电路，芯片转换电磁波，然后发送给解读器，解读器把它转换成相关数据，控制计算器就可以处理这些数据，从而进行管理控制。

在主动射频系统中，装有电池的标签在有效范围内活动。标签上的数据是通过射频无线电波的形式发送的，并不要求目标物体在视野范围之内，加上处理数据快的特点，阅读器能够达到每秒钟辨认 1000 个标签的速度。大多数 RFID 系统能够同时收集到天线范围内的大量标签数据，这种特性被称为同时识别功能。

阅读器又称为读出装置、扫描器、通信器、读写器(取决于电子标签是否可以无线改写数据)，它通过接收标签发出的无线电波读取数据。RFID 阅读器(读写器)分为手持和固定两种。典型的阅读器包含有高频模块(发送器和接收器)、控制单元以及天线。

17.4.3　NFC 技术的应用

NFC 设备可以作为非接触式智慧卡的读写器终端以及设备对设备的数据传输链路。其主要应用范围如下：

(1) 用于服务启动。如门禁和打开或关闭设备电源等。

(2) 用于智能媒体。

（3）用于移动支付。如付款等。

（4）用于电子票务。如机票、车票、演出票的购票、验票等。

（5）用于共享单车的开锁及类似场合。

NFC 主要弥补了蓝牙技术协同工作能力差的不足。但它的目标并非是完全取代蓝牙、Wi-Fi 等其他无线技术，而是在不同场合、不同领域起到相互补充的作用。虽然，NFC 是以 RFID 为基础发展起来的，应用也很相似，但它本质是一种强调双向数据传输的通信技术，而 RFID 是一种用于读取标签数据的标签技术。

NFC 技术的"应用之门"已由手机开启，以后会在各种消费电子装置中出现。

17.4.4　NFC 与蓝牙技术的比较

蓝牙设备之间正常的配对操作经常花费五六秒钟的时间（在拥挤的条件下可增加到 30 s），改进的 NFC 单任务协议完成同样的任务只需要 100～200 ms。

NFC 比蓝牙更高效，这是由于 NFC 是一个相对简单的协议，最初是为了少量直接的、点对点的应用而开发的。但蓝牙弥补了 NFC 通信距离不足的缺点，适用于较长距离的数据传输。NFC 主要针对近距离的交互应用，适用于交换财务信息或敏感的个人信息。NFC 协议还可用于引导两台设备之间的蓝牙配对过程，并促进蓝牙的使用。

17.5　UWB 技 术

17.5.1　UWB 技术概述

UWB（Ultra Wide Band）简称超宽带，是一种不用载波而采用持续时间极短的脉冲进行通信的技术， 也被称为脉冲无线电（Impulse Radio）、时域（Time Domain）或无载波（Carrier Free）通信技术。

UWB 所占的频谱范围很宽，谱密度极低，信号的中心频率在 650 MHz～5 GHz 之间，平均功率为亚毫瓦量级，抗干扰能力强，具有多个可利用信道。美国 FCC 对 UWB 的规定为：在 3.1～10.6 GHz 频段中占用 500 MHz 以上的带宽。

UWB 是一种短距离无线宽带传输技术。由于未采用载波调制，所以 UWB 不需要混频器、滤波器、RF/IF 转换器以及本地振荡器等电路，从而实现了低成本下的低功耗、高速宽带应用。UWB 的传输范围在 5～10 m 之间，理论上最高速率可达 1 Gb/s。

17.5.2　UWB 技术原理

UWB 技术的基本工作原理是发送和接收间隔严格受控的单周期超短时脉冲。单周期超短时脉冲决定了信号的带宽很宽，接收机直接用一级前端交叉相关器就把脉冲序列转换成基带信号。

UWB 技术采用脉位调制（PPM）携带信息，即用每个脉冲出现位置超前或落后于标准时刻一个特定的时间 δ 来表示一个特定的信息。一般工作脉宽为 0.1～1.5 ns，重复周期在 25～1000 ns 范围内。

UWB 系统采用相关接收技术，关键部件称为相关器(Correlator)。相关器用准备好的模板波形乘以接收到的射频信号，再积分就得到一个直流输出电压。相乘和积分只发生在脉冲持续时间内，间歇期则没有。处理过程一般在不到 1 ns。相关器实质上是改进了的延迟探测器。模板波形匹配时，相关器的输出结果量度了接收到的单周期脉冲和模板波形的相对位置时间差。

17.5.3　UWB 技术的特点及应用

UWB 具有如下传统通信系统无法比拟的技术特点：

(1) 系统结构简单。常用的无线通信是利用连续载波的参量变化来携带信息，而 UWB 不使用载波，它通过发送纳秒级脉冲来传输数据信号。UWB 发射器直接用脉冲小型激励天线，不需要传统收发电路所需要的变频器和功率放大器等，只需采用非常低廉的宽带发射器。在接收端，UWB 接收机也有别于传统的接收机，不需要中频处理。

(2) 高速的数据传输。UWB 的通信距离为 10 m 以内，其传输速率可达 500 Mb/s。UWB 以非常宽的频率带宽来换取高速的数据传输，并且不单独占用已经拥挤不堪的频率资源，而是共享其他无线技术使用的频带。在军事应用中，可以利用巨大的扩频增益来实现远距离、低截获率、低检测率、高安全性和高速的数据传输。

(3) 功耗低。UWB 系统使用间歇的脉冲发送数据，脉冲持续时间很短，占空比很低，系统耗电也很低，在高速通信时，系统的耗电量仅为几百微瓦到几十毫瓦。民用的 UWB 设备功率一般是传统移动电话所需功率的 1/100 左右，是蓝牙设备所需功率的 1/20 左右。

(4) 安全性高。由于 UWB 信号能量弥散在极宽的频带范围内，对一般通信系统而言，UWB 信号相当于白噪声信号，并且在大多数情况下，其功率谱密度低于自然的电子噪声，所以从电子噪声中检测出 UWB 信号是很困难的。而采用编码对脉冲参数进行伪随机化后，脉冲的检测难度更大。

(5) 多径分辨能力强。常规无线通信的射频信号大多为连续信号或其持续时间远大于多径传播时间，因此多径传播效应限制了通信质量和数据传输速率。实验表明，对常规无线电信号多径衰落深达 10～30 dB 的多径环境，对超宽带无线电信号的衰落最多不到 5 dB。

(6) 定位精确。采用超宽带无线电通信很容易将定位与通信合二为一，而常规无线电难以做到这一点。超宽带无线电具有极强的穿透能力，可在室内和地下进行精确定位，而 GPS 定位系统只能工作在 GPS 定位卫星的可视范围内。与 GPS 提供绝对地理位置不同，超短脉冲定位器可以给出相对位置，其定位精度可达厘米级。此外，超宽带无线电定位器的价格更便宜。

(7) 工程简单造价低。在工程实现上，UWB 比其他无线技术要简单得多，可全数字化实现。它只需要以一种数学方式产生脉冲，并对脉冲进行调制，而这些电路都可以被集成到一个芯片上，设备的成本将变得很低。

基于上述优点，UWB 非常适于建立一个高效的无线局域网或无线个人局域网，主要应用于室内通信、高速无线 LAN、家庭网络、无绳电话、安全检测、位置测定、雷达等领域，如图 17−5 所示。比如，地质勘探及可穿透障碍物的传感器；汽车防冲撞传感器等；家电设备及便携设备之间的无线数据通信；警戒雷达、地雷探测等。

图 17-5　UWB 应用领域

与当前流行的短距离无线通信技术相比，UWB 具有巨大的数据传输速率优势，最大可以提供高达 1 Gb/s 以上的传输速率。UWB 技术已引起全球业界的关注。

17.6　小资料——电子计算机的发明

很多书上说，被誉为"电子计算机之父"的美国籍匈牙利裔科学家冯·诺依曼（John Von Neumann，1903—1957）是电子计算机的发明人。而冯·诺依曼本人却认为计算机的基本概念属于英国科学家阿兰·图灵（Alan M. Turing，1912—1954）。但是，真正的"电子计算机之父"既不是冯·诺依曼，也不是阿兰·图灵。

现在国际计算机界公认的事实是：电子计算机真正的发明人是美国的约翰·文森特·阿塔那索夫（John V. Atanasoff，1903—1995），他才是"电子计算机之父"。

阿塔那索夫是衣阿华大学物理学教授。在他的研究生克利福特·贝瑞（Clifford E. Berry，1818—1963）的帮助下发明了电子计算机。

第一台电子计算机的试验样机于 1939 年 10 月开始运转。这台计算机帮助衣阿华大学的教授和研究生们解算了若干复杂的数学方程。阿塔那索夫把这台机器命名为 ABC（Atanasoff-Berry-Computer），其中，A、B 分别取俩人姓氏的第一个字母，C 即"计算机"的首字母。

阿塔那索夫 1903 年 10 月 4 日在美国马里兰州的哈密尔敦出生。父亲是保加利亚侨民，在保加利亚得过最高级别的科学奖，到美国后担任矿山电气工程师。母亲是数学教师。阿塔那索夫从小与电气和数学结下不解之缘。

阿塔那索夫于 1921 年进入佛罗里达大学，并选择了与父亲相同的专业：电气工程。在同学中间，他的数学成绩最好，而且是唯一学习过二进制数运算的人。1925 年本科毕业后他进入衣阿华大学学习数学，获得硕士学位后进入威斯康星大学，攻读物理学博士学位。博士毕业后，阿塔那索夫返回衣阿华大学当教师并成为该校物理学教授。

阿塔那索夫一生获得 32 项发明专利，于 1995 年 6 月 15 日逝世，终年 91 岁。

思考题与习题

17-1　什么是蓝牙技术？

17-2　蓝牙技术有哪些主要特点？

17-3　蓝牙技术目前有哪些主要应用？

17-4　根据你对蓝牙技术的理解，你认为它还有哪些潜在的应用？

17-5　ZigBee 的特点是什么？与蓝牙技术在应用上有何区别？

17-6　试举出蓝牙、ZigBee、NFC 和 UWB 技术中包含的通信原理概念。

17-7　为什么无线个域网技术要采用微波通信？

第18章　通　信　设　备

本章重点问题：

各种通信技术的重点或服务对象都要落实到信源和信宿，而处在信源和信宿位置的设备就是通信终端。另外，通信网的构建也需要各种通信设备。那么，在生活中，有哪些常见的通信终端和设备呢？

通信设备指用于完成信号发送、接收、变换、传输、交换和信息处理等任务的电子装置。

通信设备按在通信系统中所处的位置不同，通常可分为终端设备和传输设备。

通信系统的最终目的就是向用户提供所需的各类信息服务，主要包括模拟与数字音、视频业务（如普通电话、数字电话、广播电视业务等）、数据通信业务（如网络商务、电子邮件）和多媒体通信业务等，它们都由用户与通信网之间的接口设备来完成。这种位于通信系统两端或通信网边沿的设备被称为通信终端设备。简单地说，**通信终端设备就是信宿或同时也是信源的电子装置，简称通信终端。**

通信终端必须具备三项主要功能：一是完成"消息-电信号"和"电信号-消息"的转换；二是完成电信号与信道的匹配工作，以保证信号的可靠传输；三是完成信令的产生和识别，以实现一系列控制功能或操作。

根据处理信号的不同，通信终端有模拟终端和数据终端之分。普通电话机、收音机和电视等可归为模拟终端范畴；数据终端又称数据终端设备（DTE，Data Terminal Equipment），它是指能够向通信子网发送和接收数据的设备。常见的大、中、小型计算机以及一些以计算机为核心的电子设备（传真机、手机等）无疑都是典型的数据终端，它们不仅可以发送、接收数据，还可以完成差错控制、数据格式转换等信息处理功能。

18.1　电　　话　　机

18.1.1　磁石式电话机

1875年6月2日，电学家沃特森通过图18-1所示的原始电磁式电话听到了贝尔在另

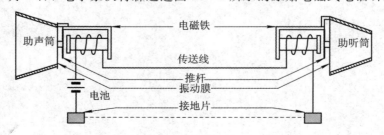

图18-1　原始电磁式电话机示意图

一个房间里说"沃特森先生，快来呀！我需要你"的声音，这一刻宣告了人类历史上第一部电话机的诞生。

贝尔的第一部电话机构造非常简单，由2个装了振动膜片的电磁铁和能够集中声波的助声筒、助听筒组成。在说话时，空气冲击助声筒底部的膜片引起振动，振动改变铁芯与衔铁之间的磁通，使线圈中产生变化的感应电流(完成送话)，该电流流过另一只电磁铁线圈，使得助听筒底部的膜片按电流的变化规律发生振动，通过助听筒把振动产生的声音送入人耳。

在电话机里，我们把能将声音变成相应电信号的转换器称为送话器，把能将相应电信号还原为声音的转换器叫做受话器，两者之间的导线称为线路。

根据贝尔的发明，人们制造了早期的简陋电话机，"说"与"听"都用一个带振动片的电磁铁，听的时候扣在耳朵上当作受话器，说的时候放在嘴前当作送话器。后来，人们把送话器和受话器做成两个独立的部件，但实际上还是两个构造相同的带振动片的电磁铁，通话效率很低。1877年爱迪生发明了炭精式送话器，极大地提高了电话机的送话效率，对受话器的结构也进行了改进，并把送话器和受话器装到了一个手柄里。

最初的电话机只有通话装置，没有呼叫设备，后来逐渐配套成龙，形成了磁石式电话机(如图18-2所示)。这种电话机除了手柄和电铃之外，还配有一个手摇发电机和两节干电池。只要两部磁石电话机之间拉上两根线就可以打电话，摇动发电机，另一部电话机的铃就会响起来，双方都拿起手柄后，自备干电池作为通话用的电源接通，双方就可以通话了。

(a) 壁挂式电话机　　　(b) 台式电话机

图 18-2　早期磁石式电话机

贝尔的电话只能把声音从送话方传到受话方，属于单工通话方式如图18-3(a)所示。通话双方要想交谈就必须用双工通话方式(如图18-3(b)所示)。图18-3(b)虽然可以双工传输语音信号，但需要四根线传输信号，成本高。图18-3(c)所示可以用两根线完成双工传输，但会产生"侧音效应"。所谓侧音就是本方发出的声音通过送话器转换成电信号后，不仅可以通过二线线路送往对方，而且还会送到本方受话器中，产生很大的声音——侧音，影响本方收听对方的话音。因此，现代电话机在设计上需要尽量减小侧音。图18-3(d)所示是具有消侧音功能的双工方式示意图，图中混合电路的作用是完成2/4线转换，把送话电信号送往线路上，把线路上来的电信号送往受话器。由于混合电路含有消侧音电路，所以可大大减少侧音效应。

我们知道，典型的双工通信方式应该有两个信道分别传输两个方向的信号(如图18-3(b))，其目的是防止两个方向的信号互相干扰。而图18-3(d)中实际上是用一个信道(两根线)传输双向信号，即在传输信道中，两个方向的信号混在一起，互相干扰。而"消侧音"技术能够减小这种干扰，从而在一个信道上完成双工通信。因此，电话系统不是严格意义上的双工通信系统。

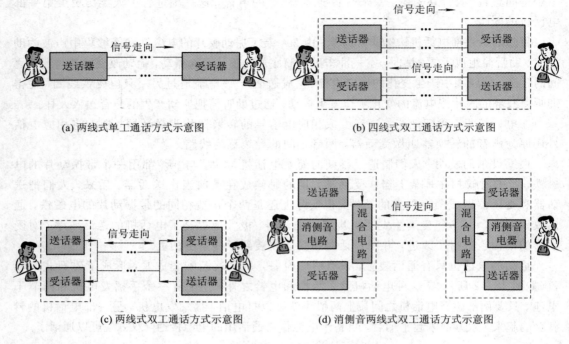

(a) 两线式单工通话方式示意图

(b) 四线式双工通话方式示意图

(c) 两线式双工通话方式示意图

(d) 消侧音两线式双工通话方式示意图

图 18-3　电话通话方式演变示意图

18.1.2　拨号盘式电话机

拨号盘式电话机是自动电话机，它主要由叉簧开关 H1、H2、交流铃、拨号电路、通话电路和手柄等五部分组成。拨号盘式电话及其框图如图 18-4 所示。

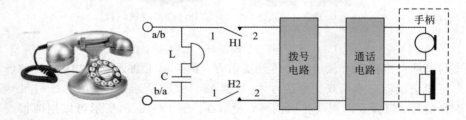

图 18-4　拨号盘式电话机及其框图

（1）叉簧 HI、H2。它用于振铃和通话状态的转换。振铃和通话是交替工作的，即振铃时不能通话，通话时不能振铃。

（2）交流铃。它呼叫被叫用户接听电话。

（3）拨号电路。它主要由旋转拨号盘的脉冲接点和短路接点组成。其作用是把相应的电话号码变成相等数目的电脉冲串发往线路；同时，在发号过程中，由短路接点把通话电路短路，防止发号脉冲在受话器中产生"喀喀"声。

（4）通话电路。它主要起 2/4 线转换和消侧音的作用。

（5）手柄。它是电话机的耳和嘴，主要由送话器和受话器组成。送话器把声音信号变成电信号；受话器把电信号变成声音信号。

打电话者用拨号盘来"告诉"交换机所要的电话分机号码。拨号盘式电话机的工作原理是：拨号盘上有一对与电话机供电回路串接的脉冲接点，当拨动拨号盘后又自动回转时，脉冲接点出现断—通—断……的连接动作，导致电话机的电流呈现断—通—断……的状态，即形成电流脉冲。每通断一次形成一个脉冲，每拨一次号形成一个脉冲串，如图18-5所示。

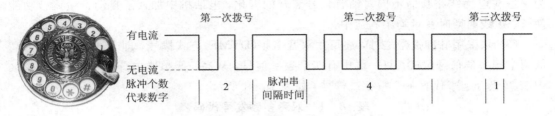

图18-5 拨号盘形成的脉冲串

每个脉冲串内的脉冲个数就是对应的拨号数字，脉冲串的个数代表所拨电话号码的位数。交换机上有专门接收这些脉冲串的设备，当它接收到这些脉冲串后，可判断出被叫用户，并自动进行必要的接续动作，接通相应的被叫电话机。为了使交换机能正确地接收这些信号，不发生判断错误，对电话机发出的电流脉冲速度，通、断时间，脉冲串间隔时间均有一定的要求，有兴趣的读者可查看相关书籍。

18.1.3 按键式电话机

按键式电话机是现代电子技术发展的成果之一。它从20世纪80年代开始普及。按键式电话机与拨号盘式电话机除叉簧和手柄相同外，其他电路不尽相同。

按键电话机主要由叉簧、手柄、振铃、极性保护、拨号、通话等电路组成，如图18-6所示。

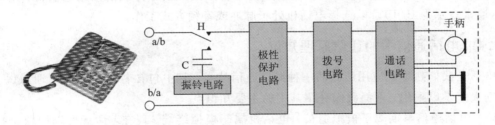

图18-6 按键式电话机及其框图

（1）振铃电路：它由音调振铃集成电路和压电陶瓷蜂鸣器或扬声器组成。它把交换机送来的25 Hz铃流变成直流，然后再产生两种频率不同的交流信号，驱动压电陶瓷蜂鸣器或扬声器发出悦耳的声音。

（2）极性保护电路：它的主要作用是把a/b、b/a线上极性不确定的电压变成极性固定的电压，以确保拨号电路和通话电路所要求的电源极性。

（3）拨号电路：拨号电路是由拨号专用集成电路，键盘和外围电路组成。它可以把键盘输入的号码变成相应的脉冲或双音多频信号送到线路上。同时能发出静噪信号来消除拨号时在受话器中产生的"喀喀"声。

（4）通话电路：采用高性能（宽频响、长寿命等）的电/声、声/电转换器件作为受话器、送话器，并配上送、受话放大器（多采用专用通话集成电路）完成通话功能。它的主要作用是2/4线转换、消侧音和放大接收与发送信号。

按键式电话机在性能上有以下优点：

（1）脉冲拨号参数完全由电子器件保证，非常稳定，且按键方式比拨盘方式操作简单。

（2）通话时话音失真度小（频率失真小），发送、接收系统的灵敏度可按要求进行调整。为了适应电话线路长短不同对话音信号衰减的变化，电话机中加入了自动音量调节功能，使长、短线通话时音量均柔和适中。

（3）除采用脉冲拨号之外，还可用双音多频（DTMF）方式拨号，即全部拨号信号由高、低两个频率群信号组成，每一群中有四个频率信号，从高、低频群中分别任选一个频率（8中取2）组合起来代表一个数字或符号，如表 18-1 所示。

表 18-1　双音多频发号代码表

高频群/Hz 低频群/Hz	1209	1336	1477	1633
697	1	2	3	A
770	4	5	6	B
852	7	8	9	C
941	*	0	#	D

发号时，电话机发出含有两个频率的音频信号电流，用户可以从受话器听到它的声音（确认音）。交换机接收到双音频信号进行判别，完成相应的接续动作。为使交换机能准确识别，对电话机发出的双音频信号在频率偏差、电平、失真、持续时间等方面均有严格要求。表 18-1 中的 A、B、C、D 四种双音频组合目前使用较少，主要是作为备用。

为了方便用户，生产厂家推出了具备脉冲和音频两种拨号方式的两用电话机，用一个开关（通常表示为 P/T）可以选择电话机处于脉冲或音频方式工作。

18.1.4　电话通信中的通信原理知识

电话是我们熟悉且应用广泛的一种典型通信技术，其中包含着不少通信原理知识。为了帮助大家学以致用，下面我们介绍其中的主要知识点。

（1）电话通信早期属于模拟通信，电话机属于模拟终端。现在，话音可以用数字技术传输，即数字电话，典型的实例是目前流行的手机。随着网络技术和计算机技术的发展与应用，模拟电话网也可以进行数据通信，如拨号上网和 ADSL、电传等。

（2）电话可实现双工通信，但却是利用消侧音技术在一个信道上完成双向信号传输。

（3）电话机到交换机之间是音频基带信号传输。交换机之间多采用调制传输。由于局与局之间多为多路电话传输，所以采用单边带频分复用技术。例如，一个基群传送 12 路电话，带宽为 48 kHz；一个超群由 5 个基群构成，传输 60 路电话，带宽为 240 kHz。

18.2　收　音　机

18.2.1　收音机分类及原理框图

收音机是我们非常熟悉的家用电器，也是一种典型的通信终端。如果用通信术语来描述，它是一种无线单工语音通信产品，是"调制/解调"原理在实践中的具体应用，其工作原理与很多专用通信设备（电台）很相似，具有代表性。

收音机有多种，根据不同标准具有以下不同分类：根据主要元件不同可分为电子管、晶体管和集成电路收音机；根据电路原理不同可分为直接检波式、来复再生式和超外差式。前两种已基本淘汰；根据工作波段不同可分为单波段和多波段；根据信号调制不同可分为调幅式和调频式。也有合二为一的调幅调频机；根据体积大小不同可分为台式、便携式、袖珍式和微型式；根据性能指标不同可分为特级、一级、二级、三级和四级五个等级。

收音机必须工作在一个叫做"工作波段"的指定频率范围内，也就是说，收音机可以接收指定频段内的电台信号。工作波段主要分为中波、短波和调频波三大类。我国规定收音机的工作波段是：调幅中波段为 535～1605 kHz；调频波段为 88～108 MHz；调幅短波段因机器等级不同而略有差异，比如具有一个短波波段的三级收音机为 3.9～12 MHz 或 6～18 MHz。

收音机从发明到现在，经历了电子管（如图 18－7 所示）、晶体管和集成电路三个时代。虽然其体积越来越小，但工作原理始终没变。了解收音机的工作原理对掌握通信原理相关知识大有好处。图 18－8 给出了超外差式晶体管收音机及其原理框图。

图 18－7 电子管收音机

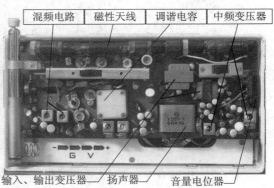

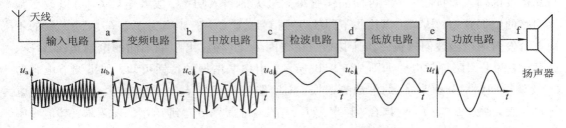

图 18－8 超外差式晶体管收音机及其原理框图

18.2.2 输入电路

收音机的第一级电路叫输入电路(调谐电路),其作用是利用"谐振"原理,从天线接收到的多个电台信号中,选择出来想要收听的电台信号,并传输到下一级电路,同时有效地抑制其他不想收听的信号(干扰)。输入电路的要求如下:

(1)输入电路的电压传输系数尽可能大,且在整个波段中变化不大。所谓电压传输系数就是指输入电路的输出与输入电压(天线线圈的感应电动势)之比。

(2)输入电路的选择性强,即从天线传输来的多而杂的信号中选取出有用信号的能力要强。这是输入电路的主要作用。

(3)输入电路要有足够的波段覆盖,即收音机能调谐到所要接收的整个波段内各个频率的电台信号,并且所调谐到的每一个频率都能达到上述传输系数和选择性等主要指标。

采用磁性天线的输入电路如图 18-9(a)所示。它由可变(调谐)电容 C_{1a}、微调电容 C_T、铁氧体磁棒以及绕在磁棒上的谐振线圈 L_1 与耦合线圈 L_2 组成。磁棒起着接收电磁波的作用,与套在它上面的谐振线圈 L_1 共同构成所谓的磁性天线。由于磁棒的磁导率很高,空间电磁波穿过它时,会形成非常密集的磁力线贯穿磁棒,使谐振线圈 L_1 上感应出较高的感应电动势。磁性天线的这一特点使它具有很强的方向性。因为一般的无线电广播(中、短波),电台发射的电磁波都是垂直极化的电磁场,即它的电场强度矢量是平行于地面的,所以,只有磁棒的轴线与电波传播的方向垂直,且与地面平行,即与交变磁场分量平行时,穿过磁棒上线圈 L_1 的磁力线才最多,在这个方向上线圈里感应的交变电动势才最大。

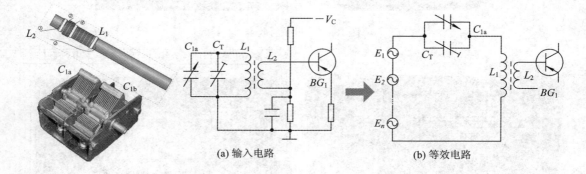

(a) 输入电路   (b) 等效电路

图 18-9 磁性天线输入电路及其等效电路

线圈 L_1 和电容 $C(C=C_{1a}+C_T)$ 构成调谐输入回路,以完成电台选择任务。而通过 L_2 与晶体管的输入阻抗相匹配,可使晶体管得到最大的输入功率。改变电容 C_{1a} 可以改变输入回路的谐振频率,从而可以接收不同的电台信号。比如,有频率为 f_1、f_2、……、f_n 的不同电台发射的电磁波同时被磁棒所接收,在线圈 L_1 上感应出频率不同的电动势 E_1、E_2、…、E_n,调谐回路等效电路如图 18-9(b)所示。由串联谐振的特性可知,如果调节电容器 C_{1a} 使调谐回路对频率为 f_2 的电动势谐振,则回路里频率为 f_2 的电流最大,L_1 两端的电压也最大,通过 L_1 与 L_2 的耦合,频率为了 f_2 的电台信号传输到 BG_1 的输入端。其他频率的电台信号则被有效地抑制。C_T 选用半可变电容器,其作用是补偿可变电容器 C_{1a} 的容量,使之调谐范围可以覆盖整个频段。

18.2.3 变频电路

利用本地产生的振荡波与输入信号混频，将输入信号频率变换为某个预定频率的技术或方法叫做"外差"或"超外差"技术或方法。

超外差原理最早是由 E. H. 阿姆斯特朗于 1918 年提出的。这种方法是为了适应远程通信对高频率、弱信号接收的需要，在外差原理的基础上发展而来的。外差方法是将输入信号频率变换为音频，而阿姆斯特朗提出的方法是将输入信号变换为超音频，因此称之为"超外差"。

超外差电路的典型应用是超外差接收机。随着集成电路技术的发展，超外差接收机已经做到单片集成。超外差接收机的优点是：容易得到足够大而且比较稳定的放大量；具有较高的选择性和较好的频率特性；容易调整。超外差接收机的缺点是电路比较复杂，同时也存在着一些特殊的干扰，如像频干扰、组合频率干扰和中频干扰等。

变频电路是超外差技术的核心，变频电路原理如图 18-10 所示，其基本思路是接收电路将收到的不同频率电台信号全部变成一个统一频率的信号，以保证有较高的灵敏度和选择性。这个"统一频率"被称为"中频频率"简称"中频"。我国中频频率定为 465 kHz。可见，中频低于中波波段。

变频器的原理是：输入电路在工作波段中选中一个载频为 f_s 的电台信号送入变频管基极；本机振荡电路（本振电路）产生一个频率为 f_c 的正弦型信号送入变频管发射极；通过变频管的非线性作用，从集电极输出包含 f_s 和 f_c 混合频率信号，再经过中频变压器选出其中的差频信号（也就是中频信号 $f_0 = f_c - f_s$）送入中放电路。

因为接收的信号载频随电台的不同而不同，即 f_s 是变化的，所以，为了使中频 f_0 保持不变，就需要本振信号的频率随 f_s 同步变化，并保持一个固定差值。图 18-10(b)中的双连可变电容器 C_{1a} 和 C_{1b} 的作用就是保证在选择不同电台的同时，让本振频率也随之同步改变。

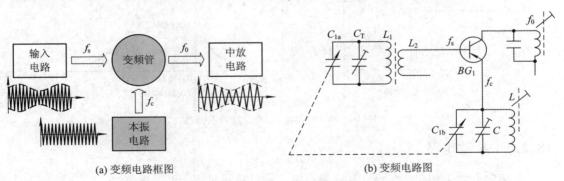

(a) 变频电路框图　　　　　　　　　　(b) 变频电路图

图 18-10　变频电路原理图

超外差技术的作用是：通过变频器把所有可接收到的不同载频电台信号变成一个固定频率（中频）的调幅信号，从而降低对后续放大电路通频带的要求，提高收音机的性价比。

值得注意的是，有些收音机或电视机的框图中会出现"混频电路"或"混频器"字样，其含义与"变频电路"或"变频器"略有不同。"变频"是指用一只管子（晶体管或电子管）同时完成"本机振荡"信号的产生和"混频"任务；而用一只管子产生本机振荡信号，用另一个管子进行混频时，则该管子和周边元器件就构成"混频电路"。因此，"变频器"包含"产生本振"和"混频"两个功能，而"混频器"只完成"混频"任务。

18.2.4　中放电路

中频放大器(简称中放)是超外差式收音机的重要组成部分,其性能好坏直接决定收音机的选择性和灵敏度。它必须满足以下要求:

(1) 有良好的选择性;

(2) 工作稳定,受电压、温度影响要小,不能产生自激振荡;

(3) 通频带内频响特性要好;

(4) 在保证稳定的前提下,功率增益要尽量高。

中频放大器的作用是将变频器或前一级放大器送出的中频小信号加以放大。通常一个收音机有两到三级中放。中频放大器及其频响特性如图 18-11 所示。中频放大器的谐振频率是中频 465 kHz。由于我国电台的频谱带宽为 10 kHz,所以中频放大器的通频带为 10 kHz,如图 18-11(b)所示。

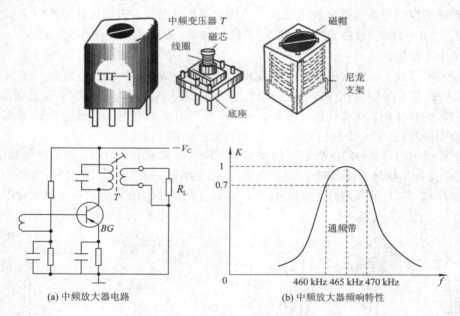

(a) 中频放大器电路　　　　(b) 中频放大器频响特性

图 18-11　中频放大器及其频响特性

18.2.5　检波电路

调幅收音机采用包络检波,其原理在第 2 章已经讲过,这里不再赘述。

18.2.6　低频放大和功率放大电路

检波器输出的信号就是音频信号,但因其幅度太小,所以必须经过放大才能推动扬声器发声。低频放大器和功率放大器就是完成将检波器输出的小音频信号放大至可以带动扬声器的大幅度音频信号的任务。低频放大器是一个典型的共发射极放大器,而功率放大器是一个典型六晶体管中波超外差式收音机原理图,如图 18-12 所示。有关内容参看"模拟电路"教科书。

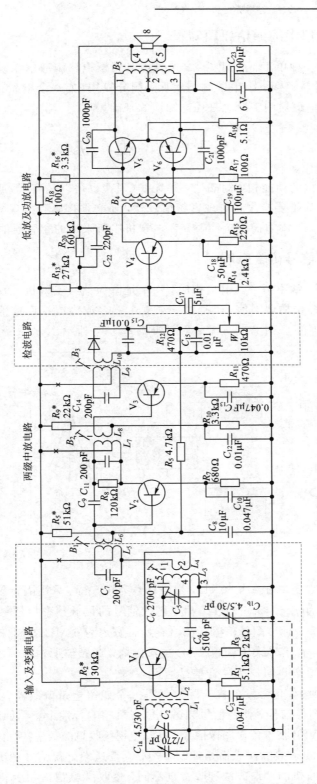

图 18 - 12　一个典型的六晶体管中波超外差式收音机原理图

18.2.7　广播通信中的通信原理知识

无线电广播是一种单工、点到多点、无线传输的模拟调制通信系统，其中的理论知识主要包括幅度调制与解调、频率调制与解调、频分复用（如一个电台播出多套节目）等内容。而信号频谱和信道通频带概念是理论知识的基础。

18.3　电　视　机

电视机与收音机的功能相似，都是一种无线（现在也可以是有线）通信终端设备，其本质区别在于电视机除了要接收和再现音频信号外，还必须接收和再现图像信号，其原理和结构远比收音机复杂。本节向读者简要介绍电视机中所采用的相关通信技术。

18.3.1　电视机信号传输原理

电视广播电台通常由两个发射机构成：一个是图像信号发射机，另一个是伴音信号发射机。两个发射机输出的调制信号，通过一个双工器合成为电视广播信号，由一副天线发射出去供电视机接收。广播电视系统示意图如图 18-13 所示。

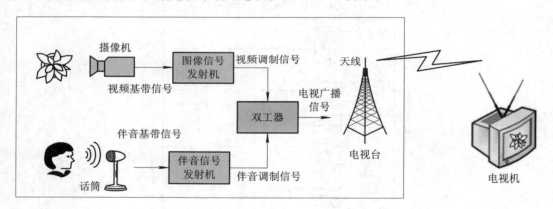

图 18-13　广播电视系统示意图

我国电视标准规定：场频为 50 Hz，扫描行数为 625 行，采用隔行扫描方式，电视图像信号的最高频率约为 $f_{max} \approx 5.6$ MHz；由于图像信号的最低频率接近零，所以图像信号的带宽就是其最高频率，标准图像信号（视频信号）带宽定为 6 MHz；图像信号采用残留边带调制（VSB）发送；伴音信号采用调频（FM）技术传输，调频波所占的频率范围为 130 kHz；在伴音载频两边各留 250 kHz 为伴音信号通道。

图 18-13 中的图像信号发射机实际上就是一个残留边带调制器，而伴音信号发射机就是一个调制器。图像信号、伴音信号频谱及电视机频响特性示意图如图 18-14 所示。

由于我国采用 VSB 技术传输图像信号，并和电视接收机的频率特性配合起来，共同完成单边带传送的任务（我国的电视广播是抑制下边带，发送端电视信号频谱如图 18-14(b)所示），所以，电视接收机的调谐方法和收音机不同，接收端电视机频响特性如图 18-14(c)所示，表示电视接收机的频率特性。收音机是把电台的载频调节到整机频率特性曲线通频

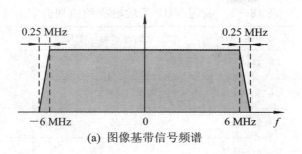

(a) 图像基带信号频谱

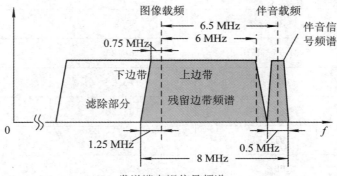

(b) 发送端电视信号频谱

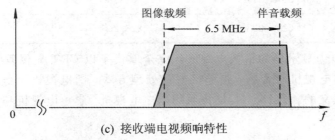

(c) 接收端电视频响特性

图 18-14 图像信号、伴音信号频谱及电视机频响示意图

带的中点，而电视机则把图像载频调节到频率特性曲线通频带的一个斜边上，以使整个上边带都能通过电视接收饥，同时把接收到信号中未被抑制的那部分下边带抑制掉。

电视伴音信号采用调频方法传送是为了得到较高的放音质量。伴音信号频带比图像信号窄得多，它安置在图像信号上边带的旁边。伴音载频比图像载频高 6.5 MHz。通常在电视接收机中用同一个高频放大器去接收和放大图像和伴音两种信号，可使接收机的构造简化。采用 VSB 技术传送后，发送设备的总频带宽约为 8 MHz，而接收机的带通放大器频带宽度为 6.5 MHz 就可以了。

在电视广播中，每一套电视节目必须单独使用一个频道，也就是一个独占的频率范围。我国的电视节目频道主要分布在甚高频段（VHF）和特高频段（UHF）两个频段中。表 18-2 是我国 VHF 频段的电视频道划分。其中，1~5 频道称为 I 波段；6~12 频道称为 III 波段；5~6 频道之间空出了 93~166 MHz 一段，供调频广播使用，称为 II 波段。

表 18 - 2　我国 VHF 频段电视频道划分表

波段	频道	频率范围/MHz	图像载频/MHz	伴音载频/MHz
I	1	48.5～56.5	49.75	56.25
	2	56.5～64.5	57.75	64.25
	3	64.5～72.5	65.75	72.25
	4	76～84	77.25	83.75
	5	84～92	85.25	91.75
Ⅲ	6	167～175	168.25	174.75
	7	175～183	176.25	182.75
	8	183～191	184.25	190.75
	9	191～199	192.25	198.75
	10	199～207	200.25	206.75
	11	207～215	208.25	214.75
	12	215～223	216.25	222.75

目前，以 LCD 为显示屏的平板电视已经完全取代了以 CRT 显像管为显示屏的普通电视机，了解普通电视机对音频、视频信号的处理方式，即电视机工作原理，对通信原理的学习是很有意义的。图 18 - 15 是普通的黑白电视机、彩色电视机和平板电视机的实物图。

(a) 黑白电视机　　　　　(b) 彩色电视机　　　　　(c) 平板彩色电视机

图 18 - 15　几种电视机实物图

18.3.2　电视机原理

我们已经知道，电视广播的图像和伴音是两个独立的电信号，发送时要用两个载波和两套独立的发射机，分别采用调幅波（VSB）和调频波（FM）发送。这两种信号虽然调制方式不同，但都是具有一定频带宽度的超高频信号。由于它们的载波频率比较接近，所以能用一副天线同时把它们接收下来，并且在接收机前端的一些电路中，可以让这两个信号共同通过以后再把它们分开。因此，电视接收机不必采用两套完全独立的接收电路。

从原理上看，电视接收机是一种可以接收调幅信号和调频信号的终端设备，目前的电路形式都是超外差式。超外差式电路接收任一频道的电视台，都是利用变频器把接收到的超高频载波信号变成频率较低的载波信号，而且是固定的中频载波信号，然后再用中频放大器去放大，并用中放的级间 LC 回路来保证图 18－14(c)所要求的频率特性。

上面已经谈到，超高频的图像和伴音载波信号是共用一副天线接收的。这两个信号通常是一起通过电视接收机的高频部分和图像通道的中频放大器，直到经过图像检波器以后，再把伴音信号分离出来。已调幅的图像中频信号经过调幅检波器（因为图像信号采用 VSB 传送，用普通的包络检波会产生失真。所以，电视中可采用中频补偿或其他检波方式，比如双差分同步检波器来解决这个问题）解调后，便得到图像的视频信号。由于已调频的伴音中频信号幅度不变，且调幅检波器和变频器都是非线性电路，所以经过调幅检波器时不会得到音频信号，但却得到了变频处理。这时，图像中频信号的载波相当于本机振荡信号，它和伴音中频信号在调幅检波器里混频，得出的新信号频率为图像中频和伴音中频之差，即 6.5 MHz，而原来的调频性质却没有变。这个新的信号称为第二伴音中频信号，它的频率较原来的中频低，频带又窄，因此，在图像检波之后，用一个 Q 值（品质因数）较高的 LC 谐振回路就能把它分离出来，然后送到第二伴音中频放大器中去进一步放大。再通过限幅器、鉴频器对伴音的调频信号进行检波，便可得到伴音的音频信号。

图 18－16 为超外差式电视机电路原理框图。对于超外差式接收机，主要是靠图像中频放大器来放大中频信号和保证所需的频率特性。但通常仍安放一级简单的高频放大器，其作用是用来选择所要接收的电视台信号、抑制天线可能收到的其他干扰信号，以及把变频器和天线隔离开。这样，一方面可以避免本机振荡信号通过天线发射出去干扰别的接收机，另一方面也可以保证变频器的工作稳定。

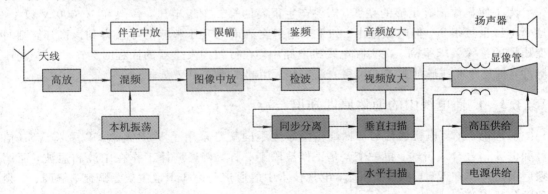

图 18－16　超外差式电视机原理框图

变频器包括混频和本机振荡两部分。本机振荡器的振荡频率分别比电视台的图像信号载频和伴音信号的载频高一个固定数值，因而变频后即得出固定的图像中频信号和伴音中频信号。如第二频道的图像载频为 57.75 MHz，伴音载频为 64.25 MHz，而本机振荡频率为 92 MHz。因此，图像中频为 92－57.75＝34.25 MHz，伴音中频为 92－64.25＝27.75 MHz。可见，原来伴音信号比图像信号高 6.5 MHz，经过变频以后，得到的伴音中频反而比图像中频低 6.5 MHz。

由于中频是固定的,所以随着接收不同频道的电视台,本机振荡的频率也要跟着改变,以保证得到固定的中频,这需要在用转换开关换接高放级和变频器输入端的调谐回路的同时,换接本机振荡器已预先调好的振荡回路即可。实际的装置是把整个高频部分(包括高放、混频和本机振荡),连同频道选择的转换开关装在一起,称为高频头。其输入端接天线,输出端接中频放大器。

由于经过变频后,原来频率较高的伴音载波信号变成频率较低的伴音中频信号,而原来频率较低的图像载波信号变成了频率较高的图像中频信号,所以,在中频放大器中,通频带特性正好和图 18 - 14(c)所示的整机通频带特性左右对调。在图像中频放大器中,主要应保证让图像中频信号通过。对于伴音中频信号,则增益只要有图像信号的 5% 左右即可。伴音信号和图像信号分离后,在第二伴音中放中再作进一步的放大,这是为了避免伴音中频信号对图像中频信号的干扰。即便如此,伴音中频信号在图像通道中仍能得到一定的放大。

一般电视机图像中放的放大倍数为 2000 到 20 000 倍左右,输出的图像中频信号可达 1~3 V。经检波器输出图像视频信号(严格地说是全电视信号),再用视频放大器放大到 50 V 左右。这样,在显像管的荧光屏上就会有足够对比度的黑白图像了。视频放大器应能放大频宽为 6 MHz 的图像信号。

为了在显像管荧光屏上重显出电视图像,不仅要求用图像信号去控制显像管上光点的亮度,还要让光点在荧光屏上沿水平和垂直方向扫描。因此,要有水平扫描和垂直扫描电路,以产生能使电子束作水平和垂直扫描的锯齿形电流。为了稳定地重显图像,必须使显像管中电子束的扫描和电视台摄像机中的扫描同步。由于行、场同步脉冲是混在图像信号的扫描回程中传送给电视接收机的,所以,需要从视频放大器引出一路输出,加到同步脉冲分离放大器的输入端,以便分离出行、场同步脉冲,分别用来控制行、场扫描发生器。

为了使显像管有足够的亮度,需要产生很高的第二阳极电压,一般在 10 000 V 以上。这个电压虽然很高,但电流很小。如果采用把交流市电升压整流的办法得到该高压,则对变压器的绝缘要求很高。在实际电视机电路中,在行扫描发生器的回程时会产生一个高压脉冲,把这个高压脉冲整流即可得直流高压,用起来既方便又安全。

18.3.3　广播电视中的通信原理知识

从理论上看,电视通信与广播通信的最大不同就是采用了 VSB 调制,以及将 VSB 信号和 FM 信号合成传输;再一个就是工作波段不一样,普通广播工作在中波和短波,而调频广播也工作在 VHF 波段。因此,电视技术中的通信理论知识也主要是调制、解调、变频和频分复用等。

18.4　数　据　终　端

18.4.1　数据终端的组成及分类

数据终端通常由输入/输出设备和输入/输出控制器组成。其中,输入设备对输入的数据信息进行编码,以便进行信息处理;输出设备对处理过的结果信息进行译码输出;输入/

第三篇 现代通信技术

输出控制器则对输入、输出设备的动作进行控制，并根据物理层的接口特性（机械、电气、功能和规程特性等）与线路终端接口设备（如调制解调器、多路复用器、前端处理器等）相连。

不同的输入/输出设备可以与不同类型的输入/输出控制器组合，从而构成各种各样的数据终端设备。由于这类设备是一种人机接口设备，在地理位置上可以远离主机，通常由人进行操作，所以工作速率较低。我们最为熟悉的计算机、传真机、卡片输入机、磁卡阅读器等都可作为数据终端设备。其基本构成如图 18 - 17 所示。

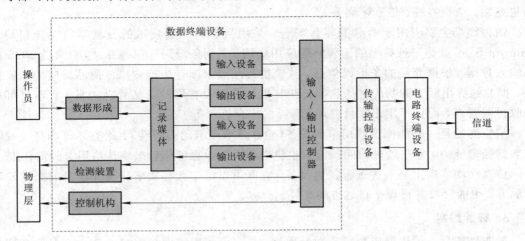

图 18 - 17　数据终端基本构成示意图

数据终端种类繁多，且具有高速化、多功能化、小型化和智能化的特点。一般可将其分为通用终端、复合终端和智能终端三大类。

1. 通用终端

通用终端设备仅具有输入/输出功能。常见的有：

（1）键盘、打印类终端。这是应用最悠久、最普及的终端设备。键盘是人们供输入信息用的，按键信号经编码器变成为二进制码，然后通过输入控制器送往计算机，比如常见的全功能型 101/102 键两种键盘。打印终端按其打印方式有击打型和非击打型两种。目前常见的是非击打式，如静电打印、激光打印、喷墨打印等。

（2）显示类终端。显示终端常配置相应的输入设备（如键盘、鼠标、图形板、光笔等）、显示器、存储器等以扩展和增强显示终端的功能。用户可以借助输入设备将数据和指令告诉计算机，对其进行加工、处理或执行，经计算机处理或执行的结果（包括文字、图形、图像及视频信息）可通过显示终端输出，供用户观察和监视。目前主要以 LCD 显示器为主。

（3）识别类终端。目前，识别类终端有两种类型，一种是对字符、标记的识别；另一种是对语音的识别。前者是借助光学和光/电转换原理达到检测和识别字符、标记的目的，如条形码识别机就是一个应用实例。后者识别时，需先对语音信号进行分析，提取其中的特征信息，然后利用模式识别原理或方法，控制和实现语音的识别。

2. 复合终端

复合终端是具有输入/输出和一定处理能力的数据终端设备。更确切地说，它是一种面向某种应用业务,可以按需配置输入/输出设备进行特定业务信息处理的终端设备。

复合终端种类较多,这里仅以常见的复合终端为例,来说明其应用特性。

(1)远程批作业终端。它是一种专门配置在远地运行,并以联机处理方式向主机传输数据的终端设备,适用于批量作业处理的环境。这类终端除具有输入、输出控制功能外,还具有数据缓冲及可编程的功能。因而可在本地完成包括传输控制、差错校验、格式变换等通信任务。不能处理的任务则交给远端的主机去完成。

(2)事务处理终端。它是为适应某种特定应用环境而设计的一类终端设备。常见的有销售终端、信贷终端、传真终端等。

销售终端主要应用于商业的零售场合。采用条形码识别技术的自动销售系统(POS,Point of Sale)就是一种典型的销售终端应用实例。它用条形码标识各商品,并作为 POS 机的输入数据。根据商品的条形码信息,从销售商品数据库存中检索出该商品对应的销售价格,据此结算出顾客购物应付的款额,POS 机是一种很有用的商品管理工具。它不仅可用于收付账管理,而且可用于账目管理、商品的库存管理等。

信贷终端是一种能阅读信用卡的设备(验证该信用卡的有效性)。此类终端本身一般没有数据处理能力,它是通过访问和检索主机中相关的数据库信息来确认信用卡的信任度。

传真终端实质上是一种远程复制设备,它既可以将包含有文字和图像信息的文件发送到远方,也能接收并再现来自远方的文件。

3. 智能终端

智能终端是一种内嵌单片机或微处理机、具有可编程能力和数据处理及数据传输控制能力的终端设备,与非智能终端相比,具有可扩充性、灵活性及兼容性等特点。

智能终端按其处理能力的不同,可分为弱智能终端和智能终端两种。前者的功能是由制造厂家事先固化在只读存储器 ROM 或其他存贮器件中,用户只能使用,不可改变。后者则不然,它可更改终端功能。由于它备有基本操作系统、语言编译程序及通信控制程序等系统软件,因此,用户可根据终端应用业务的需要或变化编制和设置各种应用软件,赋予终端新的功能。典型的智能终端是大家熟悉的智能手机。

上述各类数据终端如图 18-18 所示。

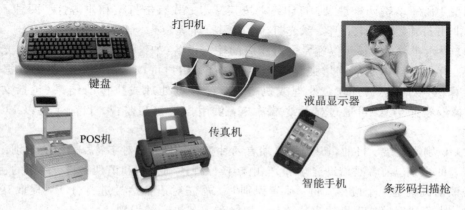

图 18-18 数据终端

18.4.2 多媒体通信终端

1. 多媒体通信终端的特点和关键技术

多媒体通信终端必须具有能处理多种有内在联系的不同速率的媒体信息，它与分布在网络上的其他终端保持协同工作，并能灵活地完成各种媒体的输入/输出、人机接口等功能。因此，与传统的终端设备相比，要求它对多种信息媒体进行处理和表现，能通过网络接口实现多媒体通信；能保证多媒体信息在空间和时间上的完整性，即在多媒体终端上显示的图、文、声等以同步的方式工作，这是多媒体终端的重要特征；能提供与系统的交互通信能力，给用户提供有效控制、使用信息的手段，即用户对通信的全过程有完整的交互控制能力，这也是判别终端是否是多媒体终端的一个重要准则。

实现上述目标，需要如下关键技术：

（1）开放系统模式。多媒体终端应按照分层结构支持开放系统，模式设计的通信协议要符合国际标准，才能满足设备、信息的互通。

（2）人机和通信的接口技术。多媒体终端包括两个方面的接口，即与用户的接口和与通信网的接口。多媒体终端与最终用户的接口技术包括汉字输入的有效方法和汉字识别技术、自然语言的识别技术，以及最终用户与多媒体终端的各种应用的交互界面。多媒体终端与通信网的接口包括电话网、分组交换数据网、N‐ISDN 和 B‐ISDN 等通信接口技术。

（3）多媒体终端的软、硬件集成技术。多媒体终端的基本硬件、软件支撑环境，包括选择兼容性好的计算机硬件平台、网络软件、操作系统接口、多媒体信息库管理系统接口、应用程序接口标准及设计和开发等。

（4）多媒体信源编码和数字信号处理技术。终端设备必须完成语音、静止图像、视频图像的采集和快速压缩编解码算法的工程实现，以及多媒体终端与各种表示媒体的接口，并解决分布式多媒体信息的时空组合问题。

（5）多媒体终端应用系统。多媒体终端能真正地进入使用阶段，需要研究开发相应的多媒体信息库、各种应用软件（如远距离多用户交互辅助决策系统、远程医疗会诊系统、远程学习系统等）和管理软件。

2. 多媒体终端的构成

多媒体终端是由搜索、编解码、同步、准备和执行等五个部分，以及 I 协议、B 协议、A 协议等三种协议组成的。其构成框图如图 18‐19 所示。

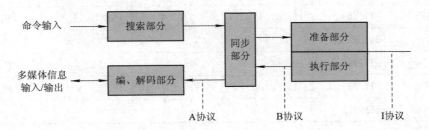

图 18‐19　多媒体终端构成框图

搜索部分为人机交互过程中的输入交互部分，包括各种输入方法、菜单选取等输入方式。

编码部分主要将各种媒体信息按一定标准进行编码,并形成帧格式;解码部分主要对多媒体信息进行解码,并按要求的表现形式呈现给人们。

同步部分解决多种表示媒体间的同步问题。多媒体终端的一个最大特点是多种表示媒体通过不同的途径进入终端,由同步处理部分完成同步处理,再送到用户面前的就是一个完整的声、文、图、像一体化的信息,这就是同步部分的重要功能。准备部分的功能体现了多媒体终端所具有的再编辑功能。例如,一个影视编导可以把从多个多媒体数据库和服务器中调来的多媒体素材加工处理,创作出各种节目。

执行部分完成终端设备对网络和其他传输媒体的接口。

I 协议也称为接口协议,它是多媒体终端对网络和传输介质的接口协议。

B 协议也称为同步协议,它传递系统的同步信息,以确保多媒体终端能同步地表现各种媒体数据。

A 协议也称为应用协议,它管理各种内容不同的应用。例如,ITU-T T.105 协议即为 ISDN 中的可视图文的 A 协议。

ITU - T 从 20 世纪 80 年代末期开始制定了一系列多媒体通信终端标准,主要框架性标准包括:用于窄带可视电话系统和终端(N - ISDN)的 H.320;不保证服务质量的局域网可视电话系统和终端的 H.323;保证服务质量的局域网可视电话系统和终端的 H.322;用于低比特率多媒体通信终端(PSTN)的 ITU - T H.324;规定 B - ISDN 环境下 H.320 终端设备的适配 H.321,以及宽带视听终端与系统的 H.310。

上述标准分别适用于在 N - ISDN、B - ISDN、LAN、PSTN 等不同网络上开展视听多媒体通信,每个框架性 H.300 系列标准都包括了相应的视频、音频、通信协议、复用/同步、数据协议(T.120 系列标准)等 ITU - T 的 H.200 系列标准,见表 18 - 3。

表 18 - 3 基于各种网络的多媒体通信终端系列标准

网络类型	N - ISDN	ATMB - ISDN	保证质量的 LAN	非保证质量的 LAN	PSTN
框架性标准	H.320	H.320/H.321	H.322	H.323	H.324
通道能力	<2 Mb/s	<600 Mb/s	<6/16 Mb/s	<10/100 Mb/s	<33.6 kb/s
音频编码	G.711/G.722 G.728	G.711/G.722 G.728	G.711/G.722 G.728	G.711/G.722 G.728/G.728	G.711.1
视频编码	H.261	H.261/H.263	H.261	H.261/H.263	H.261/H.261
数据	T.120 等	T.120 等	T.120 等	T.120 等	T.120 等
系统控制	H.242	H.242/H.245	H.242	H.245	H.245
复分接	H.221	H.220 H.221	H.221	H.225TCP/IP	H.223
信令	Q.931	Q.931	Q.931	Q.931	国家标准

语音编码包括:脉冲编码调制(音频编码)的 G.711、自适应差分脉冲编码(音频编码)的 G.722、低时延码本激励线性预测编码(音频编码)的 G.728 和低码率应用的语音压缩标准 G.723.1。

视频编码标准采用 H.261/H.263，H.261 标准利用 P×64 kb/s(P=1，2，…30)通道进行通信，而 H.263 由于采用了 1/2 像素运动估计技术、预测帧以及优化低速率传输的哈夫曼编码表，使 H.263 图像质量在较低比特率的情况下有很大改善。

图 18-20 是一个基于 H.320 标准的窄带电视电话多媒体终端示意图。H.320 是 ITU-T 最早批准的关于 N-ISDN 网络中会议终端设备和业务的框架性协议。它描述了保证服务质量的多媒体通信和业务，也是最成熟和在 H.323 终端出现前应用最广泛的多媒体应用系统。

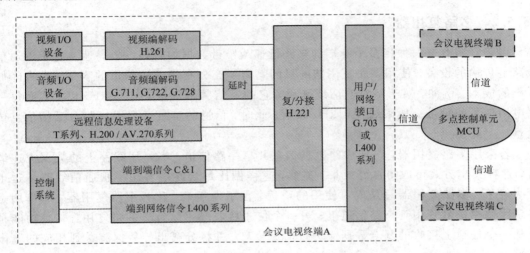

图 18-20 H.320 标准的终端结构

我们可以看出，H.320 多媒体通信终端涉及的标准相当多，其中，H.261 是 P×64 kb/s 视听业务的视频编解码器。H.242 为端到端之间的互通规程，用于 2 Mb/s 数字信道的视听终端间的通信系统。H.230 为视听系统的帧同步控制和指示信号(C&I)。H.221 为视听电信业务中 64～1920 kb/s 信道的帧结构。H.243 为多个终端与 MCU 之间的通信规程，用 2 Mb/s 通道在二个或三个以上的视听终端建立通信。G.703 规定 PCM 调制通信系统网络数字接口参数。

会议电视终端的基本功能是能够将本地会场的图像和语音传到远程会场，同时，通过终端能够还原远程的图像和声音，以便在不同的地点模拟出在同一个会场开会的情景。因此，任何一个终端必须具备视音频输入/输出设备。视、音频输入设备(摄像机和麦克风)将本地会场图像和语音信号经过预处理和 A/D 转换后，分别送至视频、音频编码器。

典型的多媒体终端也是智能手机。

18.5 通 信 设 备

18.5.1 调制解调器

利用现有的模拟信息进行远程数据通信或网络连接时，我们必须使用调制解调器。由于人机交互的接口设备传递的是数字信号，所以，在发送端需要把数字信号转换（调制）成适应模拟信道传输的模拟信号，在接收端再把模拟信号转换（解调）成适应终端或计算机处理的数字信号。在数据通信系统中，调制解调器与差错控制以及呼叫自动应答设备等共同构成了数据电路设备（DCE，Data Circuit Equipment）。

在同步传输系统中，调制解调器发送的数据流中还携带有同步信息。收信端可从发送来的数据中提取同步信息，实现通信双方的同步传输。另外，利用调制技术，可提高系统的抗干扰能力，还可实现信道的多路复用，多进制调制还可以提高信息传输速率。

18.5.2　多路复用器

多路复用器是一种将多个终端的多路低速或窄带数据加载到一根高速或宽带的通信线路上传输的设备。使用多路复用器的目的是为了充分利用通信信道的容量，大大降低系统的成本。例如，对于一对电话线来说，它的通信频带一般在 100 kHz 以上，而每一路电话信号的频带一般限制在 4 kHz 以下。此时，信道的容量远大于一路电话的信息传送量。

若采用多路复用器，可使多路数据信息共享一路信道。当复用线路上的数据流连续时，这种共享方式可取得良好效果。显然，这样做比每台终端各用一根通信线路传送也更为经济。多路复用器总是成对使用的，一个位于发送端，称为多路复用器，其作用是将多路数据信号复用到一路信道上；另一个位于接收端，称为解多路复用器，其功能是将从一个信道上接收的复合数据流进行信道分离，并将分离出的数据流送到相应的输出信道上。

18.5.3　集中器

由于多路复用器允许加接的终端数目有限，且终端传输的数据量相对较低，所以，在复用线路上，很难呈现出连续的数据流，往往不能满足大型数据通信系统的要求。为此引入了集中器。集中器是一种将 m 条输入线汇总为 n 条输出线的传输控制设备，其中 $m \geqslant n$。

集中器的最主要功能首先是将多路输入的大量低、中速数据流进行组合后，经若干条高速线路送至另一通信设备（如集中器或前置处理机）；其次，还可进行远程批处理业务；如果集中器配置了联机存储器和相应的软件，还可完成报文交换功能或存贮/转发报文功能。

因集中器输入线路 m 一般都大于输出线路 n，故不可避免地会出现输出信道争用现象。为避免冲突，集中器常采用争用、轮询以及存贮转发等技术。争用技术的特点是多个终端或输入信道可同时争用访问集中器，由于集中器的输出信道有限，所以，它们不能同时向输出信道发送数据，终端用户有可能要排队等待。轮询技术的特点是由集中器采用某种轮询方法（如循环轮询，择优轮询等），依次查询各终端是否有发送的数据，这样可避免争用输出信道的冲突现象，有效控制终端与主机之间的数据传输，并减少排队等待现象。存贮/转发技术是在争用技术的基础上，利用集中器内设置的缓冲器或存贮区来暂存待发送的数据。

18.5.4　前端处理器

在通信系统中，前端处理器一般位于主机之前，主要承担通信任务，以减轻主机的负担。因为通过线路进入前端处理器的数据可能出现错误，或数据代码格式不匹配等通信问题，所以，在数据传送给主机之前，必须由前端处理器来解决，而主机仅做数据处理。

前端处理器有不可编程和可编程之分。前者的功能仅由硬件实现，一旦定型后，其通信功能也就完全确定了，因此，难以适应网络的变化。后者是由硬件和软件构成，其通信功能可通过编程进行控制和改变，以适应网络的变化，使用更灵活、更方便。

在大型通信网络中都必须配有前端处理器（相当于一台计算机），其主要用于字符或数据的分段与重组、各终端之间的数据代码转换、错误检测与恢复、为不同终端提供协议支持、各终端之间的数据交换、轮询终端、公用电话网络中自动应答、编辑网上的统计资料等。

18.5.5　协议转换器

我们已经知道，数据通信的信息传输必须依靠协议来完成。因为数据通信网络往往由各种不同类型的终端、主机及其他设备组成，都有各自的数据格式或编码规则和传输特性，也就是说，采用不同的通信协议来描述和传输数据，所以，它们之间的信息无法直接识别和理解。协议转换器就是负责不同协议的翻译工作，使具有不同协议的设备间能相互通信，也可用于使用不同协议的局域网之间、局域网与广域网间或两个不同的广域网之间的连接。根据网络分层协议的体系结构，协议转换器可分为网桥、路由器、网关等。

协议转换器既可用硬件实现，也可用软件完成。硬件的功能一般比较单一而固定；软件的功能比较丰富且灵活，但是往往要求主机协助它做一些数据处理。

除上述的通信设备外，还有各种诊断设备、安全保护设备等。诊断设备专用于数据传输中的差错检测和控制；安全保护设备用于保护传输的数据，以防被窃取。如加密解密设备就是一个实例。

18.5.6　无线路由器

无线路由器（Wireless Router）是目前广泛使用的一种无线数据通信设备。它的主要功能是将移动数据终端（手机、笔记本等）与互联网（Internet）连通，实现终端设备的"上网"。

无线路由器执行 802.11n 和 802.11g 协议。11g 协议的传输速率为 54 Mb/s。11n 协议可达 300 Mb/s，若采用 MIMO 和 OFDM 技术，则可高达 600 Mb/s。目前，已有厂家推出支持 11ac 协议，能够双频（2.4 和 5 GHz）工作的产品，其速率可达 1000 Mb/s。

从原理上看，无线路由器就像无线 AP 和宽带路由器的结合体，它不仅具备无线 AP 所具有的功能，如支持 DHCP 客户端、VPN、防火墙、WEP 加密等，而且还包括了网络地址转换（NAT）功能，可支持局域网用户的网络连接共享；可实现家庭无线网络中的 Internet 连接共享，实现 ADSL、Cable modem 和小区宽带的无线共享接入；可与所有以太网接的 ADSLMODEM 或 CABLEMODEM 直接相连，也可在使用时通过交换机/集线器、宽带路由器等局域网方式再接入。其内置有简单的虚拟拨号软件，可以存储用户名和密码拨号上网，可以实现为拨号接入 Internet 的 ADSL、CM 等提供自动拨号功能，而无需手动拨号或占用一台电脑做服务器使用。此外，无线路由器一般还具备相对更完善的安全防护功能。

综上所述，无线路由器的功能可归纳如下：

（1）无线 AP，即使带有无线网卡的计算机连入无线局域网。所谓无线 AP，就是家用计算机都通过这个路由器连入无线网，同时接入互联网，这样的无线网结构称为带无线 AP 的基础结构。

（2）上网路由器。无线路由器应该有一个 WAN 口，和至少一个 LAN 口。LAN 口的作用一是用来连接计算机，二是用来对无线路由器本身进行设置。

通常，路由器有一个地址，比如 192.168.1.1。在进行路由器的设置时，把 LAN 口和 PC 网卡连接，通过浏览器，输入这个地址，就可对这台路由器进行初始设置。这个地址又称为网关地址，无线局域网上的计算机都是通过这个"关口"访问互联网的，也就是说，通过这道"门"进入互联网。这个地址一般没有必要进行改变，虽然可以进行设置。

另一个就是所谓 WAN 口，这是连接互联网的接口。因为连入互联网时，都是通过电信部门的广域网（WAN）进行连接，所以称为 WAN 口。大家上网的方法，可以通过小区的城域网（FTTX），也可以通过电话线宽带拨号或者光纤接入（ADSL）。如果墙上有 RJ－45 插口，那一般就是 WAN 方式，否则，要通过电话宽带拨号，即 ADSL 方式；这样的模式称为 PPPOE。

通过了解了上述原理，更易于理解无线路由器的设置。其实，只要按照路由器提供的设置向导进行设置即可。如上网模式，可以选择 PPPOE 或自动识别模式，这时，向导要进行 WAN 口设置，包括电信服务商给我们提供的上网账号和密码的输入等。然后是有关网络安全的设置，如选择 SSID，信道号（自动），还有加密模式 WPA－PSK/WPA2－PSK，以及 AES 加密方式等，都是必设项目。否则，你的无线网就会被别人"蹭网"，将变得不安全。实际上，这些设置就是要设置一个密钥，也可以理解为一个密码。

（3）防火墙。它是一种保障网络安全和进行网络控制的机制。该功能大家一般都要选用，以便使自己的网络更加安全。网络控制，对于公用的网络（如办公室），或者家里面有孩子打算上网的，为了实施网管有效的上网控制，提供了这些功能。

（4）DHCP 服务器。它方便由路由器构成的局域网能够自动进行 IP 地址的分配，免去了网管（也就是你自己）的设置负担；DHCP 服务器，是为网络上的 PC 进行 IP 地址分配的。我们完全可以自己手动分配 IP 地址。但是，如果计算机多了，当然应该选用 DHCP 进行自动分配。这项功能是系统默认的，在用向导进行设置时，都是自动有效的，除非大家不用这个功能，可以自行设置取消。

（5）局域网连接设备有有线和无线之分。在无线路由公用或者室内有多台电脑的情况下，如办公室有多台计算机都打算通过这台路由上网，那么，就构成了一个无线局域网。另外，如果计算机没有无线网卡，则路由器还提供了 4 个 LAN 接口，可以连接 4 台计算机。这样，路由器实际上又相当于一台局域网交换机或者是 HUB。图 18－21 是家庭无线路由器连接示意图。

最后，我们说明一下"Wi－Fi"和无线路由器的区别。

"Wi－Fi"的字面意思是"无线保真"，是一个无线网络通信技术的品牌。它可以指一种

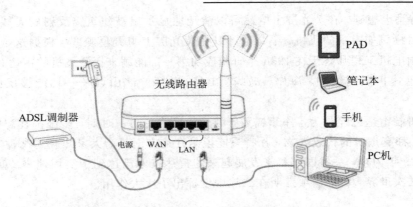

图 18-21 家庭无线路由器连接示意图

将手机、电脑等数据终端连接起来的技术，也可理解为一种能够传输数据的微波信号，简单地说，就是无线连网信号。无线路由器是一个转发设备，可以发送并接收 WiFi 信号，实现数据终端与局域或互联网的连接。通常，我们到哪儿都说的"有无 WiFi 信号"实际上指的是"有无无线路由器发出的连网信号"。图 18-22 给出了常见的 WiFi 标志，在有这些标志的地方，手机、iPad 等数据终端可以通过无线方式"上网"。

图 18-22 常见的 WiFi 标志

18.6 小资料——雷达的发明

20 世纪 30 年代，作为无线电技术的重大突破，雷达出现了。雷达又称作无线电测位，是一种利用无线电波的反射来测量远处静止或移动目标的距离和方位，并辨认出被测目标性质和形状的机电装置。

早在 1887 年，赫兹在验证电磁波存在的实验时就曾发现：发射的电磁波会被一大块金属片反射回来，正如光会被镜面反射一样。

1897 年夏天，在波罗的海的海面上，俄国科学家波波夫在"非洲号"巡洋舰和"欧洲号"练习船上进行 5 km 的通信试验时，发现每当联络舰"伊林中尉号"在两舰之间通过时，通信就中断，波波夫在工作日记上记载了障碍物对电磁波传播的影响，并在试验记录中提出了利用电磁波进行导航的可能性，这可以说是雷达思想的萌芽。

1921 年，在业余无线电爱好者发现了短波可以进行洲际通信后，科学家们发现了电离层。从此，短波通信风行全球。

1934 年，一批英国科学家在 R. W. 瓦特领导下，对地球大气层进行研究。有一天，瓦特被一个偶然观察到的现象吸引住了。他发现荧光屏上出现了一连串明亮的光点，但从亮度和距离分析，这些光点完全不同于被电离层反射回来的无线电回波信号。经过反复实验，他终于弄清了这些明亮的光点显示的正是被实验室附近一座大楼所反射的无线电回波

第
三
篇

现
代
通
信
技
术

信号。瓦特马上想到，在荧光屏上既然可以清楚地显示出被建筑物反射的无线电信号，那么活动的目标例如空中的飞机，不是也可以在荧光屏上得到反映吗？根据这个设想，瓦特和一批英国电机工程师终于在1935年研制成功第一部能用来探测飞机的雷达。后来，探测的目标又迅速扩展到船舶、海岸、岛屿、山峰、礁石、冰山以及一切能够反射电磁波的物体。

当时研制雷达纯粹是为了军事需要，因此，几乎在同一时期，多国都在秘密开展这方面的工作，都有杰出的代表人物，瓦特只能说是在这方面是为大家知晓的代表人物。

到1939年为止，一些国家秘密发展起来的雷达技术已达到了实用地步。就在这一年，爆发了第二次世界大战，这项发明在二战中发挥出了巨大作用。

思考题与习题

18-1　根据你所接触到的通信网或计算机网络，列举出哪些是通信终端？哪些是通信设备？

18-2　电话机为什么能够在一个信道中传输双向信号，实现双工通信？

18-3　简述收音机和电视机的异同点。

18-4　为什么在收音机和电视机中要采用超外差技术？

18-5　简述多媒体通信终端的结构、功能及关键技术。

18-6　作为终端设备，电话机和手机的主要区别是什么？

18-7　"Wi-Fi"的含意是什么？常说的"Wi-Fi信号"指什么？

部分思考题与习题参考答案

第 1 章

1-1 模拟信号指幅度随时间的连续变化而连续变化的信号；数字信号指信号的某个参量，比如幅度、频率或相位随时间的连续或离散变化而取有限个值的信号。在波形上，模拟信号是一条连续曲线，而数字基带信号通常是一个脉冲序列，数字带通信号可以是一条连续曲线。它们的本质区别在于：模拟信号的因变量取值为无限多个，而数字（基带）信号为有限个取值，通常只有表征数据"0"和"1"两个值。

1-2 通常，模拟信号直接携带模拟消息，波形上的每一个点都是消息的一个组成部分，通信过程中，一旦波形失真，则必定导致消息错误。显然，为了保证通信的可靠性，模拟通信必须尽量避免波形的畸变，也就是传输正确的波形。

数字信号是靠信号有限个参量值携带数字消息，也就是携带在信号参量的某几个状态上，比如幅度（电平）的高低状态或正负状态。收信端是靠检测信号的状态判断所接收的数字消息，信号波形发生一定程度的失真不会影响状态的判断，也就不会出现"0"或"1"的误判，因此，数字通信可以认为是信号状态的传输过程。

1-3 比如雨雪，行人横穿马路类似加性干扰。路面不平、宽窄不一类比乘性干扰。

1-4 因为已知信噪比为 20 dB，即 $20=10\lg\dfrac{S}{N}$，所以 $\dfrac{S}{N}=100$。

由香农公式可得信道容量为
$$C=3000\,\text{lb}(1+100)\approx3000\times6.647\approx19941\ \text{b/s}$$

1-5 $I_e=\text{lb}\dfrac{1}{0.105}=3.25\ \text{bit}$，$I_x=\text{lb}\dfrac{1}{0.002}=8.97\ \text{bit}$。

1-6 平均信息量，即信息源的熵
$$H=-\sum_{i=1}^{n}P(x_i)\text{lb}P(x_i)=-\frac{1}{4}\text{lb}\frac{1}{4}-\frac{1}{8}\text{lb}\frac{1}{8}-\frac{1}{8}\text{lb}\frac{1}{8}-\frac{3}{16}\text{lb}\frac{3}{16}-\frac{5}{16}\text{lb}\frac{5}{16}$$
$$\approx2.23\,(\text{bit/符号})$$

1-7 （1）不同的字母是等可能出现的，即出现概率均为 1/4。

每个字母的平均信息量为
$$H=-4\times\frac{1}{4}\text{lb}\frac{1}{4}=2\,(\text{bit/符号})$$

因为一个字母对应两个二进制脉冲，每个脉冲宽度为 5 ms，所以每个字母所占用的时间为 $T=2\times5\times10^{-3}=10^{-2}$ s，则每秒传送的符号数为
$$R_{\text{B}}=\frac{1}{T}=100\ \text{Baud}$$

平均信息速率为

$$R_b = R_B \cdot H = R_B \, \mathrm{lb}M = 2 \times 100 = 200 \text{ b/s}$$

（2）每个符号的平均信息量为

$$H = -\frac{1}{5}\mathrm{lb}\frac{1}{5} - \frac{1}{4}\mathrm{lb}\frac{1}{4} - \frac{1}{4}\mathrm{lb}\frac{1}{4} - \frac{3}{10}\mathrm{lb}\frac{3}{10} = 1.985 \text{ (bit/ 符号)}$$

则平均信息速率为

$$R_b = R_B \cdot H = 1.985 \times 100 = 198.5 \text{ b/s}$$

注：因为该题一个字母用两位二进制码元表示，所以属于四进制符号。

1-8　因为是二进制信号，所以一个码元表示一个符号，则有码元速率：

$$R_{B2} = \frac{1}{T} = \frac{1}{0.5 \times 10^{-3}} = 2000 \text{ Baud}$$

比特率等于波特率：$R_b = R_{B2} = 2000$ b/s。

在保证比特率不变的前提下，若用四进制信号，则两个二进制码元表示一个四进制符号，一个符号的持续时间为

$$T = 2 \times 0.5 \times 10^{-3} = 0.001 \text{ s}$$

波特率为

$$R_{B4} = \frac{1}{T} = \frac{1}{10^{-3}} = 1000 \text{ Baud}$$

注：此时的波特率实际上是四进制符号（码元）的传输速率，比二进制波特率小一半。

比特率为 $R_b = R_B \, \mathrm{lb}M = 1000 \times 2 = 2000$ b/s。若信息速率可变，则波特率仍为二进制时的 2000 Baud，而比特率为 4000 b/s。

1-9　（1）$S/N = 1000$（即 30 dB）。

信道容量

$$C = B \, \mathrm{lb}\left(1 + \frac{S}{N}\right) = 3.4 \times 10^3 \, \mathrm{lb}(1 + 1000) \approx (3.4 \times 10^4) \text{ b/s}$$

（2）因为 $C = B \, \mathrm{lb}\left(1 + \frac{S}{N}\right)$，所以

$$\frac{S}{N} = 2^{C/B} - 1 = 2^{4.8/3.4} - 1 = 1.66 = 2.2 \text{ dB}$$

1-10　$S/N = 100$（即 20 dB）。

信道容量

$$C = B \, \mathrm{lb}\left(1 + \frac{S}{N}\right) = 3.4 \times 10^3 \, \mathrm{lb}(1 + 100) \approx (2.26 \times 10^4) \text{ b/s}$$

1-11　每个像素所含信息量 $H = \mathrm{lb}16 = 4$ bit。

信息传输率即信道容量 $C = 4 \times 3 \times 10^5 \times 30 = (3.6 \times 10^7)$ b/s。

又因为信道输出 $S/N = 1000$（即 30 dB）。

所以信道最小带宽为

$$B = \frac{C}{\mathrm{lb}(1 + S/N)} = \frac{3.6 \times 10^7}{\mathrm{lb}(1 + 1000)} = (3.6 \times 10^6) \text{ Hz}$$

1-12　2048 kB；7.32×10^{-7} b/s。

1-13　2.5 s 传输的码元个数为 $\dfrac{2.5}{0.1} 10^6 = 2.5 \times 10^7$ Baud。

平均误码率为 $\dfrac{1}{25 \times 10^6} = 4 \times 10^{-8}$。

第 2 章

2-1　(1) $f_1(t) = \cos\Omega t \cos\omega_c t$ 的波形如图 2-1(1)-(a)，其频谱为

$$F_1(\omega) = \frac{1}{2\pi}\{\pi[\delta(\omega - \Omega) + \delta(\omega + \Omega)] * \pi[\delta(\omega - \omega_c) + \delta(\omega + \omega_c)]\}$$

$$= \frac{2}{\pi}[\delta(\omega + 7\,\Omega) + \delta(\omega + 5\,\Omega) + \delta(\omega - 7\,\Omega) + \delta(\omega - 5\,\Omega)]$$

频谱图如下。

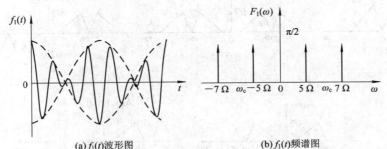

(a) $f_1(t)$波形图　　　　　　(b) $f_1(t)$频谱图

(2) $f_2(t) = (1 + 0.5\sin\Omega t)\cos\omega_c t$，其频谱为

$$F_2(\omega) = \pi[\delta(\omega - \omega_c) + \delta(\omega + \omega_c)]$$

$$+ \frac{0.5}{2\pi}\left\{\frac{\pi}{j}[\delta(\omega - \Omega) - \delta(\omega + \Omega)] * \pi[\delta(\omega - \omega_c) + \delta(\omega + \omega_c)]\right\}$$

$$= \pi[\delta(\omega - 6\,\Omega) + \delta(\omega + 6\,\Omega)]$$

$$+ \frac{j\pi}{4}[\delta(\omega + 7\,\Omega) - \delta(\omega - 7\,\Omega) - \delta(\omega + 5\,\Omega) + \delta(\omega - 5\,\Omega)]$$

波形及频谱图如下。

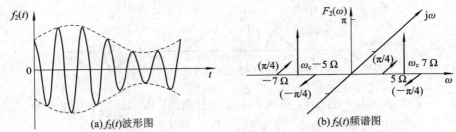

(a) $f_2(t)$波形图　　　　　　(b) $f_2(t)$频谱图

2-2　A 点信号为 $f_1(t)\cos\omega_0 t + f_2(t)\sin\omega_0 t$，这是两个互相正交的双边带信号，它们分别采用相干解调法解调，所以可确定 $c_1(t) = \cos\omega_0 t$　$c_2(t) = \sin\omega_0 t$

上支路：相乘后：

$$[f_1(t)\cos\omega_0 t + f_2(t)\sin\omega_0 t]\cos\omega_0(t) = f_1(t)\cos^2\omega_0 t + f_2(t)\sin\omega_0 t\cos\omega_0 t$$

$$= \frac{1}{2}f_1(t) + \frac{1}{2}f_1(t)\cos 2\omega_0 t + \frac{1}{2}f_2(t)\sin 2\omega_0 t$$

经低通，得到 $\dfrac{1}{2}f_1(t)$。

下支路：相乘后：

$$[f_1(t)\cos\omega_0 t + f_2(t)\sin\omega_0 t]\sin\omega_0(t) = f_1(t)\cos\omega_0 t\sin\omega_0 t + f_2(t)\sin^2\omega_0 t$$

$$= \frac{1}{2}f_1(t)\sin 2\omega_0 t + \frac{1}{2}f_2(t) - \frac{1}{2}f_2(t)\cos 2\omega_0 t$$

经低通，得到 $\frac{1}{2}f_2(t)$。

2-3 设左边输入端相乘器的入点为 A 点，上下两个低通滤波器的入点各为 B 和 C 点，两个低通滤波器的出点各为 D 和 E 点，相加器上下两个入点分别为 F 和 G 点，相加器的出点为 H 点（分两种情况），则该调制系统各点的波形如题 2-3 解图所示。

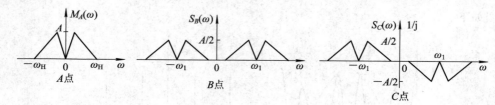

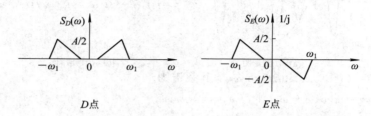

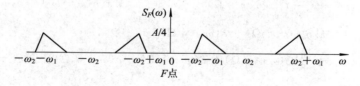

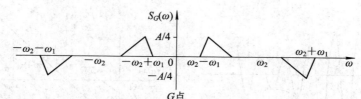

情况一：若为 $S_F(\omega) + S_G(\omega)$，得到下边带信号频谱，即 $s(t)$ 为下边带信号。

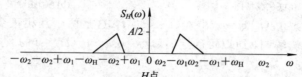

情况二：若为 $S_F(\omega) - S_G(\omega)$，得到上边带信号频谱，即 $s(t)$ 为上边带信号。

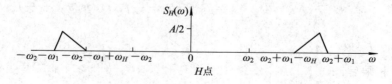

从 H 点的波形可以看出，该调制系统是一个采用混合方法产生 SSB 信号的调制器。其时域表达式为

$$s(t) = F^{-1}[S_H(\omega)]$$

$$s_{\text{LSB}}(t) = \frac{1}{2}f(t)\cos(\omega_1+\omega_2)t + \frac{1}{2}\hat{f}(t)\sin(\omega_1+\omega_2)t$$

$$s_{\text{USB}}(t) = \frac{1}{2}f(t)\cos(\omega_2-\omega_1)t - \frac{1}{2}\hat{f}(t)\sin(\omega_2-\omega_1)t$$

2-4　$x_1 = K[f(t)+A\cos\omega_c t]$，$x_2 = f(t)-A\cos\omega_c t$

$$s_{\text{DSB}}(t) = ax_1^2 - bx_2^2 = aK^2[f(t)+A\cos\omega_c t]^2 - b[f(t)-A\cos\omega_c t]^2$$
$$= (aK^2-b)f^2(t) + 2(aK^2+b)f(t)A\cos\omega_c t + (aK^2-b)(A\cos\omega_c t)^2$$

可见，要使系统输出为 DSB 信号，只需 $aK^2-b=0$ 即可。即当放大器增益满足 $K^2=b/a$ 时，不用滤波器也可实现抑制载波的双边带调制。

2-5　FDM 是一种利用频谱搬移在一个物理信道中传输多路信号的技术，因此，要进行 FDM，首先要求信道的通频带必须大于预复用各路信号频谱宽度总和的二倍（对于双边带信号而言），且各路载波能够实现。其次，该信道的频率资源不紧张，允许用比较宽的频带传输信号。最后，对电路的复杂性和经济性要求不苛刻。

2-6　FDM 的理论基础就是"信号与系统"中的调制定理，也叫频谱搬移定理。

2-7　若采用双边带调制，则每路信号带宽为 $W=2\times1.5=3$ MHz，考虑留出保护带（各路信号频谱之间的空白带），10 MHz 带宽的信道最多可复用 3 路信号。

若采用单边带调制，则每路信号带宽为 $W=1.5$ MHz，考虑留出一定的保护带，10 MHz 带宽的信道最多可复用 6 路信号。

2-8　(1) 调频：$\beta_{\text{FM}} = \dfrac{K_{\text{FM}}A}{\omega_m} = \dfrac{\Delta f_{\max}}{f_m}$；$\omega_m$ 增加 5 倍时，β_{FM} 下降 5 倍，带宽不变。

(2) 调相：ω_m 减小为 $1/5$，β_{PM} 不变，带宽变大。

第 3 章

3-1　时分复用的理论基础是抽样定理。

3-2　FDM 是用频率区分同一信道上同时传输的各路信号，各路信号在频谱上互相分开，但在时间上重叠在一起。

TDM 是在时间上区分同一信道上轮流传输的各路信号，各路信号在时间上互相分开，但在频谱上重叠在一起。

3-3　当抽样频率低于模拟信号的最高频率的 2 倍时，抽样后的信号频谱将发生混叠。

3-4　量化的目的是将抽样信号的幅值离散化，即将无限个可能的取值变为有限个。

3-5　均匀量化的量化间隔相等。其主要缺点是：无论抽样值大小如何，量化噪声的均方根值都固定不变，因此当信号较小时，信号的量化信噪比也很小，难以满足通信系统的要求。

3-6　压缩和扩张的目的是在不增加量化级数的前提下，利用降低大信号的量化信噪

比来提高小信号的量化信噪比。即信号幅度小时，量化间隔小，量化误差小；信号幅度大时，量化间隔大，量化误差大。保证了信号在较宽的动态范围内满足通信系统的要求，克服了均匀量化的缺点。方法是发信端加压缩器，对信号进行压缩处理；收信端加扩张器，对信号进行扩张处理，压缩器与扩张器总的传输函数应为常数（也就是线性变换）。

3 - 7　抽样间隔 $T_s = 1/8000\ \mu s$，每路信号时隙宽度 $T_i = \dfrac{T_s}{10} = \dfrac{1}{80}$ ms

因为抽样后进行 8 级量化，所以编码位数为 3。则码元宽度为 $T_B = \dfrac{T_i}{3} = \dfrac{1}{240}$ ms。

因为占空比为 1，则脉冲宽度＝码元宽度 $\tau = T_B$，系统带宽为 $B = \dfrac{1}{\tau} = 240$ kHz。

3 - 8　因为 $2^5 < 41 < 2^6$，所以二进制码组长度 K 应取 6。

量化台阶 $\Delta V = \dfrac{19 - (-1)}{41} = \dfrac{20}{41} = 0.488$ V。

3 - 9　设最小抽样频率为 6 W Hz。则抽样间隔即帧长为 1/6 W s。1 帧分为 6 个时隙，每个时隙为 1/36 W s。每个时隙有 8 位码元，每个码元宽为 1/288 W s。

信息速率为 6 W×6×8＝288 W b/s。最小传输频带为信息速率的一半，即 144 W Hz。

3 - 10　帧长 $T_s = \dfrac{1}{f_s} = 125\ \mu s$，时隙宽度 $\tau = \dfrac{T_s}{24} = 5.2\ \mu s$。

数码率 $R_B = 8 \times (24 \times 8 + 1) = 1544$ kb/s。

3 - 11　因为基带信号的 $f(t)$ 的最高频率为 2 Hz，所以抽样频率 f_s 应满足：

$f_s \geqslant 2f_H = 4$ Hz，抽样间隔：$T_s = \dfrac{1}{f_s} \leqslant \dfrac{1}{2f_H} = 0.25$ s。

第 4 章

4 - 1　在 ΔM 调制中，抽样频率越高，量化噪声越小。但增大 f_s，就增加了信号的传输带宽，降低了频带利用率。

4 - 2　增量调制是在 PCM 方式的基础上发展起来的另一种模拟信号数字传输的方法，可以看成是 PCM 的一个特例。它具有码位少（只有 1 位）、编码设备简单，单路时不需要同步优点。它所产生二进制代码表示模拟信号前后两个抽样值的差别（增加、还是减小）而不是代表抽样值的大小。

PCM 调制中，每一个样值编 8 位码，编码设备复杂，它所产生二进制代码表示模拟信号瞬时抽样值的量化值的大小。

4 - 4　因为 ΔM 输出的二进制代码携带输入信号的增量信息，即输入信号的微分信息，所以，要想从中恢复原信号信息就必须采用积分器。而 Δ - Σ 调制的输出代码实际上是代表输入信号振幅的信息，所以，只需要低通滤波器圆滑波形即可。

4 - 5　系统的跟踪斜率为 $K = \sigma f_s = 1600$，设输入信号为 $f(t) = A\sin 2\pi f t = A\sin 1600\pi t$，要求不过载条件为 $\left| \dfrac{\mathrm{d}f(t)}{\mathrm{d}t} \right|_{\max} \leqslant K$，即有：$1600\pi A \leqslant 1600$，得：$A_{\max} = \dfrac{1}{\pi}$。

第5章

5－1 两种制式的 PCM 高次群复用系列中，各次群的话路数和速率如下表：

群号	2 M 系列		1.5 M 系列	
	速率/(Mb/s)	路数	速率/(Mb/s)	路数
一次群	2.048	30	1.544	24
二次群	8.448	30×4＝120	6.312	24×4＝96
三次群	34.368	120×4＝480	32.064	96×5＝480
四次群	139.264	480×4＝1920	97.728	480×3＝1440
五次群	564.992	192×4＝7680	397.200	1440×4＝5760

5－2 PCM 复用：对多路的话音信号直接编码复用的方法。缺点是编码速度非常高，对电路及元器件的精度要求很高，实现起来比较困难。

数字复接：将 PCM 复用后的低速率信号再进行时分复用，形成更多路的数字通信。优点是经过数字复用后的数码率提高了，但是对每一个基群的编码速度则没有提高，实现起来容易，因此目前广泛采用数字复接来提高通信容量。

5－3 数字复接的主要目的是提高通信的有效性。

5－4 数字复接的方法分：同步复接、异源复接、异步复接。复接的方式分：按位复接、按字复接、按帧复接。

5－5 异源（准同步）复接：被复接的各输入支路之间不同步，并与复接器的定时信号也不同步；但是各输入支路的标称速率相同，也与复接器要求的标称速率相同，但仍不满足复接条件，复接之前还需要进行码速调整，使之满足复接条件再进行复接。

5－6 若码速大于复接速度，会出现码元"堆积"现象，这就要求复接器有大的暂存能力，能将堆积码元存起来等待复接输出；反之，对复接模块而言，会出现"青黄不接"现象。

5－7 同步数字系列（SDH）相对于准同步数字系列（PDH）优点是：

（1）SDH 网有了世界性统一的网络节点接口（NNI），从而简化了信号的互通以及信号的传输、复用、交叉连接等过程。

（2）SDH 网有一套标准化的信息结构等级，称为同步传递模块，并具有一种块状帧结构，允许安排丰富的开销比特用于网络的维护。

（3）SDH 网有一套特殊的复用结构，允许现存的准同步体系（PDH）、同步数字体系、和 B-ISDN 的信号都能纳入其帧结构中传输，具有极强的兼容性和广泛的适应性。

（4）SDH 网大量采用软件进行网络配置和控制，增加新功能和新特性非常方便，适应将来不断发展的需要。

（5）SDH 网有标准的光接口。

5－8 SDH 最基本、最重要的数据块为同步传输模块 STM－1。更高级别的 STM－N 信号则是将 STM－1 按同步复用，经字节间插后形成的。STM－1 帧结构由 9 行、270 列组成。每列宽一个字节即 8 bit，整个帧容量为（261＋9）×9＝2430 字节，相当于 2430×8＝19440 比特。帧传输速率为 8000 帧/秒，即 125 μs 一帧，因而 STM－1 传输速率为 155.520 Mb/s。STM－1 帧结构字节的传送是从左到右，从上到下按行进行，首先传送帧结构左上角第一个 8 比特字节，依次传递，直到 9×270 个字节都送完，再转入下一帧。

第 6 章

6 - 1

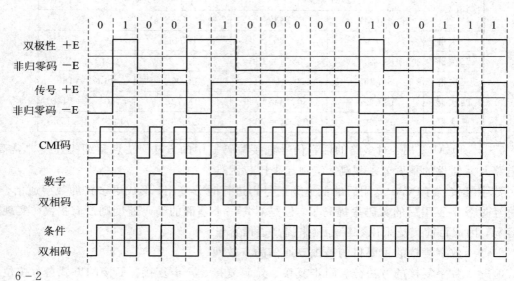

6 - 2

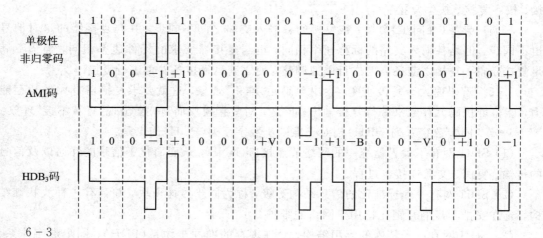

6 - 3

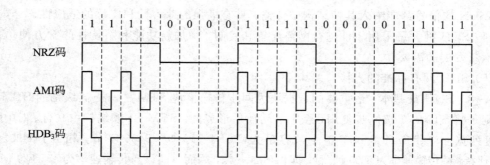

384

6-4 主要目的是提高通信的可靠性，通常要以牺牲系统带宽为代价。

6-5 （1）当 $0<\alpha<1$ 时的升余弦滚降特性 $H(\omega)$：

$$H(\omega) = \begin{cases} T_s & 0 \leqslant |\omega| < \dfrac{(1-\alpha)\pi}{T_s} \\ \dfrac{T_s}{2}\left[1 + \sin\dfrac{T_s}{2\alpha}\left(\dfrac{\pi}{T_s} - \omega\right)\right] & \dfrac{(1-\alpha)\pi}{T_s} \leqslant |\omega| < \dfrac{(1+\alpha)\pi}{T_s} \\ 0 & \text{其他} \end{cases}$$

相应的时域特性为 $h(t) = Sa\left(\dfrac{\pi t}{T_s}\right) \cdot \dfrac{\cos(\alpha \pi t / T_s)}{1 - 4\alpha^2 t^2 / T_s^2}$。

将 $\alpha = 0.4$，$T_s = \dfrac{1}{f_s} = \dfrac{1}{64 \times 10^3}$ 代入，得到它的时域表达式

$$h(t) = Sa(6.4\pi \times 10^4 t) \cdot \dfrac{\cos(2065\pi \times 10^4)}{1 - 2.62 \times 10^4}$$

（2）它的频谱图如下图所示。

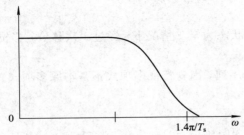

（3）传输带宽：因为 $\alpha = 0.4$，即有 $f_H = (1+\alpha)f_s = 1.4 f_s = 1.4 \times 64 = 89.6 \, (kHz)$

（4）频带利用率：$\eta_b = \dfrac{2}{1+\alpha} = \dfrac{2}{1+0.4} = 1.43 \, (bit/(s \cdot Hz))$

6-6 解法1：根据已知条件，有 $H(\omega) = 2\tau_0$，$H\left(\dfrac{\pi}{\tau_0}\right) = 0$，$H\left(\dfrac{\pi}{2\tau_0}\right) = \tau_0$。

$H(\omega)$ 为升余弦型，将 $H(\omega)$ 分成宽度为 $\omega_0 = \dfrac{\pi}{\tau_0}$ 的小段，然后将各小段在 $\left(-\dfrac{\pi}{2\tau_0}, \dfrac{\pi}{2\tau_0}\right)$ 上叠加，将构成等效低通（矩形）传输函数，如题解 6-6 图所示，它给出理想低通特性。等效矩形 $H(\omega) = \begin{cases} 2\tau_0 & |\omega| \leqslant \pi/2\tau_0 \\ 0 & \text{其他} \, \omega \end{cases}$。

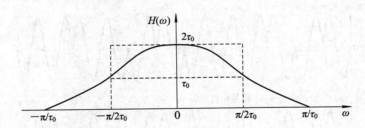

等效矩形宽度为 $B_{eq} = \dfrac{1}{4\tau_0}$；最高的码元传输速率 $R_B = 2B_{eq} = \dfrac{1}{2\tau_0}$

相应的码元间隔 $T_s = \dfrac{1}{R_B} = 2\tau_0$

解法 2：令 $\tau_0 = \dfrac{T_s}{2}$，有 $H(\omega) = \begin{cases} \dfrac{T_s}{2}(1+\cos\omega\tau_0), & |\omega| \leqslant \dfrac{2\pi}{T_s} \\ 0, & \text{其他 } \omega \end{cases}$

此传输函数就是 $\alpha = 1$ 的升余弦频谱特性的传输函数，所以 $R_B = \dfrac{1}{2\tau_0}$，$T_s = 2\tau_0$。

6-7 （1）因为特征多项式系数的八进制表示为 107，所以特征多项式为
$$f(x) = x^6 + x^2 + x + 1$$
该反馈移位寄存器的结构如下图所示。

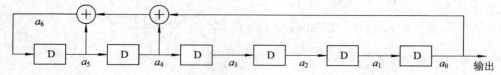

反馈 $a_6 = a_2 \oplus a_1 \oplus a_0$

在移位寄存器的起始状态为全 1 情况下，经过 1 次移位，移位寄存器的状态仍然为 1，所以末级输出序列为 111…。

（2）输出序列不是 m 序列，因为特征多项式不是本原多项式。

第 7 章

7-1 各种信号波形如图所示。

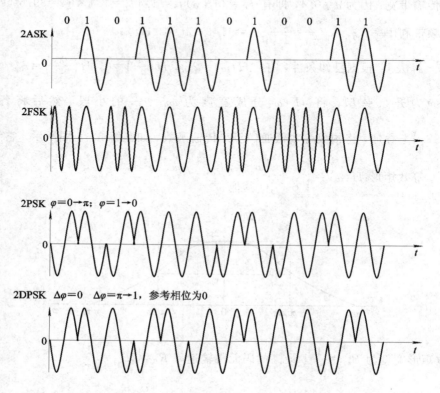

7－2　（1）规定遇到数字信号为 1 时，差分码保持前位信号不变，否则改变前位信号，则原来的数字信号为：01111001000110101011

（2）规定遇到数字信号为 0 时，差分码保持前位信号不变，否则改变前位信号，则原来的数字信号为：00111010011010000001　或　01000101100101111110

7－3　对于双极性矩形基带信号，PSK 信号的频谱为

$$P_E(f) = f_s P(1-P) \left[|G(f+f_c)|^2 + |G(f-f_c)|^2 \right]$$
$$+ \frac{1}{4} f_s^2 (1-2P)^2 |G(0)|^2 [\delta(f+f_c) + \delta(f-f_c)]$$

其中，$G(f) = T|\mathrm{Sa}(\pi f T_s)|$。

因为二元序列为 0、1 交替码，故 $P = 1/2$，所以上式可化为：

$$P_E(f) = \frac{T_s}{4} \{ Sa^2[\pi(f+f_c)T_s] + Sa^2[\pi(f-f_c)T_s] \}$$

频谱图如图所示。

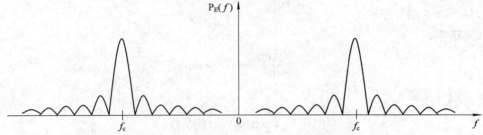

7－4　FSK 带宽为 $B_{2FSK} \approx 2R_B + |f_2 - f_1| = 2 \times 300 + |2225 - 2025| = 800 \text{ Hz}$

7－5

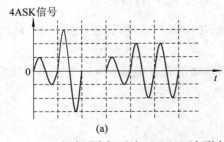

(a)　(b)

7－6　（1）根据题意画出 QPSK 波形如图。

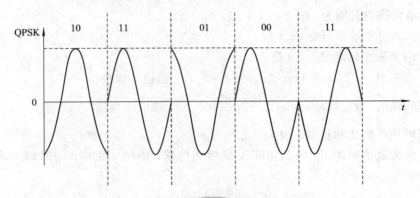

(2) QPSK 信号表达式

$$s(t) = a_k \cos\omega_c t + b_k \sin\omega_c t \quad a_k, b_k \text{ 取 } \pm 1$$

或

$$s(t) = a_k \cos\left(\omega_c t + \frac{\pi}{4}\right) + b_k \sin\left(\omega_c t - \frac{\pi}{4}\right) \quad a_k, b_k \text{ 取 } \pm 1$$

7-7　信道带宽　$B = 3000 - 600 = 2400$ Hz

(1) $\alpha = 1$ 的 QPSK。

码元速率：

$$R = \frac{2400}{\text{lb}4} = 1200 \text{ baud}$$

基带信号宽度：

$$B' = \frac{1+\alpha}{2} \times 1200 = 1200 \text{ Hz}$$

所以当 $f_c = 1800$ Hz 时，$\alpha = 1$ 的 QPSK 可以传输 2400 b/s 数据。

(2) $\alpha = 0.5$ 的 8PSK。

码元速率：

$$R = \frac{4800}{\text{lb}8} = 1600 \text{ baud}$$

基带信号宽度：

$$B' = \frac{1+\alpha}{2} \times 1600 = 1200 \text{ Hz}$$

所以当 $f_c = 1800$ Hz 时，$\alpha = 0.5$ 的 8PSK 可以传输 2400 b/s 数据。

7-8　(1) 最小带宽 $B = \frac{1}{2}R_B = \left(\frac{1}{2} \times \frac{4800}{\text{lb}8}\right)$ Hz $= 800$ Hz

(2) 若传输带宽不变，则波特率不变，故应提高码元进制数，应采用 16PSK 或 16QAM 调制。

为达到相同误比特率，比特能量 E_b 不变，则应增加符号能量，所以发送功率应增大。

第 8 章

8-1　(1) 第一组和第二组的码距 $d = 3$。

(2) 第四组和第五组的码距 $d = 3$。

(3) 各组的码重分别为：0、3、3、4、3、4、4、3。

(4) 全部码组的最小码距 $d_{\min} = 3$。

8-2　因为最小码距 $d_{\min} = 3$ 所以：

只用于检错时：$d_{\min} \geqslant e + 1 \Rightarrow e \leqslant d_{\min} - 1 = 2$　　能检 2 位错

只用于纠错时：$d_{\min} \geqslant 2t + 1 \Rightarrow t \leqslant \frac{d_{\min} - 1}{2} = 1$　　能纠 1 位错

不能同时用于纠错和检错。因为 $d_{\min} \geqslant e + t + 1$　　$(e > t)$ 无解。

8-3　因为最小码距 $d_{\min} = 5$，所以，能检 4 位错，能纠 2 位错，同时纠 1 位错和检 2 位错。

8-4　因为

$$H = \begin{bmatrix} 1 & 1 & 1 & 0 & 1 & 0 & 0 \\ 1 & 1 & 0 & 1 & 0 & 1 & 0 \\ 1 & 0 & 1 & 1 & 0 & 0 & 1 \end{bmatrix} = [Q^T I_r]$$

所以

$$Q^T = \begin{bmatrix} 1 & 1 & 1 & 0 \\ 1 & 1 & 0 & 1 \\ 1 & 0 & 1 & 1 \end{bmatrix}$$

所以

$$G = [I_K Q] = \begin{bmatrix} 1 & 0 & 0 & 0 & 1 & 1 & 1 \\ 0 & 1 & 0 & 0 & 1 & 1 & 0 \\ 0 & 0 & 1 & 0 & 1 & 0 & 1 \\ 0 & 0 & 0 & 1 & 0 & 1 & 1 \end{bmatrix}$$

信息码组为

$$D = \begin{bmatrix} 0 & 0 & 0 & 0 \\ 0 & 0 & 0 & 1 \\ 0 & 0 & 1 & 0 \\ 0 & 0 & 1 & 1 \\ 0 & 1 & 0 & 0 \\ 0 & 1 & 0 & 1 \\ 0 & 1 & 1 & 0 \\ 0 & 1 & 1 & 1 \\ 1 & 0 & 0 & 0 \\ 1 & 0 & 0 & 1 \\ 1 & 0 & 1 & 0 \\ 1 & 0 & 1 & 1 \\ 1 & 1 & 0 & 0 \\ 1 & 1 & 0 & 1 \\ 1 & 1 & 1 & 0 \\ 1 & 1 & 1 & 1 \end{bmatrix}$$

因为 $C = DG = D[I_k \quad Q]$，所以列出许用码如下：

```
0 0 0 0 0 0 0        1 0 0 0 1 1 1
0 0 0 1 0 1 1        1 0 0 1 1 0 0
0 0 1 0 1 0 1        1 0 1 0 0 1 0
0 0 1 1 1 1 0        1 0 1 1 0 0 1
0 1 0 0 1 1 0        1 1 0 0 0 0 1
0 1 0 1 1 0 1        1 1 0 1 0 1 0
0 1 1 0 0 1 1        1 1 1 0 1 0 0
0 1 1 1 0 0 0        1 1 1 1 1 1 1
```

8-5　因为

$$G = \begin{bmatrix} 1 & 0 & 0 & 1 & 1 & 1 & 0 \\ 0 & 1 & 0 & 0 & 1 & 1 & 1 \\ 0 & 0 & 1 & 1 & 1 & 0 & 1 \end{bmatrix} = [I_k Q]$$

所以

$$Q = \begin{bmatrix} 1 & 1 & 1 & 0 \\ 0 & 1 & 1 & 1 \\ 1 & 1 & 0 & 1 \end{bmatrix}$$

所以监督矩阵为

$$H = [Q^T I_r] = \begin{bmatrix} 1 & 0 & 1 & 1 & 0 & 0 & 0 \\ 1 & 1 & 1 & 0 & 1 & 0 & 0 \\ 1 & 1 & 0 & 0 & 0 & 1 & 0 \\ 0 & 1 & 1 & 0 & 0 & 0 & 1 \end{bmatrix}$$

所以

$$C = DG = D[I_k \quad Q] = \begin{bmatrix} 0 & 0 & 0 \\ 0 & 0 & 1 \\ 0 & 1 & 0 \\ 0 & 1 & 1 \\ 1 & 0 & 0 \\ 1 & 0 & 1 \\ 1 & 1 & 0 \\ 1 & 1 & 1 \end{bmatrix} \begin{bmatrix} 1 & 0 & 0 & 1 & 1 & 1 & 0 \\ 0 & 1 & 0 & 0 & 1 & 1 & 1 \\ 0 & 0 & 1 & 1 & 1 & 0 & 1 \end{bmatrix}$$

$$= \begin{bmatrix} 0 & 0 & 0 & 0 & 0 & 0 & 0 \\ 0 & 0 & 1 & 1 & 1 & 0 & 1 \\ 0 & 1 & 0 & 0 & 1 & 1 & 1 \\ 0 & 1 & 1 & 1 & 0 & 1 & 0 \\ 1 & 0 & 0 & 1 & 1 & 1 & 0 \\ 1 & 0 & 1 & 0 & 0 & 1 & 1 \\ 1 & 1 & 0 & 1 & 0 & 0 & 1 \\ 1 & 1 & 1 & 0 & 1 & 0 & 0 \end{bmatrix}$$

8-6　因为 $E = R + C$，所以有

$$R = \begin{bmatrix} 1 & 0 & 0 & 1 & 0 & 0 & 0 \\ 0 & 1 & 0 & 1 & 0 & 1 & 1 \\ 1 & 0 & 1 & 1 & 0 & 1 & 1 \end{bmatrix}$$

8-7　(1) $g(x) = x^3 + x + 1$;

(2) $G(x) = \begin{bmatrix} x^3 g(x) \\ x^2 g(x) \\ x g(x) \\ g(x) \end{bmatrix} = \begin{bmatrix} x^6 + x^4 + x^3 \\ x^5 + x^3 + x^2 \\ x^4 + x^2 + x \\ x^3 + x + 1 \end{bmatrix}$, $G = \begin{bmatrix} 1011000 \\ 0101100 \\ 0010110 \\ 0001011 \end{bmatrix}$, 典型 $G = \begin{bmatrix} 1000101 \\ 0100111 \\ 0010110 \\ 0001011 \end{bmatrix}$

(3) 典型 $H = [P\ I_r] = \begin{bmatrix} 1110 & 100 \\ 0111 & 010 \\ 1101 & 001 \end{bmatrix}$

(4) 因为 $g(x)$ 代表的码组重量为 3，所以最小码距为 3，能纠 1 位，或检 2 错码

8-8 由于接收码组 $R(x)$ 不能被 $g(x)$ 除尽，所以 $R(x)$ 中有错码。

8-9 $H = \begin{bmatrix} 1001110 \\ 0100111 \\ 1100010 \\ 0110001 \end{bmatrix}$，典型 $H = \begin{bmatrix} 101 & 1000 \\ 111 & 0100 \\ 110 & 0010 \\ 011 & 0001 \end{bmatrix}$；生成矩阵 $G = [I_k\ Q] = \begin{bmatrix} 1001110 \\ 0100111 \\ 0011101 \end{bmatrix}$

8-10 (1) 因为循环码的最小码距等于 $g(x)$ 所对应码组的重量，所以 $d_{\min} = 7$。检 6；纠 3；纠 1 同时检 5 或纠 2 同时检 4。(2) $d_{\min} = 4$。检 3；纠 1；纠 1 同时检 2。

参 考 文 献

[1] 张卫钢,曹丽娜. 通信原理教程[M]. 北京:清华大学出版社,2016.

[2] 张卫钢. 通信原理与通信技术[M]. 3版. 西安:西安电子科技大学出版社,2013.

[3] 樊昌信,徐炳祥,等. 通信原理[M]. 北京:国防工业出版社,1980.

[4] 曹志刚,钱亚生. 现代通信原理[M]. 北京:清华大学出版社,1992.

[5] 樊昌信,曹丽娜. 通信原理[M]. 6版. 北京:国防工业出版社,2007.

[6] 樊昌信,张甫翊,等. 通信原理[M] 5版. 北京:国防工业出版社,2001.

[7] 吴湘淇. 信号、系统与信号处理[M]. 北京:电子工业出版社,1996.

[8] 张辉,曹丽娜,等. 通信原理辅导[M]. 西安:西安电子科技大学出版社,2000.

[9] 钱学荣,王禾. 通信原理学习指导[M]. 北京:电子工业出版社,2001.

[10] Fred Halall. 多媒体通信[M]. 蔡安妮,孙景鳌,等,译. 北京:人民邮电出版社,2004.

[11] 沈振元,聂志泉,赵雪荷. 通信系统原理[M]. 西安:西安电子科技大学出版社,1993.

[12] Gilbert Held. 数据通信技术[M]. 北京:清华大学出版社,1995.

[13] 张立云,等. 计算机网络基础教程[M]. 北京:电子工业出版社,2000.

[14] 张莲,周登义,余成波. 信息论与编码[M]. 北京:中国铁道出版社,2008.

[15] 南利平. 通信原理简明教程[M]. 北京:清华大学出版社,2000.

[16] 杨爵,郎宗栎. 实用纠错编码[M]. 北京:中国铁道出版社,1988.

[17] 归绍升. 纠错编码技术和应用[M]. 上海:上海交通大学出版社,1986.

[18] 林舒,科斯特洛. 差错控制编码基础和应用[M]. 北京:人民邮电出版社,1986.

[19] 田丽华. 编码理论[M]. 西安:西安电子科技大学出版社,2003.

[20] 王秉均,等. 光纤通信系统[M]. 北京:电子工业出版社,2004.

[21] 卢孟夏,等. 通信技术概论[M]. 北京:高等教育出版社,2005.

[22] 索红光. 现代通信技术概论[M]. 北京:国防工业出版社,2004.

[23] 高健. 现代通信系统[M]. 北京:机械工业出版社,2001.

[24] 及燕丽,等. 现代通信系统[M]. 北京:电子工业出版社,2001.

[25] 陈显治,等. 现代通信技术[M]. 北京:电子工业出版社,2001.

[26] 张卫钢. 信号与线性系统[M]. 西安:西安电子科技大学出版社. 2005.

[27] 邸瑞华,等. 小型局域网组建、维护、扩展[M]. 北京:电子工业出版社,1997.

[28] 雷振甲. 计算机网络[M]. 西安:西安电子科技大学出版社,2000.

[29] Miller Gary M,Beasley Jeffrey S. 现代电子通信[M]. 7版. 北京:科学出版社,2004.

[30] [美]Michael A Gallo,William M Hancock. 计算机通信和网络技术[M]. 王玉峰,等,译. 北京:人民邮电出版社,2003.

[31] [美]William Stallings. 数据通信[M]. 4版. 刘家康,译. 北京:人民邮电出版社,2005.

通
信
原
理
与
通
信
技
术

[32] 赵慧铃，等．IP电话综述[J]．广西通信技术，1999．

[33] 郑之光，等．IP电话技术标准[J]．计算机应用研究，1999．

[34] 纪越峰，等．现代通信技术[M]．北京：北京邮电大学出版社，2002．

[35] 刘符，韩煜国．宽带通信原理设计应用[M]．北京：人民邮电出版社，1998．

[36] Tanenbaum Andrew S．计算机网络[M]．3版．熊桂喜，王小虎，译．北京：清华大学出版社，1998．

[37] Pamell Tere．高速网络建设指南[M]．张春燕，王改莲，等，译．北京：机械工业出版社，1998．

[38] 蔡皖东．计算机网络技术[M]．西安：西安电子科技大学出版社，1998．

[39] 胡道元．计算机局域网[M]．北京：清华大学出版社，1999．

[40] 谢希仁．计算机网络[M]．北京：电子工业出版社，2000．

[41] Held Gilbert．数据通信技术[M]．4版．魏桂英，廖卫东，等，译．北京：清华大学出版社，1995．

[42] 王兴亮，达新宇，等．数字通信原理与技术[M]．西安：西安电子科技大学出版社，2001．

[43] 雷震甲，马玉祥．计算机网络[M]．西安：西安电子科技大学出版社，1996．

[44] 逯昭义．计算机网络原理[M]．北京：电子工业出版社，2000．

[45] 陈德来．IP电话原理及相关技术[J]．电信快报，1999．

[46] 王秉钧，等．卫星通信系统[M]．北京：机械工业出版社，2004．

[47] 王兴亮．现代通信原理与技术[M]．北京：电子工业出版社，2009．

[48] 郭梯云，邬国扬，等．移动通信[M]．西安：西安电子科技大学出版社，2000．

[49] 王宝印，等．无线通信新技术[M]．西安：陕西旅游出版社，2000．

[50] 李有根，吴正邦，等．现代通信技术[M]．武汉：中国人民解放军通信指挥学院，1996．

[51] 赵晓华．现代通信技术基础[M]．北京：北京工业大学出版社，2006．

[52] 孙友伟．现代通信新技术新业务[M]．北京：北京邮电大学出版社，2004．

[53] 朱祥华．现代通信基础与技术[M]．北京：人民邮电出版社，2004．

[54] 蒋同泽．现代移动通信系统[M]．北京：电子工业出版社，1996．

[55] 盛振华．电磁场微波技术与天线[M]．西安：西安电子科技大学出版社，1995．

[56] 廖承恩．微波技术基础 M]．西安：西安电子科技大学出版社，1994

[57] 申普兵，等．数字通信[M]．长沙：国防科技大学出版社，2001．

[58] [美]Gilbert Held．数据通信[M]．6版．戴志涛，等，译．北京：人民邮电出版社，2001．

[59] [美]Albero Leon Garcia．通信网：基本概念与主体结构[M]．2版．王海涛，李建华，等译．北京：清华大学出版社，2005．

[60] 朱刚，谈振辉，等．蓝牙技术原理与协议[M]．北京：北方交通大学出版社，清华大学出版社，2002．

[61] 王汝言．多媒体通信技术[M]．西安：西安电子科技大学出版社，2006．

[62] 李令奇，胡广成．电话机原理与维修[M]．北京：人民邮电出版社，1993．

[63]　华南师范学院物理系.无线电电子学[M].北京：人民教育出版社，1977.

[64]　张兆扬，陈加卿，徐在方.数字电视[M].北京：科学出版社，1987.

[65]　金惠文，等.现代交换原理[M].北京：电子工业出版社，2000.

[66]　李津生，洪佩琳，等.宽带综合业务数字网与 ATM 局域网[M].北京：清华大学出版社，1998.

[67]　沈金龙.计算机通信与网络[M].北京：北京邮电大学出版社，2002.

[68]　杨武军，等.现代通信网概论[M].西安：西安电子科技大学出版社，2004.

[69]　郎为民.下一代网络技术原理与应用[M].北京：机械工业出版社，2006.

[70]　徐吉谦.交通工程总论[M].北京：人民交通出版社，1996.

[71]　周逊.IPv6 下一代互联网的核心[M].北京：电子工业出版社，2003.

[72]　吴功宜.智慧的物联网[M].北京：机械工业出版社，2010.

[73]　刘云浩.物联网导论[M].北京：科学出版社，2013.